화훼류의 개화생리와 재배법

이정식 저

월드사이언스
WORLD SCIENCE
worldscience.co.kr

著者 略歷

서울 市立大 環境園藝學科 敎授
檀國大 觀賞園藝學科 敎授
農振廳 國立園藝特作科學院 花卉研究官
日本 京都大 및 和蘭 花卉研究所 受學
서울大, 高麗大, 成均館大 大學講師
(社)花卉産業育成協會 會長
農林部 農業科學政策審議會 委員
韓國園藝學會 副會長
2006國際園藝學會 組織委員會 副委員長
韓國철쭉研究會 會長
韓國 無窮花 研究會 會長
(現)서울市立大 市民大敎授(그린홈관리사班 主任敎授)
(現)韓國 철쭉 및 觀賞植物研究所 所長

화훼류의 개화생리와 재배법

인 쇄 | 2012년 1월 5일
발 행 | 2012년 1월 15일
저 자 | 이정식
발행인 | 박선진
발행처 | 도서출판 월드사이언스

등록번호 | 제16-1601호
등록일자 | 1988년 2월 12일

주소 | 서울특별시 서초구 방배동 864-31 월드빌딩 1층
전화 | 02) 581-5811~3
FAX | 02) 521-6418
E-mail | worldscience@hanmail.net
URA | http://www.worldscience.co.kr

정가 20,000원
ISBN 978-89-5881-092-6

이 도서의 국립중앙도서관 출판시도서목록(CIP)은 e-CIP 홈페이지(http://www.nl.go.kr/ecip)와 국가자료공동목록시스템(http://www.nl.go.kr/kolisnet)에서 이용하실 수 있습니다.
(CIP제어번호: CIP2011005780)

머 리 말

나는 평생을 꽃에 대하여 연구하고 가르치면서, 원예학에서 개화(開花)생리학이 얼마나 중요한가를 학생 들에게 강조하여 왔다.

우리는 생활하면서 철따라 꽃이 피고 지는데 어째서 목련꽃은 봄에 피고 국화꽃은 가을에 피는지, 또는 동양란이나 서양란 한개를 선물받았을 때 처음에는 꽃이 피었으나 나중에는 꽃이 피지 않는데 왜 그러하며 다시 꽃피게 할 수는 없는지, 대추나 감, 사과, 배 등 많은 과수나 철쭉류, 수국, 장미 등이 꽃이 피지 않고 과일이 열리지 않는데 왜 그러하며 방법은 없는지?

사실 인간이 살면서 꽃처럼 중요한 것도 없다. 만약 벼가 꽃이 피지 않는다면 우리는 하얀 쌀밥을 먹을 수가 없고 채소나 과일나무가 꽃이 피지 않는다면 맛있는 반찬이나 과실을 먹을 수가 없을 것이다. 더군다나 화훼류는 꽃이 제일 중요하기 때문에 그 중요성은 더하다.

꽃 값이 좋을 때 꽃을 생산하는 일은 화훼산업에서 매우 중요한 일이며, 그 꽃이 어떠한 원리에 의해 꽃이 피는가를 모르는 경우 소득에 큰 차질을 가져올 수가 있다.

이러한 원리는 작게는 집안에 심어 가꾸는 조그만 화분에서부터 넓은 면적의 생산농장에 이르기까지 매우 중요한 일이다. 개화생리에 대한 연구는 일장효과(photoperiodism)와 춘화처리(vernalization)이론이 발표되고, 최근 phytochrome(광수용색소단백질)이 개화에 미치는 영향이 알려지면서 어느 정도 개화생리의 이해와 이용에 큰 공헌을 하였다. 겸하여 휴면과 로제트 발생원인과 타파에 대한 연구와 함께 그 동안 개화기 조절에 문제가 되어온 블라인드(blind) 감소에 기여하였다. 개화에 관계되는 요인으로는 식물체의 크기, 무기 양분, 광(光), 온도, 수분, 식물호르몬(phytohormone)과 기타 생장조절제(growth regulator) 등이 있지만 실제 영농에서 문제가 되는 제일 큰 요인은 광(光)과 온도로써 이 책에서 개화기 조절법의 주가 되고 있다. 꽃은 대상 종류가 많기 때문에 이 책에서는 산업화가 어느 정도 진행된 중요한 것만 취급하였고, 연구가 보다 상세하게 진행된 것은 내용이 많지만 그렇지 못한 것은 내용이 부족할 것으로 생각된다. 앞으로 해가 지나면서 계속 수정 · 보완하여 나갈 것을 약속드린다. 이 책은 대학이나 농고 교사들이 화훼학을 가르치고 배우는 데 참고서적으로 이용하고 많은 독농가와 취미인들을 위해 만들었다. 부디 많은 사람들에게 도움이 되었으면 한다.

끝으로, 앞으로 이 책을 밑바탕으로 수정 · 증보하고자 하니 보완을 요하는 사항이나 수정을 요하는 사항등이 있으면 저자에게 연락 바라며, 이 책의 출간을 맡아준 (주)월드사이언스 사장님께 감사드린다.

2012년 1월 3일

저자 이정식

이 책에 들어가기 전에

1. 꽃피는 원리의 전체적인 이해를 위해서는 총론을 읽는다.
2. 잘 모르는 원예용어는 뒤에 첨부한 용어해설을 사전 찾듯이 가나다 순으로 찾아 이해한다.
3. 꽃 종류별로 알고 싶을 때는 차례나 뒤의 한글 찾아보기나 영문 찾아보기에서 그 꽃이 있는 페이지를 찾아 읽는다.

   ※ 이 책의 꽃 이름은 최근(2009년) 원예학회에서 다수의 학자들이 결정한 가장 올바른 꽃 이름임.
4. 참고문헌은 첨부된 참고문헌의 저자의 성과 이름 중 성의 영어 알파벳순으로 찾아 알 수 있다.

차 례

제1부 총 론

제2부 각 론

제1부

총 론

1. 꽃피는 현상의 중요성
2. 지구상의 식물분포
3. 자연 상태에서의 꽃피는 시기
4. 원예식물의 일생
5. 화훼류의 개화과정
6. 일장효과(photoperiodism : 광주성)
7. 춘화처리
8. 꽃눈분화 온도
9. 발육상의 개화유도 요인
10. 휴면
11. 온도의 양적 작용
12. 주 · 야간 온도차(dif)를 이용한 생장 및 개화조절
13. 화훼류 개화조절의 실제

1. 꽃피는 현상의 중요성

자연상대에서 식물이 꽃피는 개화(開花)현상은 인간의 삶에 중요한 의미를 갖는다. 우리는 꽃을 보고 아름답다, 또는 특이하다라고 감상적인 생각을 하지만 이 꽃은 각종 식량과 채소, 과수 등 인간의 삶에 필수불가결한 자원이 되고 있다. 만약 벼나 옥수수가 꽃피지 않는다면 지금과 같은 문명은 유지되지 않을 것이고 현대와 같은 식문화는 형성되지 않았을 것이다. 사과, 딸기, 오이 등의 원예산물은 꽃이 피지 않고는 생산될 수 없고, 새 품종을 육성하는 육종은 꽃이 피지 않고는 그 성과를 기대하기가 어렵다. 개체수를 늘리는 번식 중 종자번식도 꽃이 피지 않고는 종자를 얻을 수 없기 때문에 불가능하다.

따라서 꽃이 피는 현상은 꽃이 아름답다라는 화훼학적 의미보다는 인간의 삶을 윤택하게 하기 위한 깊은 의미가 있다. 그래서 학문의 발달도 초기에는 식량작물의 개화원리에 집중되어 있었다.

2. 지구상의 식물분포

지구를 기후에 따라 크게 나누면 온대, 한대, 열대로 나눌 수 있다. 이곳에 사는 식물을 온대식물, 한대식물, 열대식물로 부르고 있다. 그러나 식물이 무리를 지어 생존한다는 것은 온도나 강우와 같은 기상요인 말고도 토양, 해류, 바람, 일조시수 등 더 많은 요인이 관여하고 세부적으로는 지형과 고도, 주변식물과의 관계 등이 관여한다. 따라서 학자들은 지구상의 식물을 여러 방법으로 나누고 있지만 완전하게 나누는 것은 불가능하다. 그러나 단 한가지 확실한 것은 지구상에 자연적으로 분포하고 있는 이 식물들은 그 지역의 환경에서 개화라는 현상을 통해 자기 종족을 보존할 수 있었다는 것이다. 고로 분포지가 같으면 개화현상이 비슷한 경우가 많다. 열대지방은 연중 따뜻하기 때문에 연중 꽃이 피지만 온대지방은 여름과 겨울은 너무 덥고 너무 추워서 봄과 가을에 주로 꽃이 피고 한대지방은 연중 춥다가 여름에만 온도가 올라가기 때문에 여름에 꽃이 핀다. 그러나 현대에 와서는 지구촌이라는 말과 같이 비행기 등 교통수단의 발달로 전세계에 분포하는 식물을 쉽게 얻을 수 있어 한 나라에서 길러지는 식물들이 매우 다양하다. 따라서 이들 식물들이 어떤 원리에 의해 꽃이 피는가를 밝히는 것은 매우 중요한 의미를 갖는다.

이러한 개화생리학의 발달은 자연계절에만 꽃이 피던 식물을 연중 개화시킬 수가 있었으며, 값이 좋은 시기에 생산하여 수지를 맞추기도 하고, 개화기가 다른 식물간의 품종육성도 획기적 성과를 얻을 수 있었다.

3. 자연 상태에서의 꽃피는 시기

동북아시아에 속해 있는 한국은 위도상으로는 추운 겨울과 더운 여름,그리고 봄과 가을이 분명한 전형적인 온대지방에 속해 있다. 이곳에 살면서 우리는 매년 비슷한 시기에 계절에 맞춰 꽃 피는 것을 볼 수 있다. 국화나 코스모스는 가을에 꽃 피고 개나리, 진달래는 봄에 꽃이 핀다. 또한 인간의 삶과 밀접한 관련이 있는 벼는 가을쯤 꽃이 피고 밀과 배추는 봄에 꽃이 핀다. 많은 과학자들은 이들 식물들이 그 지역의 계절에 맞춰 꽃이 피는 원리를 실험을 통해 밝혔다. 그 동안의 연구는 상당한 성과를 거두어 대부분의 화훼류를 포함한 많은 식물들의 개화기 조절이 가능하기에 이르렀다.

그러나 현대에는 열대지방이나 한대지방 등 전세계에서 많은 종류의 식물들이 도입되어 기후가 다른 지역에서 기르고 있다. 특히 원예작물은 종류가 많을 뿐만 아니라 원산지가 전세계에서 왔기 때문에 개화양상도 다양하다.

원예식물을 포함한 각종 식물을 생활에 이용하는 데 있어서 내가 기르는 식물들의 개화습성과 개화기 조절법을 알아두는 것은 중요한 일이다. 내가 기르는 화훼식물이 꽃이 피지 않을 때는 그 원인이 무엇인지를 밝히고 꽃피는 주위의 식물이 언제 꽃눈분화하며 꽃피는가를 이해하는 것은 중요하다.

4. 원예식물의 일생

지구상에는 생물이 몇 종이 살고 있는가는 확실치 않지만 130만~200여만 종이 살고 있을 것으로 보고 있는데 이 중 식물이 35만~45만 종인 것으로 추정하고 있다. 이렇게 지구상의 생물수를 정확히 잡지 못하는 것은, 대자연의 환경의 변화에 따른 다양한 종의 생성과 소멸을 꾸준히 추적 연구집계한다는 것은 사실상 불가능하기 때문이다. 식물은 꽃이 피지 않는 은화식물과 꽃이 피는 현화식물로 나눌 수 있는데, 현대의 고등식물은 대부분이 꽃피는 현화식물로써 약 35만 종이나 되는 것으로 추정하고 있다. 본 항에서는 이 중 화훼원예식물을 위주로 개화원리를 밝히고자 한다. 화훼류도 식물의 개화원리의 한부분으로 대부분이 같다.

이들은 꽃이 피는 습성과 생존기간에 따라 4군(群)으로 나눌 수 있다.

(1) 1년초(annuals)

일년초는 종자가 싹이 터서 어느 정도 생장한 후 꽃이 피고 열매를 땅에 떨어뜨린 후 죽는 류로써 그 기간이 1년 이내에 끝나는 것들인데 페튜니아와 같은 1년초와 배추 · 무우 같은 채소류, 벼 · 밀과 같은 곡물류가 여기에 속한다. 1년초류는 그 지역의 내한성이나 재배습성에 따라 달라지기도 하는데, 예컨대 살비아나 스토크는 원산지에서는 다년초이지만 우리 나라에서는 겨울이 너무 추워 얼어

죽기 때문에 1년초로 취급하고 있다. 이들은 짧게는 10일 정도 만에 꽃피는 것도 있지만 보통 3개월 ~6개월 만에 꽃이 핀다.

(2) 2년초(biennials)

파종하여 발아한 후 생장을 하여 어느 크기에 이르러 환경 등의 원인에 의하여 휴면에 들어가고 그 후 동계 저온처리에 의하여 휴면이 타파되어 꽃이 피고 종자를 남기는 류로써 1년이 넘어 2년 내에 꽃피는 식물들을 말한다. 2년초류는 개화하는 데 필요한 모체 크기가 1년으로는 부족하든가 휴면 타파를 위해 겨울과정을 겪어야 되는 등 1년의 생육기간으로는 부족하여 2년이 소요되는 류들이다. 종꽃, 접시꽃, 왕수염패랭이꽃이 여기에 속한다.

(3) 다년생 식물(perennials)

다년생 식물은 생존기간이 2년 이상으로 초본성인 숙근초와 구근류, 그리고 목본성인 수목류로 나눌 수 있다. 초본성인 숙근초나 구근류는 일단 종자를 파종하여 싹이 터서 어느 정도 크기의 양분축적을 하게 되면 꽃이 피는데, 겨울 동안에는 지상부는 죽어버리고 지하부의 뿌리나 구근만 남게 된다. 그러나 상록성 숙근초나 구근류는 지상부도 생존하지만 휴면과 생육의 과정에서 꽃이 핀다. 열대 상록 숙근초류는 대개가 연중 꽃이 피지만 온대산 숙근초에 비교하여 연중 개화수가 적은 성질을 가지고 있다.

목본성인 수목류는, 온대수목은 겨울 동안 휴면했다가 온도가 올라가는 봄 · 가을 사이에 꽃이 피지만 열대수목류는 상록성으로 온대지방에서는 겨울 동안 온실에서 월동하게 된다. 이들의 수명은 적어도 2년 이상이 되며 종에 따라 그 차가 큰데, 아주 긴 것은 1000년이 넘는 것도 많으며 최고 1만 년이 넘는 것도 있다고 알려지고 있다.

한편 식물의 일생 동안 몇 번 결실하는가에 따라 일회 결실성 식물(monocarpic plants)과 여러 해 결실성 식물(polycarpic)로 나눈다. 일회 결실성 식물은 파종 후 어느 정도 생장을 하다가 꽃만 피면 죽는 식물로서 1년초가 대표적인 식물이지만 종류에 따라 꽃이 피는 데 있어 몇년간에서 수십년간의 생장이 필요한 것들도 있다. 이 식물류에는 아나나스류 · 대나무 · 바나나 등이 있다. 여기에서 알아두어야 할 것은, 일회 결실성 식물이라도 식물 전체가 죽는 것도 있지만 종류에 따라서는 전체가 죽는 것이 아니라 꽃 핀 줄기만 죽게 되고 새싹이나 지하경이 다시 살아서 종족을 보존하는 것이 많다. 여러 해 결실성 식물은 다년생 식물로서 여러 해에 걸쳐 개화 · 결실한다. 숙근초 · 화목류 · 구근류들이 여기에 속한다.

따라서 내가 기르는 식물이 어디에 속하는가를 알아야 아름다운 꽃을 볼 수가 있다.

5. 화훼류의 개화과정

육묘를 해서 생장이 계속되는 동안 줄기, 잎, 뿌리 등의 영양기관이 양적으로 증가하는 영양생장 기간과 꽃이 생기고 피어 열매가 맺히는 생식생장 기간의 과정을 거치게 된다.

(1) 유생기(juvenile stage)

식물이 꽃피는 데 최소 필요한 생장기간을 유생기라 한다. 이 기간은 식물의 종에 따라 달라서 몇 장의 본엽만 있어도 되는 것에서 수백 장의 잎이 있어야 되는 것도 많다. 기간도 며칠에서부터 10년 이상을 요하는 식물도 많다. 초본성 및 관목류는 이 기간이 비교적 짧은 반면 목본류 중 교목류는 매우 길어 10년 이상을 요하는 식물도 많다.

예외적으로 이 기간이 매우 짧아 발아 직후 자엽만 있어도 개화조건만 맞으면 꽃이 피어 거의 유생기가 없는 것도 있다.

이와 같이 어느 정도의 크기라는 뜻은 개화에 감응할 수 있는 엽면적의 확보라는 의미가 있다. 개화에 필요한 초기 단계를 화아분화(꽃눈분화)라 하는데 이때는 대단히 높은 고에너지를 필요로 하기 때문에 상당량의 광합성량이 필요하며 개화 호르몬 생성이 필요한데, 잎은 이 물질을 생성하는 공장이 되고 있다. 따라서 초장이나 초폭 등의 크기도 중요하지만 식물을 연약하게 기르지 않고 충실하게 기른 엽면적이 더욱 중요하다. 일반적으로 국화는 25~30cm의 크기에서 이루어지며 글라디올러스는 잎 2매, 거베라는 잎 7매 이상, 군자란은 17매 정도가 필요하다. 이 유생기에는 개화조건을 주어도 꽃이 피지 않는다.

이는 인간과 비교하면 갓난 아기나 어린아이가 아기를 낳을 수 없는 원리와 같다고 할 수 있겠다.

(2) 꽃눈분화기(flower bud initial stage)

양적 증가되는 생장이 어느 한계에 이르러 개화할 수 있는 조건을 주면 개화가 시작되는데 이 시점을 꽃눈분화기라 한다. 이때는 생장(growth)과는 다른 발육(development)단계로서 식물 일생에서 대를 이을 종자를 만들 수 있는 극적인 순간으로 이때를 생식생장기라고 한다. 꽃눈분화에 필요한 조건은 식물에 따라 다른데 주로 온도와 일장에 의해 좌우된다.

6. 일장효과(photoperiodism : 광주성)

온대지방은 낮의 길이가 춘분과 추분에는 대체로 같지만 그 외의 시기는 낮과 밤의 길이가 길어지거나 짧아진다. 가장 짧은 낮의 길이는 동지이며 가장 긴 낮의 길이는 하지이다.

이러한 일장의 변화는 온대식물이 계절에 따라 꽃을 피게 하는 중요한 요인이 되고 있고 밤의 길이에 크게 영향을 준다.

미국의 가너와 알라드(1920)는 실험실에서 일장을 전등조명으로 조절함으로써 콩의 개화를 조절할 수 있음을 발표한 이래 많은 종류의 온대식물 개화에 일장이 크게 관여함을 알게 되었다.

이 원리는 20세기 초에는 농작물인 콩이나 담배에 중점을 두어 실험을 하였지만 그 후 많은 연구에 의하여 대부분의 온대지방 식물들이 관계가 있음을 알게 되었고, 현대의 연중 원예작물을 생산하는 기본이론이 되었다.

가. 일장에 따라 개화를 달리하는 식물의 분류

식물을 낮의 길이에 따라 크게 나누면 3그룹으로 나눌 수 있다. 이때 낮의 길이가 개화에 결정적으로 좌우하는 기준일장을 한계 일장(critical day length)이라 하는데 이 한계 일장은 식물종류에 따라 다르다.

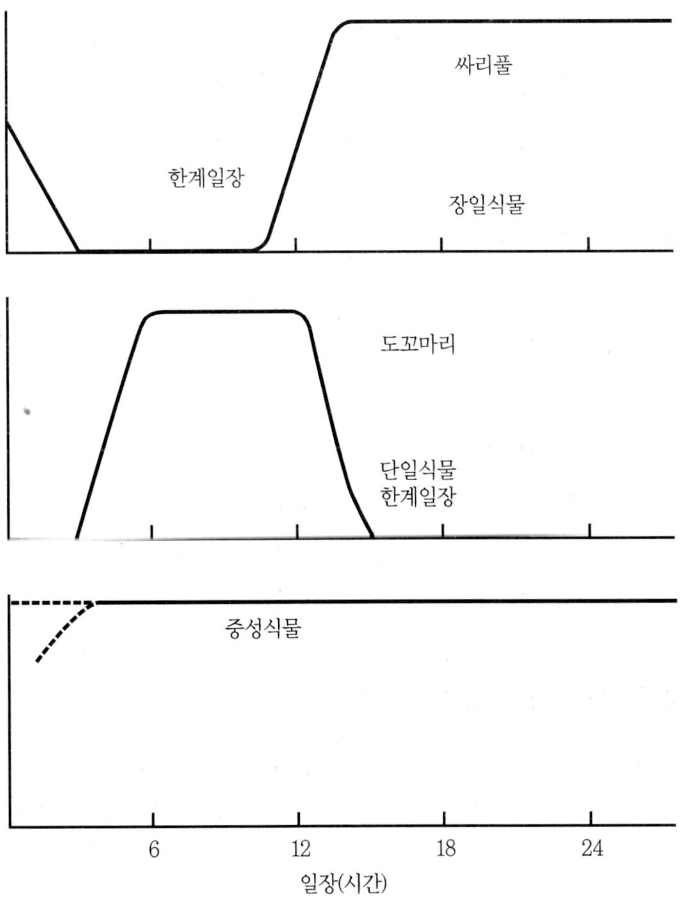

〈그림 1-1〉 일장반응과 한계일장

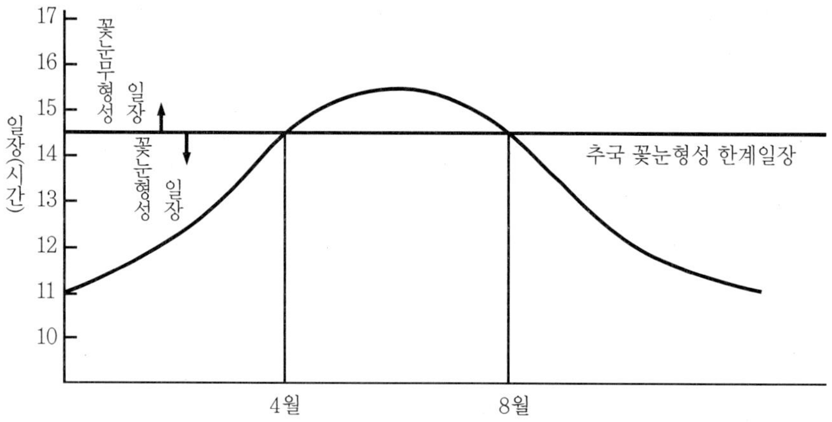

〈그림 1-2〉 일조시간(북위 37° 지역)의 변화와 추국의 개화조건

〈그림 1-1〉은 장일식물, 단일식물, 중일성 식물의 한계일장에 따른 개화반응으로 장일식물인 싸리풀은 11시간 50분 정도의 한계일장보다 길어야 꽃이 피고, 단일식물인 도꼬마리는 한계일장이 매우 짧고 그 이하가 되어야 꽃이 피는데 어느 상한선의 장일상태에서는 개화하지 않는다.

단일식물인 국화를 예를 들면 〈그림 1-2〉와 같이 한계일장 이하의 일장(14.5시간 이하)인 횡선 하단의 시기는 언제나 꽃눈분화(화아분화)가 될 수 있지만 그 이외의 시기인 4~8월 사이는 한계일장 이상으로 개화되지 않는다. 만약 이 시기에 꽃을 피우려면 차광을 시켜 일장을 짧게 해야 된다.

(1) 장일식물(long day plants)

한계일장보다 길어져야 꽃이 피는 식물을 장일식물이라 하는데, 우리 나라에서는 봄에서 여름에 꽃피는 많은 식물이 여기에 속한다. 스토크, 칼세오라리아, 금어초, 페튜니아는 장일식물에 속한다.

(2) 단일식물(short day plants)

한계일장보다 짧아져야 꽃이 피는 식물을 말하며, 우리 나라에서는 늦여름이나 가을에 꽃피는 국화나 코스모스가 여기에 속한다. 그 외에 카란코에, 포인세티아, 게발선인장(크리스마스 칵터스), 나팔꽃, 살비아 등이 여기에 속한다.

(3) 중일성 식물(day neutral plants)

일장에 관계 없이 꽃이 피는 식물인데 대개가 열대 원산 또는 그들의 혈통이 들어가 있는 꽃으로써 4계절 꽃이 피기 때문에 4계성이라고도 한다. 장미(HT계통), 카네이션, 제라니움, 꽃베고니아 등이 여기에 속한다.

(4) 기타

어느 한정된 시간에만 꽃이 피는 중간식물(intermediate plants: 정일식물)도 있고, 장일이 지난 다음에 단일이 와야 하는 장단일식물과 그 반대인 단장일식물이 있는데 이를 양일장식물(dual daylength plants)이라 한다. 중간식물에는 명아주, 코레우스가 있고 양일장식물 중 장단일식물에는 알로에, 부리오필럼이 있고 단장일식물에는 스카비오사, 에케베리아가 있다.

나. 개화에 있어서 일장의 절대적 및 상대적 관계

일장이 식물의 개화에 영향하는 데는 절대적으로 관계하는 경우와 그렇지는 않지만 일장이 개화에 관계하는 경우로 나눌 수 있다. 전자를 절대적(obligated, absolute) 또는 질적 (qualitative)이라는 표현을 쓰고 후자를 상대적(non-obligated, facultative) 또는 양적(quantitative)이라는 표현을 쓴다. 따라서 절대적 단일식물은 개화에 단일이 꼭 필요하지만 상대적 단일식물은 일장에 관계 없이 꽃이 피는 중일성 식물이면서도 단일에서 개화가 촉진되고 꽃의 품질이 좋아진다.

(1) 절대적 장일식물과 절대적 단일식물

한계일장 이상의 장일이 꼭 있어야 꽃이 피는 식물과 그 반대로 한계일장 이하의 일장이 꼭 와야 꽃이 피는 식물을 말한다. 전자를 절대적 장일식물 또는 장일식물이라 하고 후자를 절대적 단일식물 또는 단일식물이라 한다. 이러한 식물들은 개화에 필수적으로 일장이 관여한다.

(2) 상대적 장일식물 또는 상대적 단일식물

이들은 중일성 식물로서 일장에 관계 없이 꽃이 피지만 장일 또는 단일이어야 개화가 촉진되고 화수(花數)가 증가하는 등의 효과가 있는 류를 말한다. 따라서 양적으로 효과가 있다고 하여 양적 단일식물 또는 양적장일식물이라 한다. 백일홍, 매리골드, 달리아등은 상대적 단일식물이고 금어초, 물망초, 카네이션은 상대적 장일식물들이다. 이들은 연중 꽃이 피지만 단일(가을쯤)또는 장일(봄, 여름)에서 개화가 더 잘 핀다.

다. 광(光)과 개화관계

광(光, 빛)이란 개념에는 3가지 의미가 있다. 즉, 광질(광파장) · 광도 · 일장의 개념이 있다.

(1) 광질(光質)

태양의 가시광선은 무지개색깔로 나눌 수 있는데 개화에 크게 관여하는 광파장은 적색과 적외선이다. 식물에는 이 광을 수용하는 단백질이 있는데 이를 파이토크름(phytochrome)이라한다. 적색선을 흡수하는 Pr (red absorbing phytochrome)과 Pfr(far-red absorbing phytochrome)의 두 종류가 있는데 이들은 적색빛(red)이나 적외선(far-red)을 흡수하면 다음과 같이 가역적으로 변형된다. 이는 순간적으로 일어나며 그 단백질량은 일정시간에 따라 비례적으로 증감된다.

$$\mathrm{Pr} \underset{\text{far-red}}{\overset{\text{red}}{\rightleftarrows}} \mathrm{Pfr}$$

꽃이 피고 안 피고는 이 파이토크름 단백질량이 좌우됨이 밝혀지고 있다. 예컨대 국화(추국)를 예로 들면, 일정기간의 단일이 되면 Pfr→Pr로 변하고 일정량의 Pr가 생성되면 개화호르몬이 생성되어 꽃눈분화가 이루어지고 꽃이 핀다. 그러나 반대로 밤에 전등을 켜서 장일로 만들어 주면 Pr→Pfr로 변하여 개화가 이루어지지 않는다. 따라서 이 파이토크름은 개화호르몬 생성을 좌우하는 중요한 물질인 것이다.

(2) 광도(light intensity)

식물의 잎에서 감지되는 광도는 식물의 종류에 따라 차가 크다. 광도는 룩스(Lux) 또는 후트캔들(fc)로도 표시하지만 광은 에너지이기 때문에 광량(quantum)으로 표시하는 것이 옳다. 따라서 joule, micro einstein(μmol)등으로 표시한다. 그러나 아직도 우리의 생활에서는 Lux단위를 많이 쓰고 있는 실정이다. 어둡고 밝음의 정도에 따라 꽃눈분화가 되고 안 되고를 좌우하는 광도를 꽃눈분화 한계광도라고 한다. 이 광도는 품종에 따라 다르지만 도꼬마리는 0.lLux에서 꽃눈분화에 영향을 주지만 국화는 약 20Lux, 배추는 1,075Lux에서 한계광도가 된다. 개화기를 조절할때 조명 또는 차광시 이 한계광도는 매우 중요하다.

(3) 일장(日長 : day length)과 일수(日數)

낮의 길이(밤의 길이)가 개화에 영향을 주는 것은 이미 전술하였다. 자연상태에서 계절에 맞춰 꽃피는 것은 이 때문이다. 그러나 한계일장을 하루만 경과해도 꽃피는 경우도 있지만 대부분은 며칠간의 날짜가 경과해야 한다. 이를 꽃눈분화 유도 소요일수라고 한다. 나팔꽃은 1일만 경과해도 꽃 피지만 국화는 12일이 경과해야 한다.

이상의 광은 3가지가 복합적으로 개화에 관여하며 광합성과는 다른 기작에 의한다(〈표 1-1〉).

〈표 1-1〉 일장조절에 의한 화훼류 개화조절 예시

종　류	단일식물 · 장일식물	한계일장	꽃눈분화 소요일수	한계조도
국화(추국)	단일식물	11~16시간 (품종에 따라)	12일	21.5~100Lux
카란코에	〃	12	2	21.5
나팔꽃	〃	13~16	1	1~10.0
시레네	장일식물	12~13	6	7.5~21.5
부라시카	〃	–		1075.0
부리오필럼	단 · 장일식물	–	60장일 +15단일	–
포인세티아	단일식물	12.5	–	5.0
루드베키아	장일식물	10.0	–	–

7. 춘화처리

온대지방은 겨울이 춥지만 이 추위를 피해서 온대 화훼류들을 온실에서 월동시키면 꽃이 피지 않는 것을 볼 수 있다. 이와 같이 일정기간의 저온(또는 고온)이 경과되어 체내의 어떤 물질을 변화시키지 않으면 꽃이 피지 않는 현상을 춘화처리라 한다.

러시아의 땅덩어리는 넓지만 겨울이 몹시 추워서 식물이 얼어죽는 혹한지가 많으므로 맥류 생산에 어려움이 많았다. 1929년 루이센코는 가을에 파종하는 맥류를 냉장고에서 일정기간 최아상태에서 경과시켜, 봄에 뿌리니까 완전하게 개화하여 맥류가 생산됨을 알게 되었다.

그는 실험에 의하여 식물의 "상적 발육설"을 발표하였다. 즉, 식물이 꽃피는 데는 "온도에 감응하는 감온상과 일장에 감응하는 감광상, 두 과정을 거친다"는 학설을 발표하였다.

이 학설은 러시아같이 추운 지방에서는 획기적인 성과를 거두어 영웅으로 대접받기에 이르렀다. 가을에 뿌리면 얼어죽는 가을보리를 저온처리하여 봄에 뿌리니까 동해도 받지 않고 수확이 되어 이를 춘화처리라 하였다.

춘화처리는 좁은 의미로는 보리나 밀 같은 맥류나 배추과 식물에 저온처리를 해서 개화시키는 데에 국한시켰으나 넓은 의미로는 추식 구근류와 온대 수목류, 온대 숙근초의 저온처리까지를 포함하고 있다. 드물게는 시금치나 루드베키아와 같은 고온처리도 포함시킨다.

(1) 종류

춘화처리는 종자가 싹이 튼 상태에서 저온처리에 감응하는 종자 춘화처리와 식물이 어느 정도 자란 후에야 저온에 감응할 수 있는 식물체 춘화처리로 나눌 수 있다.

맥류는 종자 춘화처리를 하지만 배추과의 스토크나 색양배추 등과 대부분의 숙근초, 구근류, 수목류 등 화훼류는 식물체 춘화처리를 한다.

(2) 감응부위와 처리온도

일장효과는 잎에서 감응하지만 춘화처리 감응부위는 생장점이다. 따라서 생장점과 식물체가 함수(含水)상태에서 활동중에 있어야 한다. 고로 함수(含水)가 모자란 것은 습적(濕積)하여 춘화처리를 한다.

저온처리시 감응온도는 영하 5℃에서 영상 15℃ 범위에서 효과가 있다. 따라서 -6℃ 이하의 저온이나 15℃ 이상의 고온에서는 저온처리 감응이 안 된다. 식물 종류에 따라 감응온도는 다르지만 대체로 영상1℃에서 8℃ 사이에서 그 효과가 제일 크다. 이러한 저온처리 요구온도와 기간은 원산지와 관계가 깊어 난지 원산인가 또는 한지 원산인가 하는 유전적 형질 외에 구근류 같은 경우는 생산지도 영향을 줌을 알 수 있다. 난지산 구근은 한지산 구근보다 저온요구도가 다소 높은 경향이다.

춘화처리가 끝난 식물이 다시 고온(약 15℃ 이상)에 두면 춘화처리하지 않았던 원래 상태로 되돌아가는데 이를 이춘화(離春化 : devernalization)라 하여 춘화효과가 소멸해 버린다. 따라서 춘화처리 후 일정기간 이상 고온기간에 두면 안된다.

이 춘화현상 후 다시 저온처리를 하면 춘화처리가 되는데 이를 재춘화(revernalization)라 한다.

(3) 체내 호르몬의 변화

휴면상태에 있는 종자나 식물체 내에는 아브시스산(abscisic acid : ABA)이 식물 호르몬 중의 비율이 높지만 저온처리가 끝나면 지베렐린(GA)과 사이토키닌(cytokinin) 함량이 높고 ABA 함량이 낮아진다. 이는 생장을 억제시키는 ABA량을 줄이고 생장을 촉진하며 활성화시키는 GA와 cytokinin 함량이 증가되어 각종 생장과 발육에 촉진적인 작용을 한다.

때문에 휴면하는 식물의 체내에 GA나 cytokinin을 넣어주면 저온처리한 것과 같은 효과가 나오기도 한다.

(4) 구근류의 춘화처리

추식 구근류를 온실이나 실내에서 개화시킬 때는 일정기간 춘화처리를 해야 된다. 그러나 구근류 저온처리는 아무 때나 해도 되는 것이 아니라 알맞는 시기에 해야 된다.

추식 구근은 내장형(內藏形)과 비내장형(非內藏形)으로 나눌 수가 있다.

내장형은 수확하여 저장상태에서 꽃눈분화가 완료되어 가을에 심을 때는 이미 구근 속에 꽃눈이 내장되어 있는 구근을 말하는데 튜울립, 수선, 히야신스 등이 있다.

한편 나리류나 구근 아이리스 등은 비내장형으로 정식시 구근 속에 꽃눈이 내장되어 있지 않지만 휴면이 타파되어야만 새싹이 나오고 꽃대가 자라면서 꽃눈이 분화되는 비내장형이 있다.

내장형의 춘화처리는 꽃눈분화가 완성된 후인 G(gynoecium) 스테이지 이후에 해야 된다. 이 G스테이지란 화아분화가 단계적으로 이루어지며 최종단계에 암술이 형성되는 단계를 말한다. 이 시기를 G스테이지라고 하며 면도칼로 생장점을 잘라보면 쉽게 확인할 수 있다. G스테이지 전에 저온처리를 하면 꽃눈이 완성돼 있지 않기 때문에 꽃이 피지 않는다.

(5) 화목류의 춘화처리

화목류의 꽃눈분화는 크게 둘로 나눌 수 있다. 전년도 여름과 가을 사이에 꽃눈분화하여 겨울 동안 춘화처리를 받고 봄~여름에 꽃피는 형과 겨울 동안 저온처리를 받고 이듬해 새싹이 나와 꽃피는 형이 있다.

화목류도 구근류와 마찬가지로 촉성재배 할 경우, 냉장고에서 인공 춘화처리시는 꽃눈분화가 끝난 식물을 해야 한다. 자연상태에서 춘화처리를 할 때는 겨울 어느 정해진 시기까지 자연 저온처리를 하게 된다. 보통 1월 초순이면 자연 저온처리가 끝나게 된다.

(6) 고냉지의 활용

식물체가 생장을 하고 있는 중에 인공적으로 춘화처리를 한다는 것은 어렵다. 저온처리를 하려면 냉장고에 넣어야 되는데 냉장고 안에 켠 전등으로는 광합성이 충분하지 않아 곤란하다.

따라서 식물체가 상당히 자란 후 냉장(株冷藏)은 고냉지에서 자연기후를 이용하는 것이 좋다. 고냉지는 추위가 평지보다 빨리 와서 대관령의 경우 평균 한 달 정도 일찍 추위가 온다. 중부지방 평지의 11월 기후가 고냉지에서는 이미 10월에 오기 때문에 고냉지에서 저온처리를 하여 평지에 가져와서 온실에서 온도를 높이면 촉성재배가 가능하다.

8. 꽃눈분화 온도

꽃눈분화는 생식생장으로 들어가는 초기단계로서 식물에 따라 매우 다양하다. 구근류나 화목류의 경우 겨울이 되기 전에 이미 꽃눈분화가 끝난 상태에서 체내에 내장되어 있는 것은 꽃눈분화 후 춘화처리에 들어가지만 대부분의 화훼류는 일장효과와 춘화처리가 끝난 후 꽃눈분화가 이루어진다.

어떻든 간에 꽃눈분화는 식물체의 개화를 좌우하는 제일 중요한 시기로서 여러 내외적 조건(예 : C/N율, 온도 등)에 크게 영향을 준다. 그 중 꽃눈분화 온도는 매우 중요한 요인이 된다. 이때의 온도는 춘화처리 온도와는 다른 개념이다.

꽃눈분화 온도와 관련하여 화훼류를 나눠보면 고온형, 저온형, 둔감형으로 나눌 수 있다. 식물은 종이나 품종에 따라 유전적으로 가지고 있는 고유의 꽃눈분화 온도가 있어 이 온도가 맞지 않으면 억제 또는 블라인드(blind : 不開花) 현상이 일어난다.

(1) 고온형

온대지방에선 여름에 꽃눈분화하는 화훼류로서 대체로 15℃ 이상의 온도가 필요하다. 국화, 도라지와 같은 숙근초와 튤립, 수선, 나리류와 같은 구근류, 그리고 철쭉류, 벚나무, 개나리 등의 화목류가 여기에 속한다. 이들은 고냉지 같은 냉량기후에선 꽃눈분화가 억제된다.

(2) 저온형

어느 일정 온도보다 낮은 온도에서 꽃눈분화되는 류로서 보통 15℃ 이하에서 꽃눈분화된다. 온실 일년초로 유명한 시네라리아, 칼세오라리아, 푸리뮬라와 스토크를 위시하여 숙근초인 숙근아스타, 페라르고니움, 하국 그리고 구근류인 프리지아, 화목류인 고데마리, 조팝나무, 붓들레아 등이 있다.

이와 같은 저온형은 추위가 빨리오는 고냉지에서는 평지보다 더 촉진된다. 따라서 꽃눈분화를 촉진시키고 싶으면 고냉지를 이용해야 하는데 고냉지에서는 온도가 높은 평지보다 꽃눈분화가 촉진되고 여름철에는 꽃눈분화가 일어나지 않는다.

(3) 둔감형

저온이나 고온이나 상관하지 않고 꽃눈분화가 잘되는 류로서 넓은 범위의 온도에서 개화하는 화훼류이다. 최근 품종육성에서 다양한 종간교잡으로 육성된 품종 중에는 이런 류가 많다. 따라서 내가 기르는 꽃이 꽃눈분화에 알맞는 온도는 몇 도인지 알아야 한다.

9. 발육상과 개화유도 요인

가. 발육상의 종류 : 크게 8종류가 있다.

(1) 휴면상(dormant phase) : 식물은 종족보존을 위하여 불량한 환경조건(저온, 단일, 건조 등)에서 휴면에 들어가는 단계로 일시적으로 생장을 정지하거나 극히 완만한 생장을 하는 단계이다(10항 참고).

(2) 로제트상(rosette phase) : 완만한 초장신장과 생장점 분열이 일어나지만 절간신장을 못하고 단축경에 잎이 붙어 있는 상태로 휴면하는 휴면의 한가지 단계이다.

(3) 유년상(juvenile phase, 유생기라고도 함) : 개화할 수 있는 조건을 주어도 어려서 화성 유도가 되지 않는 단계이다.

(4) 화숙상(phase of ripeness to flower) : 유생기를 지나 개화유도 조건을 주면 개화할 수 있는 단계로 유년기를 완성한 성숙상의 단계이다.

(5) 화아분화상 : 꽃이 될 눈이 형성되는 단계이다.

(6) 화아발달상 : 화아원기 형성 후 꽃으로서의 형태와 기능이 완성하는 데까지의 비교적 긴 시간으로, 분화와 함께 생장(발달)이 된다.

(7) 화아휴면상 : 화아형성이 되고 발달의 어느 단계에서 휴면에 들어간다. 휴면에 들어가면 일정기간 저온처리를 받지 않으면 개화가 안된다.

(8) 개화결실상 : 개화되어 수분결실되는 단계를 말한다.

나. 화아분화 유도요인 : 지구상의 식물은 크게 3가지 요인에 의해 꽃눈이 생긴다.

(1) 광주성(일장효과 : photoperiodicity) : 일장의 변화에 의해 개화가 유도되는 타입이다(6항 참조).

(2) 온주성(thermoperiodicity) : 생장기간 중 1년의 온도변화 주기가 원인이 되어 개화유도되는 타입으로 최아종자나 유식물 단계에서 저온자극을 받는 춘화처리(vernalization)와 어느 특정온도 범위에서 화성유도 효과가 있는(화아분화) 온도반응의 두 단계가 있다. 이러한 온도반응은 1년 주기로 온도감응이 되어 온주성이라 한다(7항 및 8항 참고).

(3) 영생주기형(영양 및 생식생장 주기형, vegetative & reproductive periodicity:VR주성) : 알맞은 생장환경 조건에서 영양생장과 생식생장이 한 주에서 계속되는 형으로 중성식물들이다. 춘화작용도 보이지 않는 열대원산의 4계성 식물들이다.

(4) 기타 : 광주성, 온주성, VR주성이 복합적으로 작용하거나 건기 또는 우기 등의 기타 요인(예: 부겐베리아)에 의해 개화되는 경우가 있다.

〈표 1-2〉 화훼류의 개화원리에 따른 개화유형과 발육상에 따른 요구환경(Kawada et al, 95)

개화형	대표작물	영양생장기			생식생장기				해당 화훼류	정식시 식물체 상태
		휴면상(로제트포함)	유생 기상	성숙상	화아형성상		화아 휴면상	개화 결실상		
					화아분화	화아발달				
광주기형	국화형	저온	중고온	장일	단일	단일	없음	중온	하추국,추동국,백공작	동지아
	게발선인장형	없음	중고온	장일	단일	단일	없음	중온	게발선인장,포인세티아, 칼란코에	삽목묘
	꽃창포형	저온	없음	장일	단일	장일	없음	고온	꽃창포, 캄파뉼라	겨울 로제트 상의 눈
	과꽃형	없음	중고온	단일	장일	단일	없음	고온	과꽃	종자
	스위트피형	저온	중고온	-	장일	장일	없음	중고온	여름개화종의 금어초와 스위트피, 다이안서스	종자
	꽃도라지형	저온	중고온	-	장일	장일	없음	중고온	꽃도라지	종자
온도주기형	튤립형	없음	없음	없음	고온	고온	저온	중온	튤립, 나팔수선, 히아신스, 크로커스	개화구근
	프리지아형	고온	없음	고온	저온	저온	없음	중온	프리지아, 구근아이리스	개화구근
	나팔나리형	고온	중고온	없음	저중온	중온	없음	중고온	나팔나리	개화구근
	점박이나리형	저온	중온	없음	저온	중온	없음	중고온	오리 엔탈 · 아시아틱 나리, 리아트리스, 알스트로메리아	개화구근
	글라디올러스형	저온	중고온	없음	중고온	중고온	없음	중고온	글라디올러스	개화구근
	덴드로비움형	없음	중고온	고온	저온	중고온	없음	중고온	덴드로비움 노빌계	묘
	벚나무형	저온	중고온	없음	중온	중온	저온	저중온	복숭아, 벚나무	휴면중의 꽃눈
	철쭉형	저온	중고온	없음	고온	중온	저온	저중온	철쭉, 동백, 모란, 작약	휴면중의 꽃눈
영생주기형	거베라형	없음	중고온	없음	중고온	중고온	없음	중고온	장미, 카네이션, 거베라	개화가 능한 묘

* 영생주기형 : 영양생장과 생식생장주기형(vegetative reproductive growth periodicity)의 약자. 여기서 고온, 중온, 저온은 절대적 온도범위를 말하는 것이 아니고, 그 식물의 원산지에서 고온은 여름온도, 중온은 봄 · 가을의 온도, 저온은 초겨울 또는 겨울온도를 말한다.

다. 꽃눈 발육상 유형 : 화훼류에는 광주기형이 6형, 온주기형이 8형, VR주성이 1형이 있어 전체 15형이 있다(〈표 1-2〉 참조). 이러한 형은 고정적인 것이 아니고 육종에 의해 당연히 변화가 가능하다.

(1) 국화형 : 이 형에 속하는 식물은 국화를 포함하여 숙근아스타, 과꽃, solidago와 속간교잡한 solidaster가 있다. 단일, 저온에 의해 로제트상에 들어가며 로제트 타파를 위해서 일정기간의 저온처리를 받아야 된다. 대표적인 단일식물로 꽃눈분화 개시와 발달은 단일이 필요하다. 하국은 일장에 관계없이 꽃눈이 분화되고 발달되지만 대부분이 상대적 단일성을 나타낸다.

(2) 게발선인장형 : 이 형에 속하는 식물은 게발선인장, 포인세티아, 리거스베고니아, 칼란코에가 있다. 질적 단일성식물이지만 온도 등 환경조건에 의해 한계일장이 변동할 때에는 양적 단일성의 성질을 보이는 것도 있다. 게발선인장은 단일, 적온이 주어질 때 선단 생장점에서 꽃눈이 생긴다. 꽃눈분화 적온은 20~25℃, 밤온도는 15~20℃이다. 낮온도 30℃, 밤온도 25℃ 이상의 고온이나 10℃ 이하에서는 꽃눈이 안 생긴다. 낮온도 보다 밤온도의 영향이 크다.

(3) 과꽃형 : 종자에서 출발하여 휴면상이나 로제트상을 갖지 않고 꽃눈이 형성된다. 꽃눈의 분화는 장일에서, 발달은 단일에서 촉진된다. 일찍부터 단일에 두면 개화가 늦어지는 장단일식물이다. 자연상태에서는 봄에 싹이 터서 기온이 상승하는 장일기에 신장하고 여름부터 가을에 걸쳐 개화한다. 성묘인 경우 단일, 저온에서 로제트에 들어간다. 과꽃은 이 형에 속한다.

(4) 꽃창포형 : 이 형의 꽃은 꽃창포가 있다. 일정기간 영양생장한 묘가 가을단일에 감응하여 생식생장한다. 이어 겨울 동안 휴면타파한 후 다음 봄에 개화한다.

(5) 스위트피형 : 종자가 싹이 튼 후 자라서 꽃눈분화와 발달을 하는데 꽃이 생기는 데는 장일조건이 필요하다. 꽃눈의 발달에도 장일이 필요한데 특히 하계형이 그러하다. 그러나 겨울 · 봄 · 여름 개화형은 계통에 따라 반응이 다르다. 최아종자의 저온처리(0℃~5℃ :동계종 14일 이상, 추계종 20일 이상)는 개화일수를 단축한다. 대표적인 꽃은 스위트피이다.

(6) 꽃도라지형 :이 형의 꽃은 꽃도라지, 델피니엄, 숙근안개초가 있다. 원산지(북미)의 자연상태에서는 다년초로서 가을에 성숙된 종자가 5월에 발아하여 로제트상태로 다음 봄까지 생육하고, 기온의 상승과 함께 절간신장이 되어 여름에 개화한다. 그러나 원예적으로는 1년초로 취급한다. 실생시대에는 추대 · 꽃눈분화에서 저온요구성이 없기 때문에 육묘 중 로제트상을 지나지 않고 절간신장을 하여 개화에 이른다.

(7) 튤립형 : 이 형의 꽃은 튤립, 나팔수선, 히아신스가 있다. 꽃눈분화와 발달은 여름철에 되는데 온도에 의하여 제일 큰 영향을 받는다. 꽃눈완성 후 휴면에 들어가 꽃눈휴면상에 들어가고 겨울철 저온에 의하여 추대가 촉진되며 봄과 초여름의 온난한 조건에서 생장 · 개화한다. 추식구근으로서 심을 때는 구근 속에 꽃이 생겨 있는 내장형 구근들이다.

(8) 프리지아형 : 이 형의 꽃은 프리지아와 구근 아이리스가 있다. 영양생장기에는 휴면타파와 개화에 이르기 위한 성숙을 위해 고온을 우선 필요로 한다. 생식생장 단계에는 저온을 필요로 한다. 여름 휴면형 구근으로 고온에서 타파되고 가을 저온기에 꽃눈이 분화된다.

(9) 나팔나리형 : 휴면에 들어간 줄기는 고온환경을 지나면서 휴면타파되고 성숙한다. 그후 저온에 감응하게 된다. 자연조건에서는 개화 후 여름 고온이 오고, 30℃ 가까이 고온에서는 지상부가 고사한다. 인경이 휴면타파되는 시기는 산지나 품종에 따라 다르지만 개화 후 50~60일쯤 된다. 충분한 고온을 경과하지 않는 미성숙 인경은 냉장처리하여도 싹이 나오지 않는 불발아 현상이 보인다. 온탕처리, 고온처리, 에틸렌, GA 등에 의해 미성숙 인경을 성숙시켜 휴면타파시키는 것을 보완시킬 수 있다. 나팔나리가 이 형에 속한다.

(10) 덴드로비움형 : 이 형의 꽃은 노빌계통의 덴드로비움, 노빌×셋고 등의 야생종 교잡종이 있다. 유년기 · 화숙상을 경과하는데는 중온 또는 고온을 필요로 한다. 그후 꽃눈분화는 저온에서 진행된다. 그리고 꽃눈은 휴면상을 가지지 않는다.

(11) 글라디올러스형 : 이 형의 꽃은 글라디올러스, 글로리오사, 산더소니아, 글록시니아, 다알리아, 아키메네스, 구근베고니아, 도라지가 있다. 휴면타파만이 저온에 의해 촉진되고 발아 후 영양생장 · 꽃눈형성과 발달에는 특별한 온도를 필요로 하며 중~고온의 온도조건에서 꽃눈이 형성되고 개화된다. 따라서 구근수확 후 저온처리시켜 휴면타파시키면 촉성에 유리하다.

(12) 점박이나리형 : 오리엔탈 교배종, 아시아틱 교배종, 점박이나리, 알스트로메리아가 이 형에 속한다. 겨울휴면형 백합으로 휴면타파에는 저온이 필요하고 저온요구량은 자생지의 겨울과 깊은 관계가 있다. 추운 지방일수록 낮은 온도에서 장기간 요구된다. 이 형의 특징은 저온처리가 부족하면 싹은 트지만 영양생장만 계속하여 꽃눈이 생기지 않는다. 꽃눈의 분화는 저온, 발달은 중온에서 된다.

(13) 꽃복숭아형 : 이 형은 화목류 중 꽃복숭아, 벚나무, 공조팝나무, 능수조팝나무, 수국이 있다. 신초가 나와 목화가 시작된 이후에 꽃눈분화하고 꽃눈형성 후 곧 꽃눈휴면상에 들어간다. 휴면타파를 위해서는 저온처리가 필요하고 자연상태에서는 11월 이후 5℃ 이상, 10℃ 이하 저온에서 작용한다. 20℃ 정도에서 성숙이 촉진되고 꽃눈분화는 15℃에서 잘된다.

(14) 철쭉형 : 이 형에는 철쭉류와 동백이 있다. 새로 나온 싹이 어느 정도 양분축적이 되어 굳은 상태여야 꽃눈이 생길 수 있다. 25~30℃의 고온과 8~12시간의 단일에서 꽃눈분화가 빨라진다. 꽃수는 18~22℃에서 많다. 대표적인 고온 꽃눈분화형 화목류로서 온도가 낮으면 분화가 중지된다. 꽃눈형성 후 꽃눈휴면상에 들어가고 저온타파 후 기온상승과 함께 개화한다.

(15) 장미 · 카네이션형 : 거베라형이라고도 하며 장미, 카네이션, 거베라, 아마릴리스가 이 형에 속한다. 대표적인 영생주기형(VR주기형)꽃으로서 일정한 영양생장기를 거친 후 생식생장을 반복하여 한 포기에서 영양생장과 생식생장이 동시에 진행된다. 4계성으로 재배시 환경조선에 따라 차가 크다.

10. 휴면

진정한 의미의 휴면이란 생육환경조건을 알맞게 해 주는데도 생육하지 못하는 현상을 말한다. 이러한 휴면은 식물이 불량한 환경조건 밑에서 자기 종족을 보존하기 위한 적응수단인 것이다. 온대지방에서 저온 단일상태가 되면 대부분의 수목류가 휴면에 들어간다. 추식 구근류는 개화나 구근형성이 되는 고온기에 휴면에 들어간다. 이는 일년을 주기로 한 자연스런 과정이다. 따라서 휴면타파도 춘화처리와 같은 자연기상 조건에서 이루어지기 때문에 문제가 없다.

그러나 정상 생육환경에서 벗어난 고온(高溫), 단일, 저온(低溫), 건조, 과습, 공해, 광부족 등에서 휴면 또는 로제트현상(절간신장을 하지 않는 현상)이 일어나는 경우가 있다. 일단 휴면에 들어가면 정상적인 환경조건을 주어도 생장이 되지 않는다.

일단 휴면에 유도된 경우는 저온처리를 받아야만 휴면이 타파된다.

불량한 환경조건이라도 식물체가 활성이 높은 시기인 유묘기, 봄과 초여름의 생장활성기에는 어느 정도의 불량환경에서도 휴면에 유도되지 않지만 노령기, 늦여름과 가을, 겨울 등 생장활성이 낮아지는 시기에는 휴면에 유도되기 쉽다. 노지재배에서는 별로 문제되지 않되다가도 온실 재배에선 광부족 등의 불량환경과 동계 생산에서 휴면이 문제가 된다.

생장활성이 저하하는 경우는 환경조건이 유도하는 경우와 식물 자신의 내생리듬에 의한 경우, 두 요인이 있다. 내생리듬에 의한 경우는 글라디올러스나 프리지아와 같이 구경형성과 함께 휴면에 들어가는데 이는 생육환경에 의해 휴면에 유도되지 않는다. 그러나 다알리아, 리아트리스, 국화 등은 불량환경조건(예 : 저온, 단일)에 놓이지 않으면 영원히 휴면에 들어가지 않는다. 다알리아나 구근베고니아는 13시간 이상의 일장에서는 생장하여 개화가 진행되지만 12시간 이하의 단일에 옮기면 휴면에 들어가고 다시 장일에 옮겨도 생장하지 않는다. 리아트리스는 10~11월에 휴면 상태에 있지만 이는 여름철 고온으로 인해 유도되고 만약 시원한 곳에 놔두면 휴면에 유도되지 않는다.

목본식물의 눈휴면에는 3단계 휴면을 거친다. 완전한 질적 휴면에 들어가지 않고 눈생장이 억제되는 전(前)휴면, 알맞은 생장조건을 주어도 생장이 재개되지 않는 진(眞)휴면, 외적 요인에 의해 휴면에 있지만 알맞은 환경을 주면 생장하는 후(後)휴면이 있다.

11. 온도의 양적 작용

휴면이 완전히 타파된 상태에서 온도를 높이거나 내리면 생장이 빨라지거나 느려진다. 이는 춘화처리나 휴면타파와 같은 온도의 질적 작용과는 다른 개념으로 온도의 양적 작용이라 한다. 온실에서 실온을 높이면 생장이 빨라지고 개화가 촉진되지만 낮추면 늦어진다.

이러한 온도의 양적 작용은 많은 화훼류에서 실제 재배에서 많이 활용되고 있다. 휴면타파된 글라디올러스를 3℃의 저온에 놓아 두었다가 아무 때나 꺼내어 심으면 생육을 하는데 이와 같이 저온에 강제 휴면시키는 등 온도를 가감하여 생장조절하는 작용을 온도의 양적 작용이라 한다.

그 동안 온도의 질적 작용에 대한 연구는 많았으나 양적 작용에 대한 연구는 적었다. 최근 주야간 온도차 (dif)를 포함한 온도의 양적 작용에 대한 보다 많은 연구가 요구되고 있다.

12. 주 · 야간 온도차(dif)를 이용한 생장 및 개화조절

주간 온도와 야간 온도의 차를 디프(dif ; difference의 약자)라 하여 미국 미시간大 Heins교수가 1979년 이후 연구가 시작되어 1990년에 와서 많은 결과를 얻어 어느 정도의 이론이 정립되었다. 그 이론의 핵심은 식물의 생장과 발육에는 온도 그 자체보다 dif(주야간 온도차)에 있다는 것이다. dif는 주간(day temp,) 빼기 야간 온도(night temp.)에 의해 0, −, +의 셋 중에 하나가 되는데 이는 초장과 발육속도 및 개화에 영향을 준다. 일반적으로 초장(식물의 키)은 +에서 신장되고 −는 억제되는데, 반응이 잘 되는 것과 둔한 것 등 다양하다. 개화에는 주간 온도와 야간 온도 어느 한쪽 또는 양쪽이 영향을 주는데 포인세티아 · 국화 · 나팔나리 · 시클라멘 · 제라늄 등의 절화 및 분화생산에 이용된다. 포인세티아는 꽃눈분화에 야간온도(23℃이상)가 크게 관여하고, 후크샤는 주간 온도(22℃ 이상)가 크게 관여한다. 일장과 개화의 관계는 일반적으로 +는 장일식물에서 −는 단일식물에서 더 촉진된다.

13. 화훼류 개화조절의 실제

화훼류 개화조절에는 실제 일장, 온도, 생장조절제, 기타(적심 등)에 의하여 단독 또는 복합적 방법으로 조절할 수 있다(〈표 1-3〉).

가. 4계절 꽃이 피는 류의 개화습성

열대원산인 꽃들은 4계성이 대부분이다. 이런 종류는 개화에 알맞은 온도만 유지시켜 주면 꽃이 핀다.

〈표 1-3〉 주요 화훼류의 일반적인 개화기 조절방법 일람

구분	종류	개화기조절방법			
		파종기	저온처리	일장처리	정식기 또는 적심기
화단용 보송	일년초	(표1-4 참조)	–	–	정식 또는 적심
숙근초	추국	– –	동지아 로제트 타파 5℃, 30일	14.5시간 이하의 단일처리	하국은 정식기
	카네이션	–	–	–	적심후 150~170일
	숙근안개초	–	로제트묘는 5℃, 365시간	장일상태	–
구근류	튤립	–	15℃, 20일 3℃, 45일	–	–
	나팔나리		8℃, 7~8주	장일상태	
	구근아이리스		8℃, 6~7주	–	
	글라디올러스	–	휴면구 저온처리	–	휴면타파구는 정식기
화목류	장미(HT)	–	–	–	정식기 및 적심
	포인세티아	–	–	12.5시간이하 단일	–

※ 품종에 따라 다를 수 있음

〈표 1-4〉 파종기에 따른 개화기 및 개화 소요일수(원예원)

작물명(품종명)	파종시기(월/일)					
	2/10	3/10	4/10	5/10	6/10	7/10
만수국(나켓)*	5/ 6(85)	5/27(72)	6/ 6(56)	7/ 1(52)	7/26(46)	8/25(46)
백일홍(훼어리랜드)	5/30(109)	6/15(97)	6/21(71)	7/21(72)	8/ 8(59)	9/ 3(55)
아게라텀(다가네)	5/21(100)	6/12(82)	6/27(78)	7/22(73)	8/17(68)	9/26(78)
맨드라미(레드큐핏)	6/11(121)	6/22(101)	7/ 4(85)	7/18(69)	8/ 5(56)	9/ 5(57)
페튜니아(참피온)	5/12(92)	5/31(82)	6/15(66)	7/13(64)	8/ 3(59)	8/27(48)
패랭이꽃(호노우)	6/ 4(115)	6/12(94)	7/ 5(86)	8/ 5(87)	8/25(76)	9/30(82)
달리아(휘가로)	5/28(108)	6/ 5(87)	6/29(80)	8/ 5(88)	9/ 6(88)	10/ 4(86)
과꽃(후로랄 카페트)	7/ 9(150)	7/21(135)	8/ 2(114)	8/15(97)	9/ 6(88)	10/ 5(87)
살비아(홀재즈, 홍)	5/24(103)	6/24(106)	7/11(92)	8/ 1(83)	8/25(76)	9/16(68)
살비아(빅토리아, 청)	6/ 8(119)	6/20(102)	7/21(102)	8/10(92)	9/ 6(88)	9/27(79)
코스모스(베르사이유)	5/ 3(82)	5/30(81)	7/ 2(83)	8/ 1(83)	8/23(74)	10/10(92)
천일홍(혼합)[1)]	6/ 8(119)	6/14(96)	7/23(104)	7/28(79)	8/25(76)	9/30(92)
버베나(브리즈)	5/27(106)	6/15(98)	7/ 1(82)	7/18(69)	8/18(69)	10/ 4(86)
색비름(스프렌더)[2)]		7/15(127)	7/26(107)	8/12(94)	8/23(74)	10/10(92)
일일초(리틀핑키)[1)]	7/ 4(146)	7/ 4(116)	7/ 7(88)	7/18(69)	8/15(66)	9/19(71)
실생국화(골덴글로리)	9/29(230)	9/29(203)	10/ 1(147)	10/ 4(147)	10/ 4(129)	

주 : 1)은 바이러스 이병 격심, 화단재배시 진딧물 구제 철저. 2)는 조기파종시 초장 부적

[ ] 는 화단재배 파종가능기간, ( )는 개화소요일수

* 만수국 나겟품종을 2/10일 파종하면 5/6일 개화하고 개화까지 85일 걸린다는 뜻임.

또한 종류에 따라서는 습도를 높여주면 개화가 촉진되는 안스리움, 칼라와 같은 토란과 식물이 있다. 한편, 광합성량을 증대시키면 대부분 식물의 개화가 촉진된다. 4계성인 종류는 장미 중에 4계장미(hybrid tea)계통과 이 계통의 피를 가지 플로리반다(floribunda)계통은 4계성이다. 기타 꽃베고니아, 거베라, 페튜니아, 금어초, 제라늄, 카네이션 등도 있다. 이런 것들은 일장반응도 중성으로 나타나고 저온 휴면도 없는 류들이지만 어떤 일장에 두면 더욱 꽃이 잘 피고 품질이 좋아진다. 단일에서 개화가 촉진되는 류를 상대적 단일식물이라 하고 장일에서 개화가 촉진되는 류를 상대적 장일식물이라고 한다. 전자에는 달리아, 백일홍 등이 있고 후자에는 카네이션이 있다. 일년초류는 최근 4계성 품종이 많은데 이들을 개화조절하는 데는 파종기에 의해 조절할 수 있다(〈표 1-4〉).

나. 일조와 일장조절에 의한 개화조절

(1) 일조가 개화에 미치는 영향

꽃중에는 생육에 충분한 일조를 필요로 하는 것과 약한 일조를 필요로 하는 것이 있다. 충분한 일조와 강한 광선을 필요로 하는 것은 스위트피, 카네이션, 스토크, 튤립, 달리아, 칸나, 글라디올러스, 제라늄, 팬지 등과 선인장 다육식물들이 있다. 이들은 광량이 부족하면 연약하게 되어 도장하게 되고 개화가 현저히 늦는다. 또 관엽식물 중에는 강광에서 잎이 타는 일소현상이 일어나는 잎과 꽃색이 퇴색하는 류가 있다. 아나나스류, 카라데아, 베고니아류 등과 열대, 아열대성 관엽식물, 군자란, 남천, 양란류들은 이러한 종류로써 다소 적은 양광의 쪽이 생육에 좋다.

(2) 일장조절에 의한 개화조절

꽃눈분화를 유도시키는 한계일장의 연장 또는 축소에 의해 꽃을 일찍 또는 늦게 피게 하는 기술은 단일식물에서 주로 실용화되고 있다. 국화는 한계일장이 14.5시간(대부분 10주 품종 이상:꽃눈분화에서 개화까지 10주 걸리는 품종) 이며 포인세티아는 12시간 15분, 칼란코에는 12시간 45분이다. 이 일장보다 긴 일장인 자연계열은 차광을 해줘야 꽃이 피고 꽃눈분화 가능시기에 개화억제를 시켜주려면 전등조명을 해 줘야 한다.

〈그림 1-2〉는 북위 37° 선 일때 4월 하순에서 8월 중순까지의 봄과 여름에는 한계일장 이상이지만 그 전과 후는 꽃눈분화가 가능하다. 이런 원리는 포인세티아나 칼란코에 같은 식물에서도 적용이 된다. 그런데 여기서 고려해야 할 일은 해돋기 전의 30분과 해 진 후의 30분 정도의 밝기가 꽃눈분화에 영향을 준다. 따라서 관상대나 천문대에서 이야기되는 일장에 1시간의 덤을 잡아줘야 한다. 이 원리는 비교적 쉬워 간단히 설명하기로 하겠다. 하국은 중생식물이기 때문에 온도만 유지시켜 주면 되지만, 추국, 동국은 SS식물이고 꽃눈분화에서 개화까지가 짧은 것은 6주 부터 긴 것은 15주 품종이 있

〈표 1-5〉 화훼작물의 일장에 대한 영향

식물명	장일의영향	단일의 영향
카네이션	개화촉진, 줄기연약 화경(花俓) 작아짐.	개화지연
국화(추국)	꽃눈형성억제	꽃눈형성촉진
마가렛	꽃눈형성촉진	
글라디올러스	블라인드 감소	블라인드 증가
제라늄	생육연약	생육왕성
구근아이리스	개화촉진	개화지연
칼란코에	영양생장 왕성	꽃눈형성 촉진
프리지아	개화기 단축	개화기 지연
크리스마스칵터스	무영향	꽃눈형성(17℃~18℃)
고데시아	꽃봉오리 발육촉진	생육지연
꽃베고니아	생육촉진	생육지연
프리뮬라(마라코이데스)	16℃ 이상에서 꽃눈형성 억제	온도무관계 꽃눈형성시킴.
시네라리아	개화촉진 화경연약	개화지연
칼세오라리아	개화촉진 화경연약	개화지연
수국	〃	관계없음
포인세티아	꽃눈분화 방해	꽃눈 형성 촉진
장미	생육촉진 줄기연약	생장지연
센트폴리아	생장촉진	생장지연
스토크	꽃눈촉진	꽃눈지연
팬지	화경축소, 개화촉진	화경튼튼

다. 몇 주 품종인 것만 알면 꽃눈형성 불가능한 시기에는 역산(逆算)해서 차광을 시켜 꽃눈분화를 유도시키면 되고 꽃눈형성가능시기를 연장하려면 일정광도(100Lux) 이상을 심야조명을 하다가 개화목표시기에 역산하여 전등을 꺼주면 된다. 주요 화훼류의 일장반응에 대한 영향은 〈표 1-5〉와 같다.

〈표 1-6〉 주요 화목류의 절지 또는 뿌리를 붙여 촉성하는 경우의 일람표

종류	촉성의요점			
	촉성개시	촉성소요일수	절지(切枝)의 경우	뿌리채촉성하는경우
능수조팝나무	12상	20 (일)	○	○
공조팝나무(고데마리)	12하	45		○
오니진달래	11하	45		○
명자꽃나무	12상	20	○	
개나리	12하	15	○	
동백	12하	20	○	
꽃복숭아	12하	15	○	
서향나무	1하	15	○	

다. 온도처리에 의한 개화조절

화목류는 최근에 이르러 절지나 화분촉성을 한다. 자연 저온처리가 끝난 시기에 가지나 뿌리째 뽑든지 다시 화분에 심어 온도를 20℃ 정도로 유지시켜 촉성 소요일수를 지나면 개화한다. 이때 습도를 높이면 개화도 촉진된다. 자세한 것은 〈표 1-6〉을 참고하기 바란다.

구근류의 촉성에는 3그룹으로 생각할 수 있다. 첫째는 글라디올러스처럼 자발 휴면기간(구근 내부조건 때문에 생장이 안되는 휴면)이 2~3개월 되어 이 자발 휴면기간을 촉성 또는 억제재배에 도입하는 것으로 구근굴취시기에 따라 정식기 및 개화시기가 달라지게 되며 억제시키려면 3℃로 냉장고에서 저장했다가 필요한 개화시기에 역산해서 심으면 된다.

둘째는, 주요 추식 구근류가 여기에 속하는 것으로 여름에 구근을 수확하여 저장중에 꽃눈분화가 완성되고(G-스테이지) 그 후 저온 요구량을 냉장고에서 처리한 후 온실에 넣어 온도를 높여주면 꽃이 피는 경우로써 튤립, 수선, 히아신스 등이 여기에 속한다. 이런 류는 저장중 꽃눈분화가 잘진행되도록 저장고 온습도의 유지가 매우 중요하고 이 저장조건이 블라인드발생에 영향을 준다.

셋째는, 구근은 수확해서 저장중에 꽃눈분화가 되는 것이 아니라 저장중에는 분화되지 않고 있다가 저온에 의해 휴면타파시킨 후 온실에 입실하여 새싹이 나온 후 꽃눈분화되는 류로서 백합, 구근아이리스, 프리지아 등이 있고, 춘식 구근인 글라디올러스와 달리아도 출엽 후(出葉後)에 꽃눈분화한다. 이런 종류는 꽃눈분화가 진행될 때 재배시설내 알맞는 환경유지가 필요하다.

라. 생장조절제를 이용한 개화조절

수체외(樹體外)에서 물질을 가하여 생장을 조절하는 물질을 총칭하여 생장조절제라고 한다. 대부분 식물호르몬이거나 미량으로 효과를 나타내기 때문에 약 농도의 정확성이 요구된다. 국내에서는 아직도 선진국과는 틀려서 일반화되어 있지 않아 생장조절제 구입이 시약센터에서나 구입해야 되며 대부분 고가(高債)여서 생산비가 증가되기 때문에 못쓰는 경우가 많다. 주로 많이 쓰는 종류는 지베렐린, 에틸렌 발생제(에테폰), 카이네틴이 주로 이용된다. 지베렐린의 예를 들면 휴면중인 화훼종자를 10~330ppm에 침적하면 휴면이 타파되고 유묘기 생육을 촉진한다. 글라디올러스는 1,000ppm을 수확 15일 전에 뿌리면 구근과 목자는 휴면 없이 발아하여 생육이 촉진되는 일이 있다. 시클라멘도 50~100ppm을 잎에 1회 살포하면 개화가 촉진된다. 절화줄기의 신장이 작아 문제가될 때는 꽃눈이 보일 때 100ppm정도 뿌리면 1.5~2배 가량의 생장촉진을 시킨다. 에테폰(200~300ppm)은 파인애플과 식물의 개화 촉진에 사용할 수 있고 카이네틴은 측아신장을 촉진하며 옥신류는 개화한 식물의 개화를 연장시키는 효과가 있다. 한편 일부 왜화제는 개화 촉진되는 경우가 있다. 장일조건에서 꽃눈분화기 직전에 포인세티아, 부겐베리아, 철쭉류의 잎에 싸이코셀(cycocel) 2,000ppm을 살포하면 초장이 작아지고 10~15일 정도 개화가 촉진되었다고 한다.

포스폰, 비나인(B-9)은 철쭉을 개화촉진시키며 안시미돌은 단자엽식물의 구근류인 튤립의 초장 억제효과도 있지만 7일 정도 개화지연되었다고 한다. 화분식물의 초장 및 개화조절에 이용되는 예는 〈표 1-7〉과 같다.

〈표 1-7〉 분화식물에 이용되는 생장조절제 종류 및 농도와 사용방법

식물(용도)	생장조절제	사용농도	처리방법	시기 및 기타
철쭉류	지베렐린(GA_3)	250~100ppm	엽면살포	온실촉성시 3회처리
(초장 및 개화조절)	비나인(B-nine)	2,500~3,500ppm	〃	1~2방울 떨어질만큼 뿌린다.
	씨씨씨(cycocel) (초장조절)	2,500ppm	〃	적심 후 4~6주째 처리
베고니아(초장조절)	씨씨씨	1,000ppm	〃	단일처리 1주 후 처리
카세올라리아 (초장조절)	〃	1,000ppm	〃	꽃눈이 보일 때
시네라리아(초장조절)	비나인	2,500~5,000ppm	〃	꽃눈이 보일 때
국화(초장조절)	비나인	2,500~5,000ppm	엽면살포	적심 후 10~14일
	안시미돌	25~100ppm	〃	단일처리, 적심 후 처리
	포스톤	1,000ppm	토양주입	적심 후 줄리가 5″ 정도시
시클라멘(조기개화)	지베렐린	10~25ppm	살포처리	개화 8주 전에 처리
달리아	안시미돌	1ppm	토양주입	정식 후 2주째
백합(초장조절)	안시미돌	50~20ppm	〃	초장 10~15cm
	파크로부트라졸	10~20ppm	〃	초장 10~15cm
제라늄(초장조절)	씨씨씨	2,000ppm	엽면살포	화분정식 2~3주째
	지베렐린(GA_3) (줄기신장)	250ppm	엽면살포	
	안시미돌	200ppm	엽면살포	잎 5~7매 전개시
수국(초장조절)	비나인	5,000~7,000ppm	〃	적심 4주째
	파크로부트라졸	20~50ppm	토양주입	적심 2~3주째
	지베렐린(저온처리대치)	5ppm	엽면살포	저온처리가 부족할 때 온실촉성시 4주째 처리
칼렌코에	안시미돌	5~10ppm	토양주입	단일처리 2주째
	비나인	5,000ppm		적심 후 2주째
포인세티아(초장조절)	씨씨씨	3,000~6,000ppm	〃	적심 2주 후
		3,000ppm	엽면살포	
	안시미돌	0.5ppm	토양주입	적심 3주 후
튤립(초장조절)	안시미돌	10~20ppm	〃	정식 2주째
	파크로부트라졸	5~25ppm	〃	정식 2주째

제2부

각 론

I. 일 년 초
II. 숙 근 초
III. 구 근 류
IV. 화목류와 과실나무

I. 일년초

과꽃

페튜니아

살비아

금어초

팬지

스토크

색양배추

스타티스

용담

시네라리아

프리뮬라

스위트피

꽃도라지

1 과꽃

학 명 : *Callistephus chinensis* N.
과 명 : 국화과
영 명 : china aster
원산지 : 한국, 중국 북부, 티베트, 아프가니스탄

국화과에 속하는 과꽃류는 우리 나라에도 자생하는 일년초화로서 중국 북부, 티베트, 아프가니스탄에 자생하는 동양화훼류이다. 1731년 스페인 선교사에 의해 유럽에 도입된 이래 영국, 독일, 프랑스 등에서 신품종이 육성되었고, 미국에선 영리절화용 신품종이 육성된 이후 절화산업에 많이 이용하게 되었다.

1. 계통과 품종

초장, 초형, 화형에 따라 나눌 수 있는데 초형에 따라 직립형(일명 빗자루형)과 분지성으로 나눈다. 직립형은 지저부 가까이서 몇 개의 가지가 나와 상부에 차례로 달리는 품종들로써 주요 재배품종은 〈표 2.I.1-1〉과 같다. 그러나 분지성은 한 포기에서 비교적 많은 가지가 나와 균등하게 자라는데 주요 품종은 〈표 2. I. 1-2〉와 같다. 한편 화형에 따라 국화형, 아네모네형, 코미트형, 타조털형, 관변형, 폼폰형 등이 있다.

2. 꽃피는 원리와 자라는 습성

일장에 대한 개화반응은 단일 또는 장일에 관계 없이 꽃이 피는 상대적 장일식물로서 장일조건에서 개화가 촉진된다. 시험결과에 의하면 16시간 이상의 장일에서 10℃ 이상의 온도만 있으면 정상적인 생육을 하여 꽃이 피며, 12시간 이하의 단일에서 20℃ 이상의 온도에서는 꽃이 피지만 15℃ 이하에선 로제트현상이 일어나기 때문에 꽃이 피지 않는다. 즉, 과꽃은 다른 작물과 마찬가지로 온도와 일장과의 상호작용에 의해 꽃이 피는 특징을 갖고 있으나 과꽃은 단일 저온상태에선 좌지현상(로제트)이 일어난다.

〈표 2.Ⅰ.1-1〉 직립성(빗자루형) 과꽃 주요 품종

품종	화색	조만성	화형	초장	주요특성
아까네	진홍	중생	평변, 국화형	80~90(cm)	내병성 강, 5월중순까지 파종
아리아게	적, 자, 백	만생	대륜, 품폰형	80~100	내병성 강, 5월상순까지 파종
오다끼	적, 자, 백	중생	평변, 국화형	90~120	내병성 강, 6~7월까지 파종
가마다	적, 자	중생	평변, 겹꽃	80~90	내병성 강, 재배용이
구즈다마	자, 적	만생	대륜, 품폰형	80~100	내병성 강, 줄기가 굵고 6~7월 파종
구레나인	홍	만생	평변, 반겹꽃	70	
조을녀(早乙女)	적, 백	중생	중륜, 아네모네	90~100	
사끼가게	적	조생	평변, 국화형	70~100	분지많음
자옥(紫玉)	진자색	중생	중륜, 폼폰형	75~85	다화성, 신장이 좋음
치구마폼폰	자, 핑크, 백	중생	중륜, 폼폰형	70~80	재배용이, 5월중순 파종
히오도시	진홍	만생	중륜, 폼폰형	80~90	내병성, 조기적심
복랑(福娘)	핑크, 홍	조생	중륜, 폼폰형	70~80	
미스즈	적	만생	중륜, 폼폰형	90~100	6월 까지 파종
천희(千姬)	적, 자, 백	중생	평변, 겹꽃	30~40	왜성, 분지쉽다
올센트	적, 백	만생	중륜, 폼폰형	25~35	왜성, 재배어려움

〈표 2.Ⅰ.1-2〉 분지성 과꽃 주요 품종

품종	화색	조만성	화형	초장	주요특성
퀸오부마켓	적, 자, 핑크, 백	조생	평변, 국화형	100~110cm	대륜
그레고자이언트	적, 자, 핑크, 백	만생	대륜, 타조털형	100~120	
자이언트퍼펙션	청, 자, 백	중생	–	60~70	
프린세스	적, 자, 핑크, 백	만생	–	110~230	
파우다퍼프	적, 자, 백	중생	대륜, 평변	90~100	추파가 좋고, 재배용이

과꽃은 고온 또는 저온 어느 조건이든지 장일에서는 개화가 촉진되지만(〈그림 2. Ⅰ. 1-1〉) 단일상태에선 개화까지 소요일수가 길어지고 저온단일에선 특히 오랜 시간이 걸린다. 또한 초장도 장일 고온상태에선 더 길고 단일 저온상태에선 짧아진다(〈그림 2. Ⅰ. 1-2〉). 이러한 이유 때문에 겨울철 또는 3~4월에 개화시키려면 전등조명 재배에 의한 보광(補光)과 시설내 온도를 10°C 이상 유지시켜줘야 한다.

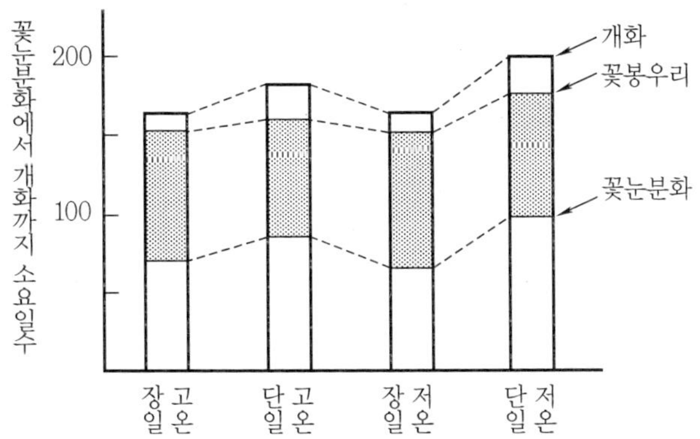

*장일 = 자연일장 + 5시간조명 단일 = 자연단일 고온 = 10°C

〈그림 2. I. 1-1〉 과꽃 온도와 일장에 미치는 개화영향

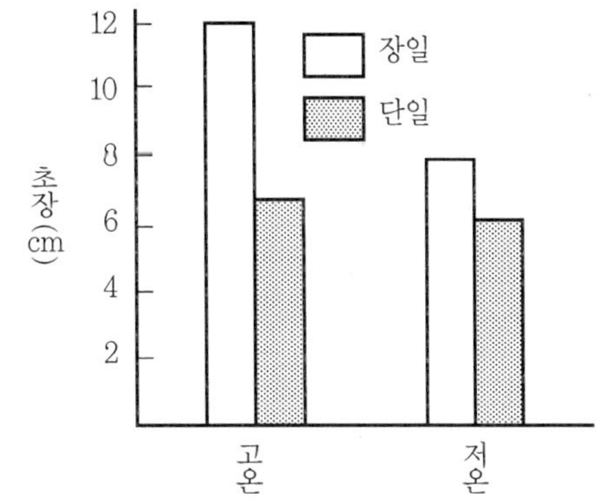

〈그림 2. I. 1-2〉 과꽃의 초장에 미치는 온도와 일장의 영향

과꽃은 반내한성 일년초로서 우리 나라에선 봄에 파종하는 춘파 일년초이며 여름부터 가을에 걸쳐 꽃이 핀다. 생육적온은 20℃, 발아적온은 15°C이지만 저온에서도 꽤 강하여 0°C 전후에서도 월동하나 단일하에서 15°C 이하가 되면 신장이 정지되는 로제트 현상이 일어난다.

3. 개화기 조절의 실제

파종기 조절만으로 개화기를 조절할 수 있기 때문에 비교적 개화기 조절방법이 쉽다. 절화재배할 때는 절화 목표시기에 따라 달리하는데 7월, 8월, 9월을 목표시기로 할 때는 〈그림 2. I. 1-3〉과 같이 한다. A는 파종 후 곧 겨울이 되기 때문에 난지에서는 터널에서 피복시켜 월동하였다가 봄에 정식한다. B는 1~2월에 온상이나 시설내에서 파종하여 이식 육묘했다가 봄에 정식한다. C는 5월에 노지에

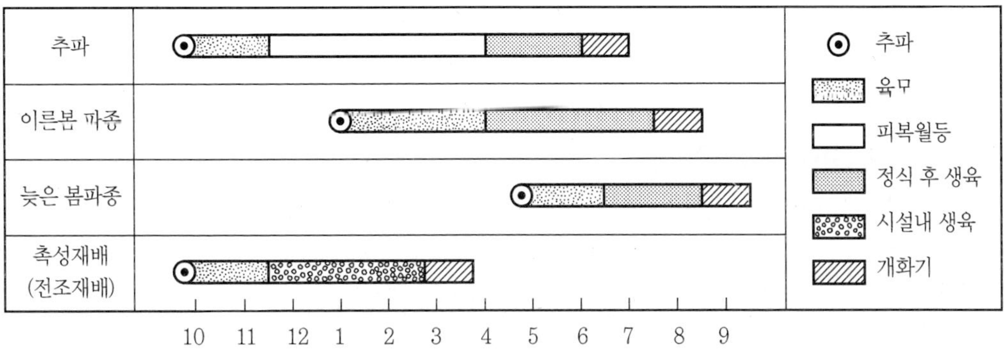

〈그림 2. I. 1-3〉 과꽃 작형 예시(7, 8, 9월 출하)

서 파종하지만 직파재배도 한다. D는 촉성재배 형태로서 A와 같이 파종하지만 온실이나 하우스에 정식하여 1월경부터 전등조명과 가온을 하여 3~4월에 개화시킨다(〈그림 2. I. 1-3〉).

한편 촉성재배도 몇 가지 작형으로 재배할 수 있는데 〈그림 2. I. 1-4〉와 같이 출하시기를 12~1월, 1~2월, 3~4월에 출하할수 있다. 노지재배에서는 9월 하순에 파종하여 온실에 육묘하였다가 6~7월 출하, 또는 4월 하순~5월 상순에 파종하여 8~9월 출하가 가능하다. 화단용으로 이용할 때는 보통재배에 준하여 파종 및 개화시킨다.

4. 재배법 요약

과꽃은 품종에 따라 종자립수가 다르다. 대립인 비감(悲感)은 150~200립, 조을녀(早乙女)나 프린세스는 200~250립, 아까네는 250~300립이다. 파종량은 상파의 경우는 10a당 4~6dL, 직파는 6~8 dL가 필요하다. 종자수명은 1~2년 정도이며 15°C의 발아온도를 유지하면 10일 후에 싹이 튼다. 본엽이 2~3매가 되면 5~6cm간격으로 옮겨 심고, 본엽이 7~8매 때에 9~12cm 간격으로 정방형 또는 장방형으로 심는다. 토양은 비교적 가리지 않고 잘 자라기 때문에 점질양토, 사양토, 화산회토에서도 잘 자라지만 개화기에는 쉽게 건조되지 않는 토양이 좋다. pH는 6.5~7.0정도가 좋고, la당 시비량은 질소 10kg, 인산 5kg, 칼리 6kg을 표준으로 한다. 연작을 피하고 토양소독을 잘 하며 정식 후는 짚이나 비닐로 멀칭을 한다. 개화를 지연시키려면 적심도 가능한데 7~8매쯤 됐을 때 적심을 한다. 적심하면 몇 개의 측지가 나오는데 3~4개의 측지가 신장토록 한다.

전조재배는 촉성재배시 꼭 해야 될 재배법인데 12월 하순경부터 개화시키려면 10월 하순경부터 전등조명을 시작한다.

꽃눈분화할 때는 40일쯤 장일처리하는 것이 좋고 꽃눈분화 후 개화까지는 다시 60~70일 정도 필요하다(〈그림 2. I. 1-3~4〉). 조명방법은 13㎡당 백열전등을 1m높이에서 비추되 초장이 신장함에 따라 높이를 조절한다. 조명시간은 심야 단시간 조명(광중단)을 3~4시간 정도 하는 것이 효과적이다.

온도는 12월 하순부터 하는데 일찍 출하하려면 11월 중순부터 가온하여 야간 10°C 이상을 유지하도록 하고 개화기가 가까워 오면 15°C로 관리한다. 3~4월 출하는 12월 중순경부터 가온하여 낮

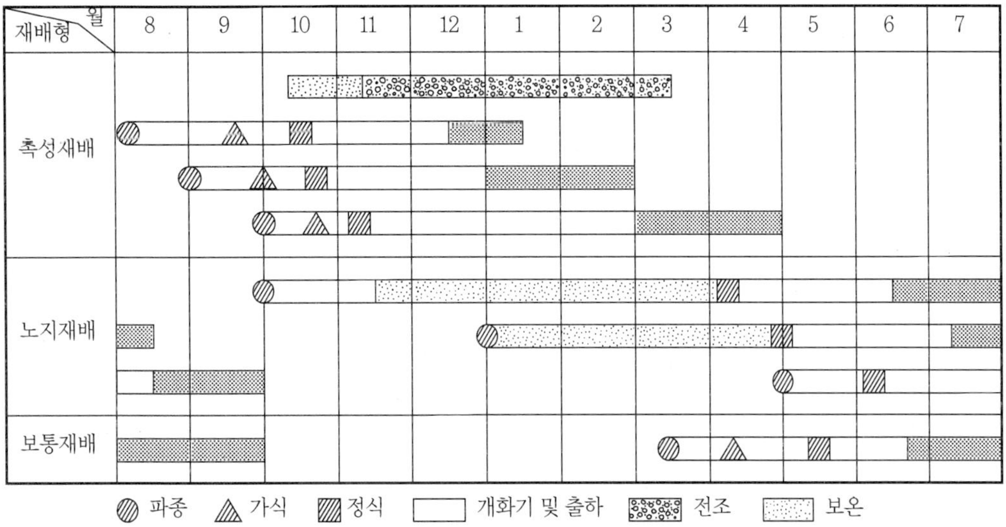

〈그림 2. I. 1-4〉 과꽃 재배형태별 작형 (년중)

온도를 20~25°C로 관리한다.

병충해로는 입고병이 고온다습시 많이 발생하는데 연작을 피하고 토양소독을 철저히 하며, 보토리티스병은 캐프탄, 벤레이트로 방제하고 적수병(赤銹炳)은 다이젠을 산포한다.

절화는 70~80% 개화했을 때 50cm 길이로 잘라 10개를 한 묶음으로 하고 다섯 묶음을 한 다발로 하여 출하하는데 흡수시키지 않아도 된다.

2 살비아

학 명 : *Salvia* spp.
과 명 : 꿀풀과
영 명 : scarlet sage
원산지 : 브라질, 지중해 연안, 멕시코

국내 기후풍토에 맞는 일년초로서 화단용으로 많이 이용된다. 여름부터 가을까지 장기간 개화하며 강렬한 적색은 정열적이다. 깨꽃, 사루비아, 샐비아는 옳은 이름이 아니다.

1. 계통과 품종

살비아 종류는 약 500여 종으로서 넓게 분포하고 있지만 원예종으로 가장 많이 이용되는 것은 스플렌덴스(*Salvia splendens* K.), 화리나세아(*Salvia farinacea* B.), 코씨네아(*Salvia coccinea* L.)가 있다.

(1) 스플렌덴스종(*S. splendens*)

살비아의 대표종으로써 브라질이 원산이다. 원산지에서는 다년생 반저목(半低木)으로 내한성이 없어 국내에서는 월동이 안되므로 일년초로 취급한다. 주로 적색이지만 도색, 자색, 백색이 있고, 초장도 고성(70~130cm), 중성(50~60cm), 왜성(30~40cm)이 있다(〈표 2. I. 2-1〉).

① **극조생계 스플렌덴스** : 트레스파렛(극왜성, 진적색), 홍자(紅姿: 비적색, 잎 광택), 초자(初姿: 핑크, 잎 광택), 설자(雪姿: 순백색, 내서성 강)가 있고 연한 핑크색계로는 약자(若姿: 선도홍색, 잎 광택)가 있다. 기타 리고(비적색, 성질 강건), 카라비니엘(비적색, 잎 광택), 센트존스화이어 스페샬(비홍색, 극왜성)이 있다.

② **중생계** : 홀째즈 스페샬(비적색, 화수장이 김), 사반나(진홍색, 화수가 큼), 조엽아메리카(진홍색, 잎 광택)가 있다.

③ **만생계** : 본화이어(비홍색, 생육왕성, 저비성 품종), 톨퍼플(고성, 진자색, 화수가 생김)이 있다.

(2) 화리나세아종(*Salvia farinacea* B. 영명 : mealy cup)

북미 텍사스 원산으로 다년초이지만 일년초로 취급한다. 보통 살비아와는 형태에 차가 있어 오인하기 쉽다. 잎이 세장(細長)하고 경엽에는 녹백색의 띠기 있으며 꽃은 청색, 백색으로 화수가 길게 신장한다. 초장은 60~80cm쯤으로 주요 품종으로는 빅토리아 블루(자청색, 분지 양호), 빅토리아 화이트(은백색, 왜성, 분지양호), 리갈 퍼플(Regal purple :자색) 등이 있다.

2. 꽃피는 원리와 자라는 습성

살비아는 품종에 따라 일장에 대한 개화반응이 크게 틀린 특징이 있다. 예컨대 스플렌덴스종의 센트존스화이어는 일장에 관계 없이 꽃이 피지만 하빙거는 장일에선 꽃이 피지 않고 단일에서 꽃이 핀다. 이와 같이 동일종이라도 품종에 따라 개화반응이 다르다. 시험에 의하면 센트존스화이어는 일장에 중일성으로 중성식물과 같이 꽃이 피지만 단일성 식물과 같은 개화반응을 일으키는 하빙거 및 본화이어는 다소 단일에 가까운(한계일장이 다소 짧은 식물) 품종으로 분류된다. 대체로 만생종은 단일성이고 조생종은 중성반응을 나타내는 중성식물이다. 생육적온은 20℃ 전 후로서 30℃ 이상에선 화색이 좋지 않고 생육도 좋지 않다.

3. 개화기 조절의 실제

다른 화단용 초화류와 마찬가지로 파종기를 달리하여 개화기를 조절할 수 있다. 〈표 2. I. 2-2〉는 홑째즈품종의 파종기별 개화 소요일수를 보여주고 있고, 〈표 2. I. 2-3〉은 센트존스화이어의 파종기별 개화 소요일수를 보여주고 있다. 홑째즈도 저온기에 파종하면 개화 소요일수가 길어지고 고온기가 되면 적게 되는데 그 차가 40일 이상이나 된다. 그러나 너무 늦으면 초장과 분지수가 적어 관상가치가 떨어지고 저온기 파종은 발아적온이 다른 일년초에 비해 높은 20~25℃이기 때문에 가온이 필요하다. 센트존스화이어는 홑째즈보다 파종기별 개화시기가 더 짧다(〈표 2. I. 2-3〉). 그러나 만생종인 단일성 품종은 아무리 일찍 파종해도 단일상태가 되지 않으면 꽃이 피지 않으니 봄, 여름 화단에는 품종선택에서 제외해야 한다.

4. 재배법 요약

1mL당 종자립수는 120~170립 정도이지만 화리나세아종은 500립이다. 발아적온은 20~25℃로

〈표 2. I. 2-1〉 살비아 초장 크기별 품종 비교

초장	25㎝	30㎝	38㎝	48㎝	70㎝
품종	카람바 화이어 볼 레드 홀 샐리	카라비어 센트존스화이어 화이트화이어	화이어 볼 레드필러 바이오렛후레임	아메리카 빅토리아	본화이어 스프렌덴스톨
자연개화기	6월 20일	7월 1일	7월 10일	7월 15일	8월 1일
용도	정원 및 화단	정원	화단	중앙화단 화단배경	화단배경

〈표 2. I. 2-2〉 살비아 파종기별 개화시와 개화 소요일수(원예원 ′83)

구분 \ 파종기	2월 10일	3월 10일	4월 10일	5월 10일	6월 10일	7월 10일
개화시	5월 24일	6월 24일	7월 11일	8월 1일	8월 25일	9월 16일
개화소요일수	103일	106일	92일	83일	76일	63일

(품종 : 홀째즈)

〈표 2. I. 2-3〉 살비아 (품종 : 센트존스화이어) 파종기별 개화시기

파종기	묘출하기	화단정식기(개화기)	육묘법
2월 하순	4월 하순	5월 중순	가온시설에서 파종육묘
3월 중순	5월 상순	5월 하순	가온시설 파종, 노지육묘
5월 중순	6월 하순	7월 상순	상파, 노지육묘
6월 하순	8월 중순	9월 상순	상파, 노지육묘

서 적온하에서 10일 만에 싹이 튼다.

입고병 발생이 많으니 토양소독을 철저히 하고 조파한 후 2배 정도(약 5mm쯤) 복토하고 전술한 바와 같이 발아온도가 높으니 2월~3월 파종은 발아상에 온도를 20~25℃로 유지하게끔 난방가온 또는 전열상(가온시설)을 만들어 줘야 한다. 본엽이 3~4매 정도 나오면 10m 간격으로 한번 이식하고 충분히 관수한다. 4월 파종은 5월 상순이 가식 적기이다. 본엽이 7~8매 정도 되면 포트에 옮긴다. 화단에 심을 때의 재식거리를 볼 때 센트존스화이어는 25cm 간격, 하빙거는 30cm 간격, 본화이어는 40cm간격으로 심는다. 기비는 1m^{2}당 퇴비 2~3kg을 복합비료(18동률) 80g정도를 시여하고 추비로 2개월에 한번씩 40g을 준다. 병충해로는 발아시 입고병 발생이 많으니 토양소독을 철저히 한다.

3 페튜니아

학 명 : *Petunia hybrida* V.
과 명 : 가지과
영 명 : petunia
원산지 : 남미

원래는 다년초이지만 한국에선 월동이 안 되어 1년초로 취급을 하며, 선진국에서 많은 신품종이 육성되어 그 품종이 매우 다양하다. 피튜니어, 페츄니아는 옳은 이름이 아니다.

1. 계통과 품종

현재 재배되고 있는 페튜니아는 액씨랄리스(*Petunia axillaris*)와 비올라세아(*Petunia violacea*)와의 종간 교배종으로써 홑 · 겹꽃 종류의 다양성 외에 꽃색, 꽃의 크기, 화형 등 품종분화가 잘 이루어졌다.

시판종들은 대부분 일대 잡종 종자들로써 매년 종자를 구입해서 써야 한다.

(1) 거대륜 홑꽃(super glandiflora)

화경(花徑)이 9~14cm나 되는 최고로 꽃이 큰 홑꽃 4배체 품종으로써 대부분 꽃잎이 파상(波狀)이고 꽃대는 직립으로 30~40cm 정도 신장한다. 주요 품종으로는 자이언트 오브 캘리포니아(각색 혼합), 타이탄 계통의 품종으로서 레드, 레드 앤드 화이트, 로즈, 라이트 핑크, 살몬, 블루, 밑블루, 화이트가 있고, 카스케이드 계통으로는 핑크, 스카이 (밝은 하늘색)가 있다.

(2) 대륜 홑꽃종(glandiflora)

화경이 7~8cm쯤으로서 꽃은 평변(平弁)또는 파상변(波狀弁)으로서 꽃대의 길이는 약 20cm정도 자란다. 화단에 가장 많이 사용되는 계통으로 장마 또는 바이러스에 강한 품종이 시판되고 있다. 장마에 견디는 것으로 리가바라 계통이 있는데 레드, 핑크, 살몬, 블루, 화이트가 있다. 꽃잎 끝이 파상변(波狀弁)인 대륜종인데 참피온 계통으로서 레드, 로즈, 옐로우, 블루 품종이 있고 별 모양계통으로 텔스타(농자+백), 드림(자홍+백)이 있다. 기타 로즈피코티(로즈+백)가 있다. 한편 사피니아는 분지력이 강한 타입으로 여름더위와 장마에 강하여 도로가의 헝잉 바스켓에 많이 이용된다.

(3) 대륜 겹꽃종(glandflora double)

화경이 약 10㎝정도로써 만개하면 대략구형이 된다. 우장춘 박사의 유전 연구결과로 만들어진 것으로써 최근 사까다에서 육성한 빅토리아 계통의 자(紫), 진핑크, 살몬, 백색 등이 있다. 기타 카나디안 계통과 부라이달부케(백), 소나타(백), 다불슈어(적), 발렌타인(적), 핑크 부케(핑크)가 있다.

백색 품종으로는 아폴로, 크로케스 빅토리 화이트, 글래씨어, 라파로마, 올드글로리 화이트, 스노우크라우드, 화이트매직, 화이트플래시가 있다. 적색 품종으로는 체리매직, 훌콘레드, 올드글로리 레드, 레드바론, 레드플래쉬, 스파클러 등이 있다. 핑크와 로즈색으로는 부러쉬 카스케이드, 훌라멩코, 훌콘로즈, 해피니스 임푸르부드, 핑크매직, 울트라로즈가 있고, 청색 계통으로는 훌콘블루, 마리너, 올드글로리블루, 울트라부라가 있고 자색 품종으로는 로얄 캐스케이드, 슈가대디 등이 있다. 황색 품종으로는 옐로우매직, 선버스트, 캘리포니아걸이 있다. 살몬색깔로는 발레리나, 코랄캐스케이드, 코랄매직이 있고, 진홍색 계통으로는 버간디(Burgundy), 울트라버간디가 있으며, 복색으로 된 품종은 얼스타(적+백), 블루후로스트(자청+백), 캘립(적+백), 훌콘 레드 앤드 화이트(적+백), 페니캔디(적+백), 레드피코티(적+백)등이 있다.

(4) 소륜 홑꽃종(multiflora)

화경이 5~6cm정도이지만 꽃이 많이 피어 꽃상자 또는 분화에 적당하다. 꽃대는 20cm정도 신장하지만 가늘고 많이 나와 용기를 뒤덮어 용기재배에 안성마춤이다. 단색종으로는 마우나로아(진적색, 내장마성), 레드코로넷(진적색), 핑크푸로휴손(핑크, 내장마성), 화이트하모니(백), 웨딩티(백)가 있고 복색종으로는 로즈파라솔(진도홍+백), 로리포프(농도+담황), 훼닉스(비적색+선황색), 투엔티레디(농도색+순백)가 있고 별 모양으로 크리타쎄렉트(농적+백), 로메오(도+백), 아오이호시(青星: 청+백)가 있다. 기타 품종으로는 애플타트(적색, 왜성), 체리타트(핑크+백), 레드 앤드 화이트 딜라이트(적+백), 스노우베리타트(백)가 있다.

(5) 소륜 겹꽃종(multiflora double)

화경이 5~6cm로서 초장이 20~30cm쯤 되며 꽃이 많이 핀다. 주요 품종으로는 아메리카(진도색), 환타지(자+백)가 있다.

2. 꽃피는 원리와 자라는 습성

일장에 대한 개화반응은 중성식물로서 연중 온도만 있으면 꽃이 피지만 장일에 의해 개회기 촉진되는 상대적 장일식물이다. 저온 단일상태에서는 개화가 지연되며 분지가 많아지고 마디가 짧아져 로제트 모양으로 되지만 다른 꽃처럼 로제트되어 꽃이 피지 않는 것이 아니라 지연은 되지만 꽃은 핀다. 반면에 고온 · 장일상태에서는 개화가 촉진되고 분지가 적으며 마디가 길어진다. 그렇기 때문에 생육 전반에는 분지수를 많게 하고 마디를 짧게 하여 튼튼하게 기르기 위한 목적으로 저온 단일상태에서 육묘하기 위해 추파하여 육묘하였다가 생육 후반, 즉 개화기는 봄이 되어 장일상태로 유도하면 꽃이 잘 핀다.

생육적온은 20℃ 내외이며 개화적온은 20~25℃이다. 차광상태나 그늘진 곳에 페튜니아를 심으면 극도로 생육이 나빠지기 때문에 광은 충분히 받을 수 있도록 관리해야 꽃이 잘 핀다. 건조에는 꽤 강하지만 다습조건에서는 약하고, 특히 장마에는 약하여 꽃이 부패하고 부패병 발생이 많아 결점이 된다. 백색 품종은 공해에도 약하여 오존과 팬(PAN)에 민감한 피해를 받는다.

3. 개화기 조절의 실제

페튜니아는 파종기 조절만으로 개화기를 조절할 수 있기 때문에 비교적 개화기 조절이 쉽다. 〈표 2. I. 3-1〉은 파종기 별로 개화가 시작하는 시기와 개화 소요일수를 나타내는 것으로서 고온기에는 소요일수가 짧아 지고 저온기는 길어짐을 볼 수 있다. 저온기에 파종할 때는 발아적온이 25℃ 전후이기 때문에 가온해야 된다. 분재배시에는 〈표 2. I. 3-2〉와 같이 하는데 봄에 도장이 염려가 될 때는 B-9 0.2%액에 13~15%액으로 산포하여 도장을 막는다.

〈표 2. I. 3-1〉 페튜니아 파종기별 개화시(開花始)와 개화 소요일수(원예원' 83) (품종 : 챔피온)

구분 \ 파종기	2월 10일	3월 10일	4월 10일	5월10일	6월 10일	7월 10일
개화기(월/일)	5/12	5/31	6/15	7/13	8/3	8/27
개화소요일수	90	82	66	64	59	48

〈표 2. 1. 3-2〉 페튜니아 분재배 파종시기와 육묘방법

구분	파 종 기	분 올리는 시기	출하기	육묘관리상 주의점
A	10하	2상	4상중	무가온파종, 가온한 온실, 하우스에서 육묘
B	2상	3중	5중하	가온한 온실, 하우스에서 파종육묘
C	3중	4상	6중	가온한 시설에서 파종, 그 후 밖에서 육묘
D	6하	7하	10상	냉상에 파종, 밖에서 육묘

4. 재배법 요약

1mL당 입수가 5,000~6,000립으로 극미세종자이며 광발아 종자이기 때문에 미세종자 파종법에 의해 부엽 4+상토 4+모래 2정도의 흙을 토양소독하는데 가능한 소토 또는 증기소독을 한다. 약제소독시에는 약제를 완전 휘발시켜야 하고, 2mm의 체로 쳐서 2cm정도 깊이까지는 고운 흙으로 채워야 한다. 상자파종이 좋은데 파종량이 많을 때는 벳드를 만들어 파종할 수도 있으며, 2~3cm 간격으로 조파(條播)하되 줄의 깊이를 얕게 한 후 밀파되지 않도록 파종을 한다. 복토는 하지 않으며 진압해 주는 정도로 끝내고 저면관수 또는 분무관수를 한다. 발아적온은 25℃로서 10일 후면 싹이 트는데, 본엽이 2~3매가 되면 3~4cm간격으로 한번 가식을 하고 자라서 꽉 차면 10cm크기의 포트에는 1주, 12cm포트에는 2~3주를 심는다. 이때에는 15일 간격으로 액비를 600배로 엷게 희석하여 주는 것이 좋다. 배양토는 밭흙 2+부엽 또는 피트모스 1의 비율로 혼합해 사용하든지 밭흙 4+부엽 또는 피트모스 4+모래 2의 비율로 섞어 쓴다. 그러나 이는 필수적인 것이 아니니 다른 배양토로 응용해도 좋다. 시비는 la당 질소 9kg, 인산 3.6kg, 칼리 4kg으로 하고 배양토에 배합할경우는 1m^{3}당 질소 270g, 인산100g, 칼리 120g의 비율로 섞어 사용한다. 화단에 심을 때는 20~25cm간격으로 심고 꽃상자에 심을 때는 흙이 보이지 않도록 15~18cm간격으로 심는다. 정식 후에 2주 간격으로 300배로 희석한 액비로 추비를 한다. 병충해로는 회색곰팡이병이 꽃이나 꽃대 또는 잎에 수침상 반점이 많이 발생되는데 캐프탄, 벤레이트로 방제를 하고, 잎과줄기에 발생되는 반점병은 다이젠으로, 백색곰팡이병은 잎 표면에 담황색의 윤문 상반점이 생기므로 다이젠으로 방제한다.

4 금어초

학 명 : *Antirrhinum majus* L.
영 명 : snapdragon
과 명 : 현삼과
원산지: 지중해, 북아프리카

원산지에는 약30종이 자생하나 현재 재배되는 종류는 *A. majus*종이 대부분이다.

생육적온은 낮엔 15~20℃, 밤은 10℃ 전후가 알맞으며 0℃ 이하에서는 블라인드 발생이 일어나지만 동해에 다소 강하여 0℃에서도 해를 받지 않는다. 원래 노지용이었으나 20세기에 들어 미국에서는 온실 촉성용 겨울개화종(冬咲種)이 육성되었고, 최근에는 많은 1대 잡종 품종이 미국, 일본 등에서 육성되었다.

1. 계통 및 품종

금어초는 개화특성에 따라 여름개화종(夏咲種)과 겨울개화종(冬咲種)으로 나눈다. 12개월 개화와 3~5월의 두 번 절화를 목표로 조생종인 겨울개화종을 많이 재배한다.

가. 여름개화종

장일조건에서 개화하는 성질을 가지고 있는 종류로서 5월경부터 9월경까지 개화하는 계통으로 주로 노지재배용이기 때문에 화단에 많이 이용된다.

(1) 왜성종

① 플로랄카페트(Floral Carpet)계통 : 양탄자처럼 바닥에 깔리듯 초장이 15~20cm밖에 안되는 종류로 화단에 가장 많이 이용되는 계통인데 대부분 1대 잡종으로 꽃색은 적, 황, 진홍색(deep rose),

핑크, 부론즈, 백 등 다양한 색깔을 가지고 있다.

② 김(Kim) 혼합종 : 초장이 30cm쯤 되는 분지성이 좋은 품종으로 화수(花穗)에 부착된 꽃 모양이 아름다우며 꽃색이 다양하다.

③ 콜리브리(Kolibri) 혼합종 : 초장이 18~23cm로서 조생종으로 꽃색이 다양하다.

④ 기타 왜성종 : 픽시(Pixie) 혼합종은 초장이 15~20cm로 화수가 짧고 밀생해 포트용으로 쓰인다. 또한 스위트 허트(Sweet Heart) 혼합종은 초장이 30cm로써 화수장이 짧은 겹꽃 품종이다.

(2) 중성종 : 키가 중 정도 되는 계통

① 브라이트 버터플라이스(Bright Butterflies) : 초장이 60cm로서 분지성이 좋고 화색이 다양하다.

② 코로네트(Coronette) 혼합종 : 초장이 50~60cm로서 분지력이 좋고 측지가 튼튼해 바람에 견디는 힘이 강하다.

③ 스프라이트 포뮬라(Sprite Formula) 혼합종 : 기부에서 분지성이 좋고 초장은 40cm정도로 화색이 다양하다.

(3) 고성종 : 키가 큰 종류로 절화용이나 경제화단의 외측부를 처리할때 쓴다.

① 마담 버터플라이(Madame Butterffliy) : 초장이 76cm정도로서 분지력이 좋고 겹아잘레아 처럼 꽃이 겹이고 밝은 색깔의 품종이다.

② 로켓(Rocket) 혼합종 : 84cm정도의 초장을 가지고 있으며, 초형이 좋고 특히 화수의 소화착생이 좋다. 백, 황, 적, 분홍, 레몬색, 부론즈색 등 다양한 색깔의 품종이 있다.

③ 기타 : 알라스카(백색), 카나리버드(황색) 등이 절화용으로 사용한다.

나. 겨울개화종

일장반응이 둔감한 반응을 보이는 계통으로 여름장일이건 겨울단일이건 꽃이 피는 계통으로 겨울철 촉성용 시설재배에 적당한 계통이다. 대부분 1대 잡종들이어서 매년 종자를 사서 써야 한다. 모두 고성종으로써 60~90cm 범위에 드는 것들이다.

(1) 극조생종 : 개화가 빠른 계통

① 홍화(紅華) : 진한 적색으로 화수가 크고 관상가치가 높다.

② 금치(金致) : 맑은 황색으로 화수가 크고 화경이 튼튼한 품종이다.

③ 부사설(富士雪) : 순백색으로 화수 모양이 아름답다.

(2) 조생종

① 도원(桃園) : 진한 핑크색으로 내한력이 강한 인기 있는 품종이다.

(3) 중생종

① 만월(滿月) :농황색으로 성질이 강건한 노지 하우스 겸용종이다.
② 황금휘 (黃金輝) : 순황색으로 노지재배도 가능한 고성종이다.
③ 춘봉(春峰) : 진한 홍도색 (紅桃色)으로 저온재배형으로 노지재배도 가능하다.
④ 은치(銀致) : 순백색으로 대형화의 꽃이 밀생하고 성질이 강건하다.
⑤ 설관(雪冠) : 순백색으로 성질이 강건하고 화수가 매우 튼튼하게 보인다.
⑥ 설휘(雪輝) : 순백색으로 노지재배에 적당한 초세가 강한 품종이다.

(4) 만생종

① 앵휘(櫻輝) : 도홍색으로 초세가 강하여 노지재배에 좋다.
② 등랑(藤娘) : 등자색으로 아름다운 색조를 띠며 재배가 쉬운 품종이다.

2. 꽃이 피는 원리와 자라는 습성

생육적온은 낮엔 15~20℃ 정도, 밤엔 10℃ 전후가 좋다. 여름개화하는 계통(품종란 참조)은 장일성 식물로써 꽃눈분화하기 위하여는 12시간 이상의 일장이 필요하다. 그러나 절대적인 것이 아니고 상대적 장일식물로써 고온기 장일은 개화를 촉진한다. 겨울개화종(冬咲種)은 대부분 여름개화종에서 개량한 일대 잡종인데 일장에 대하여 둔감한 품종들이어서 단일상태인 겨울철에 꽃이 잘 핀다. 그러나 겨울개화종도 일장과 온도에 따라 개화에 영향을 준다. 즉, 겨울개화종(시설재배용)도 단일보다는 장일에서 촉진되고 저온보다는 고온 쪽(15℃~21℃범위에서 21℃쪽)이 꽃눈분화, 꽃봉오리 발생, 개화가 모두 빠르다. 또한 충분한 일조(日照)는 광합성의 승가로 꽃이 피기까지의 일수가 짧아진다. 그래서 금어초의 개화생리를 한마디로 함축하면, 저온에서는 중성식물(day neutral at low temperature) , 고온에선 상대적 장일식물(quantitative long day plant)이다. 연구결과에 의하면 파종 5~7주후 초장이 5~20cm이고 10~12잎 보유했을 때에 일장에 대하여 반응하는 그룹과 반응하지 않는 그룹으로 나누어 1부터 5까지 나누고,이 light breaking(광중단)은 분당 5초만 조명해도 효과가 있었다는 연구결과도 있다.

3. 개화조절의 실제

12월부터 3월경까지 절화하려면 7월 상순부터 8월 하순까지는 파종해야 한다. 적심하여 3~4간배(幹培)로 기를 때는 7월 하순, 무적심해서 외대로 기를 때는 8월 중 · 하순에 파종하는 것이 적기이다. 3~5월 개화시키려면 9월 상 · 중순 파종이 좋다. 금어초는 이와 같이 파종기와 적심에 의해서 개화기를 조절한다.

금어초는 겨울개화종의 개화 경우 일정한 초장과 온도에 의해 분화되기 때문이다. 이식 후 20~25일경 1~2마디(본엽2~4매)에서 1회 적심을 행하고, 다시 측지가 1~2마디 자라면 두 번째 적심을 한다. 이 시기는 9월 중 · 하순 정식기 전후가 되는데 이는 품종, 출하기, 재배형태 등에서 조만(早晩)이 결정된다. 적심에 따른 개화기의 관계는 〈표 2. 1. 4-1〉과 같다.

〈표 2. 1. 4-1〉 금어초의 마지막 적심과 개화와의 관계 (품종 : 설휘)

마지막적심	개화시작	개 화 성 기	2번화개화시
8(월) 30(일)	10(월) 중순	11(월) 하순	1 (월) 중순
9 10	11상	12상	3하
9 20	12상	2상	4상
9 30	1중	3중	-

*설휘는 중생종이며 조생종은 5~6일 빠르다

4. 재배법 요약

(1) 파종 및 가식

1mL당 립수는 2000립으로 미세한 호광성 종자이다. 1a(30평)당 약 2000주의 묘가 필요하기 때문에 성묘율 50%를 감안하면 2mL만 뿌려도 되지만 위험률을 감안하여 3~4mL를 뿌린다. 15~20℃에서 5일 정도면 발아되는데 파종용토는 밭흙 40%+부엽 20~30%+모래 30~40%의 용적 비율로 혼합하여 토양소독한후 파종한다. 파종 후 10~15일경 본엽이 보이기 시작할 때 이식한다. 이식할 때는 적기 때문에 대나무로 만든 핀셋으로 옮겨심는다. 두 번 이식할 때는, 첫번째는 4cm 간격으로 1㎡당 625주를 심는다. 한 번만 이식하고 말 경우는 5×5cm 간격으로 400주씩 심는다.

(2) 정 식

본엽이 여러 장 나오고 9~12cm 신장하면 정식하는데 7월 중순 파종은 9월 중 · 하순경이 된다. 거리는 18×15cm또는 20×17cm(1m상 폭에 6줄 정식)로 하면 1a당 3,333주 정식하게 되고, 통로를 빼면 2,166주 정식이 가능하다. 시비는 1a당 질소 2~2.5kg, 인산 2.5~3kg, 칼리 2.5~3㎏을 준다. 선충피해가 심하니 토양소독도 잊지 말아야 한다.

(3) 적 심

이식 20~25일 후 1~2절째(본엽 2~4매)에서 1회 적심을 행한다. 다시 측지가 자라면 1~2절째에서 두 번째 적심을 한다. 측지가 너무 많이 자라면 4~5개만 남기고 빈약한 가지는 정리한다.

(4) 기타 관리

초장이 15~20cm신장할 무렵 1단 네트를 친다. 두 번째는 화수가 신장이 시작할 무렵인 11월 상순에 카네이션과 같은 요령으로 한다. 부정지(不正枝)나 측아를 따주어 주지의 생육을 좋게 한다. 온도관리는 7~10℃로 하며 밤엔 5℃쯤 유지한다. 0℃ 이하에서는 꽃이 피지 않고 곤봉 모양의 긴 화수가 되며 블라인드가 되어 상품가치가 없어진다.

5. 병충해 방제

(1) 엽고병(*Phyllosticta antirrhinis*)

잎 끝에 작은 반점이 커져 원형이 된다. 다습상태일 때 많이 생긴다. 생육중엔 다이젠을, 개화기엔 다이젠스델레스를 뿌린다.

(2) 묘입고병(*Fusarium, Rhizoctonia, Phytophthora*)

육묘기가 고온다습할 때 토양전염되어 지제부에 주로 발생되는 병으로 토양소독과 종자소독을 철저히 해야 한다.

(3) 균핵병(*Sclerotintia sclerotiorum* D.)

잎이 시들고 줄기 중간부가 갈변한다. 피해주를 뽑고 만네브다이젠 또는 캐프탄을 뿌린다.

(4) 탄저병(*Colletotrichum antirrhinis*)

잎에 원형의 다갈색 윤문병반이 생긴다. 피해주를 뽑고 만네브다이젠을 뿌린다.

(5) 기타

선충은 토양살충제로, 기타 해충은 유기인제로 방제한다.

6. 출하

1화수에 5~6륜(輪)의 소화가 개화하였을 때 75cm 길이로 잘라 10개를 1속으로 하여 출하한다.

5 팬지

학 명 : *Viola x wittrokiana Hort.*
(*Viola tricolor* L. *var, hortensis* DC.)
과 명 : 제비꽃과
영 명 : pansy
원산지 : 유럽

4종의 야생종(*V. lulea, V. cornute, V. altaila, V.calcarta*)과의 교잡에 의해 만들어진 원예종으로 19세기엔 영국, 프랑스, 독일에서 개량되었다가 20세기 미국과 스위스에서 새로운 계통과 품종이 만들어졌다. 원래 다년초로서 내한성이 꽤 강하여 추파 일년초로 취급하여 봄 화단용으로 사용한다. 삼색제비꽃, 판지 등으로 불려지는 것은 옳지 않다.

1. 계통과 품종

크게 나누어 콤몬 팬지 (common pansy)또는 가든 팬지 (garden pansy)와 터프티드 팬지 (tufted pansy) 둘로 나눈다. 콤몬팬지는 *Viola wittrokiana*를 주체로 한교배종으로서 현재 심겨지는 재배종이 이 종류에 속한다. 터프티드(群生) 팬지는 프랑스에 자생하는 코르누타(*V. cornuta*)를 중심으로 육성된 소륜다화성이다.

크게 3종류로 나눈다. *V.cornuta*와 *V.odorata*는 바이올렛(true violet)이라 하고 *V. tricolor*는 비올라(viola), 현대의 교배종 팬지는 *V.* x *wittrokiana*이다.

(1) 콤몬 팬지

고정종으로 거대륜계 (화경 8~9cm)로서는 레인보우자이언트가 있고 대륜계(화경 5~6cm) 중에 스위스자이언트 계통으로 문라인골드(황색 바탕에 흑색 무늬), 베루나(진자색), 알펜그로(진홍색), 몽블랑(유배색) 등이 있다.

교잡종으로는 마제스틱 자이언트계로서 맘모스 골드(진황색+흑색의 눈), 블루세드(자청색에 흑색 눈), 레드앤드 옐로우(상변은 진홍색에 하변은 황색)가 꽃 직경이 12cm 이상 되는 거대륜계(巨大輪系) 품종들이다. 한편 직경이 8~10cm 정도인 대륜계 품종들로는 투웬티스계(옐로우 부로치, 레드

앤드 엘로우, 마린블루, 비곤, 화일위드부로치), 크리스탈계(스카렛, 로즈, 골덴, 아프리코트, 라잇블루, 톱블루, 퓨어화일, 볼믹스)와 인페리얼계(오렌지, 블루) 등이 있다.

(2) 터프티드 팬지

꽃 직경이 1~2cm정도인 작은 계통들로서 헤렌마운드 킹헨리가 있고 화경이 길어 절화용으로 퍼플(진자색), 옐로우지엣(황색) 등이 있다.

2. 꽃이 피는 원리와 자라는 습성

일장반응은 중일성으로 화아형성에 대한 일장반응은 민감한 영향을 받지 않는다. 그러나 팬지는 생육적온이 다른 화훼류보다 낮은 상태에서 정상적인 개화를 하기 때문에 겨울철이나 봄에 개화가 잘 되어 이 시기에 절화할 경우는 절화수량이 많아진다. 광에 대한 반응은 장일강광에서 꽃눈발육 및 개화가 촉진된다. 생육적온은 10~15℃정도로서 30℃ 이상에선 도장하고 꽃이 작아지며 생육이 퇴화되어 쇠약해진다. 때문에 꼭 추파(秋播)해야 한다. 겨울철 내한성은 강한 편이어서 영하 5℃쯤에선 충분히 월동하므로 중부지방에서도 난방하지 않은 하우스내에서 월동이 가능하다. 그렇다고 저온처리를 꼭 받아야 되는 맥류와 같은 춘화처리가 필요한 것은 아니다.

3. 개화조절의 실제

팬지는 개화생리에서 언급한 바와 같이 고온상태에서 개화가 불량하기 때문에 꼭 추파를 해야 한다. 파종적기인 8월 하순~9월 중순에 파종하여 겨울 동안 생육시키고 초봄에 개화하여 적어도 5월

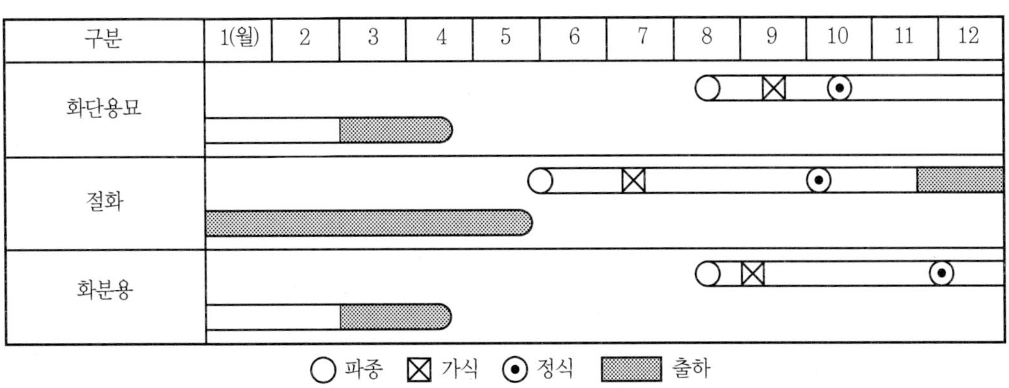

〈그림 2. I. 5-1〉 팬지 개화기 조절의 실례

중에 만개하게 한다. 연말절화를 목적으로 할때는 7월에 〈그림 2. I. 5-1〉과 같이 파종하며 품종은 절화용 품종을 택하여 사용한다. 절화용 전용품종으로는 옐로우퀸, 퍼플퀸, 레드리바, 오키드세드, 화이트퀸, 시라사끼 등이 있다.

4. 재배법 요약

1mL당 입수는, 마제스틱자이언트 교잡종은 300립, 기타 계통들은 400립 정도 된다. 발아적온은 15~20℃로써 10일 후면 싹이 튼다. 화색을 고려해서 품종을 선택할 때는 황색과 자색이 약 30%, 청색 또는 백색을 20%, 기타를 20%정도로 배합해서 파종하면 좋다. 파종장소는 가능한 한 시원하고 통풍이 좋은 곳에 해야 발아가 잘 되며, 파종용토는 배수를 좋게 하는 부엽 또는 버미큘라이트를 40% 이상 섞고 모래 20%와 상토 40%를 섞어 토양소독을 60℃에 30분 또는 80℃에서 10~30분 처리하여 파종한다. 약제소독할 경우는 소독 후 약성분을 완전히 날려 보낸 다음에 파종해야 한다. 3cm간격으로 조파한후 종자의 2배 정도 고운 모래로 복토하고 저면관수 또는 분무관수한다. 본엽 2~3매가 되면 이식상을 만들어 5~6cm간격으로 이식하고 본엽7~8매가 되면 정식한다. 화단용으로 쓸 묘는 12~15cm직경의 비닐포트에 정식한다. 시비는 1a당 질소 25g+인산40g+칼리 30g을 하되 기비로는 반 정도를 주며, 퇴비는 3kg정도를 넣는다. 인산의 효과가 현저하다. 15℃ 이상의 관리온도는 식물체가 도장하고 꽃이 작아지므로 주의하고, 11월부터는 서리를 막기 위하여 비닐터널을 하고 온도가 높아져 생육기에는 액비를 준다. 병충해 중 병해로는 잎에 원형의 반점병 (*Septoria violae*)이 생기는데 만네부 다이젠을 살포하고, 지제부가 부패하는 근부병은 토양소독을 철저히 하고, 회색곰팡이병은 캐프탄 또는 벤레이트를 뿌려주며, 응애는 살비제로 방제한다.

6 스토크

학 명 : *Matthiola incana* R.
영 명 : common stock
과 명 : 배추과(십자화과)
원산지 : 지중해연안
분 류 : 1년초 또는 다년초

1. 품종의 변천

스토크는 16세기경 유럽에서 재배된 작물로서 겹꽃은 1563년부터 68년경에 출현하였고 1660년에는 측지가 나오지 않는 무분지형(non branching)이 출현하였다. 처음에는 벨기에, 프랑스, 영국등에서 품종개량되었지만 20세기에 들어서서는 독일을 경유하여 미국으로 건너가 품종개량에 큰 진전을 보았다. 1929년에는 현재 재배되고 있는 계통의 유전적으로 기본이 되는 에버스포팅 더블계가 나왔다.

2. 주요 계통과 품종

가. 분지형(branching strain)

유묘기에 적심해서 3~5가지를 내는 계통으로 초장이 60~80cm가 되고 가지가 나와 꽃이 핀다. 이 계통중에는 잎에 털이 없고 윤택이 나는 것이 있고 개화기에 따라 조생종(1월 개화), 중생종(2월 개화), 만생종(3월 개화)으로 나눈다.

(1) 극조생종

11월부터 1월에 꽃이 피는 계통으로써, 축적 1호(祝赤 一號)는 진한 도홍색이며 화수(花穗)가 크다.

(2) 조생종

1월부터 2월에 꽃이 피는 품종으로써 축적 2호는 진한 비홍색(緋紅色)의 대륜 대화성이고, 광휘(光輝)는 진한 비홍색으로 화수(花穗)와 초장이 크다. 한천조(寒千烏)는 도홍색 (桃紅色)으로 내한성이 강하고 줄기가 튼튼하다. 분지안방황금(分枝安房黃金)은 녹황색이며 분지성이 강하고 초자(草姿)가 좋다. 은호(銀湖)는 순백색으로서 생육이 왕성하며 분지성이 좋고 대륜 품종이다.

(3) 중생종

2월 중순에서 3월 상순에 개화하는 품종으로써 약앵(若櫻)은 로즈색의 대륜이며 초장이 크고 화수(花穗)가 크다. 자붕(紫鵬)은 진한 자청색의 대륜으로 꽃 이삭이 크다. 고온기에는 발아에 주의를 요한다. 백광(白光)은 순백색이며 분지성이 강하고 꽃이 많이 달리는 품종이다.

(4) 만생종

2월 하순에서 3월에 개화하는 품종으로서 피안왕(彼岸王)은 개화가 늦고 비적색(緋赤色)이며, 대륜인 송호적(松戸赤)은 농적색이며 내한성이 강하다.

(5) 스프레이 타입 스토크

개화가 빠르고 스프레이형으로 가지가 나온다. 퍼플은 진한 자색의 대륜으로 꽃이 밀생하며 측지 발생이 많다. 로즈는 진한 핑크색이며 화수가 크고 측지 발생이 좋다.

나. 무분지형 (non-branching strain)

측지가 나오지 않으므로 적심할 필요가 없다. 그러나 뉴칼럼 계통은 적심하면 3~4본의 측지가 나오지만 분지한 가지는 다시 곁가지가 나오지 않는 분지형과 무분지형의 중간성도 있다. 절화재배로는 대부분 무분지형을 선택하고 특히 잎에 털 없이 광택이 나는 광택엽계(照葉系)는 우수품종이 많다.

(1) 극조생종: 11월경 꽃이 핀다.

① **상모홍**(相模紅) : 진홍색의 거대륜종으로 줄기가 강건하며 잎에 광택이 있고 고온에서 꽃눈분화한다.

② **상모도**(相模桃) : 농도홍색으로 거대륜이며, 화수는 밀생하고 꽃 부착이 좋다. 줄기가 튼튼하고 소엽으로 초자가 좋아 절화에 인기가 있다.

③ 상모자(相模紫) : 농자청색으로 꽃이 크고 화수도 크다. 화변이 두텁고 줄기가 튼튼하고 겹꽃률이 높다.

④ 상모공(相模空) : 등청색으로 잎이 적어 줄기가 튼튼하고 기르기 쉬운 품종이다.

⑤ 단택설(丹澤雪) : 순백색으로 꽃이 늘어지지 않고 초자가 좋으며 잎에 광택이 좋다.

⑥ 선승설(先勝雪) : 순백색으로 고온에서 꽃눈분화되며 소묘 때 정식해도 초장의 신장이 좋다.

⑦ 크리스마스 계통 : 선도색, 청자색, 순백색으로 꽃이 크고 초장 신장이 좋다.

⑧ 미쓰나고야 : 선도홍색으로 밝은 화색이며 초장 신장과 겹꽃률이 좋다.

⑨ 화스트계통 : 조생계 유모종(有毛種)으로 다른 극조생종보다 저온에서 꽃눈분화하며 생육이 빠르고 재배가 용이하다. 담도색인 초앵과 담자색인 초등(初藤)이 있다.

⑩ 기타 : 담황색의 대륜종인 황파(黃波), 담도색인 한앵(寒櫻), 홍도색의 대륜인 한광(寒光)과 도홍색인 홍광(紅光), 등색인 조생청원(早生靑苑), 순백색의 대륜인 크리스마스화이트 쎄렉트가 있다.

(2) 중조생종

1월경에 꽃이 피며 억제재배시는 직파한다. 천엽장(千葉粧)은 연한 도색으로 중심은 도홍색이고 화수가 길고 초자(草姿)가 좋다. 안방조(安房朝)는 진한 황금색으로 꽃이 크고 화변이 두껍다. 꽃이 조밀하게 부착하고 줄기가 강직하고 초형이 좋다. 사까다르쪼는 홍도색 대륜으로 화수가 조밀하고 초장이 크다. 도함2호(桃陷 2號)는 도색으로 저온에서 잘 개화하며 화수가 길다. 백병도송(白病桃松)은 핑크색으로 잎에 광택이 있고 줄기가 튼튼하고 화수가 크다. 흑천 퍼플(黑川)은 농자색으로 강건하고 초자가 좋고 화수가 크다.

(3) 중만생종

2월~3월에 꽃이 피는 것으로 퍼씨픽핑크는 도색으로 초자가 좋다. 볼화이트 No. 16은 봄 출하용으로 사용되는 순백색종으로 겹꽃률이 높다. 미라클화이트는 순백색의 거대륜으로 화수 및 초장이 크다. 흑천(黑川)계통은 아프리코트(등색이 든 도색으로 대륜), 로즈(살몬로즈 초장 및 화수가 큼), 핑크(농도색), 체리(벚나무; 꽃색 핑크), 화이트 2월(순백색)이 있고 텐위크(ten week) 계통은 앞의 두 계통과는 달리 파종 10주 후 꽃이 피는 조생계통으로 감온성(感溫性)이 둔하고 일찍 파종하면 12월 상순경부터 꽃이 핀다. 화색과 화형이 앞 두 계통보다는 떨어지나 봄에 파종할 수 있고 조기출하한 후작으로 재배된다. 대표 품종으로는 선도홍색의 그린로즈, 순백색인 프린세스아라이스, 몽블랑 등이 있다.

다. 텐 위크스(Ten Weeks) : 10주 후면 개화하는 1년초 개화형(원산지에서는 숙근초임)이다.

라. 겹꽃 개화품종의 유전

씨앗은 홑꽃에서만 채취되지만 파종하면 홑과 겹이 분리가 일어나는데 겹꽃은 수술이 꽃잎으로 변화하여 관상가치가 높다. 겹꽃 발생률이 높은 계통으로 다음과 같은 것이 있다.

(1) 에버 스포팅 더블계(ever sporting double strain)

스토크는 홑이 겹에 대해 우성인 단성유전이지만 이 계통은 겹이 54~56%가 출현하는 계통으로 앞에 소개한 대부분의 품종이 여기에 속한다.

(2) 트리소믹 하이더블계(trisomic hi-double strain)

겹이 80~85% 발생으로 겹꽃 발생인자가 1개 많은 3염색체 식물이지만 초장이 짧고 형질이 좋지 않아 실용적이지 못하다.

(3) 한센 올 더블계

덴마크 한센씨가 유묘 중 자엽이 황색을 띠는 것은 100% 전부 겹으로 겹꽃 선택이 용이한 장점을 가진 계통이다. 그러나 초장이 짧고 형질이 불량하다.

3. 꽃이 피는 원리와 자라는 습성

(1) 개화생리 및 생태

한국에서는 여름철 고온다습으로 인해 고사하여 일년초화로 취급하지만 원래 원산지에서는 숙근초이다. 일장에 대한 개화반응을 볼 때 다소 높은 온도에서는 상대적 장일식물로 일장에 관계 없이 꽃이 피지만 장일에서 개화가 촉진되는 성질을 가지고 있고, 낮은 온도에서는 일장에 무관하게 꽃이 핀다. 그러나 일반적으로 단일상태에서 꽃눈이 지연했다는 연구결과도 있다. 즉, 스토크는 개화에 있어서 온도가 매우 중요하다. 생육적온이 낮엔 15~18℃, 야간은 10℃ 전후에서 잘 자라지만 꽃눈형성은 15℃ 이하의 온도에서 이루어진다. 그러나 꽃눈분화가 진행되는 기간은 5~8℃ 전후가 경제적인 관리온도이다. 꽃눈분화는 일반종에서 본엽 8매 이상의 묘를 5~15℃의 저온에 3주간 처리하면 꽃눈분화를 한다. 이를 녹엽체 춘화처리(green plant vernalization)라 하여 종자 춘화처리와 구분한다. 자연상태에서 이 정도의 온도는 겨울에 들어가기 전 가을인 10월 중 · 하순쯤이 되고, 더 일찍 꽃눈분화시키려면 더 일찍 육묘해서 본엽이 8매 이상 되도록 하여 겨울이 일찍 오는 고냉지(高冷地)에서 저온처리를 받도록 하여 꽃눈분화시켜 평지온실로 가져오도록 해야 한다. 그러나 최근 극조생품종은 15℃ 이상에서도 꽃눈분화하는 품종이 육성되었다. 〈표 2. I. 6-1〉의 단청(端靑)과 같은 저온 개화품종을 볼 때 18~23℃에선 개화하지 않지만 13℃에서만 저온처리를 받아 1월 20일에 개화하는 것을 볼 수 있다. 그러나 기타의 여섯 품종은 23℃에서도 개화하는 것을 볼 수 있다.

또한 스토크는 온도에 따라 엽형의 형태와 개화반응이 달라지게 되는데 Post씨의 연구결과는 〈표 2. I. 6-2〉와 같다.

〈표 2. I. 6-1〉 무분지형(無分枝形)극조생품종의 중온 고온에 의한 평균 개화일(파종 : 9월 4일 · 9월 28일)

품종	평균개화일		
	13℃	18℃	23℃
크리스마스	11(월) 29(일)	12(월) 4(일)	12(월) 6(일)
홍희	12. 4	11. 29	12. 10
월장	12. 5	12. 4	12. 11
추자	12. 4	12. 4	12. 13
한자옥	12. 13	12. 8	12. 18
크리스마스 블루	12. 21	12. 21	12. 22
크리스마스 화이트	12. 18	12. 19	-
단청	1. 20	-	-

〈표 2. I. 6-2〉 스토크의 온도별 생육과 개화에 미치는 영향

낮온도	밤온도	잎	식물형태	개화
10~15℃	10~15℃	신장 생장	키가 큼	67일 만에 개화
10~21℃	15~21℃	좌지 현상	키가 낮음	개화되지 않음
10~15℃	15~21℃	〃	〃	68일 만에 개화
15~21℃	10~15℃	잎이 파상 좌지현상무		개화되지 않음

(2) 전등조명 재배

스토크는 꽃눈분하 후 장일에 의하여 개화가 촉진되는 성질이 있기 때문에 11월 중순경부터 전등조명을 하여 개화를 촉진시킬 수 있다. 난지에서 극조생 품종을 사용하는 경우는 불필요하다.

① **조명시기** : 엽심(葉心)이 열려 꽃눈이 약간 보이면 조명을 시작한다. 보통 10월 하순부터 11월 상순에 꽃눈분화를 하기 때문에 조명은 11월 중순부터 시작하는 것이 좋다. 시설내의 온도는 해에 따라 장소에 따라 다르겠지만 대체로 야간온도가 15℃ 이하가 되기 시작할때부터 1개월쯤 후에 행하면 좋다.

② **조명방법** : 야간에 1m쯤 높이로부터 3.3m^2(1평)당 60W전구를 한 개씩 조명하면 꽃이 약 2주 정도 빨리 핀다. 조명은 11월 초순부터 해진 후 3~4시간 쪼여주면 좋다. 또한 심야 단시간 조명으로 30분~1시간 쪼여도 효과가 있다. 조명과 동시에 실내온도를 야간 5~6℃로 난방하면 더욱 효과가 증대된다. 과도한 고온은 절화를 도장시켜 연약하게 하기 때문에 주의를 요한다.

③ **조명효과** : 조명한 것은 안한 것보다 약 반개월쯤 빨리 개화하며 초장이 신장하고 절간(節間)도 다소 길어진다. 그러나 잎수는 변화되지 않고 화수의 크기도 거의 변화하지 않는다. 이때 야간 온도가 너무 높다든지 조명시간이 너무 길면 절간이 약해진다.

(3) 지베렐린 처리

꽃눈분화 전 또는 분화 후 11월 상 · 중순경에 처리하는 것이 효과가 높다. 처리농도는 50~100mg/L 정도가 좋고 정아의 꽃봉오리가 발생할 때 액을 적하 또는 산포한다. 〈그림 2.I. 6-1〉은 꽃눈분화 전 처리로 15~30일 개화가 촉진된 것을 보여준다.

(4) 고냉지 육묘

표고 100m상승할 때마다 온도가 0.6℃정도 기온이 하강하며 가을이 일찍 오기 때문에 7월 상순에 파종하여 육묘하면 9월 중순경에 본엽 7~8매가 된다. 이때는 10월 상순경에 꽃눈분화를 마치기 때문에 평지에 옮겨 릴레이식 재배를 하면 좋다. 수송시 묘가 상하지 않도록 해야만 소기의 목적을 달성할 수 있다.

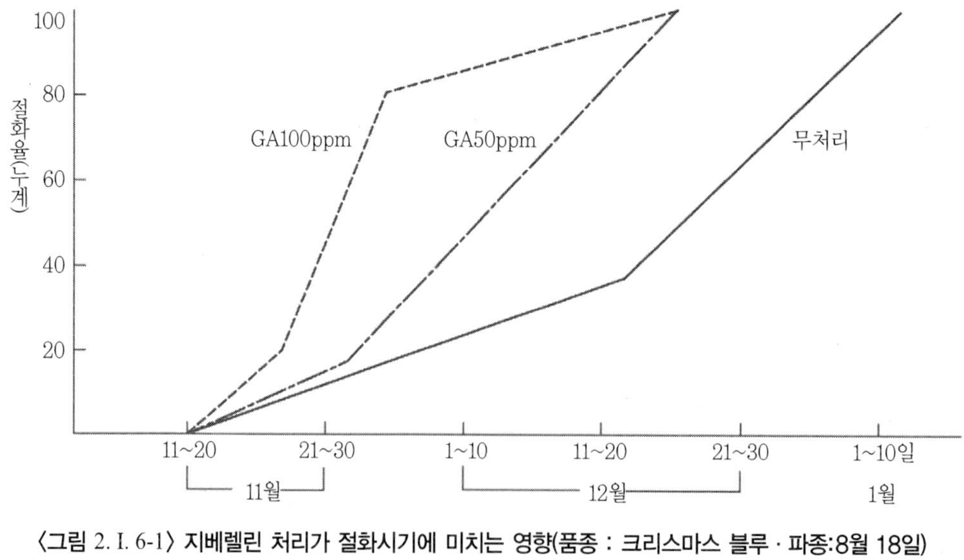

〈그림 2. I. 6-1〉 지베렐린 처리가 절화시기에 미치는 영향(품종 : 크리스마스 블루 · 파종:8월 18일)

4. 개화조절의 실제

개화시기가 다른 품종들이 육종기술 발달로 증가하여 출하시기를 연장시킬 수 있으므로 10월 중순부터 5월 중순까지 출하하는 일이 가능하다. 〈표 2. I. 6-3〉은 무분지형 품종의 정식기와 절화와의 관계를 보여주고 있다. 파종시기는, 저온개화 품종은 8월 상순부터 파종하지만 극조생품종은 7월 하순에 파종한다. 전체적인 품종의 조만성에 따라 〈표 2. I. 6-4〉 및 〈그림 2. I. 6-2〉와 같이 대략 파종한다.

〈표 2. I. 6-3〉 무분지형 (無分枝形)품종의 정식기와 절화시기와의 관계

온도반응	숙기	파종기	정식기	절화시기
무저온 개화품종	극조생	7하 ~ 8중	8하 ~ 9중	10중 ~ 11하
		8하 ~ 9중	9하 ~ 10중	12상 ~ 1중
		9중 ~ 9하	10하 ~ 12중	1하 ~ 2중
		10상 ~ 10하	11중 ~ 12중	2중 ~ 3중
		11상 ~ 12중	12중 ~ 1하	3하 ~ 4상
		12하 ~ 1하	2상 ~ 3상	4중 ~ 5상
저온 개화품종	조, 중, 만생종	8중 ~ 8하	9중 ~ 9하	1상 ~ 2하
		9상 ~ 9하	10상 ~ 11상	2상 ~ 3상
		10상 ~ 10하	11중 ~ 12중	2중 ~ 3중
		11상 ~ 2중	12중 ~ 1하	3하 ~ 4상
		12하 ~ 1하	2상 ~ 3중	4중 ~ 5상

〈표 2. I. 6-4〉 품종의 조만에 따른 파종기별 개화기

품종의 조만성	파종기	개화기	주의사항
극조생	7/25~8/5 (월/일)	11~12 (월)	파종기가 늦으면 초장이 짧아짐
조 생	8/5~8/10	1	-
중 생	8/10~8/20	2	송설, 도원, 백광은 일찍 파종
만 생	8/20~8/30	3	에리자벳은 일찍 파종

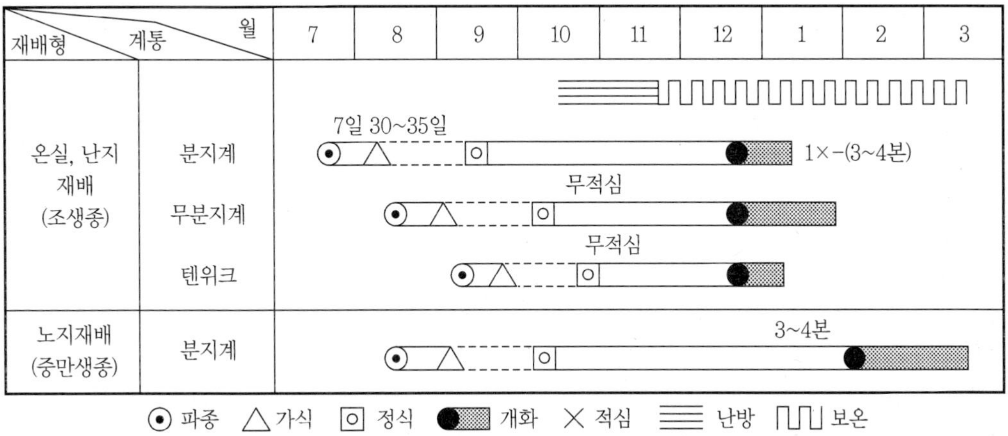

〈그림 2. I. 6-2〉 스토크 재배력 예

5. 재배법 요약

(1) 파종량과 정식거리

파종량은, 파종하여 이식할 경우는 10a당 400~600mL가 필요하고 직파할 경우는 800~1,000mL가 필요하다. 10mL당 입수는 3,000립으로 발아적온은 20℃로서 4일이면 발아한다. 정식거리는, 분지형은 15×18cm, 무분지형 품종은 10×15cm로 한다. 이렇게 계산하면 1a당 분지형은 3,571주, 무분지형은 6,667주가 필요하며, 씨를 뿌리면 겹꽃과 홑꽃이 1 : 1로 분리되는 것을 감안하여 2배를 파종하였을 때 무분지형은 13,334주, 분지형은 7,142주가 되고 발아율, 생육불량, 병충해 피해를 고려하여 1~3할 더 파종한다. 스토크 품종 중 대립의 경우는 10mL당 1,750립~2,000립 정도, 소립의 경우는 2,500~3,000립이니 계통에 따라서 분지형은 10a당 400~600mL, 무분지형은 800mL~1,000mL가 필요하다.

(2) 파종시 주의점

파종시 기온이 꽤 높기 때문에 육묘장을 만들 때 나무나 파이프를 이용하여 50~60cm높이로 만들어 파종하고 그늘을 만들거나 광선조절을 위해서는 지상 1.2~1.5m 높이에 비닐을 치고 그 위에 갈대발이나 한냉사를 친다. 토양소독을 철저히 하고 파종한다.

(3) 겹꽃 묘의 감별

발아가 빠르고 생육이 왕성하며 자엽이 장타원형이고 자엽 색깔이 담록색인 것이 겹꽃인데 15℃정도 기온일 때 묘 판별이 더욱 용이하다. 본엽 7~8매쯤의 정식시 잎의 결각이 많은 묘는 겹꽃률이 높다.

(4) 정식 후 관리

적심은, 분지계는 정식 15~20일 후 본엽 10매쯤 될 때 6~7매를 남기고 정아를 적심한다. 마지막 적심을 꽃눈분화 온도를 고려해 달리하지만 조생종은 10월 중순, 중만생종은 10월 하순까지 마쳐야 좋다. 생육적온은 15~18℃, 밤 10℃로서 20℃가 넘으면 환기시켜야 한다.

(5) 토양비료

pH 6.5정도의 사질양토는 1a당 질소 10kg, 인 13kg, 칼륨 10kg의 기비를 주고, 추비로는 인 2kg, 칼륨 4kg을 주는데 기비로는 완숙퇴비, 유박, 과석 등의 완효성 비료를 주고, 추비는 속효성을 주되 개화 전 30일 쯤에는 칼리질 속효성비료를 주면 하엽의 낙엽 발생량이 적다.

(6) 출 하

1화수에 7~8층이 개화했을 때 출하한다. 봄에 40~50% 개화했을 때 10개를 1속으로 60cm 길이로 자른다. 홑꽃은 20개를 1속으로 한다. 온실에선 저녁에 자르면 좋고 물에 침수시킨 후 포장해서 출하한다. 저장온도는 4~5℃에서 일주일 정도 저장 가능하다.

7 색양배추

학 명 : *Brassica oleraceae* L. var. *acephala* DC. forma *tricolor* Hort.
과명 : 배추과(십자화과)
영명 : flowering cabbage, ornamental cabbage
원산지 : 유럽

양배추의 변종으로써 일본에서 최근 사용되는 여러 품종을 개량하였으며, 관상부위는 잎으로써 꽃이 피면 장다리가 서서 관상가치가 없어진다. 생육습성은 양배추와 같다. 꽃양배추, 색동양배추 또는 엽목단(葉牧丹)은 채소의 꽃양배추와 혼돈을 막기 위하여 이번에 원예학회에서 화훼학자들이 색양배추로 통일시켰다.

1. 종류 및 품종

잎 모양이 일반 양배추와 비슷한 환엽(丸葉) 계통과 잎 가장자리가 주름잡힌 듯 파상을 내는 축엽(縮葉) 또는 축면엽 계통으로 둘로 나눌 수 있다. 중심부와 외측부의 엽색이 다르다. 외엽(外葉)은 녹색이지만 중심부는 자도색(紫桃色)이 되는 적엽색과 백색이 되는 백엽이 있다. 또한 잎이 가늘게 자라 절화할 수 있는 계통도 있고 왜성종도 육성되어 있다.

(1) 교배품종

나고야 치리멘계(잎끝이 파세리처럼 주름을 이루는 계통)로써 소형계통은 보단계(홍, 백색), 중형계통으로서 고마치계(홍, 백색), 대형계통으로 기린(홍린, 은린)이 있고, 오오사까 환엽계(일반 양배추잎처럼 생긴 것)로서 소노계 (홍원, 도원, 설원) , 토쿄환엽계로는 쯔즈미계 (홍도 : 桃, 백색) , 사가즈끼계 (축배:祝盃, 은배:銀盃)가 있다.

(2) 고정종

나고야 축면(縮緬)엽 계통으로 호시계(홍성:紅星, 은성:銀星)가 있고, 오오사까 환엽 계통으로 미네계(홍령:紅嶺, 은령:銀嶺)가 있고, 토쿄환엽 중 왜성종(녹골:鹿骨, 은선:銀扇)이 있다.

(3) 절화용

쯔루(일명 : 鶴)계인 홍학(紅鶴), 백학(白鶴)이 있다.

2. 꽃이 피는 원리와 자라는 습성

색양배추의 개화는 육종과 씨앗을 받을 때에만 필요하다. 추대되면 오히려 관상가치가 떨어지기 때문에 영양생장이 오래 계속되는 것이 오히려 좋다. 꽃눈분화에는 일장과는 관계가 없고 저온이 요인이 된다. 맥류의 종자 춘화처리(seed vernalization)와는 달리 녹식물체 춘화처리(green vernalization)를 하는 꽃으로써 식물체가 어느 정도 자란 후 저온처리를 받아야 추대되어 꽃이 핀다.

크기는 품종에 따라 차가 있으나 대체로 줄기 직경이 6mm이상일 때 저온처리(0~10℃에서 30일 이상)를 받아야 한다. 꽃눈분화에는 일장이 관여하지 않지만 장일에서 꽃눈발육이 촉진되어 일찍 꽃이 핀다. 그러나 잎을 관상하기 위한 생육조건을 유지시켜 줘야 하는데 생육적온인 10~15℃에서 잘 발육하고, 잎의 색깔은 저온기에 들어서면 발생하는 성질이 있어 파종기가 너무 늦으면 어린 식물체라도 착색이 된다. 때문에 대형품종이며 긴 줄기의 품종은 좀 일찍 파종하고 소형품종은 늦게 파종한다. 또한 비료가 너무 많으면 양배추처럼 결구가 되며 착색되지 않는 품종도 있으니 비료분이 많은 밭은 무비료로 재배한다. 생장 최저온도는 5℃ 정도이고, 충분히 경화된 식물은 −12℃에서도 피해가 없어 중부지방에서도 12월까지는 관상가치가 있다. 그러나 백색 잎을 가진 품종에 비해 잎 끝에 동해를 받기 쉬운 결점이 있다.

3. 파종기 조절의 실제

화분용은 보통 7월 상 · 중순에 파종하고 화단용은 7월 하순에 파종하는 것이 좋다. 그러나 절화용으로 줄기가 긴 품종은 6월 중 · 하순에 파종한다. 11월 출하할 것은 5월 하순에 파종한다. 이 시기는 그 해에 채종한 종자로는 파종이 불가능하기 때문에 전년도 종자를 쓰며, 1~2년 묵은 것도 잘 발아한다.

4. 재배법 요약

1mL당 종자립수는 200립이며, 발아적온은 20℃로서 적온하에서 5일 후면 싹이 튼다. 1a당 40~60mL 정도 파종하는데 이식시는 20~30mL로 한다. 기비로는 소량의 과석, 유산칼리를 파종 후 넣어주고, 11월에 들어서면 잎이 착색이 되는데 백색품종은 서리막이 설치를 한다. 절화용은 뽑아 수세하여 하엽은 버리고 잎을 따서 5개를 한 속으로 하여 출하한다. 병충해로는 양배추와 같이 진딧물, 야도충 등 충해 피해가 있는데 유기인제를 살포하고, 잘록병은 토양소독을 철저히 한다.

8 스타티스

학 명 : *Limonium* spp.
영 명 : statice, sea lavender
과 명 : 갯질경과
원산지 : 각 대륙의 해변가 및 초원

구 속명(屬名)은 *Statice*이었으나 지금은 *Limonium*으로 바뀌었기 때문에 스타티스로 불려지고 있다. *Limonium*속은 1년초, 숙근초, 반저목을 포함하여 약 200종이 각 대륙의 해변가나 초원에 자생하고 있고, 우리 나라에도 갯질경(*L. tetragonum*), 기송(불꽃갯질경이: *L.wrightii*)이 자생하고 있다. 종류에 따라서는 내서성, 내한성(耐寒性)이 나쁜 종류가 많다. 주로 일년초 스타티스(*L. sinuatum* M.)가 재배되고 있고 최근 고냉지 등과 시설을 이용한 재배기술의 진보로 출하기의 확대, 건조화(dry flower)의 이용이 많아 숙근초를 포함하여 수요가 많다.

1. 주요 종류와 품종

(1) 일년초 스타티스(*Limonium sinuatum* M. 영명 : statice, notch leaf sea lavender)

지중해 연안의 반내한성 1년초로써 전체가 거친 털로 덮여 있다. 초장은 40~60cm쯤으로 무우잎처럼 생긴 근출엽(根出葉)으로 화경(花莖)은 측아에서 신장하여 산형상(散形狀) 원추형(圓錐形)으로 분지한다. 분지점 밑에 선상(線狀) 피침형의 3매의 부속물을 윤생한다. 화색은 농자색, 핑크자색, 황색, 백색 등 다양하며 절화로서 인기가 있다. 난지에서는 4~5월에 개화하고 평지에서는 5~6월에 개화한다. 미국의 플로리다나 캘리포니아에서는 노지에서 재배한다. 주요 재배품종은 다음과 같다.

① **촉성용 고성품종** : 초장이 80cm정도의 알리 계통 품종으로 Blue(진청자색, 촉성 및 억제재배 가능)와 Pink(핑크색, 촉성 · 억제 겸용, 생육 강건), White(순백색, 화수장이 길고, 추대가 빠르다. 촉성 가능) 등이 있다.

② **촉성용 중고성 품종** : 초장은 50~80cm 정도로 Extra Ally Deep Blue (농청자색, 화수가 길고 줄기가 강건하며, 한지에서는 억제재배 가능)가 대표 품종이다.

③ 왜성종(dwarf)계 : 초장 30cm 정도의 촉성용 왜성종으로 분화재배 또는 화단재배용으로 사용한다. Dwarf Blue(농청자색, 초형이 좋은 극조생품종)품종이 유명하다.

④ 보통재배 고성품종 : 초장이 80cm, 이상의 고성 만생품종으로 수퍼 계통이 있다. 주요 품종으로는 Super Midnight Blue(농자색, 화수가 좋은 만생품종), Super Blue(청자색, 노지재배용), Super Yellow(농황색, 촉성용 조생종), Super Rose(농핑크색, 초형 양호), Super White(순백색, 화경이 굵고 화수가 길다) 등이 있다.

(2) 스타티스 카스피아(*L. bellidifolium* G.= *L. caspium* G. 영명 ; caspian sea lavender)

숙근초로서 유럽, 코카사스, 시베리아 원산으로 회녹색인 도란형(계란을 거꾸로 세운 형)의 잎이 근생(根生)하며, 여기서 50~70cm의 화경(花莖)이 짧은 가지가 나와 수상(穗狀)화서를 형성한다. 연자핑크색의 꽃이 7~8월에 개화한다. 번식은 종자 또는 분주, 조직배양에 의한 메리크론묘로 번식한다. 건조화로도 이용할 수가 있어 수요도 많은 편이다.

(3) 스타티스 본듀엘리 (*L. bonduellii* O. 영명 : algerian sea lavender)

아르헨티나 원산으로 일년초로서 취급된다. 근출엽이 구두칼 모양으로 된 잎으로 부드러운 털이 있다. 시누아타보다 화경이 가늘고 50cm전후로서 소수(小穗)는 1~3화이며, 월동 온도는 4~5℃로써 내한성이 다소 약한 편이다.

(4) 스타티스 라티폴리움(*L. latifolium* O. 영명 : wide leaf sea lavender)

원산지는 러시아, 코카사스, 불가리아에 분포하는 내한성 다년초로서 타원형 또는 장타원형 잎으로 화경은 강건하고 50~70cm쯤 된다. 상부에서 잘 분지하여 원추화서가 된다. 소수(小穗)는 1~2개의 꽃을 붙이고 화변은 청 또는 등색으로 6~9월에 꽃이 핀다. 번식법은 종자번식 또는 3월에 분주한다.

(5) 스타티스 페레지(*L. perezii* H. 영명 : perez sea lavender)

카나리아 제도 원산의 반내한성 다년초로서 0℃ 이하에서는 화뢰(꽃봉오리)와 잎이 동해를 받을 수 있다. 잎은 혁질로 두텁고 광란형(廣卵形)으로부터 삼각형으로써 긴 엽병을 가진다. 화경은 굵고 튼튼하고 가는 털이 있으며 분지한다. 번식은 종자번식하며 자청색 꽃이 피지만 개체간에 차가 있고, 조직배양에 의한 농자색의 좋은 품질의 것도 이용된다.

(6) 스타티스 스워로우이(*L. suworowii* O. 영명 : suworow sea lavender)

서부 터키 원산으로 일년초이다. (1)의 일년초 스타티스보다 재배면적이 적다. 주로 화단용으로 쓰며 장피침형 잎으로 근출엽(根出葉)하며, 15~20cm정도 신장한다. 털은 없으며 화경이 30~50㎝로서 큰 것은 1m까지도 자란다. 개화는 여름에 한다.

(7) 하이브리드 스타티스(hybrid statice)

라티포리움과 카스피아와의 종간 교배원예종으로 4계성인 품종이 많다. 절화용으로 보통 2~3년간 재배되어 난지에서는 내서성이, 한냉지에서는 내한성이 문제가 된다. 유명한 미스티블루 품종은 이계통이다.

2. 꽃이 피는 원리와 자라는 습성

꽃눈분화에는 저온이 필요하며, 알맞은 저온은 종류에 따라 차가 있다.

(1) 일년초 스타티스(*L. sinuatum* M.)

① **저온요구도와 개화와의 관계** : 종자를 최아할 때 생육 초기부터 저온에 감응한다. 파종 후 반일(半日) 내지 하루 경과한 후에 2~3℃에서 40일간 처리하면 필요한 저온을 충족시킬 수 있다. 그러나 이 직후에 30℃에서 10일간 고온처리되면 저온효과가 대체로 소멸된다. 파종 후 27~57일째 묘의 저온처리는 3℃에서 20일간 정도에서도 충족되어 초기보다 더 짧다. 자연상태에서 추파할 때 자연상태에서 저온처리를 스스로 받아 로제트가 타파되어 휴면이 깨진다. 이러한 저온요구도는 품종간 차가 있어 Gold Coast와 같은 조생종은 저온 요구도가 낮고, Blue Bonnet와 같은 만생품종은 저온처리 기간이 길다. 만약 만생품종을 충분히 저온처리하지 않으면 개화율이 낮고 꽃이 피기까지 소요일수가 길다.

〈표 2. I. 8-1〉 **1년초 스타티스의 발아시와 생육시의 재배온도가 개화율에 미치는 영향**

단위 : 개화율(%)

재배온도 (℃)[1]				품종					
발아시[2]		생육시		American Beauty	Blue Bonnet(만생 종)	Gold Coast(조생 종)	Iceberg	Midnight Blue	Twillight lavender
주간	야간	주간	야간						
16	13	13	16	100	94	100	100	100	100
21	18	〃	〃	100	100	100	100	100	100
27	24	〃	〃	94	100	100	100	100	100
16	13	27	24	22	6	100	72	28	56
21	18	〃	〃	33	0	100	56	17	33
27	24	〃	〃	33	6	89	50	0	23

* 1) 장일조건시의 재배온도 2) 발아시는 파종부터 2주간

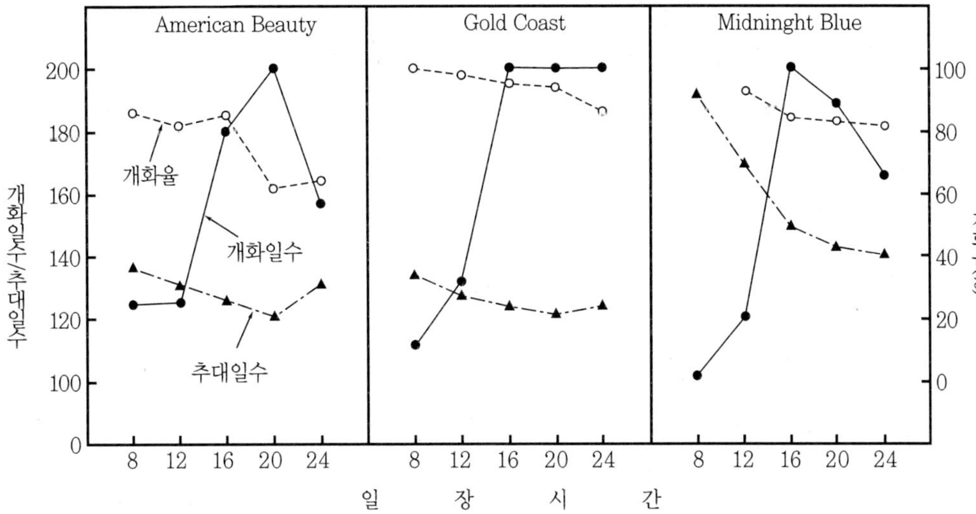

〈그림 2. I. 8-1〉 **파종 63일 후 일장시간에 따른 개화율, 추대일수, 개화일수에 미치는 영향**

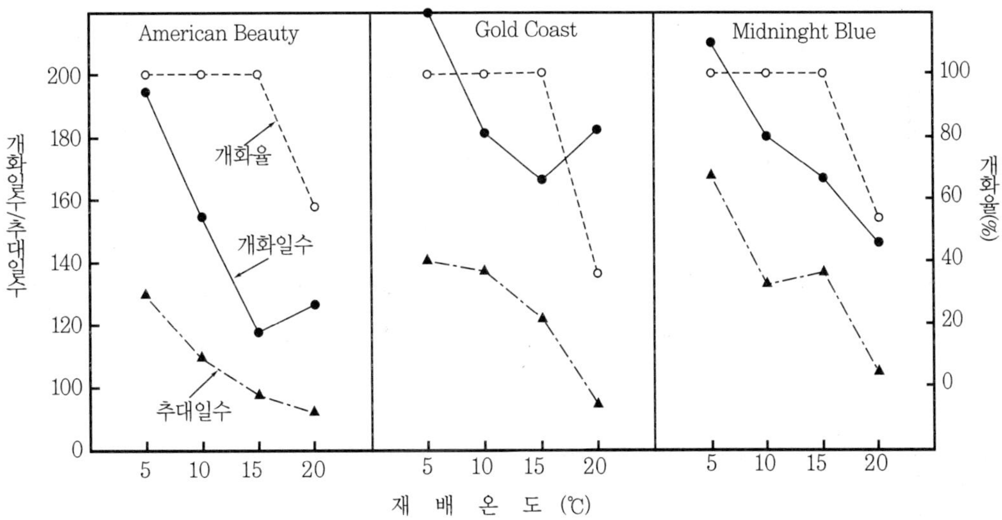

〈그림 2. I. 8-2〉 **파종 63일 후부터 재배온도가 개화율, 개화일수 및 추대일수에 미치는 영향**

〈표 2. I. 8-2〉는 재배온도를 달리했을 때 개화에 미치는 영향을 나타낸 것으로서 높은 온도에서 기른 만생종인 Blue Bonnet는 파종에서 2주 동안 주간 16℃, 야간 13℃로 두었다가 그 후 생육온도를 주간 27℃, 야간 24℃로 고온에 두면 개화율이 6%밖에 안되고 94%블라인드(blind :개화하지 않는 현상)가 발생되었다. 그러나 Gold Coast인 조생종은 100% 꽃이 피었다.

② **일장과 개화와의 관계** : 일장이 개화에 미치는 영향을 보면 파종 63일째쯤의 유묘시에 일장에 따른 개화에 미치는 영향을 보면 〈그림 2. I. 8-1〉과 같이 개화율에 크게 영향을 미쳐, 16~20시간의 일장에서 개화율이 높았다. 그러나 추대일수와 개화 소요일수 및 개화시는 일장에 관계하지 않았다.

③ **온도와 개화와의 관계** : 저온요구도가 충족된 묘는 〈그림 2. I. 8-2〉에서 보는 바와 같이 15℃까지는 생육온도가 높을수록 개화일수 및 추대 일수가 짧아지며 개화율이 높아지나 20℃에서는 화경수(花莖數)가 감소된다.

(2) 스타티스 카스피아(*L. bellidifolium* D.)

꽃눈분화에 필요한 저온요구도는 적은데 18℃에 재배하여도 충분히 꽃눈분화한다. 채화수는 생육온도가 다소 낮은 상태에서 많아지며, 장일(長日)효과는 그리 높지 않다.

(3) 스타티스 스워로우이(*L. suworowii* O.)

생육온도가 20℃ 이상에서는 생육이 완만하고 경우에 따라서는 고사한다. 15℃, 10℃에서는 정상적으로 생육하여 15℃에서 개화가 빠르다. 일장은 장일 쪽이 개화가 빠르지만 10℃에서는 차가 없고 채화수(採花數)는 장일 쪽에서 많다.

(4) 스타티스 페레지(*L. perezii* H.)

페레지도 다른 종류와 마찬가지로 15℃ 이하에서는 온도가 높을수록 화경수는 증가하지만 온도가 낮아지면 개화기는 지연된다. 저온처리가 안된 묘의 생육온도가 미치는 영향은 고온장일하에서는 잎이 증가하지만 눈 발생수는 병행해서 증가하지 않았다고 보고하였다.

3. 개화기 조절의 실제

〈그림 2. I. 8-3〉에서와 같이 일년초 스타티스(*L. sinuatum*)는 지역별로 작형이 틀려지는데 대체로 7~8월에 파종하여 가온 또는 무난방에 의해, 빨리는 1월부터 늦게는 5월까지 절화한다. 고냉지는 여름철에도 시원하기 때문에 2월에 파종하여 6월부터 9월까지 절화한다.

한편 숙근초인 카스피아와 페레지는 일년초와는 달리 재배되는데 카스피아는 9~10월에 파종하여 1~2월에 정식한 후 5월부터 수확하는데 메리크론묘를 가식했던 것을 정식해서 쓰는 것도 좋다. 이는 파종을 생략한 재배력을 참고하면 된다(〈그림 2. I. 8-3〉). 페레지는 고냉지에서 재배될 때 온실에서 파종하여 여름에 수확하는 것이 좋다(〈그림 2. I. 8-4〉).

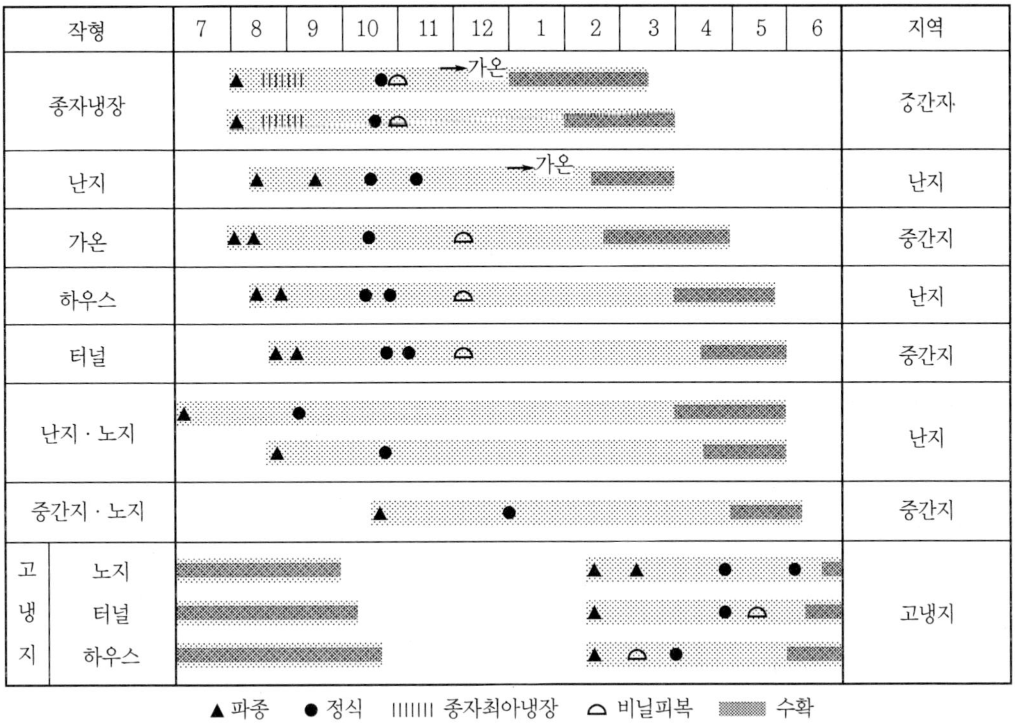

〈그림 2. I. 8-3〉 일년초 스타티스(*L. sinuatum*)의 작형별 개화기 조절의 실제

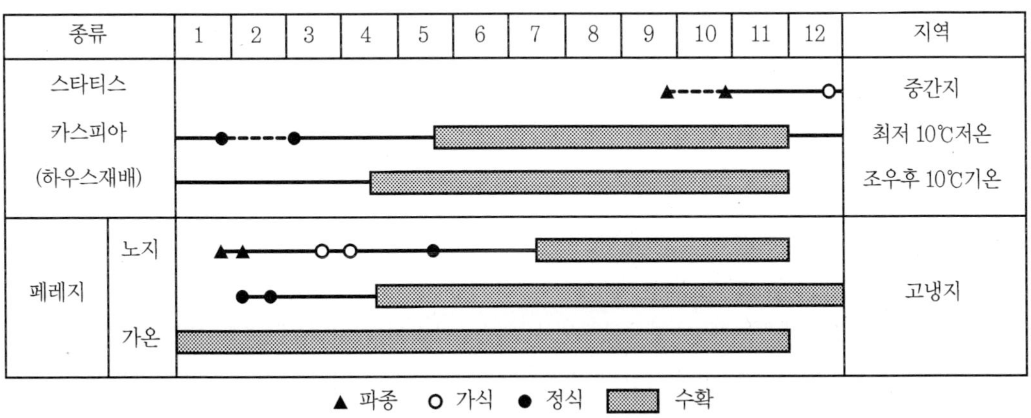

〈그림 2. I. 8-4〉 스타티스 카스피아와 스타티스 페레지 개화기 조절의 실제

4. 재배법 요약

전체적으로 공통점은 생육 전기의 재배온도를 다소 낮게 해주는 것이 매우 중요하다. 저온이 조우된 후는 시비량과 관수를 줄이고 재배온도를 낮추면 화경이 강해지고 채화수가 증가된다. 채화할 때 비가 많은 지방은 비닐로 비를 막을 수 있도록 지붕시설을 하여 꽃썩음을 막아준다. 발아율이 낮은 원인은 종피와 종실과의 간격이 있어 흡수되지 않는 것이므로 충분히 흡수를 시켜 파종한다.

일년초 스타티스(*L. sinuatum*)는 난지에서 노지재배할 때는 3항에서 언급한 바와 같이 8월 중·하순에 파종한다. 토양소독을 철저히 한후 이랑을 만들고 한 번 가식한후 정식한다. 10mL당 종자립수는 품종에 따라 다른데 1500~2400립으로 15~20℃로 유지하면 10일 정도에 싹이 튼다. 이식은 본엽 7~8매 때 행하고 노지재배는 10월 중순부터 11월 중순경까지 행한다. 토양 및 비료는 배수 양호하고 다소 건조한 토양에서 잘 자라는데 직근성이기 때문에 재배토양의 토심이 깊은 것이 좋다. 내습성이 약하니 배수불량지에서는 재배가 불가능하다. 비료는 10a당 N, P, K가 성분량으로 5~8kg을 기비로 주고 추비를 2회 정도 액비로 준다. 장기재배를 하는 카스피아는 각 성분을 2~3kg을 기비로 하여 주고 복합비료(10,10,10 정도)를 1kg 이하로 4~5회 시비 한다. 카스피아묘가 큰 것은 기비로는 N과 K를 15kg, P를 30kg으로 주고 추비는 N, K를 주로 하여 화경이 신장 개시한 후 1회당 5kg정도씩 나눠 준다. 질소비료를 너무 많이 주면 영양생장기간이 길어 과번무와 화색이 불량하게 된다. 그러나 영양실조는 화경수와 품질이 나빠지니 기비를 주체로 하여 주고 추비를 보충해 준다.

뿌리는 직근성이기 때문에 포트에 가식하거나 포트에 직파한다. 재식거리는, 2줄로 심을 때는 40×20cm쯤으로 하고 평상재배시 120cm 이랑이면 25㎝ 간격으로 4줄로 심고 카스피아는 25cm 간격으로 심어 자람에 따라 네트를 쳐서 쓰러짐을 막는다.

저온기까지 충분히 묘를 잘길러 낮온도를 20℃전후, 야간은 8~10℃로 유지한다. 특히 주의할 일은 25℃ 이상의 고온에서는 개화가 늦어지고 블라인드가 많이 발생한다.

개화촉진을 위하여 지베렐린(GA_3)을 쓰는데 스타티스(*L. sinuatum*)에는 500ppm을 영양생장기에 처리하는 것이 좋은 것으로 보고되고 있고, 입실보온 저온처리 요구일시 및 가온의 시기는 지역에 따라 다른데 그 지방의 자연 저온일수를 계산해서 온실에 입실한다. 조생종은 만생종보다 빠르다. 외국성적을 비교해서 추정해 보면 난지의 경우 조생계는 11월 말, 만생계는 12월 말쯤 될 것으로 생각된다. 숙근성은 여름 고온시에 차광을 하거나 냉방시설을 하는 것이 좋다.

절화는 80%정도 개화했을 때(개화시로부터 10일쯤) 아침이나 저녁 때 절화한다. 10개를 1속으로 하여 5~10속씩 출하한다. 건조화로 이용코자 할 때는 만개한 후 채화하여 시누아타종(일년초종)은 15~20개를, 대형의 것은 10개를 1속으로 하여 거꾸로 매달아 그늘에서 건조시킨다.

병충해로는 아고병(*Rhizoctonia solani*)과 회색곰팡이병 (*Botrytis cinera*)이 많은데 아고병은 정식 전에 토양소독을 철저히 하고 회색곰팡이병은 벤레이트나 캐프탄, 닥코닐을 살포한다. 응애, 진딧물, 야도충 등 해충은 살비제, 유기인제를 뿌려준다.

9 용담

학 명 : *Gentiana* spp.
과 명 : 용담과
영 명 : gentian
원산지 : 온대, 아한대, 열대지방에 분포

온대, 아한대, 열대지방에 고루 분포하고 있는 용담은 세계에 약 500여 종이 분포하고 있으며 우리나라에도 14종이 자생되고 있다. 주로 다년초이지만 1,2년초도 있는데 옛날부터 약초로 재배되었다. 다년초는 겨울에 지상부가 고사하지만 내한성이 강하여 추운 곳에서의 절화 또는 분화로 재배된다. 유럽에서는 rock garden (岩石園)에도 많이 이용한다.

1. 종류 및 계통

(1) 용담(*G. scabra* var. *buergeri*)

다년초로서 높이는 20~60cm이고 4개의 가는 줄이 있으며 근경에는 짧고 굵은 수염뿌리가 있다. 엽병이 없으며 8~10월에 자주색 꽃이 핀다. 한국, 일본에 넓게 자생하며 교배에 의하여 왜성 및 절화용 신품종들이 많이 육성되었다. 원예시험장에서는 자생종 중에 청룡(靑龍)이란 신품종을 선발하였다.

(2) 산용담(*G. makinoi*)

중북부 고산지대에 널리 분포하며 일본에도 분포한다. 초장이 40~50cm로서 7~9월에 꽃이 피는데 분화, 절화로 이용한다.

(3) 과남풀(*G. triflora*)

백두산 지역의 습지에서 자라는 다년초로서 초장이 30~80cm로서 털이 없고 일본에서 발견된 북과남풀은 80~100cm에 달한다. 잎이 8~12cm로서 버들잎 모양처럼 길고 줄기가 굵으며, 직립하여 절화로 적당하다. 8~9월에 꽃이 핀다.

(4) 기타

일본에서 새로 개발된 용담, 삭사틸리스(*G. scabra* var. *buergeri* for. *saxatilis*) , 기타 비로용담(*G. jamesii*. 강원 이북 산지에 자생, 높이 5~12cm), 봄구슬봉이(*G. thunbergii* : 양지바른 습지 자생, 초장 5~15cm) 등이 암석원예 왜성종으로 이용된다.

원예용 용담품종으로는 다음과 같은 것들이 있다.

① 왜성종

i) 아코리스종으로 초장이 17㎝내외인 극왜성종의 알펜블루(자청색)가 있고

ii) 교배종으로 용협퀸(龍峽queen :자등색, 초장 15~20cm)이 있다.

② 고성종

i) 고성 조생자(早生紫) 품종이 절화용으로 널리 쓰이는데 자청색으로 초장이 80~100㎝정도 된다.

ii) 고성 조생백(早生白)이 있는데 순백색의 초장 80~100㎝의 고성종으로 생육이 왕성하다.

iii) 기타 원예과학원에서 육성한 청룡(靑龍)이란 품종이 있다.

2. 꽃이 피는 원리와 자라는 습성

(1) 꽃눈분화

일본에서 조사된 바에 의하면(岩手 지방) 꽃눈분화 시작은 조생계나 만생계나 5월 하순이 되지만 그 후 꽃눈발달에 차가 컸다고 하였다. 즉, 자예형성기(암술형성시기)는 조생계는 6월 22일경, 만생계는 7월 6일경으로 이 이후 발달하는 데는 조 · 중 · 만생종 간에 차가 벌어져 개화기에 차이가 나타났다. 꽃눈분화는 최저 10℃ 이상의 온도에서 이루어진다. 꽃눈분화에 미치는 일장(日長)의 영향은 확실치 않으나 장일에서 촉진되는 경향이다. 꽃눈분화 후의 발달은 장일에서 촉진되는 계통과 단일에서 촉진되는 계통이 있는 것으로 보고되고 있으나 촉진되는 정도는 근소하여 일장의 영향은 적은 것으로 생각된다.

(2) 저온처리

용담은 종자가 미세하여 그대로는 거의 발아되지 않는다. 발아에는 저온이 필요한데, 2℃에서 4~6주간 저온처리가 필요하다. 이 저온처리 대신 지베렐린으로 대체할 수 있다. 〈그림 2. I. 9-1〉의 시험결과에 의하면 2℃에서 8주간 처리가 발아율이 제일 높았으나 저온처리를 하지 않고 200ppm에 처리하여도 2주 처리보다 높은 발아율을 보였다(〈그림 2. I. 9-2〉).

숙근초 용담은 가을이 되면 휴면에 들어가 저온을 받은 후 새싹이 나온다. 충분한 저온처리를 받지

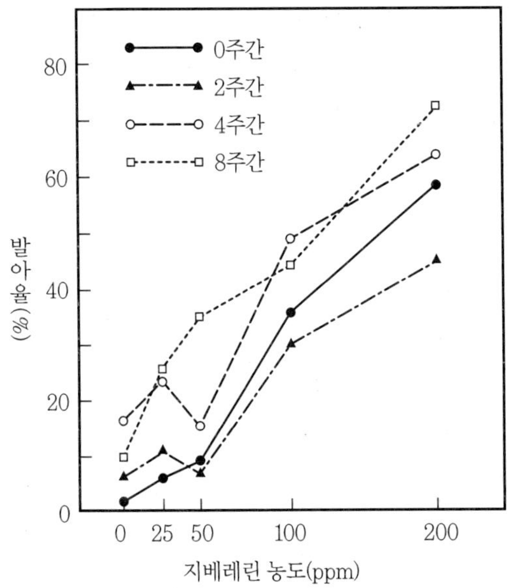

〈그림 2. I. 9-1〉 *G. trifolia*(북과남풀)종자발아에 미치는 GA농도와 저온(2℃)처리 기간의 영향

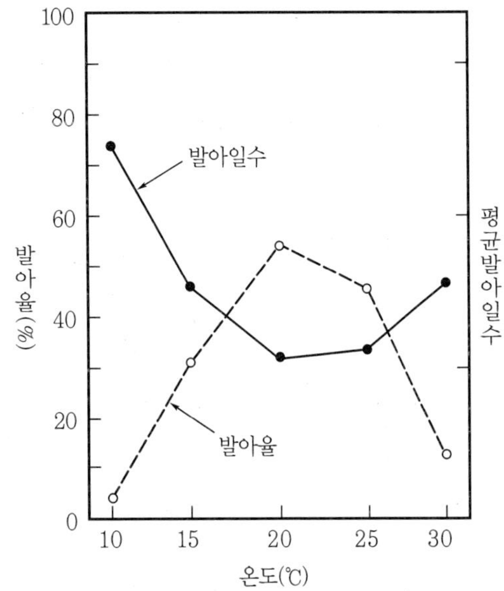

(GA50ppm용액처리, 2℃ 4주간 저온처리한 종자임)

〈그림 2. I. 9-2〉 *G. trifolia*(북과남풀)종자발아에 미치는 온도의 영향

않으면 고온이 되어 맹아해도 생장이 정지하여 고사한다. 새싹이 나오게 하기 위해 지베렐린 처리로서 촉진시킬 수 있지만 이것도 어느 정도 저온을 받을 필요가 있다.

(3) 생육적온

개화에는 서늘한 기후를 좋아하며 여름철 고온인 지역에서는 생육이 곤란하다. 연평균 12℃ 이하로서 가장 더운 6~8월의 월평균 기온이 24℃ 이하이고, 평균 최고기온 28℃ 이하, 평균 최저기온 20℃ 이하 정도면 무난하다. 따라서 여름철에는 20~30% 차광하는 것이 좋다. 내한성은 강한 편이며 노지에서 월동 가능하다.

(4) 토양환경

배수양호하며 통기성이 좋은 토양에서 잘 자란다. 특히 다습하거나 점질에선 뿌리가 썩는다. 한편 고온건조지는 좋지 않다. pH는 4.5~6.0으로 산성토양을 좋아한다. pH가 높으면 철(Fe) 결핍이 일어나 생육이 나쁠 뿐만 아니라 화색이 담색화되는 경향이 있다.

(5) 발아환경

발아에는 광이 촉진적으로 작용한다. 전술한 바와 같이 2℃에서 4주간 냉장하여 50ppm지베렐린

처리를 하면 발아율이 향상되지만 〈그림 2. I. 9-2〉에서 보는 바와 같이 발아온도는 20℃에서 가장 높고 평균 발아 일수도 가장 짧았다. 이때 암흑상태에서는 같은 30℃ 온도에서 10%정도밖에 발아되지 않으나 형광등으로 조명해 준 시설하에서는 45% 정도 향상되었다.

3. 개화기 조절의 실제

대체로 실생번식을 하며 10~11월에 추파하는 경우와 4월에 춘파하는 경우가 있지만 온실은 1~2월에 파종하여 5월에 이식하면 큰 묘가 된다. 봄 파종인 경우는 GA 100ppm(mg/L) 용액에 1일 침적하거나 흡수시킨 종자를 2℃에서 1개월간 냉장한 후에 파종한다. 파종한 것은 10일 후면 발아하지만 냉장처리를 하지 않고 가을 파종한 것은 봄이 되어야 발아한다. 〈그림 2. I. 9-3〉은 개화기 조절의 실례를 그림으로 표시한 것으로 추파할 경우(1년차)와 춘파할 경우(2년차 a), 그리고 직접 묘를 정식해서 하는(3년차 b) 세 가지 경우가 있을 수 있는데 직접 묘를 육묘한 것을 구입할 경우는 추파한 것보다 2년 정도 절약된다.

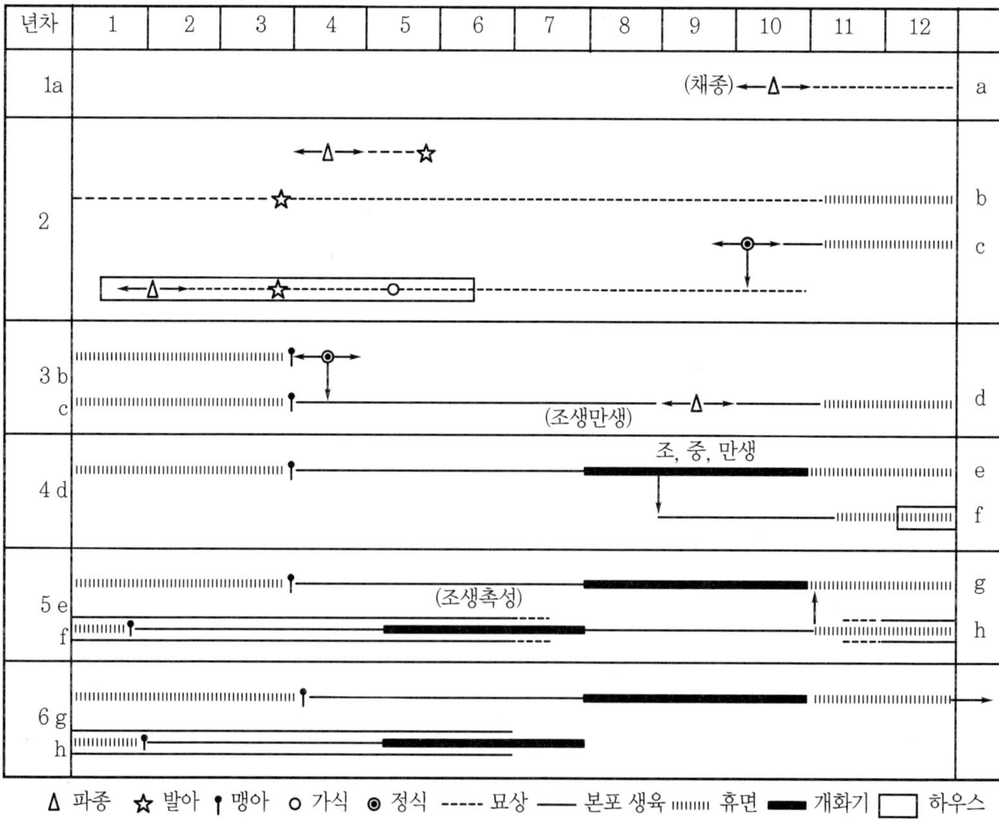

〈그림 2. I. 9-3〉 용담 절화재배 개화기 조절(예)

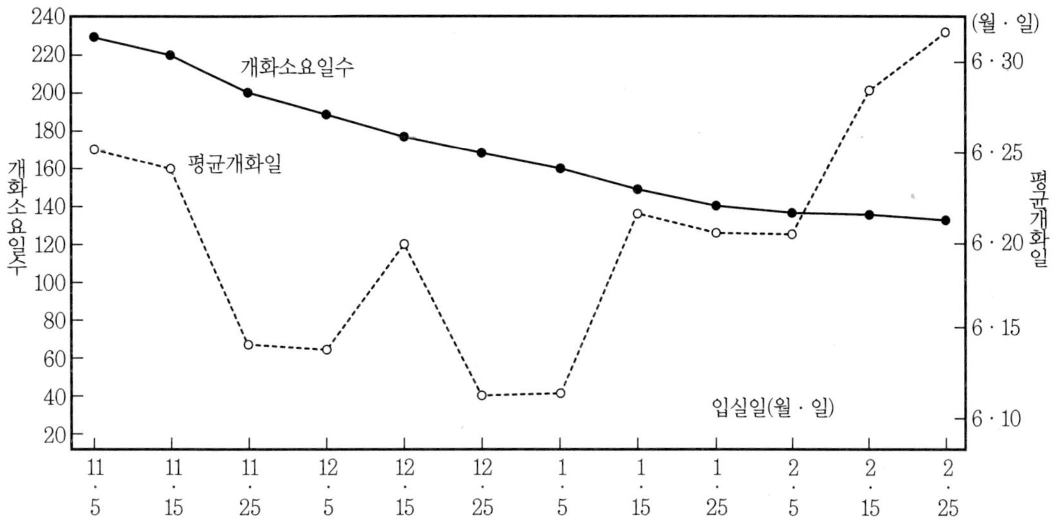

〈그림 2. I. 9-4〉 용담 보온개시 시기와 개화일과의 관계

정식 이듬해 7~9월 사이에 꽃이 피게 되며 조생, 중생, 만생종은 약 1개월 정도의 개화 차이를 보인다. 용담은 한번 심으면 3~4년 동안 개화를 계속 시킬 수 있는데 입실시기에 따라 평균 개화일에 개화 소요일수에 차가 있다. 〈그림 2. I. 9-4〉에서 보는 바와같이 입실시기가 늦을수록 개화소요일수가 짧고, 12월 25일과 1월 5일에 입실시킬 경우가 6월 12일에 꽃이 피어 평균 개화일이 가장 빨랐다. 한편 온실내에서 촉성을 할 경우는 자연개화보다 평균 2~3개월 빨리 개화시킬 수가 있는데, 조생품종을 11월~12월경에 입실시켜 10℃ 이상 보온하여 맹아를 촉진시켜 개화기를 앞당긴다(〈그림 2. I. 9-3〉). 입실시기는 지방에 따라 다르지만 12월 이후 입실이 좋다.

4. 재배법 요약

(1) 장소

표고 400~500m 또는 여름철 시원한 준고냉지 또는 고냉지로서 수송 및 관수시설 등 재배조건이 좋은 지역으로 배수양호한 토질을 가진 곳이 좋다.

(2) 번식

주로 실생을 하지만 삽목 또는 분주도 행한다. 파종의 경우 파종상은 배수 좋은 장소를 택하여 체로 흙을 쳐서 곱게 하여 토양소독을 한 후 파종하는데 복토는 거의 덥지 않고 씨가 겨우 묻힐 정도로 하여 약간 진압해 주고 깨끗한 짚으로 덮어준다. 온실에서 상파할 경우는 유리나 비닐로 덮어 광이 들어오도록 해주면 된다. 물론 발아 후에는 짚을 제거해 주고 유리나 비닐을 제거한다. 종자는 당년

채종한 것을 쓰고 년수가 지나면 발아율이 떨어진다. 발아촉진을 위한 처리는 전술한 "발아환경"과 "저온처리"항을 참고하기 바란다. 채종은 인공수분하여 채종하는 것이 좋은데 수분 1개월 후는 여물어지며, 자식 2~3대가 되면 형질이 고르게 되는데 품종에 따라 자식 약세현상도 나타난다.

분주한 경우는 이른 봄에 하는데 큰 포기일 경우 2~3개로 나눈다. 삽목은 5~6월경에 천삽 또는 관삽(管揷)을 한다. 발근은 용이하나 다음에 눈이 잘 나오지 않아 문제가 있다는 보고가 있다.

(3) 정 식

가을에 정식하는 것이 좋지만 너무 추운 곳에서는 눈이 트기 전 봄에 한다. 뿌리가 손상되지 않도록 주의깊게 해야 한다. 작업중 뿌리는 절대 마르지 않게 해야 한다. 정식거리는 30×20cm 간격으로 한 이랑에 두줄로 심는다. 정식 후에는 관수를 충분히 하고 짚멀칭을 하는 것이 좋다.

(4) 정식 후의 관리

정식 1년째는 채화하지 않고 꽃을 따주고 2년째부터 절화한다. 한번 심으면 3~4년 절화가 가능하고 길게는 5년까지도 할 수 있다. 새싹이 많이 난 큰 포기는 10본 정도 솎아주고 신장함에 따라 네트를 쳐준다. 채화는 한 포기의 줄기 중 2/3쯤 행하고 나머지는 적화하여 충실을 기하도록 한다. 10a당 채화본수는 4만5천개쯤 되는데 가을엔 마른 줄기와 마른 잎을 제거하고 잎을 덮어준다.

(5) 비 료

퇴비를 충분히 넣어 주는 것이 좋은데 비료는 유기질을 주체로 한다. 10a당 3요소를 성분량으로 10~20kg정도 각각 시비한다. 이중에서 80%는 기비로 주고 나머지는 개화 1개월 전에 추비로서 시비한다.

(6) 기타 관리

화분용은 왜성종을 이용하며 삽목번식한다. 모주는 전년에 하우스에서 무비료로 재배하여 꽃을 제거하고 3~5월경에 여러 번 삽목한다. 삽수채취 20일 후에 다시 삽수채취가 가능하다. 20일쯤 후면 발근하며 작은 분에 3~4주를 심는다. 3마디에서 적심하여 50일쯤에 분에 올린다. 7월 하순까지 1~2회 적심을 하면 9~10월경에 개화한다. 종류에 따라서는 종자번식하는 것이 좋은 품종도 있다(예 : *G. septemfida*).

(7) 병충해

엽고병, 균핵병은 토양소독과 벤레이트, 디포라탄 등으로 방제를 하고, 바이러스병은 진딧물 방제를 철저히 하며, 근류선충은 토양소독으로 방제한다.

10 시네라리아

학 명 : *Senecio cruenta* D.
과 명 : 국화과
영 명 : cineraria
원산지 : 아프리카 시실리섬

비내한성 다년초이지만 개화습성과 재배상 우리나라에서는 추파온실 일년초로 취급한다. 화색이 다양하고 다화성으로 겨울철 분화용으로 재배된다.

1. 계통과 품종

꽃의 크기에 따라 대 · 중 · 소형화로 나누고, 홑 · 겹에 따라 홑꽃종 · 겹꽃종, 초장에 따라 고성(高性) · 왜성 (矮性)으로 나눈다.

(1) 그란디플로라계(grandiflora)

대형화로서 화경이 5~7cm가 되고 개화는 다소 늦으나 잎이 크고 꽃수는 적다. 주요 품종으로 한젠 도와후계가 있다.

(2) 멀티플로라계(multiflora)

소형화로서 꽃 직경이 2~3cm정도이고 다화성으로 화분을 덮을 듯 꽃이 많이 핀다. 달마 계통은 멀티플로라로부터 육성된 것이기 때문에 비슷하게 보인다. 꽃 중심이 황백색인 골덴센터와 중심이 회백색인 실버센터가 있다. 초장은 40~50cm쯤 고성으로써 달마 계통과는 상부가 개장해 빗자루형으로 되어 화분용 외에 절화용으로도 쓴다.

(3) 달마계

그란디플로라×멀티플로라계와의 교잡으로 선별 육성된 것으로서 화분용으로 가장 많이 재배된다. 화경은 4~5㎝정도로서 초장은 20~30㎝쯤으로 꽃이 둥근 구형(球形)으로 피복하는 특징이 있다. 주요 품종으로는 동경달마(초장 30cm, 홍도색에 흰색의 눈이 들어 있음), 강원(橿原)달마(초장 30cm, 홍도색 또는 자색)는 대분(大盆)생산을 위하여 사용되며, 미제트(초장 25cm의 중륜다화성으로 홍도색, 조생종)는 중분(中盆)용으로 쓰고 메누에트(농청색, 중륜다화성)는 중형화분~소형화분용 품종으로 사용된다.

꽃의 크기별로 재배 및 실용적으로 다음과 같이도 나눈다.

(1) 중형화

달마계가 여기에 속하며 미제트(밝은 도홍색, 극조생으로 12월 출하 가능), 레드트라운(도홍색, 조생), 메누에트(감청색, 촉성 억제재배 가능) 등이 있고 골드 센터계로서 스칼렛 라이트(도적색, 온실재배용), 로즈라이트 넘버완(홍색, 극조생), 블루 라이트(자청색, 2~3월 출하 적당), 바이올렛 라이트(농자청색, 극조생)가 있고, 사목(蛇目: 뱀눈)계로서 동경달마(도홍색에 백색 윤문), 미쓰요코하마(농청색에 백색 윤문 : 뱀눈 모양)가 있다. 스칼렛계로는 레드 세드(도홍색), 블루 세드(자청색)가 있고, 뱀눈처럼 흰 윤문이 있는 사목(蛇目) 품종이 있다.

(2) 대형화

쥬피터계로서 비적색의 레드 세드와 농적색의 블루 세드가 있다.

(3) 거대형화

꽃의 직경이 8~10cm나 되는 대형화로서 한센 도와후 스프렌더가 있는데 청색, 핑크색, 자색 등 여러 색으로 되어 있다.

(4) 겹꽃종

화심이 꽃잎으로 변한 종류로 시네라리아 더블계가 있다.

2. 꽃이 피는 원리와 자라는 습성

시네라리아 꽃눈분화는 일장에 관계 없이 유도되나 일정한 온도 이하의 저온에서 분화를 유도한다. 실험에 의하면 16℃ 이상의 온도에 계속 재배했을 때 꽃이 피지 않았는데 3~8℃에 6주간쯤 놔두었다가 온도를 상승시켰더니 꽃이 피었다. 여기서 3~8℃는 시험에 처리된 온도이고 실제 재배과정에선 약 10℃정도의 온도 정도면 된다. 이때가 단일상태이기 때문에 단일조건에서 꽃눈이 분화하는 것으로 보고된 책도 있어 SL식물(꽃눈분화에 단일, 꽃눈발달에 장일성 식물)로 보고되기도 한다. 그렇기 때문에 7~9월에 파종하여 가을과 겨울의 과정을 거처 늦겨울철에서 초봄에 생산하는 재배방식을 취한다. 꽃눈분화 촉진에는 일장에 관계 없이 저온이 관계하지만 분화후에는 장일조건 및 강한 광선조건에서 꽃눈의 발육을 촉진한다. 이때의 저온은 맥류와 배추과와 같은 저온이 아니라 꽃눈분화 온도가 낮은 저온형 꽃눈분화(thermo-negative)형으로 이해하면 된다. 시네라리아를 일찍 파종하여 일찍 시원한 상태 정도의 저온에 부딪치도록 하고 억제시키려면 육묘전반에 고온에서 억제했다가 그 후 저온에 옮겨 꽃눈을 형성시키는 것이 좋다. 생육적온은 낮엔 20~22℃ 정도, 밤엔 10~15℃로 비교적 낮게 하는 것이 좋고, 3℃ 이하에선 냉해를 받을 정도로 약하다. 한편 0℃ 이하에선 동해를 받는다. 개화시에는 10~15℃ 야간엔 18℃ 이상, 주간은 25℃ 이상에서 화경이 약해지고 생육도 좋지 않다.

3. 개화기 조절의 실제

화분재배로서 12월 말쯤 개화시키려면 6월 상순에 파종하고, 2~3월에 개화시키려면 8월 하순~9월 상순에 파종한다. 품종에 따라서도 조만성(早晩性)이 있으니 일찍 개화시키려면 조생종 품종을 사용한다. 파종 후 출하까지 기간이 짧고 생육 전반기에 무가온 상태에서 재배되어 생산비가 적게 드는 장점이 있다. 파종을 너무 늦게 하면 크기가 작게 꽃이 피니 주의한다(〈그림 2. I. 10-1〉).

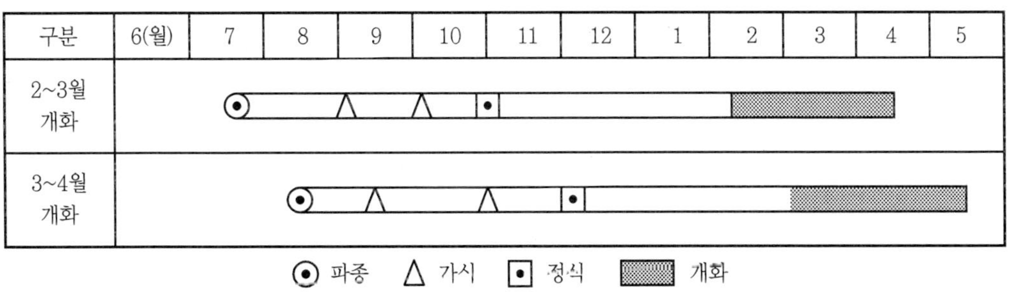

〈그림 2. I. 10-1〉 시네라리아 개화기 조절의 실제

4. 재배법 요약

1mL당 종자립수는 2,000~2,500립의 미세종자로서 광발아종자이기 때문에 복토는 하지 않고 진압하는 정도로 끝낸다. 발아적온은 20℃로서 10일 후면 싹이 튼다. 파종용토는 밭흙 3+부엽 5+모래

2로 섞어 쓰든 지 이와 유사한 물리성을 가지도록 상토를 만들어 쓴다. 배양토는 꼭 토양소독을 하여 입고병을 방제한다. 파종기가 고온기이기 때문에 토양소독을 안하면 입고병이 우려된다. 광발아 미세종자 파종법에 준하여 파종하고, 본엽이 2~3매 되면 4cm 간격으로 1차 가식하고, 6~7매가 되면 9cm 화분에 옮겨 심고, 그 후 자라서 화분 구멍으로 뿌리가 보이고 잎이 화분에 차면 15cm 화분에 옮겨준다. 배양토는 밭흙 3+부엽 또는 완숙퇴비 5+식토 2의 비율로 혼합하여 60℃에 30분, 또는 80℃에 10~30분 소토 또는 증기소독하든지 약제 토양소독을 하여 쓴다. pH는 6.5정도가 좋고, 비료는 배양토 1㎡당 질소 150g, 인산 200g, 칼리 250g을 주되 주로 유기질 비료를 준다. 일장을 충분히 쪼여주고 통풍을 좋게 해주되 일조부족 고온다습상태에서 백분병 발생이 많이 생기니 주의한다. 정식 후 30-40 일경에 액비를 주되 인산, 칼리를 질소보다 많게 해준다. 병충해로는 백분병 발생이 많은데 전술한 고온다습을 피하고 다이젠, 오소사이드(캐프탄)를 뿌려준다. 진딧물과 응애는 호리마트 또는 살비제를 뿌려준다. 출하는 1-2월에 중심 3-5화가 개화했을 때가 좋고, 3월에는 1화가 피었을 때에 출하한다.

11 프리뮬라

학 명 : *Primula* spp.
과 명 : 앵초과
영 명 : primrose
원산지 : 북반구산지 특히 한국, 중국, 일본, 티베트

우리 나라에서도 취란화라고 하여 약 14종이 자생하고 있고, 세계에는 500종 이상이나 자생하는데 그 중에는 내한성이 있는 다년초로 생장하는 종류가 많이 있으나 우리 나라에서는 온실 1년초로 취급한다.

1. 종류 및 품종

(1) 프리뮬라 오브코니카(*Primula obconica* H. 영명 : top primrose)

중국 호북성 원산으로 화분용으로 많이 사용한다. 원래는 다년초이지만 일년초로 취급을 한다. 잎이 두껍고 막질(膜質)이며 꽃 직경이 3~4㎝로써 윤생(輪生)하고 온실에선 11월 말부터 3~4월 말까지 꽃이 피는데 화색이 다양하다. 주요 품종으로는 일대 교배종의 반비노계로써 애푸리콧 라일락이 있고, 고정종으로는 우쯔리계(紅, 桃, 紫), 단색종으로는 루쥬레드(홍도색), 디프블루(진청색), 화이트(순백색), 소프트핑크(담도색 대형화)가 있다.

(2) 프리뮬라 폴리안사(*Primula polyantha* M. 영명: polyanthus primrose)

베리스종(*P. veris*), 엘라티올종(*P. elatior*), 불가리스종(*P. vulgaris*)과의 종간교배에 의해 육성된 종류인데 원래는 다년초로서 내한성이 강하여 화단용으로 가장 많이 재배된다. 일대 교배종으로는 세븐티계(70)가 생장이 빨라 초봄 출하용으로 많이 쓰이는데 스칼렛, 와인레드, 카아민 로즈, 브라이트 로즈살몬핑크, 브라이트핑크, 에푸리콧, 골덴옐로우, 레몬옐로우, 블루 밋드블루, 라벤더, 화이트 옐로우, 퓨어 화이트 등이 있다. 화색은 품종명의 이름과 같다. 고정종으로는 수퍼계에 스칼렛, 디프

로즈, 핑크딥옐로우, 옐로우, 딥블루, 화이트가 있고, 부치계(스칼렛, 부라일로즈, 핑크, 골드, 딥블루, 라벤다, 화이트), 스트렛계 등이 있다.

퍼씨픽자이언트계는 미국에서 1955년경 육성된 것으로 5~6cm정도 되어 화분용으로 이용되는 것을 말한다. 극조생으로 크리스마스 레드(비홍색), 크리스마스옐로우가 있고 화경이 7~8㎝의 거대형의 전술한 수퍼딥로즈(진핑크색), 수퍼화이트(순백색), 그리고 중륜다화성인 스트렛딥블루(진청자색), 스트렛골덴(진황색)이 있다.

겹꽃종으로는 화경이 3~4cm정도로 화색은 담색 계통이 많고 번식은 주로 분주한다.

(3) 프리뮬라 말라코이데스(*P. malacoides*, 영명 : fairy primrose)

중국 운남성 원산으로 그 동안 품종개량에 의해 화분용으로 쓰인다. 다년초이지만 일년초로 취급한다. 꽃대가 길게 빠지고 꽃 직경이 1.5~2cm의 소화가 몇 층으로 윤생한다. 육성된 품종으로 꽃대가 짧고 히야신스 모양으로 피는 왜성 품종도 있다. 개화기는 11월 하순부터 3~4월까지 핀다. 빅토리계로는 꽃이 크고 밀생되는 특징이 있는데 레드, 로즈 품종이 있다. 비을녀(緋乙女, 조생종, 비홍색), 로즈 크라운(중생종, 진핑크색), 후지사꾸라(만생종, 핑크색, 왜성종), 우그이스(만생종, 자도색, 소형 화단용) 등이 있다. 개화는 11월부터 3~4월까지 핀다.

(4) 기타 및 프리뮬라 시넨시스(*P. sinensis*, 영명 : chinese primrose)

중국 원산의 다년초로서 잎자루가 길고 꽃 직경이 2~3cm인 꽃이 2~3단 윤생한다. 품종으로는 카디날레드(진홍색), 프렌터(등색), 브라이트로즈(진핑크색) 등이 있다. 기타 아우리큘라(*P. auricular*, 영명 : auricula bearsear), 케웬시스(*P. kewensis*, 영명: kew primrose), 덴티큘라타(*P. denticulata*, 영명: himalayana primrose), 시볼디(*P. sieboldii*) 종이 있고 쥬리안 교잡종은 쥬리아에(*P. juriae*) 종과 폴리안사(*P. polyantha*)와의 교잡육성된 종 등이 있으나 원예종으로 주로 사용되는 것은 앞에서부터 소개한 3종이다.

2. 꽃이 피는 원리와 자라는 습성

(1) 오브코니카종

일장반응은 단일 또는 장일 어느 조건에서도 꽃이 피지만 장일조건에서 개화가 빠른 상대적 장일식물 반응을 나타내며 꽃눈분화 온도는 시원한 상태에서 좋다. 30℃의 단일조건에서는 꽃이 피지 않았다는 보고가 있다. 그러나 20℃에서는 단일에서도 꽃이 피었으나 장일보다는 꽃이 피는 것이 지연되었다. 생육적온은 15~20℃로서 25℃ 이상에선 생육이 억제된다. 저온에는 꽤 강하지만 0℃ 정도에선 생육이 정지된다.

(2) 폴리안사

일장은 오브코니카종과 마찬가지로 장일에서 개화가 촉진되는 상대적 장일식물이지만 꽃눈분화 시 온도는 다소 낮은 상태에서 촉진된다. 실험에 의하면 온도를 20℃로 유지하였을 때 단일보다 장일에서 개화가 촉진되었는데, 특히 단일상태에서 꽃눈분화될 때는 15℃이하의 자연저온에서 4주간 경과된 것이 더욱 촉진되었다고 한다. 이러한 결과는 가을 단일상태에서 육묘할 때 개화를 촉진시키기 위해서는 저온이 빨리오는 고냉지 육묘가 개화를 촉진한다는 결과이다. 생육적온은 15~20℃로서 30℃ 이상에선 생육이 현저히 떨어진다. 내한성은 꽤 강하여 −5℃ 정도에서도 야외에서 월동한다.

(3) 말라코이데스

일장에 대한 반응은 중성이지만 단일에서 개화가 촉진되는 상대적 단일식물적인 경향이 있다. 그러나 꽃눈분화에는 저온의 영향이 절대적이어서 10℃ 이하의 온도에서는 일장에 관계 없이 꽃이 피지만 16~21℃에서는 단일의 경우에만 꽃눈이 분화되었다는 시험결과가 있다. 또한 다른 시험결과도 상대적 단일 식물의 성격이 있음을 보여주는 결과가 나왔다.

3. 개화기 조절의 실제

프리뮬라는 꽃눈분화 습성상 가을과정을 거쳐야 되기 때문에 연말 또는 연초부터 3월까지 출하하는 방식을 취한다. 〈그림 2. I. 11-1〉은 일반적인 프리뮬라의 개화기 조절방법이다. 보통 9월에 파종하면 발아도 좋고 육묘도 용이하다. 그러나 연말이나 이른 봄에 출하하려면 묘가 너무 작아서 좋지

(그림 2. I. 11-1) 플리뮬라류의 개화기 조절실제

않다. 연말 연초에 생산하려 할 경우 말라코이데스와 오브코니카는 6월 하순~7월 중순쯤 파종하고, 폴리안사는 5월 상순~6월 상순경쯤 파종한다. 그러나 이 파종기는 다소 가감하여 파종할 수 있고, 전술한 개화생리를 고려하여 파종한다. 폴리안사를 화단용으로 생산할 때는 8월 중 · 하순에 파종한다 (〈그림 2. I. 11-1〉).

4. 재배법 요약

1mL 입수는, 말라코이데스는 3,000립, 오브코니카는 2,000립, 폴리안사는 약 500립이며, 발아적온은 서늘한 15℃쯤이 좋다. 호광성 종자로서 복토는 하지 않고 진압하는 정도로 끝내며, 적온에선 15~20일 후면 싹이 튼다. 파종용토는 시네라리아에 준한다. 파종 1~1,5개월쯤 되면 2~3매가 되는데 상자에 3~4cm 간격으로 옮겨 심고, 더 자라면 9cm포트에 옮겨 심는다. 더욱 자라서 잎이 서로 맞닿으면 12~15cm분에 정식한다. 배양토는 9cm이하의 작은 분의 경우 밭흙 50%+부엽 또는 피토모스 50%로 섞어서 쓰고, 중묘 이상은 밭흙 70%+부엽 또는 피트모스 30%를 쓴다. 피트모스를 쓸 때는 1,000mL 당 2L의 고토석회를 가하여 산도를 올려야 한다. 비료는 말라코이데스가 다른 종류보다 다소 강하고 폴리안사, 오브코니카는 다소 약하다. 일시에 다량의 시비는 피하고 액비를 분시하는 것이 좋다. 배양토 1L당 기비로서 말라코이데스는 질소 (N) 0.2~0.3g, 인 (P) 0.2~0.3g, 칼륨(K) 0.3~0.5g을 주고, 폴리안사는 질소 0.1~0.2g, 인 0.1~0.2g, 칼륨 0.05g, 그리고 오브코니카는 질소 0.06-0.1g, 인 0.05~0.1g, 칼륨 0.08~0.2g을 준다. 재배중의 온도는, 낮엔 15~20℃, 밤엔 10~13℃쯤으로 관리한다. 12월 중 · 하순에 개화시키려면 10월 하순부터 보온을 하고 11월 중 · 하순엔 가온을 해야 하며, 1월 이후 개화는 출하기를 고려하여 가온시기를 정하여 실시한다. 폴리안사를 화단용으로 재배할때는 하우스내의 터널에 밤엔 0℃이하가 되지 않도록 하고, 낮엔 25℃ 이상이 되지 않도록 무가온 재배한다. 병충해로는 연부병이 10~11월경 묘가 크게 된 후 발생되는 경우가 있는데 토양소독을 철저히 하고, 반점병은 다이젠으로, 회색곰팡이병은 톱신, 벤레이트, 캐프탄으로 방제한다. 충해는 호리마트제 등의 유기인제로 방제한다.

12 스위트피

학 명 : *Lathyrus odoratus*
과 명 : 콩과
영 명 : sweet pea
원산지 : 남유럽 시실리섬

덩굴성 일년초로서 1650년 발견된 이래 영국, 독일 등에서 개량이 진전되었고, 대형화의 육성, 파상화변(波狀花弁)의 스펜서형(spencer type) 품종개량의 진전이 있었다. 미국에선 온실절화용, 겨울 개화종을 육성하기에 이르렀고, 겨울개화종×여름개화종에서 나온 봄개화종은 신품종육성에 큰 성과를 얻었다.

1. 계통 및 품종

(1) 겨울개화종

고성이고 대형화(화경 6㎝)인 다이아나(핑크색, 파상변, 다화성)가 있고 수퍼계(로즈, 살몬)가 있다. 중형화로서 절화용으로 많이 쓰이는 품종으로 아메리칸 뷰티(적도색), 부레즈 슈푸림(진홍색), 더글러스마가사(살몬핑크색), 스지(살몬핑크색), 후라크블루(등청색), 미니(농자색), 이스터 퍼레이드(순백색)가 있고 초장이 30cm내외 이어서 화분용으로 적당한 뷰계(스카렛 사파이어)와 왜성종인 파티오계가 있다.

(2) 여름개화종

장일성으로 6~7월에 개화하는 품종으로서 레드로바(적색), 올림피아(자색), 스노우화이트(백색) 등이 있고 왜성으로는 리틀스윗 헛이 있다.

(3) 봄개화종

여름종과 겨울종의 중간형으로서 3~4월에 개화하며 꽃잎이 두꺼워 일소현상이 잘 일어나지 않는다. 하우스에서는 2~4월에 절화한다. 로얄계(스칼렛, 마리온:담황색, 로즈, 핑크크림, 블루, 네이비블루, 마룬:밤색+차색, 화이트), 화분용으로 쓰이는 스누피계가 있다. 극왜성종으로 초장이 40cm정도이며 화단용으로 쓰이는 제트셋(각색 혼합) 품종이 있다.

2. 꽃이 피는 원리와 자라는 습성

겨울개화종은 일장에 관계 없는 중성식물반응을 나타내지만 여름개화종은 전형적인 장일성 식물로서의 개화반응을 나타낸다. 그러나 봄개화종은 다소 둔감한 장일성 반응을 보인다. 생육적온은 낮엔 15~18℃, 밤엔 10℃쯤이 적당하고 생육 개화중에는 충분한 광선이 필요하다. 따라서 겨울철 일조부족이 심한지역에서는 스위트피 절화재배가 불가능하다. 5℃ 전후에서 잎이 두꺼워지며 줄기도 경화(硬化)되고, 25℃ 이상의 고온에선 잎이 작아지고 화경이 짧아진다. 스위트피는 화변이 얇아서 다습에는 약하니 공중습도를 비교적 낮게 유지하고, 건조에 강하니 토양이 과습되지 않도록 한다. 직근성 식물로서 이식을 싫어하며 절화용 품종은 5~6m까지 신장한다.

3. 개화기 조절의 실제

겨울철 온실절화재배시 12월부터 4월경까지 절화하려면 겨울개화종 품종은 8월 중 · 하순경에 파종한다. 화분용이나 화단용으로 봄개화종이나 여름 개화종을 10월 상순에 파종한다. 2~5월 출하를 위해 봄개화종을 파종할 때는 9월 중 · 하순경에 파종한다(〈그림 2. I. 12-1〉).

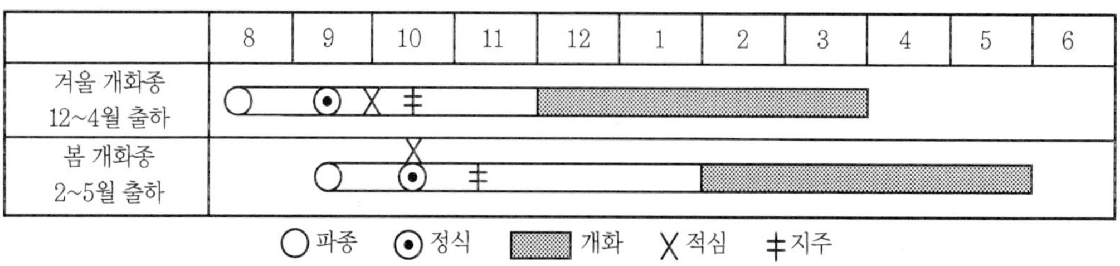

〈그림 2. I. 12-1〉 스위트피 개화기 조절의 실제

4. 재배법 요약

10mL당 립수는 75립으로 대립종자에 속하며, 10m^{2}당 파종량은 0.6dL가 표준이다. 발아적온은 20℃로서 혐광성 종자이기 때문에 꼭 복토를 충분히 하며, 적온에서 10일 후에는 싹이 튼다. 스위트피는 경실종자이기 때문에 파종 전에 캐프탄이나 벤레이트로 종자소독한 다음 하루저녁 물에 담가두었다가 파종한다. 상파하든지 또는 직접 적은 분에 파종하는 방법이 있다. 파종용토는 밭흙2+부엽 1의 비율로 배합하여 사용하고, 분에 직파할 때는 10~15cm 화분에 3~4립의 종자를 파종하고 1cm쯤 복토를 한다. 발아 후는 통풍을 좋게 하고 본엽 4~5매가 되면 적심해서 측지를 발생시킨다. 적합한 토양은 다소 무거운 중적토가 좋고, pH 6.5~7정도인 산도에서 잘 자란다. 비료는 1a당 질소 2kg, 인산 9.6kg, 칼리 6kg정도를 준다. 두과작물이기 때문에 질소비료를 많이 주면 해롭다. 정식은 겨울개화종인 경우 묘가 10~13cm정도에서 9월 20~30일경이 된다. 조간 35~40cm로 두 줄로 심고 주간은 20~25cm길이로 심은 후 도복방지를 위해 지주에 유인한다. 지주는 30cm, 60cm, 2m정도로 3단을 만들어 12번 철선을 쳐서 유인한다. 낙뢰(落蕾 : bud drop)는 꽃봉오리가 생육중 미발육으로 12~1월 중 많이 발생한다. 원인으로는 비와 구름이 많을 때 온도저하, 질소과다와 같은 영양분 불균형에서 오니 비, 구름이 많을 때는 관수량을 줄이고 생육번무하는 것을 억제하고 환기를 잘한다. 병충해로는, 위조병은 생육 초기 또는 후기에 잘 발생하는데 토양소독을 철저히 하고, 흰가루병은 카라센, 바리톤으로 방제하고, 탄저병은 다이젠을 뿌려준다. 수확은 오후에 행하고 35cm길이로 50개를 1속으로 하여 하루저녁 물빨림을 한 후 출하한다.

13 꽃도라지

학 명 : *Eustoma russellianum* G.
과 명 : 초롱꽃과
영 명 : russel prairie gentian
원산지 : 복아메리카중부

꽃도라지는 북미 중부 원산으로서 리시안서스(Lisianthus)에 가까운 속이기 때문에 우리 나라에서는 리시안서스 또는 속명에 따라 유스토마라고 불려지고 있으나 원예학회에서 화훼학자들이 꽃도라지로 통일하였다. 원래 다년초이지만 1년초로 취급되고 있으며, 일본말의 터키도라지(dorkokikiyo)라는 말은 사실 터키와는 아무 관계가 없다. 일본에선 2차 세계대전 후 고령지인 나가노에서 재배가 성행하고 있지만 구미에선 거의 재배되지 않고 있다.

1. 생육특성

원산지는 연간 강수량이 300~800mm로써 다소 건조한 것이 과습보다 좋다. 고온에 꽤 강하지만 내한성은 거의 없기 때문에 하우스 재배가 주가 된다.

2. 품 종

형질이 고정된 것은 거의 없으나 최근 F_1 품종을 종묘회사에서 육성하여 않은 신품종을 발표하고 있다. 크게는 고성종과 왜성종으로 구별하고, 개화기에 따라 조생종, 만생종으로 나눈다. 화색으로는 담자색 외에 농자색, 청색, 연핑크색, 백색 등이 있고 홑꽃과 겹꽃이 있다. 몇 품종을 소개하면 다음과 같다.

(1) F_1 로얄계

일본 다끼이에서 육성한 품종으로 촉성 및 반촉성재배에 성능이 좋은 계통으로 라이트퍼플(담자색), 바이올렛(농자색), 화이트(백색), 핑크 등의 품종이 있다.

(2) 아즈마 계통

일본 사까다종묘회사에서 육성된 품종으로 극조생 타입의 일대 잡종 종자들이다. 연라일락색, 핑크색, 상아색, 순백색, 광택이 있는 백색 바탕에 담자청색 등이 있다.

(3) 킹 계

일본 사까다에서 육성한 겹꽃 고성품종으로 퍼플, 블루, 핑크, 화이트, 블루피코트, 블루후랏슈 등이 있다.

(4) 미네계

홑꽃 고성종으로 1대 잡종이며 자색, 핑크색, 유배색이 있다.

3. 자라는 습성

북미 중부의 프레리에 자생하는데 원산지 중 난지에서는 가을에 싹이 터서 겨울을 난다. 북부의 추운 지방에서는 이른 봄에 싹이 터서 7~8월에 꽃이 핀다. 연강수량은 300~800mm로서 건조하고 초원이 발달되어 있으므로 꽃도라지는 건조지를 좋아한다. 그러므로 다습하면 입고병(立枯病)이 발생되기 쉽다. 원산지의 환경조건을 고려 하여 꽃도라지의 생태환경을 보면 북부지방의 경우 여름은 20℃, 겨울은 −5℃에서, 남부는 여름이 28℃, 겨울은 5℃쯤에서 생육한다. 여름에는 시원한 기후를 좋아하는데 특히 야간 온도가 낮은 것이 좋고 내한성은 별로 강하지 않다. 생육적온은 유식물에서 10~15℃, 그리고 성묘 및 생장중일 때에는 20℃ 전후가 좋다.

〈표 2. I. 13-1〉 꽃도라지 파종기와 꽃눈분화기(일본 나가노현 '76)

파종기 (월 · 일)	꽃눈분화개시 (월 · 일)	꽃눈분화개시시				
		초장 (㎝)	마디수	최저기온 (℃)	평균기온 (℃)	일장시간 (시간. 분)
1 · 16	5 · 31	6.7	9.3	14.3	22.8	14 · 28
2 · 16	5 · 31	6.2	8.7	14.3	22.8	14 · 28
3 · 15	6 · 21	7.0	9.0	16.5	22.9	14 · 41
4 · 15	7 · 10	6.6	7.7	13.0	21.9	14 · 32
5 · 15	7 · 30	8.3	7.0	20.0	28.8	14 · 07
6 · 15	8 · 20	7.4	7.4	18.7	27.1	13 · 28

4. 꽃이 피는 원리

꽃눈분화기는 파종기에 따라 달라진다. 파종부터 꽃눈분화까지 일수는 〈표 2. I. 13-1〉의 실험에서 보는 바와 같이 1월 16일 파종하면 136일 후인 5월 31일에 꽃눈분화가 개시되지만 6월 15일 파종하면 66일 후인 8월 20일에 꽃이 핀다. 따라서 꽃도라지는 파종기를 저온기에 하느냐 고온기에 하느냐에 따라 차이가 크다. 1월부터 12월까지 1년 동안 파종을 한 결과 〈그림 2. I. 13-1〉과 같이 1월부터 6월 사이가 비교적 개화 소요일수가 짧고 6월 이후는 소요일수가 매우 많다. 2월부터 6월까지 늦게 파종할수록 개화기의 차이는 파종기의 차보다 적다. 2월 파종은 약5개월 소요된 것에 비해 6월 파종은 4개월 만에 개화하였지만 7월 파종은 개화소요일수가 11개월을 요하여 다음해 6월에야 개화하였다. 이런 이유는, 6월까지는 육묘기간이 로제트되고 곧 신장생장한 꽃눈이 형성되지만 7월에 파종할

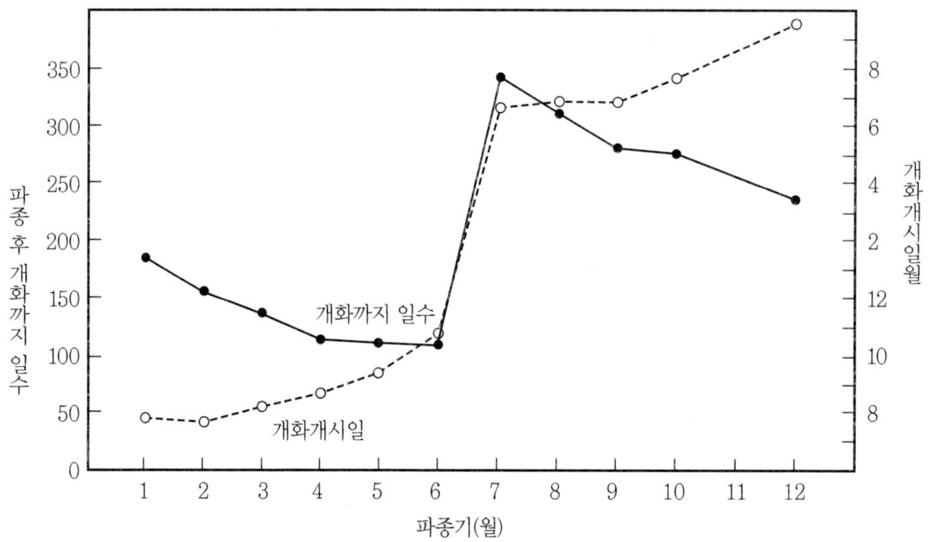

〈그림 2. I. 13-1〉 꽃도라지 파종기와 개화시기와의 관계(일본 나가노현 '77)

〈표 2. I. 13-2〉 꽃도라지 개화에 미치는 일장과 온도의 영향(Thukada外 2人 '80)

온도 (℃)	일장 (시간)	개화 월 · 일	개화 소요일수	개화분화 까지일수	초장 (cm)	마디수
10	8	6 · 29	206	150	102	22
	16	6 · 16	193	130	109	20
15	8	6 · 26	203	140	115	26
	16	4 · 22	138	70	98	17
20	8	6 · 2	179	120	97	25
	16	3 · 24	109	60	94	15

품종 : 조생계, 파종:8월 20일, 처리시작:12월 5일, 처리끝:5월 19일 처리개시 부터의 일수

때는 완전 로제트화하여 신장 생장이 이듬해 봄에나 이루어 지기 때문이다. 로제트는 고온에 유도되고 일정기간이 경과된 후 고온과 장일에 의해 로제트가 타파되는 것으로 보고하고 있다(大川, 86). 그러나 이러한 여러 보고는 아직도 확실치 않은 점이 많다.

꽃눈분화와 개화에 대한 일장과 온도의 영향을 보면, 〈표 2. I. 13-2〉에서 보는 바와 같이 16시간의 장일은 8시간의 단일에 비교하여 꽃눈분화와 개화에 촉진적이었고, 고온(20℃)은 저온(10℃)에 비교하여 촉진적이다. 개화시의 초장은 장일과 고온에서 꽃눈분화까지 소요일수뿐만 아니라 초장과 마디수가 적어지는 경향을 보인다. 한편 꽃눈분화, 발뢰, 제1화의 개화까지 정식 후 소요일수도 장일에서 크게 단축된다(〈그림 2. I. 13-2〉).

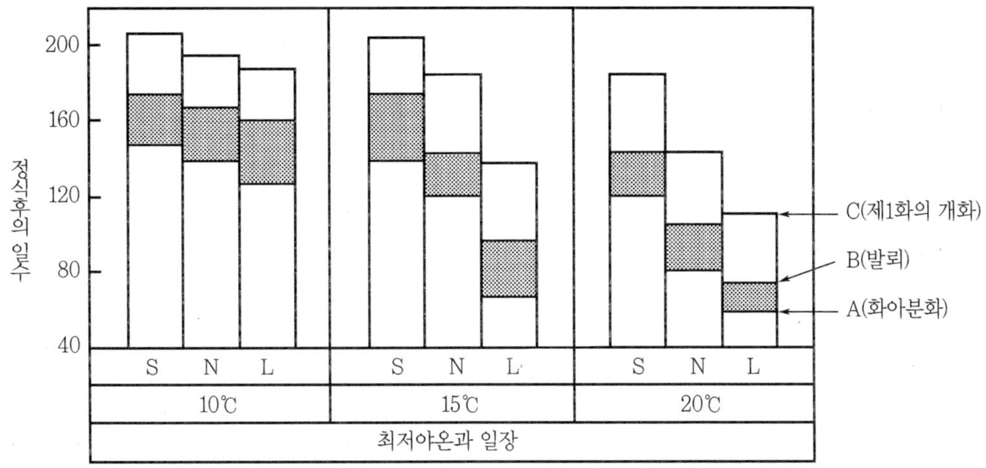

S : 8시간 단일, N : 자연일장, L : 16시간일장/파종 : 8월 20일, 정식 : 12월 5일

〈그림 2. I. 13-2〉 일장과 온도가 꽃도라지의 개화에 미치는 영향(Tzukamoto' 84)

5. 개화기 조절의 실제

꽃도라지는 고온과 장일에서 개화가 촉진되기 때문에 이른 봄 출하는 가온을 해야 된다. 고냉지의 재배에서는 추파와 춘파를 행한다. 추파는 9~10월 파종하여 가온 또는 무가온 하우스를 이용하여 5~7월에 개화시키고, 춘파는 2~3월에 파종하여 7~8월에 개화시키는 방법이 있다. 어느 것도 1번화를 자른 후 약70일만에 2번화를 자르게 된다. 5월 이후의 파종은 개화율이 낮고 품질이 떨어진다.

6. 재배법 요약

(1) 파종

10mL당 17만립이나 되는 극미세 광발아종자로서 25~30℃에서 최고 발아율이 좋은데 15일이면 발아된다. 시험에 의하면 30℃에서 3일이면 발아가 시작되고 10일이면 대부분 싹이 튼다. 광발아종자로서 100룩스 이상에선 효과가 있으나 10룩스에선 〈표 2. I. 13-3〉과 같이 매우 떨어진다. 입고병 발생이 많기 때문에 토양과 종자소독을 철저히 하고 상자나 베드에 파종한다. 육묘중 고온다습이 되지 않도록 한다.

〈표 2. I. 13-3〉 꽃도라지의 종자 발아온도와 광의 영향(나가노현.'78)

빛	발아율(%)			
	20℃	25℃	30℃	35℃
조명 (10, 000~12,000Lux)	80	88	29	45
무조명 (0~3Lux)	9	13	2	0

(2) 육묘 및 정식

본엽 2~3매에서 이식하고 4~5매가 되면 정식한다. 노지는 늦서리를 피해서 정식하거나 터널에 심는다.

(3) 토양 및 비료

배수양호한 사양토가좋다. 10a당 퇴비 2000kg, 질소 10kg, 인산 15kg, 칼리 15kg을 밑걸음으로 주고, 그 후에 질소 5kg과 칼리 5kg을 덧걸음(추비)으로 준다.

(4) 정식과 기타 관리

정식거리는 15×10~15cm로 하는데 뿌리가 약하기 때문에 정식에 주의를 요한다. 초장이 20cm 쯤 되면 네트를 치고, 개화기 조절이나 채화수를 늘리기 위하여 적심하는 경우는 5~6마디에서 행한다. 채화는 2~3륜 개화 때에, 분에 올릴 경우는 본엽 4~5매 때 행하고 6~7매에서 적심한다. 그 후 발뢰 때까지 사이에 40~50일 때 B-9 300배액을 살포한다.

병충해로는 입고병과 진딧물이 있는데, 입고병은 토양소독을 철저히 하고 진딧물은 유기인제로 방제한다.

II. 숙근초

국화

숙근안개초

카네이션

꽃창포

거베라

아프리칸바이올렛

군자란

제라니움

펠라르고니움

심비디움

동양란 (한란)

동양란 (춘란)

카틀레야

덴드로비움

호접란

게발선인장

극락조화

리아트리스

1 국화

학 명 : *Dendranthema grandiflorum* K.
과 명 : 국화과
영 명 : chrysanthemum
원산지 : 중국, 한국, 일본

국내 생산이 제일 많은 절화로서 장례식 때는 거의 국화를 사용할 정도로 사용량이 많다. 우리 나라는 국화 원산지로써 국화의 원조로 알려진 구절초(*C. zawadskii*), 감국(*C. indicum*), 산국(*C. lavendulaefolium*)이 자생하고, 기타 16종이 더 자생하며, 전세계적으로는 200여 종이 자생하고 있다.

1. 생태적 특징

내한성 숙근초로서 겨울철 뿌리는 −10℃ 정도에서도 견디지만 생육적온은 15℃ 정도로 비교적 서늘한 기후에서 잘 자란다.

2. 꽃이 피는 원리

국화가 꽃이 피려면 최소한의 잎 면적을 확보해야 되는데 약 25~35cm의 초장 크기가 되어야 하며 적당한 일장조건과 온도가 필요하다(〈그림 2. II. 1-1〉).

자연상태에서 꽃이 피는 시기에 따라 5월부터 12월까지 8개월 동안 꽃이 피는데, 계통에 따라 5~6월 개화(하국), 7~8월 개화(7, 8월국), 9월 개화(9월국), 10~11월 개화(추국), 12~1월 개화(동국 또는

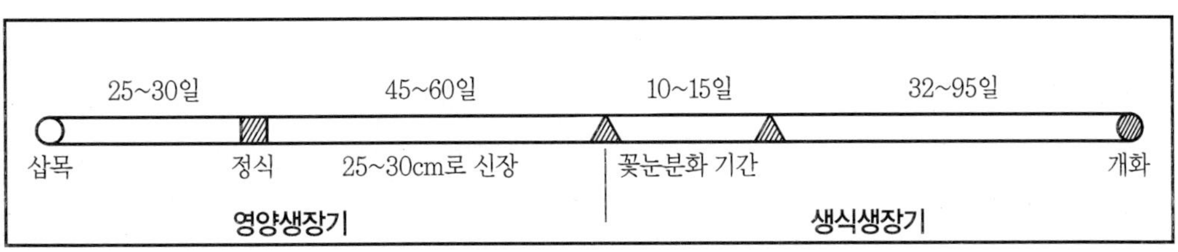

〈그림 2. II. 1-1〉 일반적인 국화의 개화생리

〈표 2. II. 1-1〉 국화의 꽃눈분화 조건과 개화

국화의 종류	일장반응		꽃눈분화 온도	개화기 (월)	용도 및 재배방법	일장반응의 양과 질적 구분	
	꽃눈분화	꽃눈발달				꽃눈분화	꽃눈발달
하국(夏菊)	중일성	중일성	10-12℃	5-6	노지 및 촉성재배	상대적 단일	상대적 단일
7~8월국	중일성	중일성	15℃이상	7-8	노지재배	상대적 단일	상대적 단일
9월국	중일성	단일성	15℃이상	9	노지재배	상대적 단일	절대적 단일
추국(秋菊)	단일성	단일성	15℃이상	10~11	차광재배	절대적 단일	절대적 단일
동국(冬菊)	단일성	단일성	15℃이상	12~1	억제재배	절대적 단일	절대적 단일

상대적 단일이란 중일성이지만 단일에서 꽃이 더 잘피고, 절대적 단일이란 꼭 단일이 돼야 꽃이 피는 감응도를 말함.

한국)로 나눈다(〈표 2. II. 1-1〉). 이는 우리 나라의 계절별 일장을 연관시켜 생각하면 개화생리를 쉽게 알 수 있다. 낮의 길이가 가장 긴 날은 하지이고 이때부터 차츰 줄어들어 동지날 가장 짧아졌다가 이 날을 기점으로 다시 길어지기 시작한다. 국화는 낮의 길이(日長)에 따라 꽃이 피게 되는 전형적인 단일식물(한계일장보다 짧은 일장에서 꽃피는 식물)이지만 계통에 따라 다소 차이가 있다. 예컨대 9월 국화는 9월경에 꽃이 피는데 꽃눈분화에 중일성, 꽃눈발달에 단일성을 나타낸다. 국화는 꽃눈분화와 꽃눈발달에 일장반응이 구분되는데 하국은 꽃눈분화와 발달에 있어서 일장과 무관하지만 가능한 단일에서 분화와 발달이 촉진되는 상대적 단일반응을 나타낸다. 이와 같은 현상은 〈표 2. II. 1-1〉의 일장반응 및 일장반응의 양과 질적 구분항을 보면 쉽게 알 수 있다. 이 표에서 추국을 꽃눈분화 일장반응에서 단일성이라고 하고 양과 질적 구분에서는 상대적 단일이라고 하였는데 이는 오늘날 재배하는 추국은 품종에 따라 여러 계통간 교잡이 이루어져 상대적 단일을 나타내는 품종이 많음을 나타낸 것이다.

〈표 2. II. 1-2〉 품종별 한계일장의 차

품 종	꽃눈분화부터 개화까지 주수	한계일장(시간/1일)	
		꽃눈분화	꽃눈발달
화이트윈더	6(주)	16.0	13.7
프리스턴	8	15.2	13.0
엔코어	10	14.5	13.0
포츈	12	13.0	12.0
스노우	15	11.0	10.0

(1) 한계일장과 꽃눈분화 후 개화까지 소요일수

국화는 품종에 따라 유전적으로 고유의 한계일장을 갖고 있다. 한계일장이란 영양생장을 하던 생장점이 꽃눈(화아)으로 변할 수 있는 일장으로써 추국은 대략 14.5시간(수원지방은 8월 20일경)이 된다. 한계일장(꽃눈분화 시작)으로부터 개화하는 데까지 소요되는 기간을 볼 때 가장 짧은 것은 6주부터 가장 늦은 것은 15주까지 있으며, 하국은 6주 품종이 많고 동국은 15주 품종이 대부분이다. 꽃

눈발달에는 꽃눈분화하는 한계일장보다 다소 더 짧은데, 추국인 10주 품종은 14.5시간에서 꽃눈분화하며 13시간에서 꽃눈이 발달하고, 동국(만생추국)인 스노우(Snow)는 11시간에 꽃눈분화하고 10시간에서 꽃눈발달을 한다(〈표 2. II. 1-2〉).

(2) 꽃눈분화 온도

국화의 개화는 일장만이 관여하는 것이 아니라 온도가 매우 중요한 역할을 한다. 꽃눈분화 온도보다 너무 낮거나 높으면 꽃눈분화가 지연되는데 하국은 10~12℃, 기타 계통은 15℃에서 꽃눈분화된다. 그러나 시험결과에 의하면 온도둔감형, 저온형, 고온형의 3형이 있어 온도둔감형은 고온(27℃)이나 저온(10℃)을 가리지 않고 꽃이 피는 품종으로 인디아나폴리스, 샤스타, 블루칩이 있는데, 이 품종군은 주년개화에 용이한 품종들이다. 저온형은 15.5℃ 이상의 온도에선 개화를 억제시키고 10℃ 정도의 저온에서 다소 꽃눈분화를 지연시키지만 억제시키지 않는 10~15℃ 사이에서 꽃눈분화가 잘 되는 품종으로 크리스마스 그리팅, 크리스마스 스타, 코싸이어, 스노캡 바이브랜드 등이 있다. 이들은 여름재배는 피하고 가을철이나 그 이후 생산용으로 적당하다. 저온형은 13~15주 품종이 많다. 고온형은 15.5℃ 이하에서는 꽃눈분화가 억제하되 그 이상에서 분화가 잘 이루어지며, 27℃의 고온에서도 억제시키지 않았다고 보고하였다. 알바트로스, 포터나이너, 골드 스미스, 굳뉴스, 하이브로, 호리존, 피노키오 등이 여기에 속한다.

(3) 꽃눈분화 억제조도와 생육 광도

억제재배를 위해서는 야간에 조명을 해야 하는데 이때에는 전등을 켜서 조명을 한다(방법은 후술). 꽃눈분화를 억제하는 조도는 품종에 따라 다르지만 가장 민감한 품종은 5~10Lux (신문글자 식별 가능한 조도)이나 둔감한 품종인 정홍백산은 98Lux 이상에서 꽃눈분화를 억제할 수 있다. 따라서 광도도 이보나 낮을 때는 개화를 억제시킬 수 없다(〈표 2. II. 1-3〉).

〈표 2. II. 1-3〉 꽃눈분화 억제에 필요한 조도

조도(룩스)	품종명
12	천용조
15	수방보, 정홍광
20	대관, 은수
28	선출, 봉설, 천백조
34	천수, 정홍화
45	을녀앵, 정홍예, 정홍설, 대방화
68	귀려, 신금성
98	정홍백산

정상적 생육을 위해서는 32,000Lux에서 잘 자라는데 특히 겨울철 전조재배에서는 광 부족에 의한 품질과 생육장해가 생긴다.

(4) 전조 억제재배와 조명방법

일반적으로 백열전등을 10㎡에 한 등의 비율로 식물체 상부로부터 80~100cm높이에 설치한다.

간격은 3m 정도로 하여 평균 30Lux 이상의 밝기를 유지하고 가장 어두운 곳도 20~25Lux 이상은 유지시켜 주도록 하나 품종에 따라 차를 두고 광원의 종류에 따라서도 차가 있다.

조명시간은 해진 후 3~4시간 조명 하는 것보다 심야(야간 중 중간시간) 단시간(2~4시간) 조명이 전력요금을 절약하는데, 이는 잎에서 감지한 광에 의해 레드 파이토크롬(색소단백질)과 화레드 파이토크롬의 가역적 변화에 따라 전조에 의한 화레드 파이토크롬량이 증대되어 감량되는 데까지의 시간이 지속되기 때문에 꽃눈분화를 억제하여 야간에 계속 조명한 것과 같은 효과를 나타낸다. 단, 일장시간을 계산할 때는 해진 후 30분과 해뜨기 직전의 30분, 합 1시간도 일장에 넣어줘야 한다.

최근 전력요금을 절약하기 위한 방법으로 계속 조명을 하지 않고 주기적으로 중단시켜도 계속 조명한 효과를 내는 싸이클릭 라이팅(cyclic lighting)이 실용화되고 있는데 이는 품종에 따라 반응이 다르기 때문에 주의를 요한다. 2~3일에 하루쯤 조명하지 않아도 계속 조명한 효과가 있으며, 30분마다 5~6분, 또는 5분에 1분 간격으로 타이머를 사용해 조명을 중단시켜도 계속 조명한 효과가 있음을 보고하였다. 그러나 이는 품종에 따라 민감도에 차가 많다.

(5) 꽃눈분화 유도에 필요한 최소 단일수(短日數)

꽃눈분화에 필요한 단일수(싸이클)는 최소 10일에서 늦게는 15일 정도 일수(싸이클)을 경과해야 꽃 형태를 갖추게 된다. 그렇기 때문에 꽃눈 형성까지는 2주간의 기간이 경과해야 한다.

(6) 재전조

겨울철 전조 억제재배시 흐린 날이 많은 시기에는 설상화수의 감소와 꽃목(花首)이 가늘어지고 또한 꽃목 가까이에 붙어 있는 잎이 작아져서 상품가치가 떨어지는데, 이때 12일간의 단일상태를 주어 꽃눈분화시킨 후 5일간 다시 전등조명했다가 4일간 단일조건을 준 후 3일간 다시 전조하면 품질향상을 주었다는 시험결과가 있다. 일본 국화단지 애지현에선 실용화한다는 보고가 있다. 그러나 품종에 따라 민감도에 차가 많다.

3. 절화재배의 실제

(1) 주요 품종

줄기가 튼튼하고 잎과 꽃이 강건하여 생육이 좋고 내병성도 강한 품종이 절화용으로 적당하다. 수송중 상처가 적고 물빨림이 좋으며 연중생산에 적당한 것으로써 개화기에 따라 추국, 하국, 9월국, 동국으로 나누고, 꽃의 크기에 따라 대륜, 중륜, 소륜으로 나눈다. 한 절화의 꽃수에 따라 일반국, 스프레이국으로 구분되는데 가장 많이 사용되는 품종은 추국과 동국이다(〈표 2. II. 1-4〉).

〈표 2. II .1-4〉 국화절화용 품종의 주요특성

계통	품종명과 주요특성
추국	천수 (天壽 : 황색 대륜 · 홑꽃), 황수방력 (黃秀芳力 : 황색 대륜 · 12월, 2~3월 출하용, 전조 국용), 수방력 (秀芳力 : 백색 대륜 · 12월, 2~3월 출하, 전조용), 횡강 (橫綱 : 황색 대륜 · 전조용), 정흥학 (精興鶴 : 백색 대륜), 명문 (名間 : 백색 대륜), 신여신 (新女新 : 적색 대륜 · 전조국), 금선 (金扇 : 황색 중륜), 천용조 (天龍朝 : 백색 중륜, 2~3월 전조국), 태평 (太平 : 도색 중륜, 2~3월 전조국), 신정명 (新精明 : 적색 중륜, 2~3월 전조국), 신동아 중륜 (新東亞 : 백색 중륜), 황동아 (黃東亞 : 황색 중륜), 소접무 (小蝶舞 : 핑크 아네모네형), 금노 (金奴 : 황색 소륜)가 있고, 3대 가꾸기용 품종으로는 크리스마스골드 (핑크색 중륜 · 홑꽃) 에리자베스 (백색 소륜)가 있고, 스프레이국화로는 코랄마블 (Coral Marble :적갈색), 핑크 마블 (Pink Marble : 연보라) , 화이트 마블 (White Marble : 흰색), 수퍼골든 (Super Golden : 황색), 피노키오 (Pinocchio :백색 폼폰형), 드라마틱 (Dramatik : 등황색 중륜 · 홑꽃), 아그로 (Agro :등적색 · 홑꽃), 스노우퀸 (Snow Queen : 백색 중륜 · 홑꽃) 등이 있다.
하국	금력 (金力 : 황색 중륜 · 촉성용), 신정흥 (新精興 : 백색 중륜 · 촉성용), 암단 (岩丹 : 황색 중륜), 천신 (天神 : 백색 중륜 · 홑꽃), 황금 (黃金 :중륜), 향설 (香雪 :백색 중륜), 초풍 (初風 : 핑크색 중륜), 하금성 (夏金星 : 황색 중륜 · 촉성용), 레디후랜드 (진핑크색 중륜 · 홑꽃), 초풍 (初風 : 핑크색 중륜) 등이 있다.
8, 9월국	십육야 (十六夜 : 백색 중륜), 황노 (黃奴 : 황색 중륜), 백형 (白兄 : 백색 중륜), 백구 (白鷗 : 백색 중륜), 천수 (天壽 : 황색 중륜), 소판 (小判 : 황색 대륜), 백부사 (白富士 : 백색 대륜), 스페이스 화이어 (Space Fire : 적색 중륜) 등이 있다.
동국	천원 (天原 : 백색, 황색 중륜), 을녀 (乙女 : 백색, 황색, 핑크색), 수방지행 (秀芳芝幸 : 적색 중륜), 은정월 (銀正月 : 백색 소륜), 금태랑 (金太郎 : 황색 대륜), 끼사라기 (황색 소륜), 홍정월 (紅正月 : 적색 소륜), 희소정 (姬小町 : 핑크색 소륜) 등이 있다.

〈표 2. II.1-5〉 국화의 작형과 개화기

작 형	묘사용	정식기	출하기	시설 재배 유무
추국 보통 재배	삽목묘	6(월)	10~ll(월)	노지
동국 보통 재배	삽목묘	6~7	12~2	난지 노지, 중부 하우스
추국 촉성 재배	동지아묘	12~1	3~5	온실, 하우스
하국 촉성 재배	동지아묘	12~1	3~5	온실, 하우스
하국 보통 재배	분주묘	10	6	노지
8월국 보통재배	삽목묘	4~5	7~8	고냉지, 노지
9월국 보통재배	삽목묘	5~6	9	고냉지, 노지
차 광 재 배	삽목묘	3~5	6~9	고냉지, 노지, 하우스
전 조 재 배	삽목묘	7~8	12~3	온실, 하우스

(2) 주년생산 체계

국화는 인위적인 조작 없이도 품종만 가지고 연중 절화를 생산할 수 있지만 개화생리를 이용하여 인위적으로 개화조절 해서도 연중 꽃피울 수 있다(〈그림 2. II. 1-2〉). 일반적인 재배작형은 〈표 2. II. 1-5〉와 같은데 자연상태 생산은 수지가 맞지 않기 때문에 촉성 및 억제재배에 의한 단경기생산이 수지가 맞다.

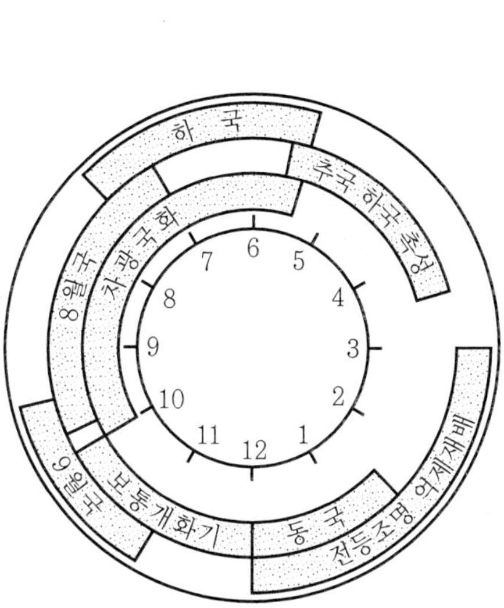

〈그림 2. II. 1-2〉 국화의 절화재배 주년생산 모식도

(3) 촉성 · 반촉성재배

촉성재배는 3~5월에 개화시켜 출하하고, 반촉성재배는 5월 하순~7월 중 · 상순에 출하한다. 촉성재배는 난방비가 많이 들지만 가격이 비싼 시기이므로 상쇄가 된다. 반촉성재배는 난방을 하지 않아도 출하기가 늦어 제값 받기가 어려운 난점이 있지만 작부체계상 단경기를 조절하면 유리할 수도 있다. 추국 촉성재배 품종은 신동아, 협화백, 영광, 황동아, 강산평화를 사용하고, 반촉성재배용 품종은 4계녹, 4계광이 좋으며, 하국 촉성용 품종은 축자, 신축자, 족병금을 사용해 〈그림 2. II. 1-3〉과 같이 재배한다.

(4) 전조 억제재배

만생추국인 동국을 전등조명에 의해 꽃눈분화를 억제시켜 12~2월경 출하하는 방법이다. 자연상태에서 꽃눈분화시기는 지역에 따라 다르지만 수원지방은 8월 15일경이 된다. 남부지방은 더 빠르고 위도가 높을수록 늦다. 주요 재배품종은 을녀앵, 천원, 수방력, 횡강, 천용조, 미영 등을 사용한다(〈그림 2. II. 1-4〉).

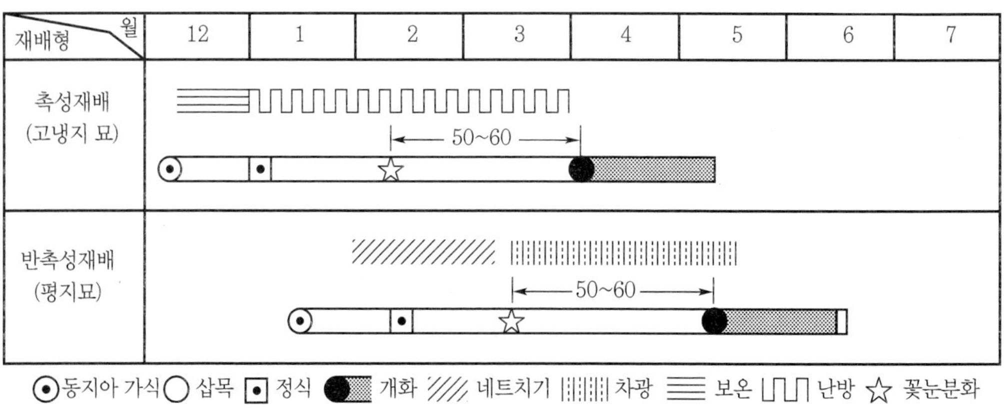

〈그림 2. II. 1-3〉 국화의 촉성 · 반촉성재배 개화기 조절 (예)

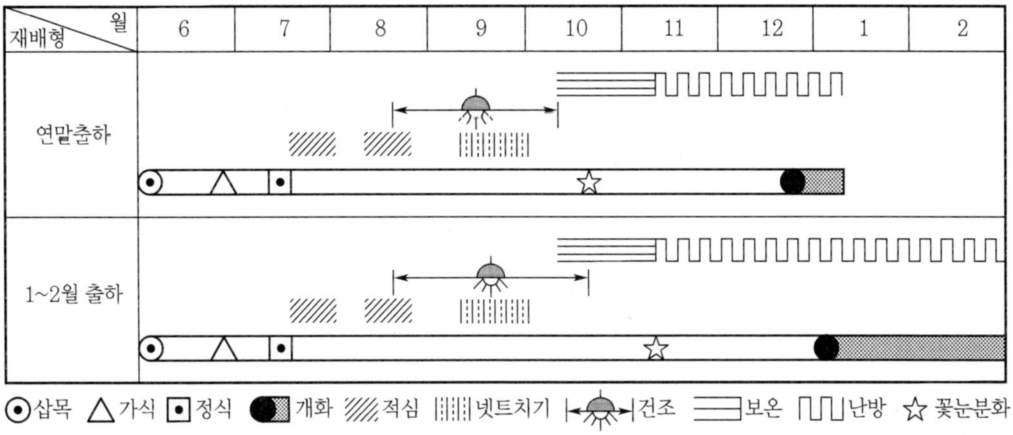

〈그림 2. II. 1-4〉 전등조명 억제재배 개화기 조절(예)

4. 분화재배

(1) 포트멈 재배

10월 상순에 출하를 목표로 하여 12~15cm분에 판매코자 할 때는 〈표 2. II. 1-6〉과 같이 정식할 수 있도록 삽목을 3주 전에 하여 〈표 2. II. 1-6〉과 같은 방법으로 재배한다. 소등이란 화아분화를 지연시키기 위해 전조하던 것을 꺼도 된다는 이야기이고, 차광 시작이란 꽃눈분화시키기 위한 흑포를

〈표 2. II. 1-6〉 10월 6일 개화를 예정한 포트멈의 각 품종별 개화기 조절 실례

꽃눈분화 후 개화까지 소요주수	간 장 (幹長)	정 식	소 등 (전조중단)	적 심	차광시작
8(주)	단간종	7(월) 28(일)	8(월) 11(일)	8(월) 11(일)	8(월) 11(일)
	중간종	8 4	8 11	8 18	8 11
	장간종	8 11	없 음	8 25	8 11
9	단간종	7 21	8 4	8 4	8 4
	중간종	7 28	8 4	8 11	8 4
	장간종	8 4	없 음	8 18	8 4
10	단간종	7 14	7 28	7 28	7 28
	중간종	7 21	7 28	8 4	7 28
	장간종	7 28	없 음	8 11	7 28
11	단간종	7 7	7 21	7 21	7 21
	중간종	7 14	7 21	7 28	7 21
	장간종	7 21	없 음	8 4	7 21

〈표 2. II. 1-7〉 포트멈 연중 개화기 조절(예시)

개화예정일	정 식	전조중단	적 심	차광개시
1(월) 20(일)	10(월) 28(일)	11(월) 18(일)	11(월) 11(일)	없음
2 24	11 25	12 23	12 26	〃
3 24	12 23	1 20	1 13	〃
4 21	1 27	2 17	2 10	2(월) 10(일)
5 19	2 24	3 17	3 10	3 10
6 23	4 7	4 23	4 21	4 21
7 21	5 5	5 19	5 19	5 19
8 25	6 9	6 23	6 23	6 23
9 22	7 7	7 21	7 21	7 21
10 20	8 4	8 18	8 18	8 18
11 24	9 1	9 22	9 15	없음
12 22	9 29	10 20	10 13	〃

덮어주는 시기로써 지역에 따라 일장의 한계일장이 충분한 지역에선 차광해 주지 않아도 된다. 한편 연중 포트멈을 출하시키려면 〈표 2. II. 1-7〉과 같이 작업계획을 세우면 된다. 여기서 사용된 품종은 9주 품종인데 다른 품종 사용시는 다소 가감해야 한다(〈표 2. II. 1-7〉).

(2) 관상국화의 재배원리와 가꾸기

국화전시회에 출품되는 국화를 만드는 원리는 3가지에 그 핵심이 있다.

첫째, 꽃의 수는 적심회수로 조절한다. 국화는 한 번 적심하면 약 3개(2~4개)의 곁가지가 나온다. 따라서 3개의 꽃이 핀다. 꽃수를 많게 하려면 적심을 여러 번 하면 되는데 그 회수는 다음 공식에 의할 수 있다. 꽃수 = 3^n(n=적심회수)로 27개의 꽃을 가지려면 3번 적심하면 된다. 둘째, 초장은 마지막 적심을 언제 했느냐에 달려 있다. 꽃눈분화를 시작할 때까지 오래 두면 초장이 길게 된다. 입국은 보통 7월 20일에 한다. 셋째, 초형은 틀을 짜든지 유인하여 기르다가 굳으면 틀을 제거하면 된다.

국화전시회에 출품되는 작품으로 대작을 만들 때는 겨울 동안 동지아를 사용해 순을 많이 질러 꽃수를 많이 확보토록 한다. 이때 꽃수=3^n(n=적심회수)식으로 성립시킬 수 있다. 마지막 적심은 줄기 길이를 고려해 7월 중 · 하순경엔 끝내야 한다. 현애국은 9월 중 · 하순까지 마지막 적심을 하여 꽃수를 많게 해야 한다. 대작이 아니고 꽃대가 적을 때는 봄에 삽목해서 해도 되는 것으로써 단간종은 4월 하순~5월 상순, 중간종은 5월 중순경, 장간종은 5월 하순경에 하는데, 이는 지역에 따라 차가 있어 최소한 마지막 적심이 7월 중 · 하순에 끝나도록 해야 한다. 이때 사용되는 품종은 대개가 10~11주 품종이 대부분으로 중부지방에선 10월 하순경에 꽃핀다. 구체적인 관상용(입국)국화의 서울지방 표준 삽목시기와 최종 적심시기는 〈표 2. II. 1-8〉과 같다.

〈표 2. II. 1-8〉 국화 관상국(입국)줄기수별 삽목시기와 최종 적심시기 (서울지방 표준)

구 분	5~7대 가꾸기	3~5대 가꾸기	3대 가꾸기	1대 가꾸기	최종 적심 시기
단간종	4(월)중~4(월)하순	4(월)하~5(월)상순	4(월)하~5(월)상순	5(월)중~5(월)하순	6(월)상~6(월)중순
중간종	4하 ~ 5상	5상 ~ 5중	5상 ~ 5중	5중 ~ 5하	6중 ~ 6하
장간종	5상 ~ 5중	5중 ~ 5하	5중 ~ 5하	5하 ~ 6상	6하 ~ 7상

구 분	10~20대 가꾸기	7~10대 가꾸기	5~7대 가꾸기	3대 가꾸기	최종 적심 시기
단간종	3하 ~ 4상	4중 ~ 4하	4하 ~ 5상	5중 ~ 6상	6하 ~ 7상
중간종	4상 ~ 4중	4하 ~ 5상	5상 ~ 5중	7중 ~ 5하	7상 ~ 7중
장간종	4중 ~ 4하	5상	5중 ~ 5하	5하 ~ 6상	7중 ~ 7하

5. 재배상 주요사항

사질양토로 pH 5.5~6.5사이의 염류집적은 2.5mS/cm 이상이 안 되도록 한다. 야간에는 13~15℃, 낮에는 20~25℃를 유지한다. 병충해로는 백수병이 문제가 큰데 비타지람, 푸란트박스, 바리톤으로 방지한다.

2 카네이션

학 명 : *Dianthus caryophyllus* L.
과 명 : 석죽과
영 명 : carnation
원산지 : 지중해 지방

지중해 연안에 자생하던 *Dianthus caryophyllus*와 아시아 일대에 자생하는 *D.chinensis*와의 인공교배에 의해 육성된 종간 잡종으로 1940년 프랑스 Dalmais씨에 의해 사계성 계통을 만든 후, 꽃의 대량생산에 크게 이용되고 있다. 그 후 프랑스, 영국, 미국 등지에서 개량하여 온실재배용 대형화인 심계통을 만들었고, 프랑스, 이탈리아에서는 화단이나 정원 또는 노지절화에 적당한 계통을 육성하였다.

1. 계통 및 품종

카네이션은 보통 온실카네이션(tree carnation)과 노지카네이션(border carnation)으로 나누며, 절화재배는 온실카네이션이 이용된다. 이를 4계성이라 하여 퍼페튜얼 카네이션(perpetual carnation)이라고도 한다. 대표적인 계통으로는 심계통과 스프레이 계통이 있다. 심계통은 중심화인 정화(頂花) 하나만 꽃피워 꽃 직경이 7~9cm이고 초장도 90cm이상 자라지만 스프레이 계통은 중심화를 제거하고 여러 개의 측아를 꽃피워 꽃 직경이 3~6cm정도 되는데 주요 재배품종은 〈표 2. II. 2-1〉과 같다.

2. 꽃이 피는 원리와 자라는 습성

(1) 일장과 개화

가장 많이 재배되는 온실카네이션은 일장에 관계 없이 꽃이 피는 중일성식물로써 온도만 유지시켜 주면 연중 사계절 꽃이 핀다. 그러나 장일에서 꽃눈분화와 화뢰(꽃봉오리)의 발육을 촉진하는 상대적 장일식물이다. 그래서 겨울철 구름이 많이 끼는 유럽지방에서는 전등조명을 해준다.

〈표 2. II. 2-1〉 주요 카네이션 계통과 품종

꽃의크기	계통	화색	품 종 별
중형화		적색	코랄 (Coral)
		도색	피너피셔 (Peter fisher)
		황색	노오드 스타아 (North star)
		백색	화이트 피터피셔 (White peter fisher)
대형화	심 (sim)	백색	알라스카 (Alaska), 아틀랜티스 (Atlantis), 화이트 심 (White sim), 임푸르브드 화이트 심 (Imp. white sim), 유우 콘 심 (U-con sim), 오하이오 화이트 심 (Ohio white sim)
		적색	스캐니아 (Scania), 스캐니아 삼시이 (Scania 3C) 윌리엄 신(William sim), 로데오 (Rodeo), 레드 알라스카 (Red alaska) 피터슨스 레드 심 (Peterson' s red sim), 레드 게이어티 (Red gayety)
		도색 (桃色)	더스티 (Dusty), 플라밍고 심 (Flamingo sim), 임푸르브 뉴우 핑크 심 (Imp. new pink sim), 레나 (Lena), 요소오이 (Yosooi), 린다 (Linda), 포오트레이트 (Portrait), 노라 (Nora) , 바라나 소아나 (Barana soana)
		황색	옐로우 더스티 (Yellow dusty), 하아베스트 무운(Harvest moon), 썬셋 심 (Sunset sim), 제트 뷰우티 (Jet beauty), 브라운스 옐로우 심 (Brown' s yellow sim)
		복색	블레이즈 (Blaze), 게이어티 (Gayety), 핑크 아이스 (Pink ice), 레드 다이아몬드 (Red diamond), 스파클 (Sparkle), 오렌지 칩 (Orange chip)
소형화	스프레이 (spray)	백색	화이트 엘레강스 (White elegance), 오션 스프레이 (Ocean spray)
		적색	스타아 파이어 (Star fire), 레드 발루운 (Red balloon), 레드 이베티 (Red ivetti), 스타아 화이브 (Star five), 대드스크림손 (Dads crimson)
		도색	핑크 에인젤 (Pink angel), 실버리 핑크 (Silvery pink), 마리아 (Maria)
		황색	골딜록스 (Goldilocks)
		복색	스카알렛 엘레강스(Scarlet elegance), 트윈클(Twinkle), 오렌지 피코티 (Orange picotee), 엘레강스 (Elegance), 엑스퀴짓 셀렉트 (Exquisite select)

(2) 광량(光量)과 생육온도

카네이션 재배에서 겨울철 수광량을 많게 하는 것은 가장 중요한 일로써, 실험에 의하면 최소 광도를 21.5kLux 정도에서 광합성이 좋았다. 생육적온은 12~16℃로 광합성량은 15~16℃에서 최고가 되고, 온도가 더 올라가면 감소된다. 생육에는 변온이 좋은데 주간은 16℃, 야간은 12℃로 유지하는 것이 가장 이상적이다. 여름철 정오에는 15만 룩스까지 올라가는데, 이럴 때는 차광을 하여 온도 및 광량을 줄여야 한다.

(3) 꽃눈분화

카네이션이 영양생장에서 생식생장으로 전환하는 최소 엽수는 6쌍의 잎이 나와야 가능하며, 6쌍의 잎이 생기면 영양생장에서 생식생장으로 전환된다. 전등조명은 적색광을 함유한 광이 좋아서 형광등보다는 백열등이 좋다. 미국에서는 150W 백열등을 10.7m 거리에 한 등씩 식물에서 4m 정도 위에 한 개씩 달아 20룩스 이상의 밝기로 비출 때 효과가 인정되었다고 한다. 30초 조명에 30초 중단하는 싸이클릭 조명(cyclic lighting)도 효과가 있고 심야 단시간 조명도 효과가 있었다고 하는데, 조명시 시설내 온도는 최소 10~12℃이상이 되어야 효과가 있다는 보고가 있다. 개화 소요일수는 겨울에는 150~170일 걸리고, 여름 고냉지 생산은 120~150일 정도 소요된다. 그러므로 수확하고자 하는 날짜를 역산해서 120일~170일 전엔 마지막 적심을 끝내야 한다. 예컨대 크리스마스 때 꽃을 출하하려면 2차 적심은 6월 10일, 마지막 적심은 7월 20일까지 끝내야 150일 후인 크리스마스 때 꽃이 핀다.

3. 재배작형

카네이션은 정식시기에 의해 연중 개화조절을 할 수 있다. 따라서 개화시키고자 하는 시기에 역산해서 4~5개월 전에 정식 또는 적심을 하면 된다. 그러나 카네이션은 저온성 화훼로서 한여름 고온기

〈표 2. II. 2-2〉 국내 카네이션 절화재배 현황

재배형태	삽 목	정 식	절 화
겨울재배	1~3월	5월 하순~6월 초순	11월 하순~5월 하순
여름고냉지재배	2~3월	3월 중순~3월 하순	6월 하순~11월 하순

〈표 2. II. 2-3〉 정식시기별 개화기 조절 (1회 적심)

정 식	적 심	1번화 개화	2번화 개화	2번화가 끝날 때 까지 주수
1(월) 15(일)	2(월) 25(일)	7(월)	9~10(월)	42
2 15	3 20	7~8	10~11	42
3 15	4 15	8	11~12	41
4 15	5 10	8~9	12~1	40
5 15	6 5	9	12~1	38
5 25	6 15	9~10	1~2	40
6 5	6 25	10~11	2~3	43
6 15	7 5	11~12	3~4	45
6 25	7 15	11~12	3~4	46
7 5	7 30	12~1	4~5	47
7 15	8 10	12~1	4~5	46
8 15	9 15	1~2	5~6	45
9 15	10 15	3~4	7	45
10 15	11 25	4~5	7~8	45
11 15	12 25	5~6	8~9	44
12 15	1 25		8~9	43

품종 : 심계통('63, Holley)

에는 평지에서의 생육이 불량하기 때문에 여름철에도 시원한 고냉지에서 재배한다. 그러나 이 시기에는 꽃값이 높지 않아도 단경기이기 때문에 보충시킬 수 있다. 성수기는 크리스마스, 연초, 졸업시즌, 어버이날, 현충일 등에 수요가 많고, 꽃 값이 비싸기 때문에 일반적으로 〈표 2.II.2-2〉와 같은 겨울재배 형태를 취한다. 즉, 1~3월에 삽목해서 5월 하순~6월 상순에 정식하고 7월 20일경 마지막 적심을 하여 연말부터 5월까지 절화한다. 〈표 2.II.2-3〉은 홀리씨의 연구결과로서 1월부터 12월까지 정식 시기별로 꽃피는 날이 달라져 개화기를 조절할 수 있는 예를 보여 주고 있다.

4. 재배법

(1) 삽목과 육묘

사용되는 삽목묘의 바이러스 감염 여부에 따라 절화수량과 품질에 큰 영향을 주기 때문에 무병주를 생산하기 위해 삽수채취용 모주로 격리 재배시켜 삽수채취하여 이용하든지 조직배양묘를 구입해서 사용한다.

삽목은 개화지 중간부 측아를 1~2월에 걸쳐 삽목한다. 10~16cm길이로 8장의 잎을 부착시켜 2~5cm간격으로 순모래 또는 펄라이트에 삽목한다. 보통 플러그판이나 블럭판을 이용하는 것이 좋다. 삽상온도는 17~20℃로 하고 습도를 높게 해주면 3주 후에 발근한다. 발근된 모종은 10~12cm 간격으로 가식하거나 9cm의 비닐포트에 가식하여 3~4개의 곁가지가 나오게 적심하는데 5~6마디 자랐을 때 1차 적심을 하며, 새 곁가지가 5~6마디 나오면 적심을 다시하여 마지막 적심을 7월 상 · 중순에 끝내야 연말 출하가 가능하다.

(2) 토양 및 비료

정식토양은 배수가 잘되는 점질 양토로서 pH 6~7인 토양이 좋다. 생육기간이 길고 계속 자라면서 꽃이 피기 때문에 다비성이고, 일정한 시설내에서 재배하기 때문에 연작에 의한 염류집적 피해가 우려되므로 유기질 비료를 주어 토양의 완충력을 높여야 한다. 또한 사용할 토양은 토양소독을 스팀 또는 화학약품으로 소독한다. 염류피해는 전기전도도를 재어 측정하는데 피해가 우려될 때에는 시설을 이동시켜 윤작하거나 담수 또는 토양을 교체해 준다. 적당한 전기전도도(EC)는 0.5~2.0밀리모호가 적당하다. 비료는 화훼류 중 어느 작물보다 많이 주는데 기비는 1a(30평)당 질소 10~20kg, 인산 20kg, 칼리 20~30kg을 주고 석회나 붕소도 준다. 덧거름은 시설내의 경우는 월 1회, 노지재배시는 2~3회 주는데 이때는 관수를 겸해서 액비를 준다.

(3) 정 식

정식거리는, 심계통은 15×18cm를 표준으로 하고 곁가지가 적은 품종은 다소 밀식한다. 정식할 때 베드에 가식했던 것은 정식 1주 전에 단근을 실시한 후 한다. 120cm 이랑폭의 경우는 주간을 15cm로 하여 8주씩, 90cm이랑폭의 경우에는 6주씩 정식한다. 정사각형보다는 두 줄마다 간격을 띄어 수광을 좋게 해준다. 정식 후는 충분히 관수한다.

(4) 적 심

주당 10~20개의 꽃을 따기 위해서는 2번 또는 1회 반(한 번 순지르기를 하고 새로 나온 곁가지 3~4개 중 긴 것만 순지름)을 하되, 늘 마지막 적심을 개화목표시기 5개월 전쯤 끝내야 한다.

(5) 네트치기

네트치기는 꼭 해야 되는데 4~6단의 네트 틀에 15, 16, 18, 20cm 간격으로 5단을 짜서 망을 늘려 유인한다(〈그림 2. II. 2-1〉).

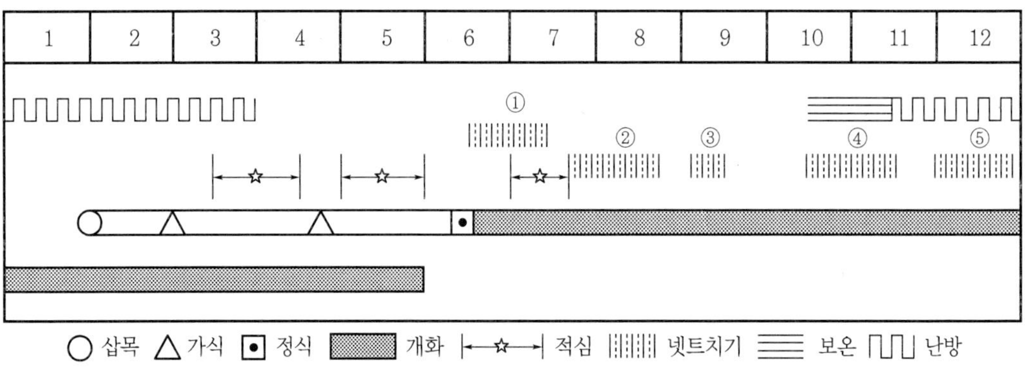

〈그림 2. II. 2-1〉 온실 카네이션 재배력과 재배법 요약

(6) 언청이(악할)발생

언청이 발생은 카네이션 재배에 노력이 많이 드는 일로써 화변수가 많은 품종인 심계통에서 많이 일어난다. 발생원인은 꽃의 발육중 온도 · 수분의 급변으로 인해 화변 발육속도가 꽃받침 발육속도보다 빠를 때 생기며, 바이러스 이병주는 무병주보다 많이 발생한다. 질소질 비료가 많고 칼리가 결핍될 경우 발생하므로 과다한 시비를 피하고, 극단의 고온과 저온이 되지 않도록 해주며, 토양의 건습이 심하지 않도록 주의하고, 처음부터 발생될 것을 예상해 꽃받침을 피복된 철사나 비닐로 묶어 준다.

(7) 병충해

병충해로는 토양전염되는 입고병이 많은데 토양소독을 철저히 하고 입고병 무병주를 사용한다. 바이러스는 무병주를 이용토록 하고, 응애 등 해충은 살비제를 뿌려 준나.

(8) 채 화

출하는 겨울에는 9할, 봄에는 7할, 꽃 피었을 때 55cm 길이로 절단하되 보통 8절에서 자른다. 중륜종은 20개를, 대륜은 10개를 한다발로 하여 출하하고, 화경의 경사도는 15° 이하이어야 등급품이 될 수 있다.

3 숙근 안개초

학 명 : *Gypsophila paniculata* L.
과 명 : 석죽과
영 명 : gypsophila
원산지 : 지중해 연안, 아시아, 아프리카

내한성이 강한 숙근초로서 일년생 안개초와 구분된다. 뿌리로부터 줄기가 나와 아주 작은 꽃이 피는데 자연상태에선 6~8월경에 핀다. 개화기가 한여름 고온기이기 때문에 고온건조지에서는 충분한 생육이나 개화가 이루어지지 않는다. 자생종으로 약 60여 종이 알려지고 있는데 이 중엔 일년초(*G. elegans*)와 다년초도 포함된다.

1. 주요 품종

(1) 퍼펙타(Perfect)

순백색 대륜으로 꽃 붙는 모양이 좋다. 줄기가 튼튼하며 건조화(乾燥花)로도 만들 정도로 초형이 좋다. 촉성재배로 많이 이용되며 재배기간이 다소 긴 편이다.

(2) 브리스탈 페어리(Bristal Fairy)

순백색 소륜으로 성질이 강건하고 촉성 및 억제재배에 잘 적응하여 연중생산에 적당하다. 재배기간이 짧은 편에 속하는 조생종이다.

(3) 플라밍고(Flamingo)

담도색(談桃色) 중륜화로서 꽃이 많이 붙는다. 줄기는 튼튼하고 모양이 좋으며 촉성 및 억제재배 어느 쪽도 가능하고 고온에선 화색이 연해진다.

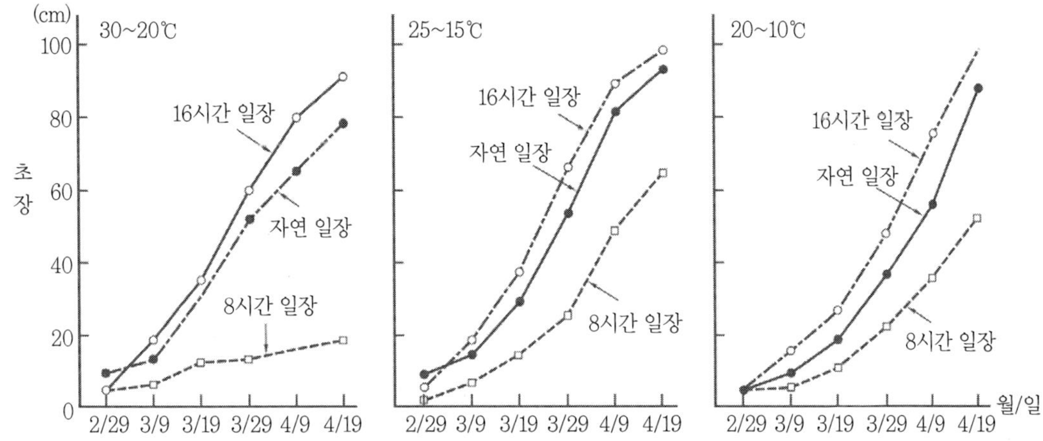

〈그림 2. II. 3-1〉 **로제트타파후 화경신장에 미치는 주 · 야간온도와 일장의 영향**
(품종 :브리스탈 페어리, [6월 삽목, 2월 19일까지 옥외])

(4) 레드시(Red Sea)

진한 핑크색으로 꽃 크기는 중륜이다. 줄기가 튼튼하고 꽃 붙임이 좋으며 다화성(多花性)으로 고온에서도 잘 발색 (發色)한다.

(5) 후꾸모

왜성종으로써 화분이나 화단용으로서 가지가 옆으로 퍼지고 개화시엔 줄기가 밑으로 늘어져 벽걸이용으로도 좋다. 순백색으로 꽃 착생이 좋고 생육이 왕성하여 화분용으로 좋다.

2. 꽃이 피는 원리와 자라는 습성

숙근 안개초는 절대적 장일식물로써 꽃눈분화에 장일조건이 필요하다. 봄에 나온 새싹이 20cm 이상 신장하면 꽃눈분화가 시작되고, 30cm가 되면 악편이 형성되고, 40cm가 되면 수술이 형성된다. 이때 일장이 크게 관여하며, 생육적온은 15~20℃정도이다. 단일상태인 가을에, 즉 8시간 이하의 일장에서 개화하지 않으나 봄에는 15~25℃ 또는 이보다 다소 낮은 온도에서 8시간 일장에서도 개화한다. 생장활성이 높은 봄에는 가을보다 낮은 온도라도 생장리듬의 활력 때문에 한계일장에 변화를 주어 단일에서도 개화하는 것으로 해석되며, 이는 계통에 따라 다소 차이가 있다.

일장이 짧은 봄에는 8시간 정도에서도 개화하지만 20~30℃ 정도의 고온에선 개화하지 않아 생장활성이 높은 봄에 밤 온도를 10℃ 정도로 유지시키는 것이 우수한 품질을 생산하기 위해 중요하다(〈그림 2. II. 3-1〉, 〈표 2. II. 3-1〉).

〈표 2. II. 3-1〉 로제트 타파 후 개화에 미치는 일장과 온도의 영향

주간, 야간 (℃)	일 장 (hr)	평균개화시 (월/일)	개화경수 (본/개)	개화경율 (%)	평균경장 (㎝)
30 ~ 20	16	4 / 26	6.8	74	76.6
30 ~ 20	8	-	0	0	-
30 ~ 20	ND	4 / 24	3.8	46	82.2
25 ~ 15	16	4 / 24	6.0	65	87.0
25 ~ 15	8	5 / 4	3.2	36	74.6
25 ~ 15	ND	5 / 4	4.8	57	89.0
20 ~ 10	16	5 / 12	6.2	97	101.3
20 ~ 10	8	6 / 7	3.0	58	109.6
20 ~ 10	ND	5 / 18	5.4	66	94.1

숙근 안개초는 절대적 장일식물이지만 다른 장일식물과는 달리 가을에 로제트화하는 현상은 단일식물인 국화와 비슷하다. 즉, 국화는 가을에 로제트된 동지눈(冬至芽)이 겨울 저온처리를 받아 로제트 타파가 된다. 숙근 안개초도 겨울에 휴면타파된 묘는 봄에 신장하여 장일상태에서 꽃눈분화하고 화경이 신장하여 여름철에 꽃이 핀다. 그러나 여름철의 고온은 생장활성을 낮추어 생육이 극도로 쇠약하고, 가을철의 저온 단일은 로제트를 유도하며, 로제트가 타파되면 5℃ 이하의 온도에서도 신장이 된다. 꽃눈형성이 시작되는 4월 중순의 옥외(屋外) 기온은 5℃ 이하로 낮아지는데, 저온에서 꽃눈분화하는 것은 국화의 하국처럼 추국보다 다소 낮은 온도에서 꽃눈분화되는 성질이 있다. 생장과 개화에서 온도를 달리했을 때 낮은 온도보다는 다소 높은 온도에서, 단일보다는 장일에서 개화 소요일수가 짧아진다(〈그림 2. II. 3-2〉). 시험에 의하면 봄부터 7월까지 정식기에서 개화 소요일수를 보면 5월 1일 정식구는 약 60일, 6월 15일 정식구는 약 45일, 7월 18일 정식구는 약 35일밖에 안 걸렸다. 그러나 8월 이후 정식할 때는 개화가 늦어졌고, 9월 정식구는 줄기신장이 현저히 억제되었다. 고온에서의 개화는 촉진되었지만 개화시의 경장(莖長)은 작아지고 착화하는 측지수가 적어 꽃 수가 감소된다. 가장 잘 생육하는 온도는 낮 20℃, 밤 10℃일 때이고 개화 및 꽃의 품질이 우수하였다. 일장처리 개시부터 꽃봉오리가 생기는 시기까지의 관계는 〈그림 2. II. 3-2〉 및 〈그림 2. II. 3-3〉에서 보는 바와 같이 일장이 긴 쪽이 빨리 꽃 핀다. 또한 삽목묘의 묘령(苗齡 :生育週數)에 따라 장일처리 기간을 달리했을 때 개화율에 미치는 영향을 시험해 본 결과 8시간 일장구에서는 묘의 크기에 관계 없이 개화하지 않았으나 24시간 일장으로 3주간 처리한 구는 묘가 클수록 개화율이 높았으며, 3주 묘령은 100% 개화되었지만 24시간 동안 계속 일장을 비춰준 구는 묘의 크기에 관계 없이 100% 개화한 것으로 보아 묘령이 진전되어 마디수가 증가되면 장일처리 기간이 짧아도 꽃이 잘 핀다. 그러므로 단일상태인 가을이나 겨울에는 장일처리(전조)하여 재배하는데 단시간조명보다 계속 야간조명이 효과적이고, 초저녁보다는 심야4시간 정도의 조명이 효과적으로 컸다. 싸이클릭 (cyclic)조명 (5분 조

명 10분 소등)도 효과가 있음을 보고하고 있다(〈표 2. II. 3-2〉). 사용전구는 백열등이 효과적이고 형광등은 효과가 적으며, 밝기는 민감하지 않지만 100룩스 정도의 밝기를 주면 충분하고 그 이상의 조도에서도 그 효과는 증진되지 않는다. 장일처리 방법별 개화 소요일수는 〈표 2. II. 3-2〉와 같이 온밤 계속 조명하는 것이 가장 개화일수가 짧았으나 전력요금 때문에 곤란하고, 새벽조명이나 심야조명이 효과적이었다. 생육주기의 진행과정중 봄부터 여름까지와 가을에서 겨울로 가는 과정은 다르다. 실험에 의하면 장일(16시간 일장) 고온(30~20℃)인 경우 50일 후 개화를 제외하고는 다른 구에서는 절간 신장이 되지 않았다(시험시작일 : 7월 4일). 16시간 일장 25~15℃에서는 생육이 완만하여 9~11월에 개화가 시작되어 로제트된 중에서 절간신장하여 연속적으로 개화를 하였다. 20~10℃에서는 더욱 생육이 완만하여 다음해 1~3월(6~8개월)에야 개화하기 시작하였다. 따라서 가을은 봄과는 달라 생장활력이 낮아 개화가 어렵지만 인공조명하여 장일상태에서 25~15℃ 정도의 중온(中溫)을 유지하면 꽃이 잘 핀다(〈그림 2. II. 3-3〉, 〈표 2. II. 3-2〉).

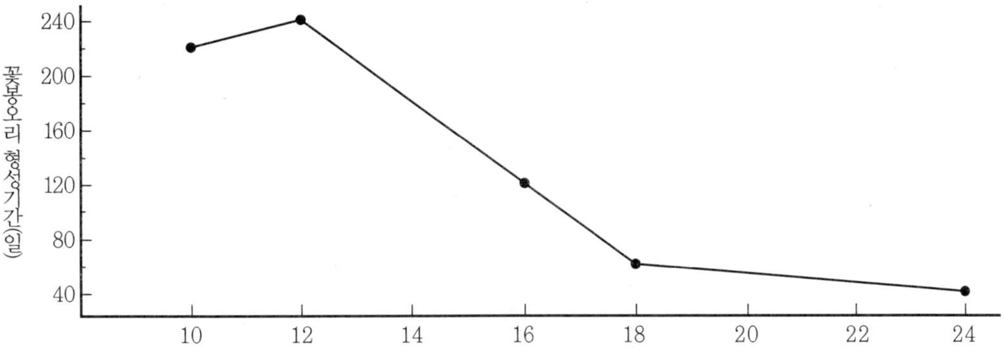

〈그림 2. II. 3-2〉 일장이 꽃봉오리 형성기까지 기간

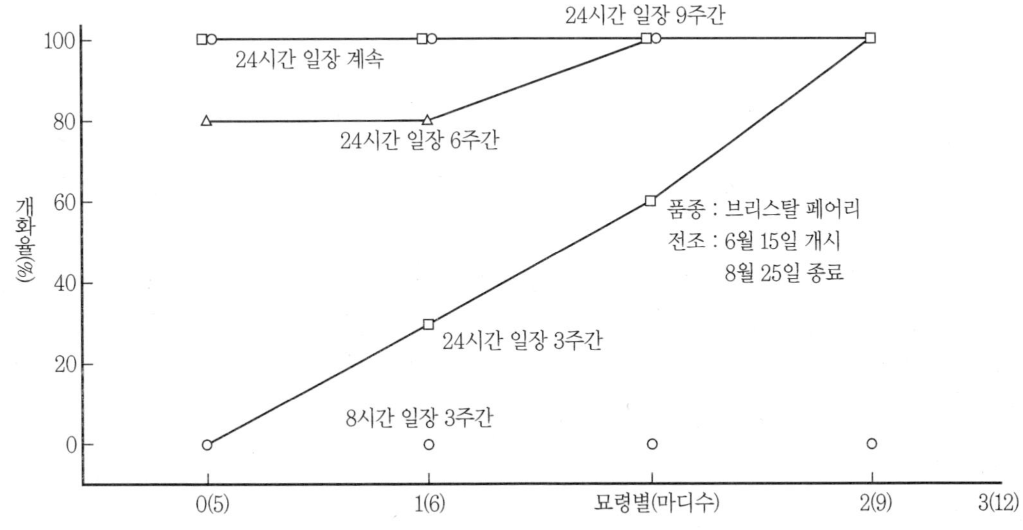

〈그림 2. II. 3-3〉 일장처리기간이 묘령별 개화에 미치는 영향

〈표 2. II. 3-2〉 장일처리 방법이 개화에 미치는 영향

장일처리	개화개시일
자연일장 (10시간 40분~13시간 30분)	5(월) 30(일)
초저녁조명 (18시~22시 : 계속 조명)	5 20
새벽 조명 (2시~6시 : 계속 조명)	4 17
심야 조명 (22시~24시 : 2시간 조명)	4 17
심야 조명 (22시~24시 : 2시간 싸이클 조명)	4 17
온밤 조명 (18시~6시 : 계속 조명)	3 14

*백열등 100Lux, 싸이클릭 조명 : 5분조명, 10분 소등. 1년생주를 11월 중순에 잘라, 12월 13일 처리개시. 밤온도 16℃ 이상

〈표 2. II. 3-3〉 자연조건하에서 로제트화율

품 종	가온개시 월 일	화경장 cm	발뢰율 (발뢰주/시험주)	로제트화율
폴리스탈 페어리	10. 25	122.4±60.3	4 / 5	0.2
	11. 1	56.9±56.9	1 / 5	0.6
	11. 8	37.0±60.1	2 / 5	0.3
	11. 15	30.2± 9.1	0 / 5	0.8
	11. 22	48.0±46.1	1 / 5	0.6
	11. 29	28.2± 9.3	0 / 5	0.8
플라밍고	10. 25	95.5±48.4	4 / 5	0.2
	11. 1	72.0±44.9	3 / 5	0.2
	11. 8	66.7±50.9	3 / 5	0.4
	11. 15	50.1±34.3	2 / 5	0.5
	11. 22	24.6± 16.2	0 / 5	0.6
	11. 29	17.1± 6.8	0 / 5	0.9

품종 : 브리스탈 페어리 (6월 10일 삽목), 플라밍고 (8월 19일 삽목). 정도 : 0-정상신장개화, 0.5-다소 로제트된 상태, 1-로제트가 현저함. 처리 : 온도 15℃ 이상. 일장 : 장일. 조사 : 1월 19일

숙근 안개초는 가을~겨울 사이는 봄~초여름의 신장개화되는 온도와 일장조건에 비해 그 범위가 좁아 적합한 조건으로 유지시켜 주지 않으면 로제트돼 버리며, 단 로제트되면 그 후 15℃ 이상 장일에 두어도 신장하지 않는다. 숙근 안개초의 로제트는 10℃ 이하의 저온과 11시간 이하의 단일에서 유도되며, 자연상태에서 언제 로제트되는가는 지역에 따라 차이가 있으나 〈표 2. II. 3-3〉과 같이 10월 25일엔 20%가 됐으나 11월 중 · 하순엔 80~90%가 로제트화하였다. 묘령이 늙은 묘가 어린 묘보다 많이 발생한다. 그러나 온도와 일장이 상승하는 봄의 경우 10℃의 11시간 일장에서는 로제트되지 않는다. 로제트되지 않게 하려면 어린 묘(묵은 포기가 아닌)를 이용해 15℃ 이상에서 심야조명하여 16시간 이상 조명하면 가을~겨울 또는 이른 봄에도 재배할 수 있다. 로제트화 방지법의 하나로써 여름철 고온을 피하여 2~3℃에서 2개월 냉장으로 생장활력을 계속 유지시켜 9월 중순쯤 정식, 8℃ 이

상 장일에서 재배하여 12월부터 개화시켰다. 그러나 6월부터 2개월간 냉장처리 후 8월에 심거나 8월에 처리해 9월에 심는 경우는 효과가 없었다. 결국 7~8월 고온기 회피가 필수적이다. 로제트 타파에 효과적인 온도는 2.5~5℃에서 20~30일간으로서 이보다 낮거나 높은 0℃나 7.5℃에서는 효과가 떨어지며, 처리기간이 길수록 줄기의 신장속도가 커진다. 그러나 자연상태에 무가온 조건으로 놓았을 때는 1월 하순경이며, 이를 계산하면 5℃ 이하에서 624시간이 되나 실험실에서 실험한 결과 일부 학자는 5℃ 이하에서 350시간 정도로 보고 있다(〈그림 2. II. 3-4〉). 이는 품종간 또는 같은 품종이라도 계통간에(브리스탈 페어리에서 몇 계통 발견) 차가 있었다(〈그림 2. II. 3-4〉).

생장호르몬 중에서 벤질아데닌 300ppm을 살포하여 15℃ 이상의 장일에서 재배하면 신장, 개화가 현저히 촉진되었고, 지베렐린(GA_3) 300ppm도 로제트 타파에 유효하다는 연구결과도 보고되고 있다(〈표 2. II. 3-4〉).

〈표 2. II. 3-4〉 벤질아데닌 처리가 로제트화와 개화에 미치는 영향

처 리	처리, 가온처리	발뢰율		개화율	개화일	개화소요일수	
		처리45일후	2월 27일	(2월27일)		9월1일부터	가온개시부터
무살포	9(월)1(일)	0 (%)	55(%)	55(%)	1(월)4(일)	126±20	126±20
	9 15	0	55	55	1 5	127±11	113±11
	9 30	15	50	50	1 1	123±14	94±14
	10 15	15	60	60	1 20	142±15	98±15
	10 30	5	25	15	1 30	152±21	93±21
	11 14	0	15	5	2 25	176	102
	11 29	20	52	20	2 9	162± 9	73± 9
BA300ppm	9 30	85	100	100	12 16	107± 8	78± 8
	10 15	95	100	100	12 23	114± 6	70± 6
	10 30	60	100	100	1 26	148± 8	89± 8
	11 14	15	80	60	2 14	167± 8	94± 8
	11 29	55	95	65	2 18	171± 6	82± 6

품종 : 브리스탈 페어리, 처리 후15℃ 이상 16시간 일장

3. 개화기 조절의 실제

숙근 안개초는 전술한 바와 같이 저온 단일상태에서는 로제트되어 줄기신장이 일어나지 않기 때문에 저온 처리를 하든지 겨울철 자연 저온상태에서 저온처리를 시켜야 되며, 그 기간은 학자에 따라 차가 있지만(개화 생리란 참조) 5℃ 이하에서 365시간 정도로서 보통 2℃에서 2~ 3개월 냉장한다(〈그림 2. II 3-4〉, 〈표 2. II. 3-4〉).

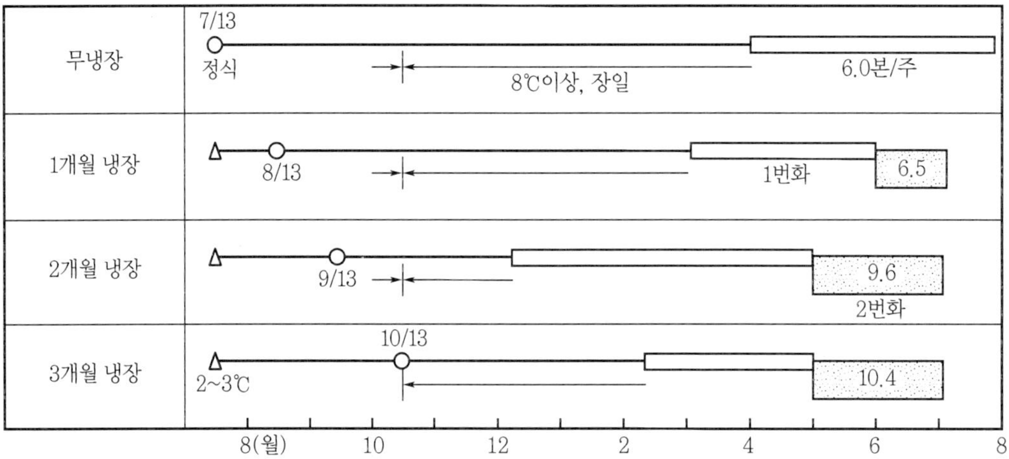

〈그림 2. II. 3-4〉 여름철 주냉장 기간별 개화기와 절화수

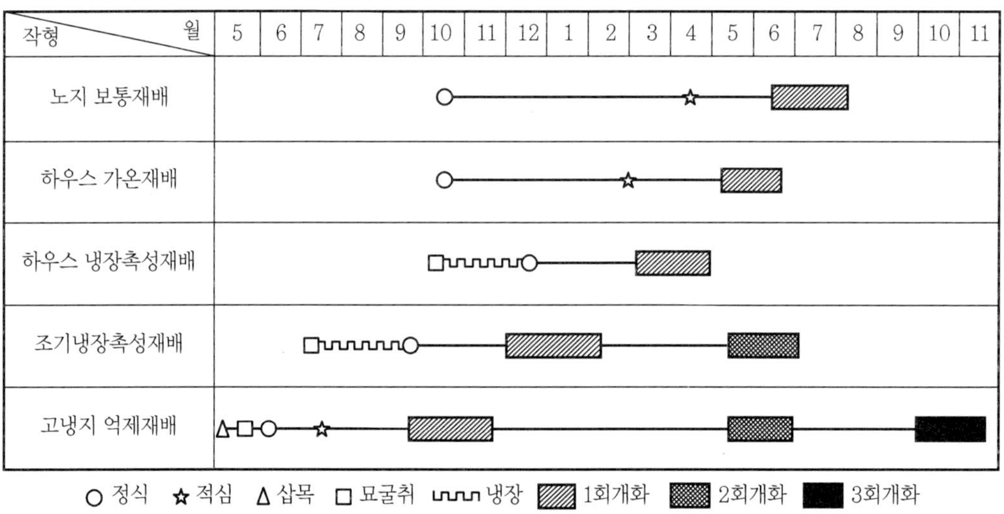

〈그림 2. II. 3-5〉 숙근안개초 개화기 조절 재배력

휴면타파된 묘는 정식 후에 가지수를 늘리기 위해 적심을 하는데 여름엔 적심 2개월 후에 개화하고 저온 단일로 옮겨질수록 개화 소요기간이 길어진다. 일반적으로 개화기를 조절하는 재배력은 〈그림 2. II. 3-5〉와 같다.

4. 재배법 요약

삽목번식을 주로 하는데 미스트실에서 기부에서 발생한 측아의 선단부를 4~5cm길이로 잘라 펄라이트나 버미큘라이트에 삽목하고 토양수분상태를 보아 섞어서 삽목한다. 삽수채취용 전용 모주를 길러서 바이러스 무병주를 별도로 곤충 및 인축과 격리시켜 준비해 두었다가 삽수를 채취하는 것이 좋다. 온도만 맞으면 연중 삽목도 가능하나 보통 4월부터 7월 사이에 행한다. 발근촉진제로는 IBA 0.5%분의 처리가 효과적이고, 20일쯤 지나면 활착발근이 되는데 이때 작은 분에 이식을 한다. 한 번 적심하여 곁가지를 4~5개 낸 다음 묘를 정식한다. 이때 묘가 저온 단일상태가 되면 로제트가 되니 주의해야 한다. 여름철 고온은 극도로 생육을 나쁘게 하니 시설내 온도가 너무 올라가지 않도록 볕가림과 환기통풍을 잘 하여야 한다. 정식은 2줄로 심되 50~60cm 간격으로 평당 10주를 표준으로 한다. 비료는 1a(30평)당 성분량으로 질소 1.5kg, 인산 2kg, 칼리 3kg을 주고 정식 후 생육에 따라 네트를 친다. 적심 후 개화까지 기간은, 고온 장일상태에선 약 2개월, 단일 저온(10℃)상태에서는 3개월 정도 걸린다. 9월부터는 단일상태가 되므로 2월까지는 4시간 정도 전등조명을 해주어야 된다. 묘 저온처리 요령은 묘를 캐서 경엽을 제거하고, 벤레이트 2,000배액에 침적소독한 후 플라스틱상자에 넣어 다소 건조한 상태로 하여 2℃에서 냉장을 한다. 저온처리 후 고온기에 정식할 때는 볕가림을 하여 시원하게 해준다. 정식시기는 개화기 조절의 실제를 참고하기 바란다.

출하방법은 거의 만개하였을 때 물에 담가 물빨림을 시켜 10개를 한 속으로 하여 출하한다.

많이 발생하는 병으로써 흰가루병이 발생되면 바리톤 · 톱신을 뿌려 주고, 기타 해충으로써 응애나 진딧물은 살비제나 유기인제를 뿌려준다.

4 거베라

학 명 : *Gerbera jamesonii*
과 명 : 국화과
영 명 : transvaal daisy, flame-ray gerbera
원산지 : 온대, 열대, 아시아, 아프리카

원산지에 자생되는 자생종만 32종쯤 되지만 *Gerbera jamesonii*를 기본으로 하여 다른 종들과 교배육성한 계통들이다. 열대 원산이지만 추위에 비교적 강하고, 최근 육성된 품종들은 대륜이면서 화색이 풍부하여 인기가 높다. 1950년대 이전에는 화경이 6~7cm 정도로서 꽃색도 적색, 핑크색, 백색 등 단순하였으나 1955년경 네덜란드의 반위크사에서 화경이 10cm 내외의 대륜이면서 적색, 등색, 핑크색, 황색, 백색 등의 다양한 꽃색과 종자로부터 쉽게 개화시킬 수 있는 신품종을 육성하였다. 최근 분주, 삽목, 조직배양을 이용해 번식하는 영양번식용 품종들이 많이 육성되어 실용화하고 있으나 아직 실생번식도 많이 이용되고 있다.

1. 계통 및 품종

크기에 따라 대형화, 중형화로 나누는데 현재는 거의 대형화가 주로 재배되고 있다. 화형에는 홑꽃 외에 반겹과 겹꽃이 있고, 화색도 적색, 등색, 핑크색, 백색 등 여러 색이 있다.

(1) 대형화 홑꽃계

대형화 홑꽃계로서 다음과 같은 계통이 있다 .

① 반위크(vanwijk) 계 : 화경이 15cm 가량 되며 꽃잎이 넓고 줄기도 80cm 정도 자란다. 종자번식을 주로 하고 적색, 황색, 크림색, 주황색, 백색 등 다양하며 파종 후 5~6개월 지나 꽃이 핀다.
② 카크텔계 : 내서성이 강하고 화수(花穗)가 크고 강하며 채화본수가 많다.
③ 체리부란디 : 화경이 12cm쯤 되나 두 겹의 꽃이 튼튼한 줄기에 피며 잎은 소엽(小葉)이다.
④ 미국 플로리스트 거베라 계통 : 특허품종으로 베로니카(등적색), 핀파넬(진적색), 프리골드 (황

금색 바탕에 주적색 눈), 톱스코아(진황색), 카프리스(순백색에 중앙 적색), 골덴클레멘타인(황금색)이 있다. 기타 클레오파트라(진적색에 화심은 황색), 클라우디어(농홍색), 올가(백색 바탕에 흑색눈), 빅토리아(로즈색) 등이 있다.

⑤ **데라니그라 거베라 계통** : 데라비사(진한 적색), 데라마끼시마(오랜지가 불든 적색), 데라디스코(밝은 로즈색) 등이 있다.

⑥ **수퍼자이언트 계통** : 그 동안 종자로 번식되는 거베라품종 중 절화생산의 주류를 이루었던 품종이다. 레드, 로즈, 핑크, 옐로우 등 다양한 화색을 갖고 있다.

(2) 대형화 겹꽃계

① **플로리스트 거베라 겹꽃종** : 리리안(진한로즈색), 라포니트(진한 핑크색), 찬델(황금색 복륜의 진한 비적색), 그레이시아(핑크색), 마루렌(황색), 베스타(적색), 자넷(핑크색), 후레이델(등색) 등이 있는데 초세가 강하고 다화성이므로 절화용으로 사용된다.

(3) 분화용 왜성종

초장이 동절기에 20~25cm, 여름 고온기에 25~30cm로서 화경(花梗)이 강건하다. 라인단스(황색, 적색, 핑크색 등)는 분화용으로 많이 이용되며, 그 외에 포트 거베라가 있다.

2. 꽃이 피는 원리와 자라는 습성

거베라는 일장에 관계없이 꽃이 피는 중일성 식물로서 기온을 10℃ 이상만 유지시켜 주면 연중 생육시켜 개화시킬 수 있다. 그러나 생육개화에는 강한 일조가 필요하며, 광선 부족은 생육 및 개화에 좋지 않는데 특히 줄기가 연약하고 꽃이 작아지며 색깔이 선명치 않다. 거베라는 근출엽(根出葉)형으로 지제부 생장점에서 잎이 나오는데 7매부터 26매쯤에서 꽃눈분화하여 꽃이 핀다. 생장점에서 첫번째 꽃이 분화하기 시작하면 거의 같은 시기에 최상부의 엽액에 제2화가 분화하여 그 밑의 엽액으로부터 새로운 생장점의 눈이 분화한다. 이러한 꽃눈형성을 반복하여 주가 커 나가면서 꽃눈은 두 개씩 형성해 나간다.

생육적온은 20~25℃ 쯤으로 5℃ 이하가 되면 하엽(下葉)에 자색의 띠가 보이며 개화가 어렵게 된다. 0℃ 가까이 되면 지상부의 잎이 말라 휴면상태에 들어가고, 휴면중에도 결빙온도 이하가 되면 고사하기 때문에 하우스 내에서도 무난방시에는 주의를 요한다. 근경(根莖)이 건조상태라면 지온이 −2~−3℃에서도 견디지만 생육상태에선 5℃ 정도에서 벌써 장해현상이 일어난다.

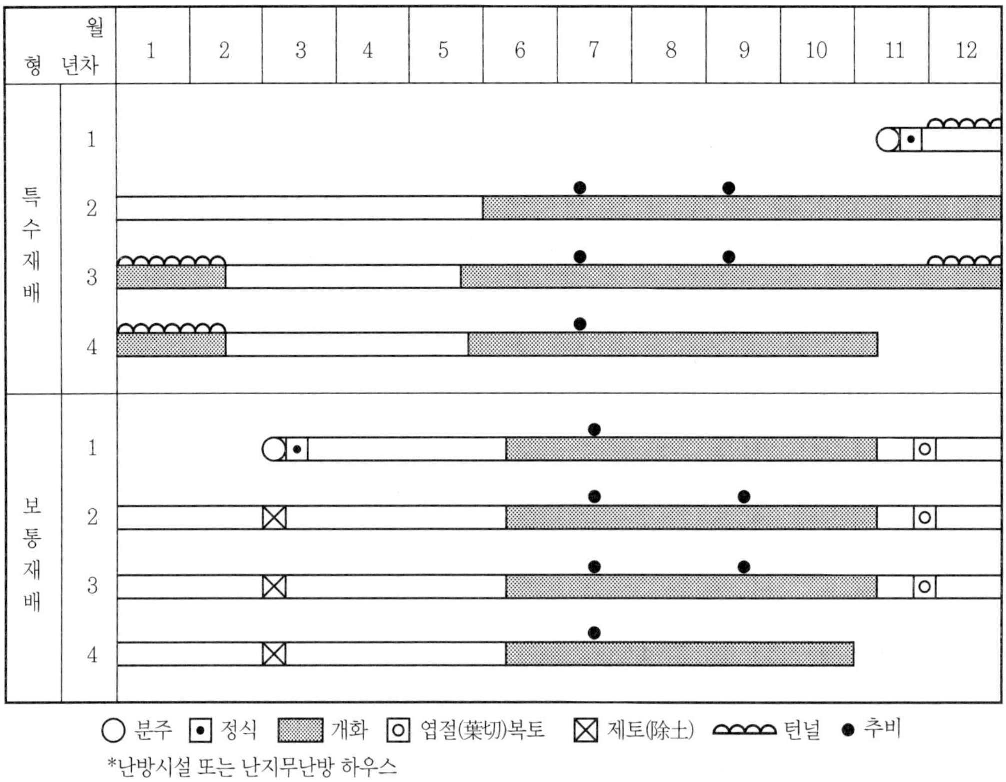

〈그림 2. II. 4-1〉 거베라 절화재배 개화기 조절의 실제

3. 개화기 조절의 실제

거베라는 한번 정식하면 2~3년, 길게는 4년까지 재배가 가능하나 2~3년에 끝내는 것이 바람직한데, 개화기 조절은 정식시기에 따라 달라지기 때문에 정식시기를 언제 하느냐에 따라 개화기가 틀려진다. 〈그림 2. II. 4-1〉에서 보는 바와 같이 한번 심으면 3~4년간 연작하며 절화하는 숙근초이기 때문에 난지나 시설 내에서는 가을에 심어서 이듬해 여름부터 절화하는 방식을 취하지만, 중부지방에

〈표 2. II.4-1〉 화분용 거베라 개화기 조절의 실제

4월~9월 개화 출하		10월~4월 개화 출하	
묘정식	개화기	묘정식	개화기
1(월)	4월 중순~5월 중순	7(월)	9 월 중 · 하순~11월 중 · 하순
2	5월~6월 상순	8	10월 하순~11월 중 · 하순
3	5월 하순~6월 중순	9	11월 하순~11월 중 · 하순
4	6월 상 · 중순~7월 상순	10	1월~2월 상순
5	7월~ 8월 상순	11	2월 중 · 하순~3월 중 · 하순
6	8월 상 · 중순~9월 상순	12	3월 하순 ~4월 하순

선 봄에 정식하여 여름부터 절화하고, 겨울에는 얼어 죽지 않도록 절엽(切葉) 또는 복토하는 방식을 취한다. 화분용 거베라는 〈표 2. II. 4-1〉과 같이 묘를 정식하는 시기에 따라 개화 및 출하시기를 맞춰 조절하면 된다.

4. 재배법 요약

분주 또는 실생에 의해 번식하는데, 영리재배는 주로 분주에 의해 한다. 최근 품종육성의 경향은 조직배양, 삽목 등 영양계 품종이 특허 품종으로 등록하여 많이 시판되고 있고 좋은 품종도 많다. 종자번식 계통은 반위크계, 수퍼자이언트계, 욘게네렌계 등을 이용하는데, 종자 수명이 3개월 정도밖에 안되니 입수 즉시 파종한다. 최근 육성된 플로리스트 거베라 계통들이나 화분용 거베라 품종들은 영양계를 사용한다.

분주시기는 4월 하순경이며 2~3년에 한 번 하는데 2~3눈을 붙여 포기를 나눈다. 그러나 난지나 하우스 등 시설에선 가을에도 한다. 씨앗은, 홑꽃은 곤충의 매개로 종자가 맺히나 겹꽃은 인공교배에 의해 붓으로 묻혀 주면 여름은 12~13일 후, 늦가을은 1개월 정도 걸린다. 종자로 번식되는 품종은 1~2월에 파종하여 한번 가식한 후 본엽 5~6매쯤 되면 3호분 (9cm)에 옮겼다가 봄에 정식한다. 파종 방법은 배수가 양호한 부엽토+밭흙을 같은 비율로 섞어 소독을 철저히 한 후 점파한다.

영양계 품종은 4~5월경 정식하는 것이 좋고, 재식 토양은 지하 수위가 높지 않은 배수가 양호한 토양으로 점질 또는 유기질이 풍부한 토양이 좋은데 정식 전에 10a당 완숙퇴비 3,000~4,000kg, 석회 50kg을 미리 넣어 갈아 주고, 토양전염 병균을 위해 토양소독을 철저히 한다. 기비는 10a당 성분량으로 계산하여 질소 20kg, 인산 15kg, 칼리 13kg을 주고, 추비는 기비의 80% 정도를 생육기인 7월 중순과 9월 상순 2회에 걸쳐 나누어 준다. 정식할 상폭은 80cm로 하여 두 줄로 심고 주간은 30cm쯤으로 한다. 심는 깊이의 경우 너무 깊게 심으면 안 좋고 눈이 지표에 약간 묻힐 정도로 심는 것이 좋다. 두둑의 높이는 배수가 나쁠 때는 높게 하여 통기나 토양온도 등을 좋게 해야 한다. 근출엽하기 때문에 과습하면 생장점에 직접 병균침투가 되니 통기를 좋게 하면서 과습에 주의한다. 겨울철 온도관리는 낮엔 20~25℃, 밤엔 13℃ 이상으로 한다. 병충해는 역병 발생이 많은데, 토양전염되는 이 병은 지제부로부터 침입하여 줄기가 갈변, 연부(軟腐)하여 죽는다. 다습 다비(多肥)를 피하고 토양소독을 철저히 하며 발생주는 뽑아 태워 버린다. 잎에 발생되는 반점병은 다이젠을 뿌려주고, 진딧물은 호리마트 또는 메타시스톡스로, 응애는 살비제로서 방제한다. 온실가루이는 스포로사이드로 방제한다. 절화는 화변이 충분히 피어 황색의 화심(花芯)이 외측부터 보이기 시작할 때 절화한다. 장미나 국화는 봉오리 때 절화를 하여도 꽃이 피지만 거베라는 봉오리 때 절화를 하면 꽃이 피지 않기 때문에 완전 개화한 후에 절화한다. 20개를 한 속으로 하여 길이 35cm쯤으로 절화하고, 잎은 10개를 한 속으로 하되 꽃은 상하기 쉬우니 상자에 포장하여 출하한다.

5 꽃창포

학 명 : *Iris ensata*
과 명 : 붓꽃과
영 명 : iris
원산지 : 한국, 일본, 중국 동북부

아이리스속은 온대 북부에 약 180여 종이 자생하는데 이 중 꽃창포는 한국, 일본, 중국 동북부에 자생하는 붓꽃과 식물로서 절화용 외에도 정원에 심거나 화분에 심기도 하는데, 꽃의 모양이 특색이 있고 고상한 기풍은 동양식 꽃꽂이 소재로 많이 이용되어 절화로서의 가치가 높다. 참고로 알아둘 것을, 단오날 머리감는 창포는 이것과 다른 천남성과 식물이고 암석원에 심는 석창포도 같은 류이다. 따라서 꽃창포와 창포는 전혀 다른 식물이다.

자생지는 햇빛이 잘 드는 습지이기 때문에 많은 사람들이 습지가 아니면 생육이 곤란한 것으로 생각하고 있으나 실제는 관수만 알맞게 해주고 보수력만 있는 토양이면 오히려 좋은 생육을 한다. 온도는 서늘한 곳에서 잘 자라고 햇빛을 좋아하는 양성식물에 속한다. 자연상태에선 3월에 새싹이 나와 6월에 꽃피는데 절화재배는 4월 하순에서 6월 상순에 많이 낸다.

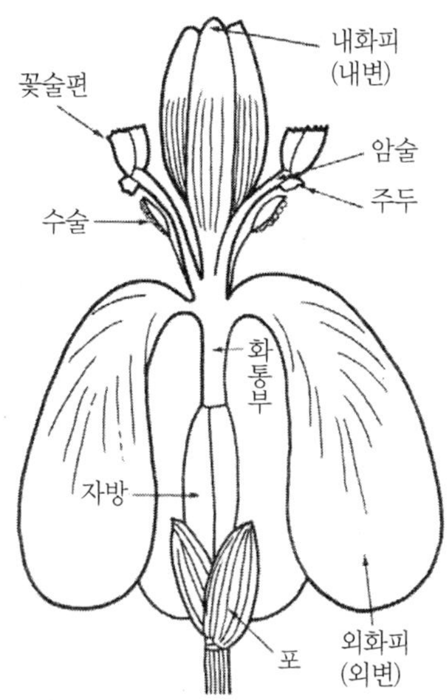

*기본종은 내 · 외화피, 암술, 수술, 자방이 각각 3개씩인 3花數式(trimorous)의 꽃이다.

〈그림 2. II. 5-1〉 꽃창포 꽃의 구조

1. 주요 품종

꽃창포의 꽃은 화기 각 기관이 3개씩인 3화수식으로 〈그림 2. II. 5-1〉과 같다. 꽃받침이 발달한 것으로 보여지는 외화피가 꽃잎 모양으로 되고, 꽃잎의 내화피는 적은 긴 주걱으로 외화피 사이에 직립하는 것이 보통인데 이를 세꽃잎(三英咲)이라 한다. 내화피가 꽃잎 모양으로 발달하여 꽃잎이 6매로 보이는 것을 6매꽃잎(六英咲), 암술이 3개로 찢어져 있고 수술의 일부가 꽃잎으로 되어 9매로 되는 9매 꽃잎(九

英咲)이 있다. 야생종은 적자색이지만 원예품종은 농자색, 농홍색, 자청색, 등색, 엷은 청색, 백색이 있다. 이 중에 2가지 색깔의 무늬가 들어 있는 것도 있다. 일본의 민간 육종가에 의해 품종이 많이 개량되었다. 보통 직립성이나 꽃잎이 늘어지는 것도 있다. 주요 재배품종은 〈표 2. II. 5-1〉과 같다.

〈표 2. II. 5-1〉 꽃창포의 주요계통과 품종

계 통	주요품종	비 고
조생(早生)	초상(初霜), 비단옷(綾衣), 동록자(東塵子), 을녀몽(乙女夢),	6월 중순 이전 개화
만생(晩生)	송엽금(松葉錦), 월옥천(月玉川)	6월 하순 이후 개화
고생(高生)	강호자(江戶紫), 소화영(昭化英), 수천일색(水天一色), 기타파(磯打波)	–
저생(低生)	조신락(朝神樂), 소자(小紫), 사자나미, 우의(羽衣)	–
대륜(大輪)	석부사(石富士), 내이(內裏), 고희색(古稀色), 강호자(江戶紫), 석교(石橋), 상생(相生)	–
소륜(小輪)	명석사(明石士), 소창산(小倉山), 백모란(白牡丹), 불노문(不老問)	–
6매 꽃잎의 넓은 꽃잎	자운각(紫雲閣), 태평양(太平洋), 랑화양(浪花洋)	–

2. 꽃피는 원리와 자라는 습성

일반적인 번식방법은 꽃이 핀 직후 분주하여 심는데 그때 다음에 꽃 필 것이 모두 생장된 상태이다. 그것은 전년에 심은 묘의 측아로서 정식기인 6월~7월 초경부터 꽃눈분화가 되었던 것이기 때문에 그 해 안에 14매 잎을 분화하여 3~4엽을 전개한다. 전년에 생긴 측아 중에 약 40%는 주경과 함께 그 해 옮겨심기 전에 미리 개화한다. 나머지 분주 정식한 것은 1년 늦게 개화한다 .

봄에 생장한 묘는 전전년에 형성된 것과 전년에 형성된 것으로, 일부가 초여름에 꽃 핀다. 꽃창포의 꽃눈 분화 과정을 좀더 자세히 검토해 보면 다음과 같다 .

(1) 꽃눈형성 시기

그 동안 가을이라 하는 측과 봄이라고 하는 측의 두 가지 주장이 있었다. 후지노(富野' 63) 는 가을에 꽃눈 분화되는 것이 아니라 2월 하순~3월 상순경에 꽃눈분화가 시작된다고 하였다. 그 후 진전되어 4월 상순에 제1화의 외화피가 형성되어 꽃의 형태가 거의 완성되는 시기는 5월 중에 되고, 그 후 화경이 신장한다고 보고하였다. 그러나 후지다(富野) 우메마쓰(植松' 81)는 상세한 논문보고를 통하여 화기형성 확인은 아니지만 꽃눈분화 시작은 보는 바와 같이 전년도 가을에 분화한다고 하였다 .

생장점은 9월 하순에 잎 분화를 중지하지만 그 시점에서 이미 팽만하는 꽃눈형성으로 시작하고 있다. 당년에 포엽이 분화하지는 않고 본격적인 꽃눈형성은 2월 하순 이후가 된다.

〈표 2. II. 5-2〉 꽃창포 꽃눈분화의 경시적 변화 (富田, 植松. '81)

월 일	조사수	꽃눈분화 단계						
		I~II	III~IV	V~VII	VIII	IX	X	XI
8(월) 22(일)	10	10						
9 26	12	11	1					
10 5	12	7	5					
10 15	10	2	8					
10 20	10		9	1				
11 14	11	1	4	6				
12 5	6		2	4				
1 6	11			9	2			
1 27	5				3	2		
2 15	7				1	4	2	
2 27	14				8	4	2	
3 15	9				7	1		1
3 26	7				1	1	5	
4 5	9				3	3	1	2

〈표 2. II. 5-3〉 가온시기가 개화에 미치는 영향

가 온 시 기	개 화 일	개 화 율	화 경 장
12(월) 5(일)	4(월) 20(일)	47(%)	65.0(cm)
12 10	4 4	100	84.7
12 15	4 3	100	74.5
12 20	4 2	100	83.9
12 25	3 24	100	85.9
12 30	3 26	100	91.4

미개화주는 휴면주임.

(2) 꽃눈분화의 요인

꽃눈분화는 단일에 의하여 유도되고 그 후 장일에 의하여 꽃눈이 형성된다. 그동안 꽃창포는 초여름에 꽃 피기 때문에 장일식물로 생각되었지만 봄이나 겨울에 꽃피우기 위해 촉성재배시 10월 상순부터 전등조명할 때는 개화하지만 9월 상순부터 전등조명할 때는 개화하지 않는다. 즉, 일정기간의 단일이 없이는 개화하지 않는다. 꽃창포는 단장일식물로 밝혀졌다. 꽃눈분화에 필요한 한계일장은 13.5 시간이고, 필요한 일수는 묘의 크기에 따라 다르지만 5일 정도로서 시험에 의하면 5일내에 많은 주가 꽃눈분화되었고 , 전체가 꽃눈 창시(創始) 되는 데는 30일간이 필요하다. 이때 꽃눈분화 요구온도는 15℃ 이하로서 20℃ 이상의 고온에서 꽃눈분화가 현저히 억제된다. 자연조건에선 8월 하순

부터 단일에 감응하여 9월 하순경 꽃눈분화가 시작되어 그 후 곧 휴면에 들어간다. 그 휴면타파는 2℃에서 18일(432 시간)에 충분한 효과가 있다(植松' 82). 다소 온도가 높은 10℃ 이하에선 45일 이상이 필요하다(村田' 86). 입실시험에서 12월 중순에는 휴면이 타파되어 그 이후에 가온되는 온실에 입실하면 100% 개화한다. 휴면타파 후에는 고온 장일 쪽에서 꽃눈형성의 진행과 개화가 빠르지만 단일, 서늘한 기온에서도 꽃이 피어 휴면타파 후에는 온도나 일장이 꽃창포에 미치는 영향은 양적 작용을 한다. 꽃눈분화 진행과정은 〈그림 2. II. 5-2〉와 같다.

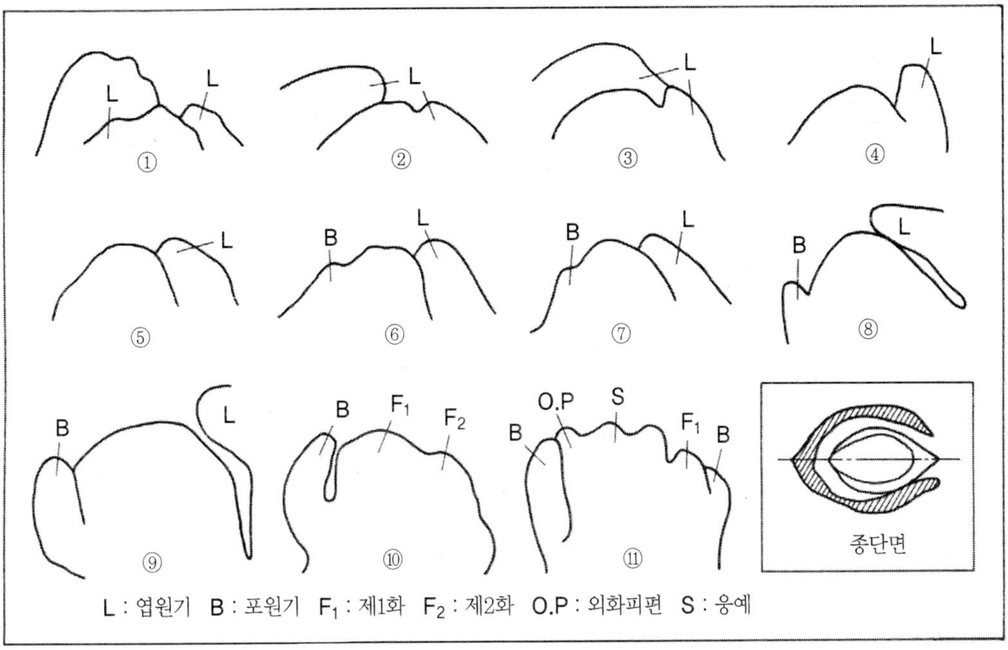

〈그림 2. II. 5-2〉 꽃창포 꽃눈형성 초기의 정단부

(3) 휴면유도의 원인

꽃창포 개화에서 휴면은 필수조건은 아니다. 단일에 의해서 꽃눈분화가 시작된 후 장일을 주면〈표 2. II.5-4〉와 같이 휴면하지 않고 꽃눈분화되어 꽃이 핀다. 이때 휴면유도는 단일이 오래 계속될 때 유도되기 때문에 9월 하순~10월 중순에선 전조하면 휴면하지 않지만 10월 하순 이후에는 이미 휴면하여 전조하여도 개화율이 현저히 낮다(〈표 2. II. 5-4〉). 또한 장일에서도 고온(高溫)이 계속되면 휴면하여 버린다. 꽃눈분화 시작 후에도 밤 온도가 10 ℃에서는 단일이 아닌 장일조건에서 꽃눈의 외피형성 단계까지는 진행되고, 그 후 고온 단일에 두어도 꽃 피는 것을 볼 수 있다 .

〈표 2. II. 5-4〉 전조개시 시기가 개화에 미치는 영향 (植松. '82)

전조시작	개화일	개화율	휴면율	화경장
9(월) 5(일)	3(월) 12(일)	83(%)	13(%)	107(cm)
9 15	2 8	83	13	124
9 25	1 26	91	9	120
9 30	1 29	100	0	116
10 5	2 9	100	0	121
10 10	2 19	100	0	120
10 15	3 2	100	0	112
10 20	3 3	100	0	110
10 25	3 9	91	4	104
10 30	3 19	92	8	94

3. 개화기 조절의 실제

꽃장포의 생육주기는 〈그림 2. II. 5-3〉과 같이 붕아기, 경엽신장기, 분열기, 휴면기의 단계를 지난다. 꽃눈에 대해서는 전술하였으니 여기서 생략하겠다.

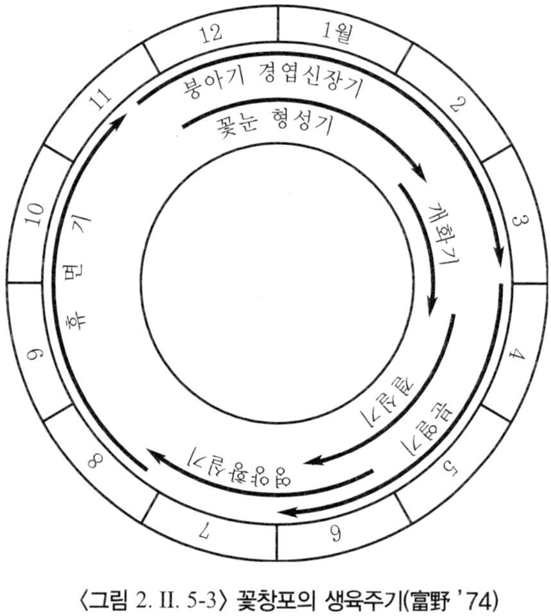

〈그림 2. II. 5-3〉 꽃창포의 생육주기(富野 '74)

꽃눈분화 직후 9월 하순~10월 중순부터 가능한 한 시원한 온도에서 50일간 전조하고 그 후 가온하면 1월 상순부터 개화시킬 수 있다(〈표 2. II. 5-5〉). 10℃가온에서도 2월 상순부터 꽃이 피는 데는 전조개시를 10월 중순에 하면 2월 하순~3월에 개화한다. 이와 같이 꽃창포의 개화기 조절은 일장과 온도에 의하여 가능한데 휴면에 유도된 것은 자연 휴면타파 기간을 기다렸다가 입실하는 것이 중요하다. 植松('82)의 실험에 의하여 휴면에 유도된 것을 보면 12월 하순 또는 그 이후부터 가온재배하였을 때 가온시기에 따라서 순차적으로 개화시킬 수 있음을 알 수 있다. 촉성재배를 하면 다음 해 개화할 눈이 촉성중에 생장하여 그 해 6~7월에 개화하게 되므로 다음해 감수(減收)가 예상된다. 만약 8~9월에 개화시키고 싶으면 단일기에 꽃눈분화를 억제시

〈표 2. II. 5-5〉 전조중과 전조후의 온도와 개화

전조중 낮온도/밤온도	전조후 낮온도/밤온도	개화일	개화율	휴면율
30(℃) / 20(℃)	30(℃) / 20(℃)	-	0(%)	0(%)
	25 / 15	-	0	100
	10 / 10	-	0	100
25 / 15	30 / 20	2(월) 3(일)	29	71
	25 / 15	2 14	25	75
	20 / 10	3 2	67	33
20 / 10	30 / 20	1 8	100	0
	25 / 15	1 19	100	0
	20 / 10	2 2	100	0

*10월 5일부터 50일간 전조 (16시간일장) /11월 24일부터 자연일장

켜 가을부터 장일처리를 하여 3~4월에 끝내면, 그 해 단일과 그 후 장일에 감응하여 8~9월에 꽃이 핀다(小價 '88).

개화를 지연시키는 방법은 3~4℃에 저장하는 주냉장법으로 가능하다. 10월까지 기른 꽃창포는 이른 봄에 싹이 나오기 전에 냉장고에 넣었다가 목표 개화기 50~60일 전에 꺼내 심는데, 심기 전에는 8~10℃에 3~4일 두었다가 심는 것이 좋다. 9월까지 꽃이 핀 나무는 그 후의 관리만 좋으면 다음 해 개화가 가능하다.

4. 재배법 요약

(1) 토양, 비료

꽃창포는 개화기에는 수분이 많아야 꽃도 잘 피고 잘 자라나 그 외의 시기는 과습이 좋지 않다. 따라서 보수력이 높고 토심이 깊은 점질양토가 좋은데 어느 때라도 관수가 용이한 곳이 좋다. 비료는 흡비력이 강하여 저지대 노지에서는 시비하지 않아도 되지만 절화재배는 매년 다량의 비료가 꽃과 잎에서 소모되기 때문에 시비해야 한다. 10a당 N 8~16kg : P 8~12kg : K 8~16kg을 준다. 토질이 중정도의 토양에서는 N 12kg, P 10kg, K 12kg을 주되 기비로는 심기 전에 2/3, 심은 후 생육기에 1/3을 준다. 일본 꽃창포 생산농가의 시비 예를 소개하면 10a 당 퇴비 80kg, 유박 16kg, 재 8kg과 2kg을 주고, 추비로는 유안(요소인 경우는 1/2로 줄이면 됨) 4kg, 과석 2kg, 유산칼리 0.8kg(염화칼리는 1/3로 줄임)을 준다.

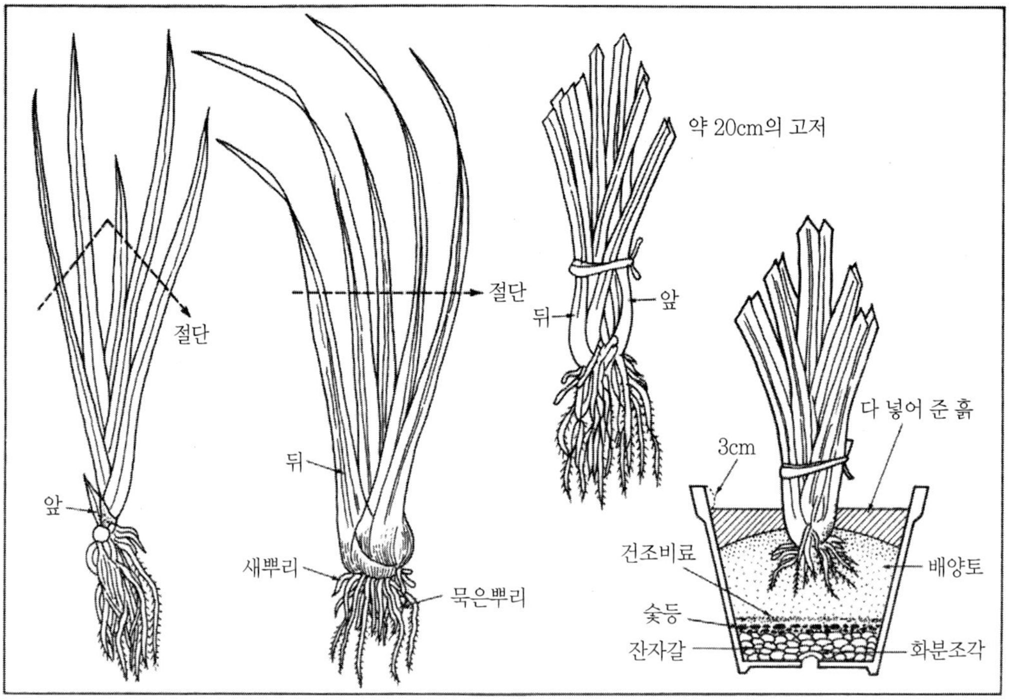

〈그림 2. II. 5-4〉 분주묘를 큰분에 심는 방법

(2) 분재배법

〈그림 2. II. 5-4〉와 같이 개화한 직후인 6월 하순~7월 중순에 걸쳐서 포기를 나눠 잎을 절단하여 심는다. 이때는 장마철이기 때문에 습도가 높고 저온 차광상태로서 활착이 좋다. 배양토는 부엽토 4, 밭흙 3, 냇모래 3의 비율로 혼합하여 쓰는데 다소 무거운 토양이 좋다.

(3) 절화재배

번식은 일반적으로 분주로 하는데 개화 직후인 6월 하순~7월 중순에 2~4눈을 붙여 분주한다. 정식은 이랑두둑을 100~120cm, 통로를 50cm로 하고 정식거리는 30cm 간격으로 두 줄로 심는다. 비료는 30평당 기비로서 퇴비 80kg, 요소 2kg, 용성인비 4kg, 염화칼리 0.7kg을 정식 초년도 가을에 주고, 2년째부터는 주(株)주위에 발효시킨 계분을 1a당 20kg을 둥글게 파고 묻어준다. 복합비료는 4kg을 계분과 같이 주면 더욱 좋다.

절화는 5월 하순부터 6월 중순에 하지만 전술한 바와 같이 개화조절이 가능하다. 30평당 채화수는 5,000~10,000개의 절화가 가능하다. 병해로는 다른 숙근초에 비해 병해가 적으나 후자리움과 선충에 의하여 잎이 황색으로 되고 위축되는 황축병이 있는데 토양소독과 베노밀 등 살균제를 뿌려준다. 기타 연부병, 녹병, 엽고병, 백견병 등의 병해와 응애, 풍뎅이 등의 충해가 있으나 살비제, 유기인제로 쉽게 방제된다.

6 아프리칸 바이올렛

학 명 : *Saintpaulia ionantha* W.
과 명 : 글록시니아과
영 명 : african violet
원산지 : 아프리카

원산지에는 약 20여 종이 자생되는데 이오난사(*S. ionantha*)종을 주축으로 교배되어 많은 품종이 나왔다. 실내에서 인간 주거환경에 알맞는 상태에서 생육도 잘 되고 꽃도 잘 피는 특성이 있어 미국에선 1950년대부터 꽤 많이 보급하여 대유행이 되었고, 우리나라도 70년대 후반부터 유행하기 시작하였다. 주걱모양의 다육엽이 많이 붙고, 그 엽액에 3~5매의 소화(小花)가 붙어 아름다운 꽃이 실내 주거 환경 조건에서 잘 피는 특징이 있다. 속명을 따라 세인트폴리아로 불려지고 있으나 옳은 이름이 아니다.

1. 계통 및 품종

그 동안 품종이 육성되었는데 미국 세인트폴리아협회(African violet society of America)에 '76년 현재 등록품종만 3600여 종이나 될 정도로 많은 품종이 육성되었다. 꽃 모양과 초형에 따라 다음 세 가지로 나눈다.

(1) 스탠다드형

단축경에서 나온 주걱 모양의 잎이 나와 이오난사(*S. ionantha*)종의 형질이 강하게 나타나는 형으로 홑, 반겹, 겹꽃이 있고 , 꽃잎도 평변(平弁)에서 파상변(波狀弁), 그리고 잎도 반입종에서 잎 끝의 파상변 등 여러 형태로 나눌 수 있다. 주요 계통별 품종을 소개하면 다음과 같다.

① **랍소디계** : 엘라리다(자색), 지지(백색+자색 복륜), 쥬피터(진핑크색), 안네티(핑크색) 등

② **멜로디계** : 안지(자도색), 제니(연핑크색), 미쓰이(자색) 등

③ 옵티마라계 : 캘리포니아(진자적색), 몬타나(백색), 미시간(진핑크색), 아라바마(백+자색) 등
④ 바레계 : 에리카(진핑크자색), 하이티(진핑크색), 마루다 (청자색) 등
⑤ 일반품종 : 죠리핑크(연핑크색), 베치아(백+자색), 레드스타(적자색), 미스프리티(핑크색) 등

(2) 미니타입

잎과 꽃이 작은 왜성종으로 미니타입×스탠다드의 교배종인 세미 미니타입도 있다. 주요 품종으로는 미니 믹스(연자등색, 겹꽃), 디스크벨(청자색, 홑꽃), 그리타(진핑크색, 겹꽃) 등이 있다.

(3) 트레일 타입

줄기가 포복하는 모양으로 신장하여 늘어지는 형으로 피크지블루(청등색, 흩꽃), 스노우트레일(백색, 홑꽃), 메로트레일(선도색, 중륜 겹꽃) 등이 있다.

2. 개화생리 및 생태

아프리칸 바이올렛은 일장에 관계없이 꽃이 피는 중일성식물이지만 주간의 광량에 따라서 개화에 크게 영향을 받는다. 적당한 광량은 5천~1만 룩스 정도로서 음성식물이기 때문에 강한 직사광선은 좋지 않으며 시설내에선 차광망으로 조절해야 한다. 광량이 부족할 경우 형광등만으로도 생육, 개화시킬 수가 있는데 실험에 의하면 6000룩스 형광등에서 18시간조명이 자연광에서보다 꽃이 많이 피었다(〈표 2. II. 6-1〉). 개화적온은 25℃ 정도로서 고온성 식물인데, 알맞은 재배온도는 낮엔 20~25℃, 밤엔 15~20℃쯤이 좋다. 그러나 15℃ 이하에선 생육개화가 적게 되고, 8℃ 이하가 되면 트레일종은 생육이 정지된다. 삽목에서 개화까지는 9~10개월 정도 걸리며 자연상태에선 2~4월과 10~12월경에 개화가 많다.

3. 재배법 요약

엽삽번식이 잘 되는데 모래 또는 펄라이트 및 버미큘라이트 등에 15~20 ℃ 정도의 온도면 연중 번식이 가능하다. 잎자루를 2~2.5cm 쯤으로 다소 짧게 하여 삽목하였을 때 20일 정도면 발근되고 35~40일 만에 새싹이 발생한다. 삽목 후 80일쯤에 새싹이 여러 개 나오는데 이때에 1본씩 나누어 6cm 분에 옮겨 심는다. 재배용토는 전 공극량이 80% 쯤 되게 다공성 용토를 사용해야 하는데 일반적으로 버미큘라이트 20%+피트모스 10%의 비율로 혼합해 사용하며 pH는 5~6이 적당하다. 비료는

〈표 2. II. 6-1〉 백열형광등에 의한 광도와 조명시간차가 개화에 미치는 영향

조 명 방 법		개화수	평균엽수	초 폭(㎝)
광 도	시 간			
(룩스) 1000	6	3	22	25
	12	36	27	35
	18	27	35	37
3000	6	34	29	30
	12	88	42	38
	18	111	52	34
6000	6	91	45	37
	12	181	54	36
	18	239	56	34

*품종 : 오키드원더

배양토 1L당 질소 0.42~0.56g, 인산 0.36~0,48g, 칼리 0.42~0.60g이 적당하고, 재배상의 광도는 최저 3,000룩스~최고 100,000룩스의 광량에 재배하는 것이 좋다. 실내에서 이 정도의 광량이 부족할 때는 형광등으로 보광한다. 개화까지는 삽목 후 9~10개월 걸리지만 측아가 발생하거나 너무 고온 및 저온에선 기간이 늦어지고 하계 고온기엔 개화가 중단된다. 미니품종은 품종간 차가 크고 개화까지 장기간을 요한다. 봄과 가을에 꽃도 많이 피고 생육이 건전한 상태를 유지하기 때문에 여기에 출하기를 맞추는 것도 좋다.

병충해에 있어서 병해로는 회색곰팡이병이 야간온도가 내려가고 습할 때 발생되는데 벤레이트, 캐프탄을 뿌려주고, 토양전염성 입고성병은 토양소독을 철저히 하고 벤레이트 등을 뿌려준다. 또한 부패병 발생이 많은데 이 병은 박테리아균인 어위니아(*Erwinia aroideae*)가 기생되어 일반 살균제로는 방제가 되지 않는다.

고온다습하며 광도가 약할 때 잎이 암록색을 띠며 수침상(水浸狀)으로 부패한다. 이병엽을 제거하거나 포리옥신이나 농용신수화제 등 항생제 농약을 뿌려주고 토양소독을 철저히 한다. 다음으로 많이 발생하는 병이 역병인데 잎에 다갈색 병반이 생기고 근출엽 지제부가 썩어 들어간다. 이 병주를 제거하고 만네부다이젠을 뿌려준다. 충해로는 응애의 피해가 있는데 살비제로 구제한다.

출하는 꽃이 3~4륜 개화했을 때 잎을 깨끗이 씻고 꽃은 셀로판지로 싸서 출하한다.

일반 시장에 출하할 경우에는 1화분에 4~5개 이상의 꽃대가 서고 10~15륜쯤 개화한 것이 좋고, 전문상점에서는 꽃대가 3~4대 정도에 5~6륜쯤 개화한 상태가 양호한 것이 좋다.

7 제라니움과 펠라르고니움

학 명 : *Pelargonium* spp.
과 명 : 쥐손이풀과
영 명 : 품종항참조
원산지 : 아프리카

제라니움과 펠라르고니움은 식물학상으로 같은 펠라르고니움속 식물로 전세계에 250여 종이 자생되는데 주로 남아프리카 케푸를 중심으로 한 동부지중해 연안, 카나리섬, 센트헤레나와 호주 및 뉴질랜드 등에 분포되어 있다. 여름철이 서늘한 구미(歐美)의 창가나 베란다 및 화단에 매우 많이 이용되고 있다(77년 미국에서 4600만 화분이 팔렸을 정도로 많이 이용되고 있음). 우리나라는 여름이 고온 다습하기 때문에 구미에 비해 이용도가 낮지만 새로 육성된 신품종의 도입으로 이용도가 증가하고 있다. 비내한성 상록저목 또는 초본식물로서 직립 또는 덩굴성이 있다. 펠라르고스(pelargos)란 의미는 황새라는 뜻으로 열매가 새주둥이와 비슷한 데서 유래되었다.

1. 주요종과 품종

세계적으로 많이 재배되는 펠라르고니움속 식물은 다음과 같다.

(1) 제라니움(*Pelargonium×hortorum*. 영명 : fish geranium, zonal gerauium)

*P. zonale, P. inquinans*와 이것들과의 교배종인 *P. hortorum*을 포함하여 원예상 제라니움으로 불린다. Zonale종은 반저목의 초본인데 이 종을 개량한 관엽 제라니움에는 잎이 적색, 자색, 다갈색, 백색 및 황백색 등 무늬가 아름다운 것이 있다. 기타 *P. scandens, P. hybridum, P. flutetorum, P. stenopetalum* 및 *P. acetosum*도 관계하고 있다. 주요 재배품종은 다음과 같다.

① 영양계 : Irene(조생종으로 4계성이 강함, 반겹, 아이린으로부터 작출), Deacon(겹꽃, 총생, 다양한 화색), Stellar(잎이 열 개, 화변이 가늘고 별 모양), Cactus(꽃잎이 가늘고 끝이 뾰족함, 홑 또는 겹), Miniature계(초장 13cm 이하의 품종, 홑 또는 겹에 반입 등이 있는데 Black Vesuvius는 초장

5~12cm로서 잎은 흑자색에 담흑색의 복원, 농적색, 대륜 홑꽃이며 Sannon Comet는 Black Vesuvius와 비슷하나 잎색이 녹청색에 자흑색의 무늬가 있음), Dwarf계(초장 13~20cm에 분지성 화분용), Variegated 또는 Fancy leaved type(잎에 적, 황, 흑색의 무늬가 있음. 황금엽, 은엽, 천대선금(千代田錦), 화촌금 (花村錦) 등이 있음), Blaze(비홍색 대륜 반겹), Toyon(비적색 대륜, 반겹의 Irine계 품종), Spring Time(선도색 대륜, 반겹의 왜성품종), Party Dress(도색, 겹, 잎은 담록색), Mrs E.G, Hill(선도색 홑꽃 대륜, 키는 중간), Snow Ball(백색, 겹꽃, 강건품종), Red Perfection(농적색 겹꽃의 20~30 정도의 다화성 주년재배용 품종), Dawn(선 도색 겹꽃, 주년재배용 다화성) 등이 있다.

② 실생계 : Carefree계(1대 잡종, 파종 16~18주 후 개화하는 조생품종), Sprinter계(개화가 빠른 분지성 왜성품종, 파종 16~18주 후 개화), Flash계(앞의 실생품종들보다 더욱 조생, 다화성 강건 품종)가 있고, 기타 Bright Eye(적색에 중심 백색), Knockout(적색), Ringe(적색), Double Salmon(살몬색) 등의 품종이 있다.

(2) 펠라르고니움(*P. ×domesticum.* 영명: lady washington pelargonium)

P. grandiflorum, P. cucullatum, P. cordifloium, P. angulosum 등과의 교잡품종으로서 미국에서 많은 품종이 육성되었다. 제라니움은 4계성이지만 펠라르고니움은 1계성으로 4~7월 여름에 한 번 꽃이 핀다. 초장이 길고 화폭이 5cm 정도로 크며 홑꽃이다. 잎이 제라니움보다 좁고 화색은 덜 선명하다. 주요 품종으로는 Gland Slam(도홍색, 흑색 얼룩), Aztec(홍자색에 백색 복륜), Lavender Grand Slam(홍자색), Ballerina(핑크색) 등이 있다.

(3) 덩굴성 제라니움(*P. peltatum*, 영명 : ivy geranium)

행잉바스켓용 품종으로 쓰이는 덩굴성 품종으로 Mexico(백+홍자색), Ville de Paris(핑크색), L.Elegante(무늬종), Mume Margot(엽맥은 백색) 등이 있고 기타 왜성품종도 있다.

(4) 향료 제라니움

*P. graveolens*는 잎이 크고 깊게 결각이 진 향기가 강한 품종으로 향류채취를 위해 재배한다. *P. oboratissinum*은 남아프리카 원산의 무늬종으로 백색 소륜의 향기가 강한 품종이다. 기타 잎이 둥글고 잎에 결각이 있는 *P.× fragrans*가 있다.

(5) 야생종

*P. acerifolium*도 드물게 재배되는데 잎이 작고 직립성으로 자라며 무늬 종도 있다. *P. violareum*은 팬지제라니움이라고 불리는데 잎이 세장(細長)한다. 하변의 두 꽃잎은 홍자색에 상변 3매는 백색으로 팬지형태와 비슷하여 붙여진 이름이다.

2. 꽃피는 원리와 자라는 습성

제라니움의 꽃눈분화는 사계성의 중일성 식물로서 알맞는 온도만 있으면 꽃이 피지만 일정 기본 영양생장을 위한 광합성과 꽃눈분화에 필요한 온도가 필요하다. 펠라르고니움은 15℃ 이하의 저온에서 꽃눈분화되며 일계성이다.

(1) 온도

반내한성 다년초 또는 반저목으로 온도가 10℃ 이하가 되면 잎이 황화(黃化)되는데 실생계는 꽤 강하다. 0℃ 가까이까지는 견디지만 꽃눈분화 및 생육에 알맞는 온도는 12~20℃로서 10℃ 이하 또는 30℃ 이상에서는 생육이 쇠퇴하고 개화가 나쁘다. 실생계 캐어프리 품종을 이용한 실험에 의하면 고온일수록 초장이나 분지수가 적으나 개화 소요일수는 짧았으며, 10~15.5℃에서 분지수나 초장이 좋았다(〈표 2. II.7-1). 펠라르고니움의 생육적온은 제라니움과 같지만 꽃눈분화에는 15℃ 이하의 저온이 필요하다. 꽃눈형성 후는 3개월만에 개화한다. 실험에 의하면 Lavender Grand Slam 품종에서는 7.2℃에서 6주간 저온이 개화촉진에 효과가 있었다. 이와 같은 꽃눈분화에 필요한 온도는 품종에 따라 다르지만 15℃ 이하에서 이루어졌다. 만약 15 ℃ 이하가 되지 않는 지방에서는 개화시킬 수가 없다. 품종간 차이는, 예컨대 아프로즈 품종은 13℃, 15.5℃ 보다 21℃에서 개화수가 많았지만 썬라이즈 품종은 반대로 저온 쪽이 많았다. 한편 적심시기가 늦어져서 분지한 새 눈이 신장할 쯤 해서 외기온이 상승되면 불완전꽃눈으로 변하기 쉽다.

〈표 2. II. 7-1〉 야간온도가 생육과 개화에 미치는 영향. 품종 : 캐어프리 (Care free)

야간온도 (℃)	개화시의 초 장	분 지 수	파종부터 개화까지 일수	
			제 1 화	제 2 화
10	24.3(㎝)	12.3	120	124
15.5	19.7	10.3	110	114
21	15.1	8.9	105	110

〈표 2. II.7-2〉 일장, 온도, 광도에 따른 페라르고니움 개화에 미치는 영향(품종 : Lavender Gland Slam)

처리조합 (광도, 일장, 온도)					개화일	1화방당 개화수				생체중 (g)
일 장	온도(℃)		광(J/㎠/일)							
	2/11~ 3/3까지	3/3~ 개화까지	2/11~ 3/3까지	3/3~ 개화까지		1	2	3	계	
단 일 (8시간)	10	16	230	719	5월 24일	9	7	5	21	31
	10	20	230	669	5월 1일	8	5	4	17	64
	16	21	230	610	4월 30일	3	4	3	10	73
장 일 (18시간)	10	15	267	857	5월 15일	12	7	7	26	34
	10	20	267	752	4월 28일	9	5	5	19	60
	16	19	267	635	4월 9일	10	5	5	29	70

(2) 광(光)

양성식물로서 강한 광선일수록 생육과 개화가 좋다. 실험에 의하면 3000룩스에서는 도장하고 1000룩스에서는 반 정도 말랐으며, 이 이하에서는 반 정도 말라 죽고 말았다. 따라서 얼마나 많은 광합성을 하게 할 수 있느냐가 펠리르고니움속 식물의 개화유도에 중요하다. 제라니움의 경우 4계성이기 때문에 일장에 관계없이 꽃이 피지만 장일일수록 광합성이 증대되어 개화, 촉진되는 경향이다. 실험에 의하면 펠라르고니움을 야간 백열등으로 7~8시간 인공조명시키면 3월 중순에 개화시킬 수 있다고 하였고(Ress '61), Gland Slam을 이용하여 1월 하순부터 2월 하순까지 밤 10시 45분부터 2시간 심야 단시간 조명한 결과 무조명보다 1개월 빨리 개화시켰다(Hall '69). 또한 일장과 광도 및 온도를 서로 다르게 〈표 2. II.7-2 〉와 같이 처리한 결과 다음과 같았다. 즉, 장일과 3월 3일 이전에 16℃, 이후는 19℃로 조합시켜 재배한 결과 광도에 관계 없이 개화가 빨랐고, 장일 쪽이 단일보다 개화가 빨랐으며, 그 차이는 45일까지 되었다 .

3. 개화기 조절의 실제

〈그림 2. II.7-1〉에서와 같이 삽목기 또는 파종기를 조절하면 출하기를 조절할 수 있다. 그림 중 A의 경우, 11월 삽목해서 분식하여 2월 중순경 정식하면 4월 중순~5월에 출하할 수 있다. 작업 프로그램은 〈표 2. II. 7-2〉과 같이 하면 된다.

어버이날을 중심으로 생산할 경우는 〈표 2. II.7-4〉를 참조하여 생산하면 좋다. 한편 삽목하지 않고 실생을 할 경우는 〈표 2. II.7-3〉와 같이 파종기를 달리함으로써 조절할 수 있다. 실생재배시 10cm 분에 생산할 경우의 예를 보면 〈표 2. II.7-2〉와 같이 할 수 있다. 3~4월에 개화시키려면 12월 중순에 파종하여 표와 같은 일련의 작업을 하면 개화시킬 수가 있다.

펠라르고니움은 9월 하순~10월에 삽목하여 11월~3월 중순경까지 기르면 3월 하순~7월 사이에 개화한다.

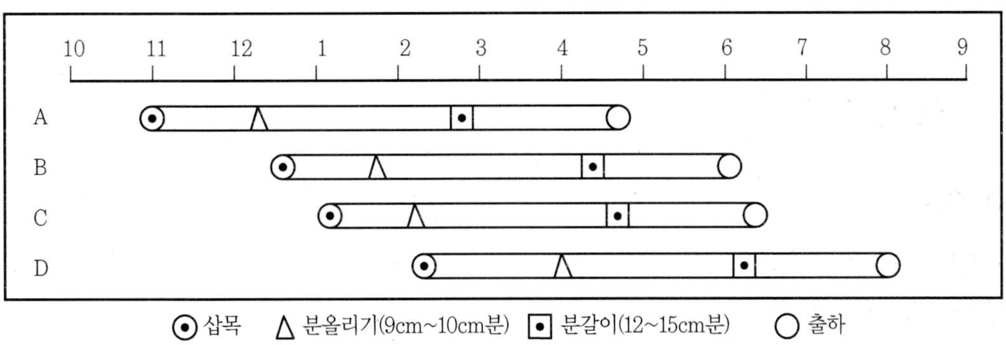

〈그림 2. II. 7-1〉 제라니움 개화기조절의 실제

〈표 2. II.7-2〉 그림 2-II, 7-1의 A작형일 경우 생산프로그램

시기	작업	분크기	재배장소	재 배 장 소		1000분 소요면적
				낮	밤	
11월 상순	삽 목		밀폐실미스트실	25℃	10~15℃	2.5㎡
12월 상순	분올리기	10㎝	하우스 온상	20℃	5~8℃	10㎡
1월 중순	적 심		하우스 온상	20℃	5~8℃	10㎡
1월 중순	추 비		하우스 온상	20℃	5~8℃	10㎡
1월 하순	입 실		가온실	20℃	10℃	16㎡
2월 상순	분갈이	12~15㎝	가온실	20℃	10℃	22㎡
3월 중순	추 비		가온실	25℃	10℃	22㎡
3월 하순	분갈이		가온실	25℃	15℃	60㎡
4월 중순	추 비		무가온 온실	25℃	15℃	60㎡
5월 상순	출 하		무가온 온실	25℃	15℃	60㎡

〈표 2. II. 7-3〉 실생제라니움 개화기 조절의 실제

파 종 기	육 묘 기	개 화 기
8월 하순~9월 상순	9월 중순~다음해 2월	3월~11월
3월~4월	5월~7월 중순	7월 중순~11월
5월	6월~7월	8월~11월

〈표 2. II. 7-4〉 어버이날 생산을 위한 작업계획

작 업 명	일 자			
개화시기	4월 24~30일	5월 1~9일	5월 9~19일	5월 20~30일
삽목	12월 1일	12월 15일	12월 12일	1월 5일
분올리기(10㎝분)	12월 22일	1월 5일	1월 12일	1월 26일
적심	1월 12일	1월 26일	2월 2일	2월 16일

(예 : 미국 오하이오주 : 북위 40° 위치, 화분크기 : 직경 10cm분)

4. 재배법 요약

(1) 번식

종자번식용 품종을 제외한 것은 삽목을 한다. 발근온도는 기온 18℃, 지온 21~24℃에서 좋은데 1년중 4~6월과 9~10월에 삽목하면 좋다. 모주 정단부 5~8cm를 95% 알콜로 소독한 칼로 잘라 하엽은 따버리고 발근호르몬은 바르지 않고 삽목한다.

옛날에는 2~3일 음건시켰다가 하도록 권장했는데 최근은 살균제 및 소독기술의 발달로 삽수채취 후 직접 삽목한다. 미스트삽목이 좋고 미국에선 마지막 화분크기인 10cm 포트에 직접 삽목하거나 지피포트에도 한다.

삽목용토는 배수가 좋은 모래, 버미큘라이트, 황토 등을 사용한다. 발근기간은 20~25일 정도 걸린다. 발아온도는 24℃ 정도로 10일 정도면 싹이 트는데 미스트시설이 효과적이고 파종시기가 12월부터 2월까지 늦을수록 개화기가 짧아진다. 실생묘에 형광등(1.3 lamp w/m^2)을 6~10주 쪼여주면 24~55일 정도 개화가 촉진되는 것으로 보고하고 있다(' 71 Carpenter와 Redriquez).

(2) 토양 및 비료

부엽 3+밭흙 2+모래 1의 비율로 섞어 사용한다. 중성~미알카리 토양(pH 6~7 정도)을 좋아하기 때문에 Ca을 많이 시비하고(Ca 결핍현상이 많음) N.P.K를 고루 시비한다. 비료분이 적은 용토는 N+P+K가 5+10+5의 성분이 든 복합비료를 배합토 100 L에 대하여 180 mL 비율로 주고 질소분이 많은 배합토인 경우는 N 0+P 10+K 10(질소가 없는 복비)의 비료를 100 L당 180 mL 시비한다. 국화용토처럼 비료분이 많은 토양은 기비는 주지 않는다. 미국 일본에서 많이 사용하는 배합토는 〈표 2. II. 7-5〉와 같다.

〈표 2. II. 7-5〉 제라니움 배양토 배합 예

연구자 또는 재 배 자	배 합 용 토 비 율					
	밭흙	적토	모래	부엽	피트	펄라이트
미 국 (예 1)	-	1	-	-	1	1
미 국 (예 2)	2	-	1	-	1	-
일 본 (예 1)	6	-	1	3	-	-
일 본 (예 2)	3	-	-	1	-	-

(3) 왜화제

적심 1 개월 후에 C.C.C(chlormequat) 5000 mg L^{-1}을 토양관주하였을 때 8~10 cm 정도 초장을 왜화시킨다.

이 왜화제처리는 개화를 8~10일 정도 단축시킬 수 있고 분지수가 증가한다. 일반적으로 두 번 뿌릴 때는 파종 후 40일쯤 해서 1500 mg L^{-1} 살포하고 1~2주 후에 한 번 더 살포한다. 안씨미돌 200 mg L^{-1} 살포도 초장을 감소시키고 개화기를 단축하지만 B-9(daminozide) 2500 mg L^{-1}에서는 효과가 없었다(' 70 Carpenter와 Carlson).

(4) 수분(水分)

건조에 견디지만 영리재배로 볼 때 건조되지 않게 길러야 한다. 한편 과습은 병 발생이 매우 많으니 주의를 요한다.

(5) 재배온도

전술한 바와 같이 고온에선 꽃눈분화가 불가능하므로 〈표 2. II. 7.6〉과 같이 야간온도를 유지시켜 줘야 한다. 미국에서 권장되는 온도는 16~17℃인데 온도별로 개화 소요일수를 16℃로 재배한 것과 비교시험한 결과 18℃에선 9일 빨랐고, 13℃에선 10일 늦었음을 보고 ('78 Konjoian과 Tayama)하였다(〈표 2. II. 7-6〉).

〈표 2. II. 7-6〉 실생제라늄 생산시(10cm 화분) 작업계획(미국 북부지방)

작 업	시 기	야간온도	비 고
파 종	12월 중순	22~24℃	토양온도 24℃가 한계 미스트하면 좋음
8㎝ 분에 이식	1월 상순	16~17℃	입고병 예방 살균제살포
왜화제 처리(1주)	1월 하순	16~17℃	CCC 1500 mg L^{-1} 또는 ancymidol 200 mg L^{-1}
왜화제 2차 처리	1주 후에	16~17℃	
10㎝ 분 이식	3월 상순	16~17℃	입고병 예방약 살포
개 화	3~4월	16~17℃	

(6) 병충해

보토리티스병, 반점병 등은 벤레이트를 살포한다. 특히 토양전염되는 각종 유관속병을 위해 토양소독을 철저히 한다. 바이러스병은 발견 즉시 태워버리고 종묘는 조직배양묘의 이용이 바람직하다. 화이트플라이는 접착테이프로 방제할 수 있다.

8 군자란

학 명 : *Clivia* spp.
과 명 : 수선과
영 명 : kafir lily
원산지 : 남아프리카

반내한성 다년초로서 지제부의 인상단축경(鱗狀短縮莖)으로부터 2매씩 좌우로 전개하여 잎 자체만으로도 관상가치가 높은 숙근초이다. 분화로서 수요도 많은데 3~5월경 굵은 화경이 신장하여 끝에 6~8개의 꽃잎이 산형상(散形狀)으로 붙는다. 난(蘭)과는 전혀 관계가 없는 수선과 식물이다.

1. 종류와 계통

현재 재배되고 있는 클리비아속 식물은 두 종류가 주로 재배된다.

(1) 군자란(*Clivia miniata* R. 영명 : scarlet Kafir lily)

남아프리카 원산으로 1845년에 유럽에 소개된 이래 많은 품종이 육성되었다. 잎은 근출엽(根出葉)으로 나오고, 잎 폭은 3~6cm, 길이는 40~50cm 쯤으로 농록색을 띠고, 꽃 직경은 4~7cm 쯤으로 6~8개의 꽃잎인데 화색은 적등색이거나 등색 또는 선황색도 있다. 일본에서도 잎이 짧고 질서정연하게 자라며 밀생(密生)하는 달마계가 육성되었고, 또한 황색의 무늬가 든 반입(斑入)종도 선발되었다.

주요 품종으로는 다음 종류가 있다.

① **신우(新雨)** : 등적색(燈赤色)으로 꽃이 크고 화변이 정연하게 꽃피며 꽃 모양이 좋다.

② **남광휘(南光輝)** : 농적색(農赤色)으로 잎 폭이 넓고 환엽(丸葉)으로 소형이다. 개화가 빨라 적은 분에서도 개화한다.

③ **남광(南光)** : 농등적색(濃燈赤色)으로 꽃봉오리가 빨리 착색하고 초형이 좋은 중형종이다.

(2) 노비리스 군자란(*C. nobilis* L.)

잎이 농록색이며 혁질로서 폭은 2.5~3cm 쯤으로 미니아타종보다 좁은 것이 특징이다. 화경(花莖)의 길이는 30~40cm 쯤으로 긴 원통형의 꽃이 피는데 화경(花莖)은 2~3cm쯤 된다. 화색은 홍황색으로서 약 20~30개의 꽃이 밑으로 핀다. 관상가치가 미니아타보다 떨어져 재배가 별로 되지 않는다.

2. 꽃이 피는 원리와 자라는 습성

군자란의 꽃눈분화는 일장에 영향을 받지 않는 중일성식물이지만 꽃눈분화된 후 꽃눈발육에는 저온처리가 필요하다 .

그러나 결정적으로 군자란에 영향을 주는 것은 꽃 필 수 있는 최소한의 크기, 즉 엽면적이 가장 중요하다. 파종 1년 후는 보통 잎이 3~4매가 되고, 2년 후에는 8~10매쯤 자라고, 3년쯤 되면 18~22매 가량이 된다. 꽃이 피려면 최소한 17매쯤 엽수가 확보되야 꽃눈이 형성되고, 그 후는 잎이 6~7매마다 꽃눈을 형성한다. 즉, 파종 3년 후쯤 되야 꽃이 필 수 있다.

꽃눈분화가 시작되어 화방(花房)이 완성되기까지는 약 1년 가까이 걸리며 꽃눈완성 후 발육에는 저온처리 하여야 하는데, 10℃에서 60일 이상 저온처리되면 꽃눈이 발육하기 시작한다. 이는 광의(廣意)의 버나리제이션(春化處理)으로 이해해야 한다. 이러한 개화생리를 이용하여 인공적으로 주냉장(株冷藏)이나 고냉지(高冷地)를 이용하여 개화를 촉진시킬 수 있다. 내음성이 강한 것이 특징인데 실험에 의하면 4℃ 정도가 저온 한계이다. 생육적온은 15~20℃ 정도가 알맞다.

3. 개화기 조절의 실제

군자란은 연중 꽃이 피게 하기 위한 개화조절은 불가능하지만 주냉장을 냉장고에서 처리하면 1~2개월 정도 개화를 촉진시킬 수 있다. 〈표 2. II.8-1〉에서 보면 8월 20일부터 10℃ 냉장고에 처리해서 20일 만에 꺼내어 재배하다가 외기온도가 낮아 12월 24일부터 온실에 넣어 보온해 주었을 경우 170일 만에 평균개화되었는데, 40일간 냉장처리하여 재배관리하다가 입실했더니 73일만에 개화가 시작되었다. 이는 전혀 주냉장을 하지 않은 무처리가 2월 10일 개화하여 8월 20일부터 173일 후에 개화한 것과 비교하여 무려 100일의 촉진을 보였고 개화일만을 고려해서 비교해 봐도 61일의 촉진효과가 있다. 이러한 주냉장처리는 겨울이 한 달 정도 빨리 오는 고냉지 800m 고지에서 재배하다가 가을에 평지로 옮겨와서 재배하면 냉장고가 필요 없이 개화촉진시킬 수 있다.

〈표 2. II. 8-1〉 저온처리일수가 개화에 미치는영향('71 植松)

개화 / 월 / 순 / 평균 저온일수	월					별							평균개화 시 작 일	정상개화주 (10수중)
	11			12			1			2				
	상	중	하	상	중	하	상	중	하	상	중	하		
20 일								3	3	4			1(월) 27(일)	10
30 일	1		2				3	3	1		2		12 〃 30 〃	10
40 일		3		2	1	3							12 〃 10 〃	9
무처리								1	2	1	2	2	2 〃 10 〃	8

1) 처리온도 : 10℃. 2) 처리시작 : 8월 20일. 3) 외온이 낮아 입실 (入室)한 시기 : 12월 24일. 4) 야간온도 : 10℃

4. 재배법 요약

번식은 실생번식과 분주번식에 의해 실시하는데 대량번식을 위해서는 실생번식을 주로 한다. 발아적온은 25℃ 정도로, 발아에는 40~50일 정도 걸리는 장기발아종자이다. 파종은 상자파종 또는 벤치에 파종용토를 넣고 상파하는데 파종용토는 밭흙과 부엽을 같은 양으로 하되 배수가 좋은 사질밭흙을 사용하면 더욱 좋다. 대립종자는 사방 4cm 간격으로 하고 깊이는 2cm 정도로 한다. 발아한 묘는 다음 해까지 육묘하고, 그 후 9cm분에 분식하여 기르고 그 후는 생육상태에 따라 분크기를 늘려 나간다. 분주는 5~6월 온도가 상승할 시기에 행하고 뿌리는 잘 풀어서 너무 긴 뿌리는 잘라준다. 비료는 질소나 칼리의 다용은 좋지 않고 인산시비는 생육개화를 촉진시킨다. 광선은 자연광의 50% 정도 차광하는 것이 좋고, 온도는 봄부터 가을까지는 낮 20℃, 밤 15℃를 표준으로 하고 가을엔 10℃ 전후로 하여 서늘한 기온을 유지해 준다. 겨울에는 낮 15~20℃, 밤 8~10℃쯤을 표준하여 관리한다. 관수는 충분히 하지만 다육근(多肉根)이기 때문에 과습을 피한다.

9 난류(蘭類)

지구상에 사는 단자엽식물 중 가장 진화됐다는 난류는 너무나 많은 종류가 야생하여 확실한 조사가 안되고 있으나 500~800속에 25,000종으로 추정하고, 그 동안 육성된 교잡종까지 합치면 5만여 종이 넘으며, 그 85%가 열대 · 아열대산이다. 난은 겨울철 생육온도에 따라 구분시키는 것이 개화생리 이해에 편리한데, 월동온도가 18~20℃인 고온종(팔레높시스, 덴파레, 반다동)과 10~15℃인 중온종(카틀레야, 밀토니아)이 있고, 저온종은 5~8℃로 해도 되는데 심비디움, 덴드로비움 노빌계, 온시디움 카란세, 에리데스가 있다. 그러나 생육기에는 고온성이라도 30℃가 넘든지, 저온성이라도 10℃ 미만이 되면 생장이 정지되는 것이 많으므로 여름철에는 10~15℃를 중심으로 관리하는 것이 좋다. 난은 종류가 많기 때문에 국내생산과 재배가 많은 종류만 집중적으로 꽃눈분화 습성을 검토해 보고자 한다.

〈표 2. II. 9-1〉 난의 국내 주요 재배 및 자생란의 종류 일람

한 국 명	학 명	영 명	일 본 어
나도풍란	*Aerides japonicum* Lindemb. et Reichb.	–	ナゴラン
자란	*Bletilla striata*(Thunb.) Reichb. fil.	–	シラン
새우난초	*Calanthe discolor* Lindl.	calanthe, evergreen calanthe	エビネ
여름새우난초	*Calanthe reflexa* Maxim.	–	ナシエビネ
금새우난초	*Calanthe striata* R. Br.	–	キエビネ
카틀레야	*Cattleya* Lindl.	cattleya.	カシルレヤ
카틀레야도위아나	*Cattleya dowiana* Batem, var. *aurea* Moore.	queen cattleya	ドウイアーナ
카틀레야라비아타	*Cattleya labiata* Lindl.	autumn cattleya	ラビァータ
금난초	*Cephalanthera falcata* Blume.	–	キンラン
은대난초	*Cephalanthera longibracteata* Blume.	–	ササバギンラン
코엘로지네	*Coelogyne* Lindl.	–	セロジネ

건란	*Cymbidium ensifolium* Swartz.	sword cymbidium	スルかラン,ケイラン
중국춘란	*Cymbidium forrestii* Rolf.	Chinese spring orchid	シナシュンラン
춘란	*Cymbidium goeringii* Reichb.fil.	spring orchid	チョウフクシュンラン
소심란	*Cymbidium gyokuchin* Makino.	young fish in the water	ソシンラン
심비디움	*Cymbidium hybrida* Swartz.	cymbidium	シンビジウム
한란	*Cymbidium kanran* Makino.	winter orchid	カンラン
옥화란	*Cymbidium niveo-marginatum* Makino.	-	シナシュンラン
금능변	*Cymbidium pumilium* Rolf.	-	キンリヨウヘン
보세란	*Cymbidium sinensis* Wild.	-	
소엽란	*Cymbidium yakibaran* Makino.	-	シナシュンラン
노랑복주머니꽃	*Cymbidium calceolus* L.	cypripedium	オオキバナアシモリ
털복주머니꽃	*Cymbidium guttatum* Sw. var. *koreanum* Nakai.	cypripedium	チョウセンキバナアシそリ
광릉요강꽃	*Cymbidium japonicum* Thunb.	-	クマかインウ
복주머니꽃	*Cymbidium macranthum* Sw.	cypripedium	ァシモリソウ,ホチイアシモリ
덴드로비움	*Dendrobium* Sw.	dendrobium	デンドロビウム
킨기아넘	*Dendrobium kingianum* Bidw. ex Lindle.	-	
석곡	*Dendrobium moniliforme* K.	-	セシコク,ミセケセッコク
덴드로비움노빌레	*Dendrobium nobile* Lindle.	-	デンドロビュームノビレ
덴파레	*Dendrobium phalenopsis* R. Fitzg.	-	デンバレ
에피덴드럼	*Epidendrum cinnabarium* S. ex Lindl.	-	シンナバリウム
섬사철란	*Goodyera maximowicziana* Makino.	rattlesnake plantain, jewel orchid	アケボノシュスラン
애기사철란	*Goodyera repens*(L.) R. Br.	lesser rattle snake plantain	ヒメミヤマウズラ
사철란	*Goodyera schlechiendaliana* Reichb. fil.	-	ミヤマウズラン
자주사철란	*Goodyera velutina* Max.	-	シュスラン
해오라비난초	*Habenaria radiata* k. S. preng.(*pecteilis radiata* Raf.)	-	サギソウ
헤마리아란	*Haemaria discoalor* Lindl.	gold-lace orchid, jewel orchid	
풍란	*Neofinettia falcata* Hu.	-	フラン
오돈토글로섬	*Odontoglossum bictoniense* Lindl.	odontoglossum	ビクトニエギヤ
온시디움오르니소린쿰	*Oncidium ornithorhynchum* HBK.	oncidium	オルニトリンクム
호접란	*Phalaenopsis schilleriana* Reichb. f.	moth-orchid	シレリアナ
타레난초	*Spiranthes sinensis*(pers.) Ames.	Chinese ladys-tresses	ネジバナ,モジズリ
반다코에룰레아	*Vanda coerulea* Griff.	vanda	セルレア
반다코에룰레센스	*Vanda coerulescens* Griff.	vanda	セルレシセンス

9-1 심비디움

학 명 : *Cymbidium* spp.
과 명 : 난과
영 명 : cymbidium
원산지 : 동남아시아, 한국, 중국, 일본

70여 종이 자생하는데 동양란심비디움(소형)과 양란심비디움(대형)이 있는데, 분화 또는 절화로 이용되는 것은 19세기~20세기 초 동남아~호주에 자생하는 심비디움이 유럽에 전해져 교배육성된 양란심비디움으로써 동양란심비디움과는 다소 다르다(〈그림 2. II. 9-1〉). 양란심비디움을 심비디움이라고 부른다.

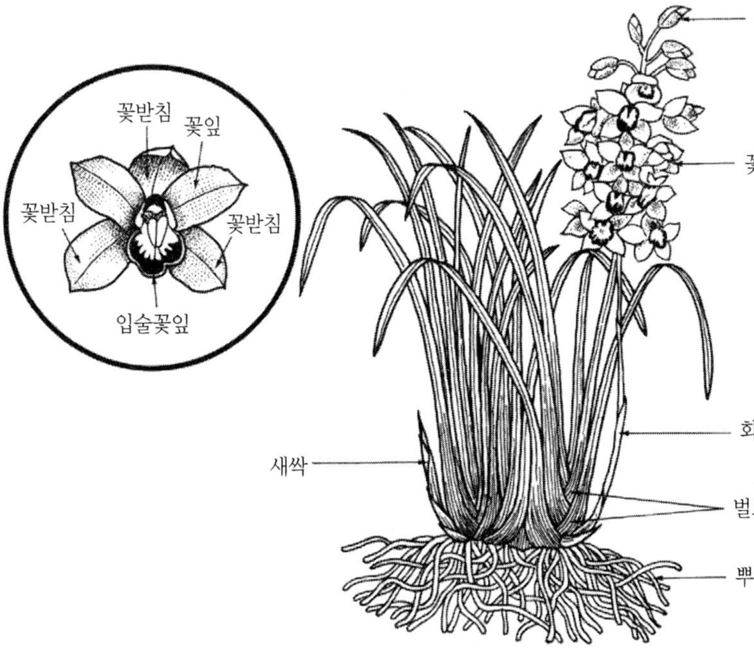

〈그림 2. II. 9-1〉 심비디움 꽃 부분의 명칭

1. 생육 및 꽃피는 원리

벌브(심비디움의 줄기로 pseudo-bulb위구경의 약어)는 줄기가 비대한 부분은 잎(엽초와 본엽)과 같은 수의 마디가 있는데 12~14개의 마디가 있다. 그 중 밑부분 1~2마디 이외에는 액아(곁눈)가 있다. 액아는 밑 쪽 1~4번째 눈은 크고 그 위것은 작은데 3~4번째 눈이 꽃눈이 된다. 새싹(leader)은 벌브를 만들기 전후해서 기부 1~2마디가 발달한 것이지만 그 크기는 벌브의 마디수에 따라 달라진다. 일반적으로 1cm 전후의 둥글고 충실한 눈은 기부에 여러 개의 눈을 형성하며 상위의 눈은 편평하고 작은 잠복아가 된다 . 새싹은 가을부터 봄에 나오는데 고온에서 촉진되고 저온에서 지연되며 새싹이 나와 벌브가 완성되기까지 8~12개월 걸린다.

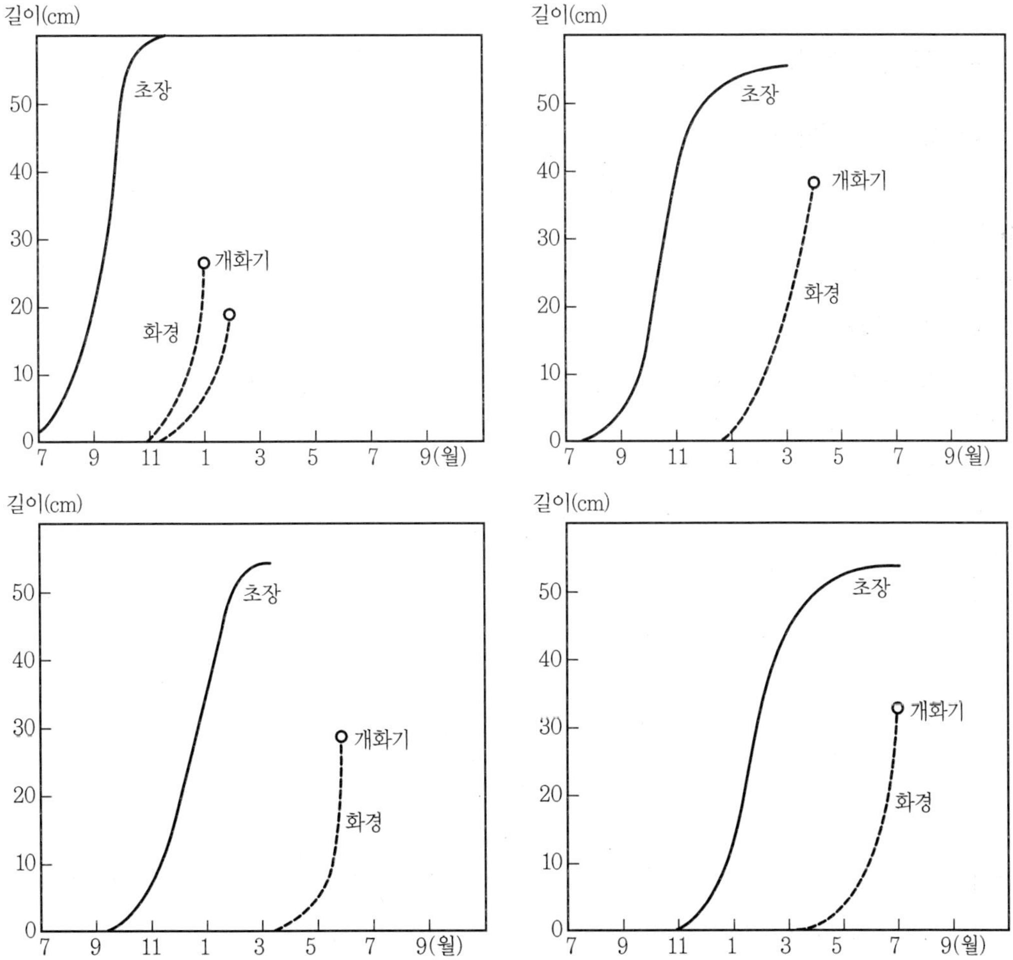

〈그림 2. II. 9-2〉 새싹의 신장시기와 개화기와의 관계

새싹은 장일, 고온, 고광도, 다비(多肥)조건에서 생장이 촉진되지만 고온 다비조건에서는 벌브의 비대와 충실도는 늦어지고 나빠지는 경향이다. 잎은 봄부터 여름에 급속히 자라서 6월 이후에는 서서히 멈추어 벌브가 발달하는데 이때에 꽃눈형성을 시작한다. 꽃눈은 밑에서 3~4번(간혹 2번째도 있음) 째에서 제일 발달된 곁눈이 되는데 온도와 새싹의 생육상태에 따라 달라진다. 자연상태에서 꽃눈형성기는 충분한 수의 잎이 나와 신장 및 생육이 끝난 충실한 새싹에서 꽃눈이 형성된다. 새싹의 신장시기와 개화기와의 관계는 〈그림 2. II. 9-2 〉와 같다. 꽃눈분화는 액아(곁눈) 정단부가 비대하여 소화포, 소화원기, 악편, 꽃잎, 수술대, 꽃밥, 주두가 형성하는데 이 과정은 급속히 진행되어 대략 2개월에 화서가 완성된다. 꽃눈분화 온도는 8~15 ℃에서 잘 이뤄진다. 개화기는, 조생종은 9~11월, 중생종은 12~1월, 만생종은 1~4월경이 된다.

2. 꽃눈형성과 광(光)

중일성 식물이지만 충분한 광합성이 꽃눈형성에 중요한 것으로 알려지고 있다. 새싹의 생장기간 중 광의 강약은 꽃눈분화에 크게 영향을 주어 94% 차광을 한 곳에선 전혀 형성되지 않았다(〈표 2. II. 9-2〉). 5만 Lux~7만 Lux의 높은 광도는 3만 Lux의 낮은 광도에 비교하여 꽃대가 훨씬 많았고 저광도에선 극히 적었다. 이는 꽃눈분화기까지 발부중에 광합성 산물이 충분히 있었기 때문이다 . 잎의 도장을 막고 꽃을 피우기 위해서는 가능한 많은 량의 광이 필요한데 5만 ~7만 룩스의 광에서 생육이 좋았다(3광합성 식물로서). 광합성량이 최대가 되는 온도조건은 20℃에서 좋고 온도가 높아지면 현저히 줄어든다.

〈표 2. II. 9-2〉 차광 정도가 초장과 꽃눈형성에 미치는 영향(加古, '76)

차광정도	초장(11/6일 조사)	꽃 눈 수
무처리(자연광)	41 ㎝	21
54% 차광	49	24
80% 차광	52	16
94% 차광	52	0

3. 꽃눈형성과 온도

꽃눈형성기는 보통 6~10월경으로 그 동안 추정하기는 고온에 의하여 촉진하는 것으로 생각하였으나 시험 결과 열대산 대형종에서 13℃에서는 개화했는데 18℃에서는 개화되지 않았다. 그러나 소형종은 그렇지 않았다. 이들은 품종에 따라 차가 컸는데 백색교배종인 *Cym.* Sazanami(품종 : 하루노우미)와 *Cym.* Lancelot(품종 : 하쓰시모)를 새싹 생장 초기에 다른 온도조건에 두었더니 다음과 같았다. 앞 품종은 낮 20~30℃, 밤 10~20℃에서, 뒤의 품종은 낮 20~30℃, 밤 10~20℃에서 꽃이 형성되었고, 어느 쪽도 고온일수록 새싹 완성이 빠르고 동시에 꽃눈형성도 빨라졌다. 그러나 '하루노우미' 는 낮 15℃, 밤 10℃에서 더욱 좋았다. 따라서 꽃눈분화 온도는 종에 따라 품종에 따라 다르지만 비교적 넓은 범위로 생각되고 있다. 예컨대 대형종인 *Cymbidium insigne*는 10~15℃에서 빨리 형성되는데 반하여 소형종인 건란은 25℃ 이상으로 보고되고 있어 대형 종 꽃눈분화 적온도인 10~16℃보다 높아 대형종은 서늘한 온도에서 촉진되고 소형종인 동양란은 다소 높은 온도에서 촉진되는 것으로 생각된다.

이상을 요약하면 꽃 형성시 온도반응은 품종에 따라 다르지만 화서의 완성에서 개화까지 발달은 서늘한 온도에서 촉진되고 고온에서 억제된다. 고온(낮 30℃ 이상, 밤 20℃)에서는 품종에 따라 고사하는데 '하쓰시모' 품종에서 낮 20℃, 밤 10℃는 전부 꽃피었으나 낮 25℃, 밤 15 ℃는 일부가 낮 30 ℃ , 밤 20℃에선 대부분 고사하였는데 그 기간은 20일간은 거의 영향이 없었으나 20일 이상부터 영향이 있었고 60 일간에서 거의 전부 고사하였다.

4. 꽃눈의 발육

꽃눈의 발육은 꽃눈분화시기의 온도조건에 따라 달라지게 되는데 7~8월의 고온기에 발생한 꽃눈은 밤온도가 15℃에서 최고 순조롭게 발육되고 20℃ 이상에선 개화가 지연되었다. 그러나 10 월 이후에 발생한 것은 다소 고온일수록 촉진되었다. 꽃눈형성 후 낮 30℃, 밤 20℃ 이상의 고온이 되면 꽃눈이 고사하여 발육 도중 꽃이 떨어지는 블라스팅(blasting) 현상(花飛)이 있는데 꽃눈분화 후 신장생장 초기단계에 많이 발생한다(〈그림 2. II. 9-3 〉). 그러나 인시그네(*C. insigne*) 종이나 건란의 피가 들어간 것은 이러한 현상이 생기지 않는다.

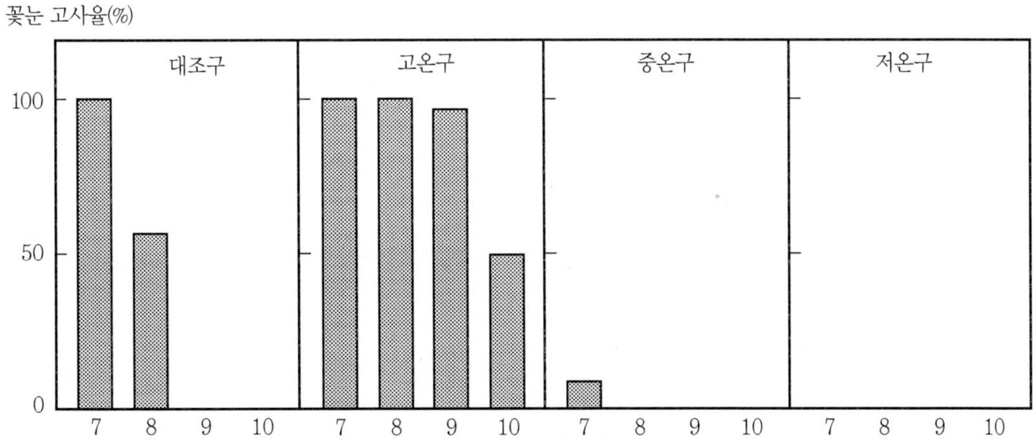

〈그림 2. II. 9-3〉 온도가 꽃눈고사에 미치는 영향(加古. '72)

5. 산상(山上) 고냉지 재배

심비디움꽃눈은 6~10월경 형성되지만 발달적온은 10~15℃가 된다. 따라서 여름온도를 내리는 것은 조기개화와 꽃의 고사를 막을 수 있다. 500~1000m의 산 위(山上) 고냉지에서 재배되는데 개화 촉진 효과를 보면 자연개화에 비하여 6월 산상 고냉지재배에서는 30일, 7월 산상재배는 15일 정도 더 빨리 핀다. 우리나라에서 많이 재배하는 심비디움 중소형종의 메리크론묘를 촉성재배하여 고냉지에서 꽃눈분화시켜 출하하는 방법을 요약하면 〈그림 2. II. 9-4〉와 같다.

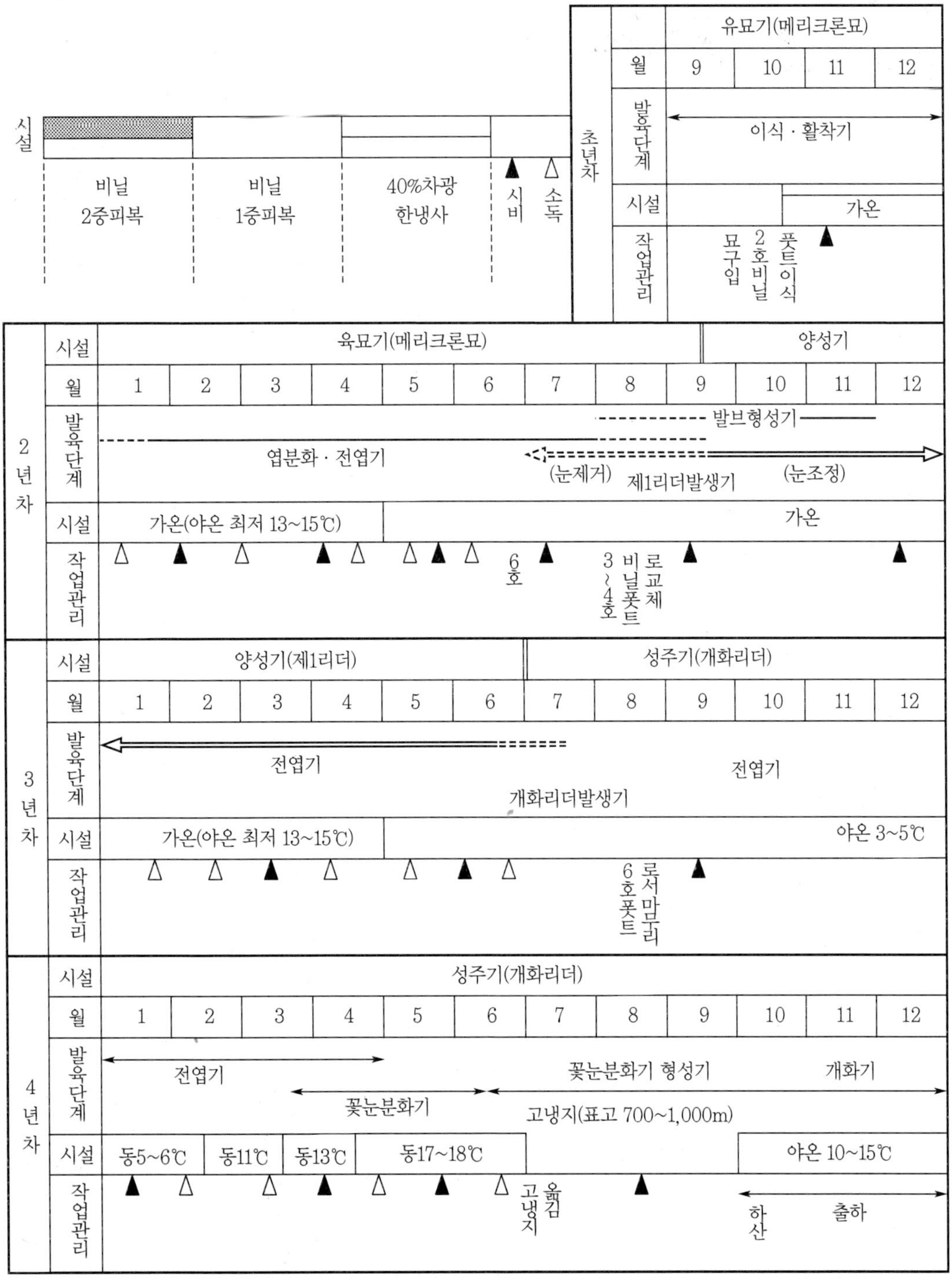

품종 : The King, Yagota, Misono, Golden Wheel 등의 중, 소형심비디움

〈그림 2. II. 9-4〉 심비디움 촉성재배 재배력(예시)

9-2 동양란

난(蘭)은 원산지가 어디냐에 따라 동양란, 서양란으로 나눈다. 동양란은 온대 아시아의 한국, 중국, 일본에서 나는 심비디움속의 춘란, 한란, 혜란, 금릉변과 덴드로비옴속의 석곡, 네오피네티아속(*Neofinetia*)의 풍란, 에리데스속(*Aerides*)의 나도풍란을 말한다. 반면에 서양란은 원산지가 서양이란 뜻이 아니고 주로 열대에 자생하는 난들로써 동남아시아 일대와 남미, 브라질의 밀림지대나 멕시코, 아프리카 등의 열대 및 아열대 지방에서 자생하는데, 영국을 중심으로 개발, 보급된 난으로써 양란 심비디움, 카틀레야, 호접란, 덴드로비움, 반다, 온시디움 등이 있다 . 단자엽식물로서 한번 생장이 끝나면 2차적인 생장이 일어나지 않아 상처가 났을 경우 새 조직의 형성 또한 안된다. 잎은 기공이 적고 혁질이며 뿌리는 저수조직이, 벌브는 양분을 저장해 두는 창고로 발달되어 건조 및 소비(小肥 : 적은 양의 양분)로도 살 수 있도록 몸체가 진화하였다.

국내에서는 동양란을 매우 좋아하는데 재배법(가꾸기)과 꽃이 피는 원리를 잘 이해하여 좋은 꽃을 피우기 바란다.

1. 동양란의 형태

동양란 중 가장 핵심인 심비디움속 식물을 보면 잎, 꽃, 봉심(棒心), 혀(舌瓣)의 형태에 따라 다음과 같이 나눌 수 있다. 우선 춘란중 1경 1화의 꽃의 명칭을 보면 〈그림 2. II. 9-5〉와 같다.

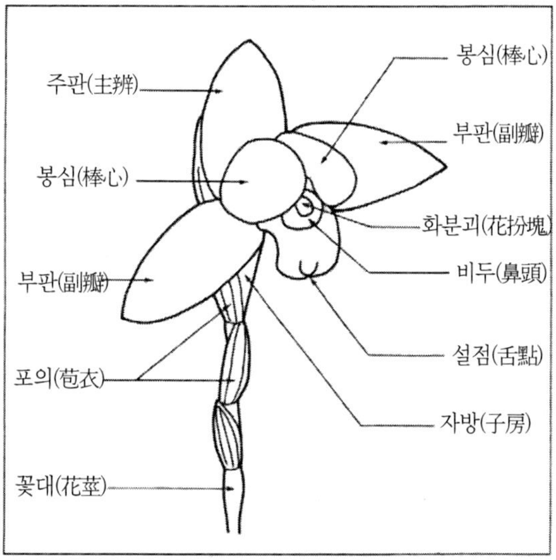

〈그림 2. II. 9-5〉 춘란 화기의 명칭

여기서 봉심(棒心)이란 꽃심을 싸고 있는 속꽃 잎을 말하고 혀(舌瓣)는 꽃심 아래로 혀의 모양처럼 있는 꽃술을 말한다.

(1) 잎의 모양

잎의 모양은 그림과 같이 곧게 위로 뻗은 형을 입엽(立葉)이라 하고 중간까지는 서다가 윗부분에서 늘어지면 중립엽 (中立葉), 잎 밑에서부터 약간씩 늘어진 중수엽(中垂葉), 아래로 늘어지는 수엽

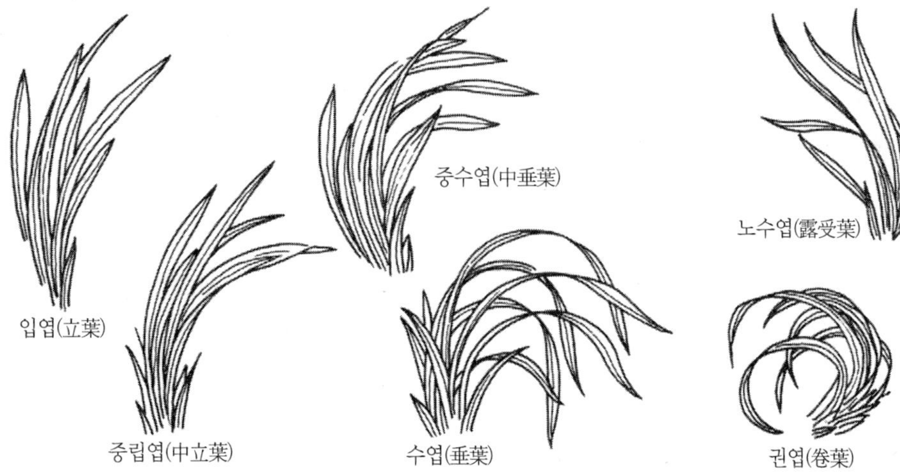

〈그림 2. II. 9-6〉 동양란 심비디움류의 여러 가지 잎의 이름

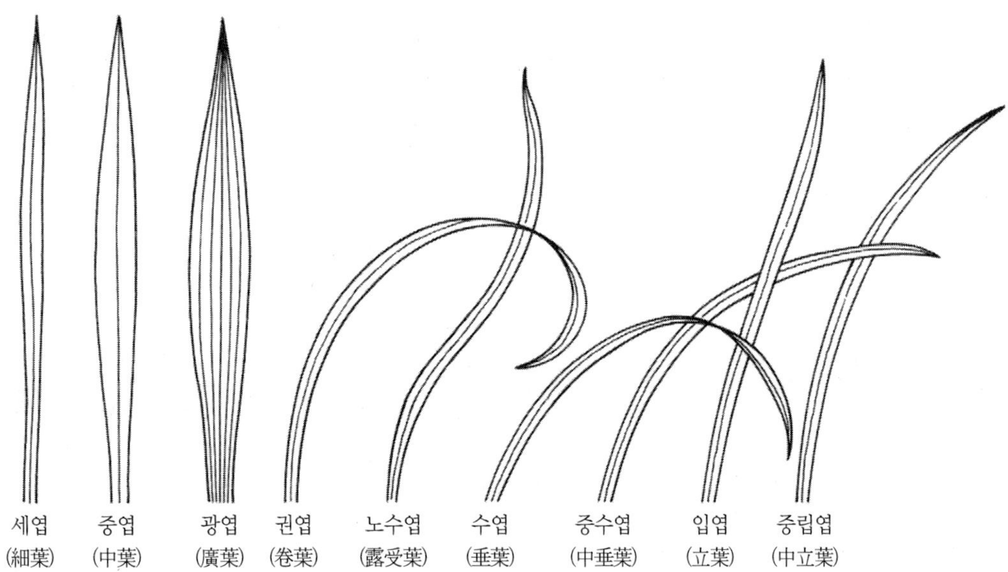

〈그림 2. II. 9-7〉 동양란의 잎모양

(垂葉), 수엽처럼 늘어지고 끝이 안쪽으로 둥글게 말리면 권엽(卷葉), 잎 끝이 아래로 늘어지지 않고 위를 향하여 마치 잎이 이슬을 받는 모양의 노수엽(露受葉)이 있다(〈그림 2. II. 9-6〉참조). 입엽은 건란이나 비아란에서, 중수엽은 춘란에서 중립엽은 한란류에서 볼 수 있다. 이것을 한 장씩 보면 〈그림 2. II. 9-7〉과 같다. 잎의 넓이에 따라 세엽, 중엽, 광엽으로 나눈다.

(2) 꽃의 모양

심비디움속 동양란은 대체로 6장의 꽃잎으로 되어 있다. 바깥 쪽의 3장인 외 3판과 안쪽의 내 2판으로 불리는 봉심 2장과 혀라고 불리는 설판이 있어 모두 6장으로 되어 있다. 외 3판을 주판 1장과 부판 2장을 말하는데, 그 꽃의 진가는 이 외 3판에 의해 결정된다. 명품은 외 3판이 균형잡힌 원형에 꽃잎 폭이 넓고 크기가 고르며, 육질이 두텁고 색상이 맑으며, 꽃잎의 가장자리가 안쪽으로 오무리는 긴변(緊邊)인 것이 좋다. 부판(副瓣)이 오르고 처짐에 따라 〈그림 2. II. 9-8〉과 같이 나눈다. 양쪽 부판이 수평을 이루어 뻗으면 평견(平肩) 또는 일자견 (一字肩)이라 하고, 편견을 기준으로 하여 위쪽이 올라가면 비견(飛肩), 부판의 정점을 이은 선이 정삼각형을 이루면 삼각견이라 한다.

외 3판의 모양이 어느 꽃과 비슷하냐에 따라 매판, 수선판이 있는데 중국 춘란의 명품의 조건이 된다.

2. 종 류

춘란의 대부분은 한 꽃대에 한송이 꽃을 피우는 일경 일화(一莖一花)에 속하며, 다른 종류는 한

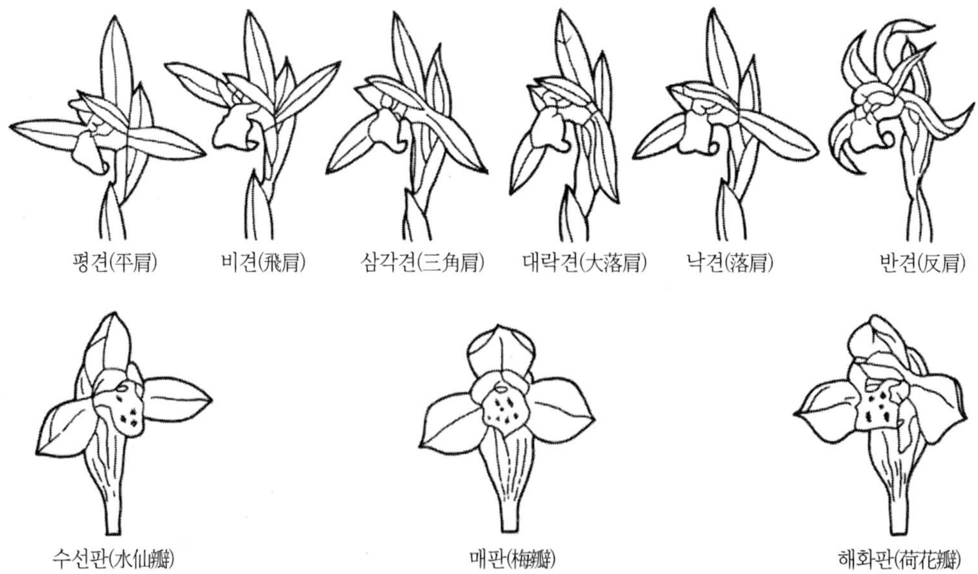

〈그림 2. II. 9-8〉 동양란 심비디움의 여러 가지 꽃의 모양

꽃대에 여러 송이 꽃이 핀다 하여 일경 다화(一莖多花)에 속한다. 옛날부터 전자를 난(蘭)이라 하고 후자는 혜(蕙)라고 불리어 왔다. 그러나 오늘날에는 난과 혜로 구분하지 않고 모두 난으로 부르며, 혜란은 하나의 종으로 따로 구별하고 있다. 〈표 2. II. 9 3〉은 동양란 종류별 개화기, 꽃수, 향기유무, 원산지를 요약해 놓은 것이다.

동양란 심비디움류는 연중 잎을 관상할 수 있고 꽃도 정월부터 연말까지 볼 수 있다. 새해를 알리

〈표 2. II. 9-3〉 동양란의 종류별 특성 일람표

종류				개화기 (월)	일경당 꽃수	향기	원산지
심비디움속	춘란	한국춘란		2~4	1	무(없음)	한국
		일본춘란		2~4	1	무	일본
		중국춘란	일경일화	2~4	1	유(있음)	중국
			일경구화	3~5	다(多)	유	중국
		대만춘란	사란	1~3	1	유	대만
			설란	1~3	1~2	유	대만
			비아란	1~3	2~3	유	대만
			아리산춘란	1~3	1	유	대만
	혜란	대엽혜란	중국보세	1~3	다	유	중국
			대만보세	1~3	다	유	중국
			대명란	1~3	다	유	중국
		세엽혜란	옥화란	7~9	다	유	중국
			건란	7~9	다	유	중국
			소심란	9~10	다	유	중국
			소란	8~9	다	유	중국
			소엽란	7~9	다	유	중국
			고금륜	7~9	다	유	중국
	한란	한국한란		10~12	다	유	한국
		일본한란		10~12	다	유	일본
		중국한란		11~2	다	유	중국
		대만한란		11~2	다	유	대만
	금릉변			6~8	다	무	중국
	한봉란			11~1	다	무	중국
	춘한란			1~3	디	유	중·대·일
덴드로비움속-석곡				4~6	다	유	한·일
네오피네티아속-풍란				5~7	다	유	한·일
에리데스속-나도풍란				5~7	다	유	한·일

는 보세란을 시작으로 봄에는 춘란이 꽃피고 여름에는 풍란과 석곡에 이어 하란(夏蘭)으로 불려지는 옥화란과 건란이 핀다. 가을에는 가을에 핀다 하여 추란(秋蘭)이라고도 하는 소심란이 핀다. 한편 겨울에는 한란(寒蘭)이 꽃핀다. 중국에서는 옛날부터 향기를 중심으로 한 문인란(文人蘭)과, 잎무늬의 변이종이나 꽃 빛깔의 특이함을 중심으로 감상하는 문양란(紋樣蘭)으로 나눈다. 문양란은 잎무늬를 감상하는 엽예품(葉藝品)과 꽃색을 감상대상으로 하는 화예품(花藝品)으로 나눌 수 있다.

화예품이란 꽃의 특성이 고정되어 계속 유전되는 것으로 춘란과 한란에서만 구분한다.

(1) 춘란의 화예품

① 소심(素心) : 꽃대와 화판, 봉심, 혀 등 꽃을 형성하고 있는 모든 부분이 엽록소 이외의 색소가 들어 있지 않은 상태를 말한다.

② 백화(白花) : 꽃잎의 바탕색이 흰 상태를 말한다 .

③ 황화(黃花) : 꽃잎이 황색으로 홍근(紅筋)이 들어갔어도 바탕이 황색이면 황화가 된다.

④ 적화(赤花) : 적색계통의 주금색(朱金色), 주등색(朱橙色), 홍자색(紅紫色), 등색(橙色), 적홍색 등이 있다

⑤ 자화(紫花) : 꽃잎에 자색을 띤 농자색 등의 꽃을 말한다.

⑥ 복색(複色) : 백색, 백황색, 황색을 제외한 적색, 주금색, 자색 등이 녹색 등과 어울려 2 가지 이상의 색이 꽃잎에 나타나는 품종을 복색이라 한다.

⑦ 복륜(覆輪) : 잎 끝에서 잎 밑을 향하여 가장자리에 무늬색이 든 상태를 말한다.

⑧ 호화(縞花) : 녹색의 복륜상에 꽃잎의 밑에서 끝을 향해 무늬색이 들어 있는 것을 말한다.

⑨ 기화(奇花) : 꽃잎이 많거나 봉심이 설화된 것 등 일반적인 꽃의 형태에서 벗어난 품종을 말한다.

(2) 한란의 화예품

춘란처럼 소심, 청청화(靑靑花), 청화(靑花), 도화(桃花), 홍화(紅花), 경사화(更紗花), 황화(黃花), 설무점(舌無點), 전면무점(前面無點) 등이 있다.

한편 엽예품에는 무늬가 있어 구분하는데 주로 보세란, 춘란, 한란에서 많이 나타나며 풍란과 석곡 등에도 보인다. 선상(線狀)과 반상(斑狀)으로 나누어 선으로 된 무늬와 그렇지 않은 무늬로 나눈다. 그래서 선상의 복륜반과 호반, 그리고 반상의 사피반과 호반으로 크게 나누며 여기서 다시 많은 형태로 세분된다.

가. 춘란 (春蘭)

Cymbidium goeringii(영명 : spring orchid)라는 학명을 가진 춘란은 한국, 중국, 일본에 널리 자

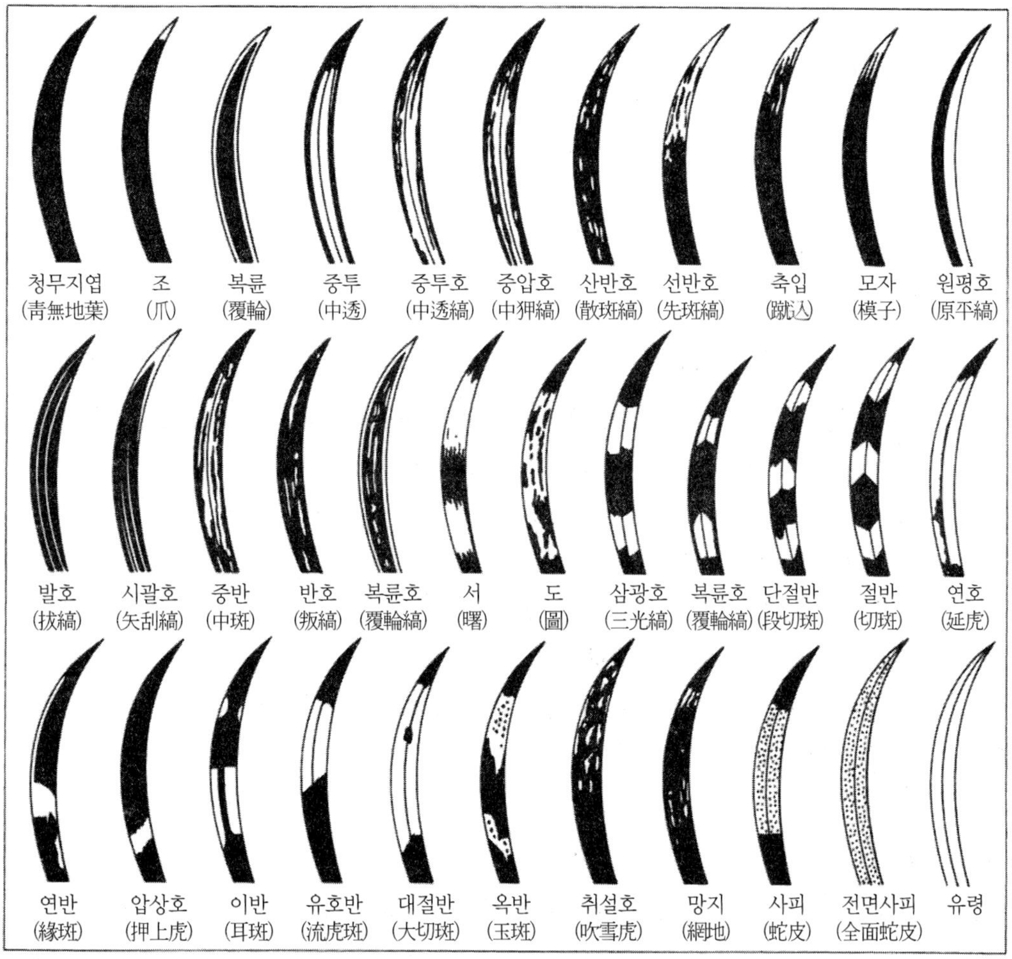

〈그림 2. II. 9-8〉 동양란 잎무늬의 종류별 명칭

생하는 대표적인 동양란이다. 자생하는 나라에 따라 한국 춘란, 중국 춘란, 일본 춘란으로 나눈다. 잎과 꽃의 형태가 비슷하여 구별이 어려우나 중국 및 대만춘란은 식별이 용이하여 구별된다. 중국춘란의 일경 9화 (一莖九花)는 모든 춘란이 일경 1화인데 비하여 뚜렷이 구별되며 대만 춘란 설란(雪蘭)과 비아란(婢雅蘭)이 1~3화가 달린다. 잎은 중수엽성(中垂葉性)으로 우아한 자태를 가져 동양란 중에서 으뜸으로 치며 향기도 높다.

(1) 한국 춘란

남부해안가에 잡초처럼 많이 자라는 춘란은 봄에 꽃핀다하여 보춘화(報春花)라 불려졌다. 해발 100~400m의 산중턱이나 야산에 자생하는 것으로 부식질이 풍부하고 배수가 잘되는 토양에서 잘 자라는데 햇볕이 알맞게 조절되는 동쪽과 남쪽에 자생한다. 충남 안면도와 경북 영일만을 북한계선으로 보고하고 있으나 백령도, 대청도, 울릉도 등 해안도서 지방에서도 그 자생지로 확인되고 있다. 화색은 녹색을 기본으로 하며 향기가 적어 일본 춘란과 함께 화색과 무늬종을 선발하여 많은 화예품과 엽예품이 보급되고 있다. 녹색의 꽃잎에 설점이 박힌 민춘란은 값어치가 적지만 향기가 있으며 소심인 우수품종도 있다. 수미소(秀美素), 명월, 월산, 장군, 여의주, 유향종 등 많은 품종이 있다.

(2) 중국 춘란

중국 절강성을 중심으로 자생하며 낮은 산에 자생한다. 일경 일화와 일경 구화로 크게 구별한다. 향기가 높은 것이 동양 3국 춘란 중 특징이며 꽃은 매판, 수선판, 하화판, 소심, 기종의 다섯 가지로 분류되어 명품의 기준을 정하고 있다. 주요 품종으로는 송매, 서신매, 만자, 집원, 취도, 일푼, 용자, 취일품왕자, 대부귀, 대괴하, 환구하정, 노문단소, 양씨손, 옥매소, 녹운 등이 있다. 한편 일경구화는 학명이 *Cymbidium faberi*로 종이 다른데 일반 춘란보다 개화가 조금 늦어 3~5 월에 꽃핀다. 형태적으로도 7~8 장의 많은 잎이 달리며 (일반 난은 5장 내외) 매우 강건하여 빳빳하게 보인다. 그러나 벌브는 상당히 작으나 뿌리는 굵고 길다. 매판과 소심이 명품으로 중요시되며 하화판과 수선판도 있다. 꽃대의 색에 따라 녹경(綠莖)과 적경(赤莖)으로 나누고 소심은 별도로 나눈다. 극품, 대일품, 경화매, 남양매, 정매, 금오소, 일주소, 여의소 등의 품종이 유명하다.

(3) 대만 춘란

사란(絲蘭)과 비아란(婢雅蘭) 등이 대만에 자생하며 중국 춘란과는 형태적으로 다르다. 개화가 춘란 중 가장 일찍 되어 1월부터 피어 2~3월에 만개한다. 잎 폭이 3mm 정도로 가는 사란과 대만 중앙산맥 비아남산에 자생하는 비아란은 자생지에선 1m 이상 길게 자라나 화분에선 40~50cm 길고 엽폭은 l~1.5cm 정도로 넓은 데 잎은 7~8매에 한 꽃대에 2~3화가 달린다. 착화수는 해에 따라 변화된다. 그 이유는 꽃눈분화 정도에 좌우되기 때문이다. 기타 설란과 아리산 춘란이 있다.

(4) 일본 춘란

한국 춘란과 같은 류에 속하는 일경 일화로서 꽃잎은 황록색, 혀는 백색에 점이 흩어져 있다. 일본 전역에 자생하며 무향종이 대부분으로 화예품과 엽예품이 많다. 화예품은 적화, 주금화, 황화, 자화, 복색화, 산반화, 기화, 소심 등 8 가지로 나누며, 엽예품은 복륜물, 호물(縞物), 호반물(虎斑物), 사피물(蛇皮物) 등으로 나눈다. 주요 품종으로는 월륜, 일륜, 호박원, 취원, 호양 등이 있다.

나. 한란(寒蘭)

화형, 화색, 잎 형이 변화가 많고 향기가 뛰어나며 개화기간이 길이 동양란 중에서도 인기가 높다. 중국, 일본, 대만 등지에 분포하며 주로 제주도나 일부 남해안에도 자생하는 것으로 보고하고 있다. 떡갈나무, 전나무 등이 자생하는 수림지역으로 통풍과 일조가 좋고 습도가 높은 곳에 자생한다. 10월 하순에서 이듬해 2월까지 겨울에 피며 한 꽃대에 3~9송이의 꽃이 핀다.

꽃은 세판(細瓣)으로 되어 있다. 화형으로는 일문자피기, 평견피기, 삼각피기, 엉버팀피기 등 다양하고 화색은 소심, 청청화, 도화, 홍화 등이며, 혀는 전설, 주저설, 장설, 설무점 등이며, 잎은 잎의 폭이 넓고 좁음에 따라 대엽, 광엽, 중엽, 협엽, 소엽으로 나누고 잎이 뻗은 상태에 따라 직립엽, 입엽, 수엽 등으로 나눈다. 한편 잎의 무늬가 있는 엽예품(복륜, 호반, 사피반 등)도 많다.

(1) 한국 한란

주로 제주도 서귀포시와 남제주군 해발 200~600m 사이에 자생하여 제주 한란이라고 한다. 대만 한란에 비해 잎이 짧고 치밀하며 잎 표면이 매끈하다. 꽃은 녹색계, 자색계, 홍색계, 소심계로 나눈다. 1967년 천연 기념물 191호로 지정되어 제주도 밖으로의 밀반출을 문화재보호법으로 막아 보호하고 있다.

(2) 일본 한란

일본은 우리 나라에 비해 온난하고 습도가 높아 한란 자생지로 알맞은 곳이다. 산지 지명에 따라 구분한다. 토좌한란(土佐寒蘭), 잎 변종과 흰꽃이 많은 일향(日向) 한란이 있고 살마한란, 기루한란, 장기한란, 구마한 란 등이 있다. 주요 품종으로는 풍설, 찬월, 모정, 금치, 천수, 일풍, 단학 등이 있다.

(3) 중국과 대만 한란

중국 한란은 절강성에서 자생하는 한란으로 항주(抗州) 한란이라고도 한다. 백화, 도화, 황화 등이 핀다. 대만 한란과 함께 한국 춘란이 꽃질 무렵 개화한다. 한국 및 일본 한란보다 관상가치는 떨어지나 강건하여 번식도 잘되고 꽃도 잘피어 배양이 쉽다.

다. 혜란(蕙蘭)

옛날에는 일경 다화를 혜(蕙)란이라 불렀으나 지금은 심비디움 동양란 중 춘란과 한란을 제외한 보세란, 건란, 소심란을 혜란이라 한다. 혜란은 꽃보다 잎의 무늬를 관상대상으로 하는데 잎이 넓은 대엽혜란과 좁은 세엽혜란으로 나눈다 . 전자에는 중국보세란 , 대만보세란, 대명란이 있으며 세엽혜란에는 건란, 옥화란, 소심란, 소란, 소엽란, 고금란이 포함된다. 보세란은 1~3월에 피는데 엽폭이 2~3cm나 되고 대명란은 잎이 늘어지면서 꼬이는 특성을 가지고 있다. 세엽혜란은 7~9월에 1경 다화의 꽃이 피는 것으로 옥화란, 건란, 소심란이 가장 널리 가꾸어지는 종류이다.

(1) 대엽혜란

① 중국 보세란 : *Cymbidium sinensis*로써 동양란 중 잎이 가장 크고 웅장하여 엽장이 30~40cm 안팎이나 된다. 상원황은 녹색 바탕에 백황의 호가 들어 있어 대표적인 호품종이다.

② 대만 보세란 : 분류학상 중국 보세와 같은 종이지만 잎이 좀 가느다란 편이고 변이를 일으키기 쉬운 특성을 가지고 있다. 자갈색 꽃이 많고 홍화, 황화, 청화도 있고 잎무늬종이 많다.

③ 대명란(大明蘭) : 중국 광동성 원산으로써 다른 보세란에 비해 잎이 늘어지면서 길이의 방향으로 약간 꼬이는 특징이 있다. 잎이 두텁고 윤기가 흐르는 특성이 있다. 1~3월에 꽃피며 금화산, 황심조, 금봉금 등의 품종이 있다.

(2) 세엽 혜란

① 옥화란(玉花蘭 : *Cymbidium niveo-marginata* M.) : 중국 남부 자생란으로 건란과 더불어 하란(夏蘭)의 대표종이다. 성질이 강하고 꽃이 잘 피어 기르기 쉬운 난이다. 잎 폭은 2cm로 좁고 50cm 정도 길며 약간 늘어진다. 잎에 무늬가 든 품종들이 많다. 조양, 금기, 명옥 등은 대표 품종들이다.

② 건란(建蘭 : *Cymbidium ensifolium*) : 중국 복건성 원산으로 엽 폭은 1.5cm로 좁지만 길이는 60~90cm로 길다. 잎은 4 장인데 때로는 5~6장이 나오기도 한다. 꽃은 7월에 피기 시작하여 초가을까지 2~3번씩 반복하여 1대에 5~13송이 꽃이 핀다. 보전, 일지출, 천사황, 가치곡 품종 등이 유명하다.

③ 소심란(素心蘭 : *Cymbidium gyokuchin*) : 중국 남부와 대만 등 온난한 지역에 자생한다. 9~10월에 꽃 피는 추란(秋蘭)의 대표종으로 1년에 한번 꽃피나 세력이 좋은 것은 두세 번 펴기도 한다. 1.5~2cm의 엽폭에 25~40cm 정도 자라며 3~5장의 잎이 한 벌브에 달리며 중수엽의 모양을 가진다. 한 꽃대에 4~5대 펴는 데 다화성인 것은 10개 정도 꽃핀다. 자생지에 따라 관음소심, 대둔소심란이란 이름을 붙였고 성질이나 생김새에 따라 16나한소심, 18학사소심으로 나눈다. 한편 새 촉이 붉은 색을 띠고 혀에 홍자색의 반점이 있고 청 홍자색을 띠는 적아소심은 대만 신죽 부근의 고산지대에 자생한다. 잎 살이 두텁고 강직한 철골소심도 유명하다.

〈표 2. II. 9-4〉 동양란 심비디움속 식물의 주요성질

란의 종류	종명	개화기	자생지
지생란			
C. albo marginatum Makino	고금륜	여름~가을	중국
C. ensifolium (L.) SW. forma *flaccidior* Makino	건란	여름~초가을	오끼나와, 중국, 동남아시아
C. faberi Rolfe	일경구화	초여름	중국, 대만
C. formosanum Hay. et Fukuyama	사란	봄	대만
C. forrestii Rolfe	중국춘란	봄	중국, 운남
C. goeringii(Reichb. fil.) Reichb. fil. (=*C. virescens* Lindl.)	춘란	봄	일본, 조선반도, 중국
var. *angustatum* F. Maekawa	새엽춘란	봄	시고꾸동남부
form. *aurantiorubey* Sawa	적화춘란	봄	혼슈
form. *soshin* Sawa	청춘란	봄	혼슈, 사시고꾸, 구슈
C. gracillimum Fukuyama	피아난란	봄	대만
C. gyokuchin Makino	옥침란(옥심란)	가을	시고꾸, 대만
C. javanicum Blume var. *aspidis-trifolium*(Fukuyama) F. Maekawa	가을개화죽백란	가을~초겨울	구슈(대마), 오끼나와, 대만
C. kanran Makino	한란	가을~겨울	시고꾸, 구슈, 오끼나와, 대만
var. *latifolium* Makino	대엽한란		
form. *purpurescens* Makino	자한란		
form. *purpureo-viridescens* Makino	경사		
form. *rubescens* Makino	홍한란		
form. *viridescens* Makino	청한란		
C. koran Makino	소란	여름~가을	구슈, 오끼나와, 대만
C. lancifolium Hook. (=*C. nagifolium* Masamune)	죽백란	초여름	일본, 중국, 대만, 동남아시아, 인도
C. linearisepalum Yamamoto	장엽소심	가을	대만
C. misericors Hay.	관음소심	가을	대만
C. niveo-marginatum Makino	옥화란	여름~가을	중국
C. oiwakensis Hay.	대만일경구화	봄	대만
C. purpureo-hiemale Hay.	대만한란	가을~겨울	대만
C. rubrigemmum Hay.	적아소심	여름~가을	대만
C. sinense Wild(=*C. hoosai Makino*)	보세란	이른 봄	대만, 중국
form. *hakuran* Makino	대명란	이른 봄	중국남부
form. *albo-jucundissimum* Fuck. (=var. *albojucundisimum* Masamune)	백화보세	이른 봄	대만
C. tekkotsu-sosin Hort	철골소심	가을	
C. yakibaran Makino	소엽란	가을	운남, 오끼나와, 중국
C. yakibaran Masamune	옥구도보세	봄	오끼나와, 구슈

착생란 *C. dayanum* Reichb. fil.(=*C. simonsianum* King et Panti. var. *austro japonicum* Tuyama) *C. pumilum* Rolfe *C. simonsianum* King et Plantling (=*C. actum* Ridl.)	헤쯔카란 금릉변 봉란	가을 초여름 겨울~봄	남구슈, 오끼나와, 대만 중국남부 동아시아
균근란 *C. aberrans*(Finet) Schitr. *C. nipponicum*(Fr et Sav.) Makino (=*C. pedicellatum* Finet)	상모란의 마야란	초여름 여름	혼슈 혼슈, 시고꾸, 구슈
자연교배종 *C. nishiuchianum* Makino (=*C. goeringii*×*C. kanran*)	춘한란	봄	고지현, 기이반도, 구슈

④ 소란(小蘭 : *Cymbidium koran*) : 중국 남부와 일본 구주 원산으로 잎 폭이 0.7~0.9cm, 길이 20~30cm의 입엽성(入葉性) 종으로 작은 건란처럼 자란다. 8~10월에 걸쳐 2~5개의 꽃이 피며 향기가 좋다. 천초, 소란조 등의 품종이 있다.

⑤ 소엽란(燒葉蘭 : *Cymbidium yakibaran*) : 중국 원산으로 건란처럼 생겼다. 7~9 월에 걸쳐 3~5송이의 꽃이 피는 하란(夏蘭)으로 황색에 자갈색 반점이 박혀 있다. 금황렴, 옥황렴 등의 품종이 있다.

⑥ 고금륜(古今輪 : *Cymbidium albo-marginata*) : 소엽란과 비슷하나 새 촉부터 백조(白爪)를 띄는 특징이 있다. 소엽란처럼 7~9월에 적갈색의 향기 있는 꽃이 핀다. 신고금륜과 암고금륜 등의 품종이 있다.

3. 꽃피는 원리와 자라는 습성

(1) 식물체의 크기(유생기의 확보)

난이 꽃피는 데는 우선 식물체 크기와 꽃눈분화하는 데 필요한 에너지를 가질 수 있을 정도의 광합성 능력을 가져야 한다. 따라서 식물체의 뿌리가 화분에 꽉 차 있고 잎도 광합성에 필요한 엽면적(벌브수×1벌브당 엽수× 1엽당 평균 엽면적)이 필요하도록 식물을 크게 기르는 것이 중요하다. 한편 잎이 많고 엽록소가 많아 광합성을 할 수 있는 능력이 있다 하더라도 광량(광도×시간)이 부족하면 꽃을 피울 수가 없다.

(2) 광합성

우리 나라에서 동양란의 꽃을 못피우는 가장 큰 원인은 광이 부족한 상태로 길러 충분한 광합성을 못한 데 제일 큰 원인이 있다. 따라서 실내인 경우는 창가에, 새배상인 경우는 너무 광을 차단하지 않은 상태에서 광합성을 시켜야 된다. 동양란이 필요로 하는 광도는 10,000~20,000lux의 광이 필요하다. 겉으로 보아 벌브가 굵어지고 잎과 뿌리가 건실한 상태에 있는 난은 광합성에 의해 저장 양분이 많은 상태이다.

(3) C/N율

난의 체내 유기물 중 탄소화합물과 질소화합물의 비율을 탄소(C)와 질소(N)의 약자를 따서 C/N율이라 하는데, N보다 C가 많은 상태에서 꽃눈이 잘 생긴다. 따라서 C/N율이 높은 상태로 생육시킬 필요가 있다 . 생장기에는 질소비료를 많이 주어 생장을 늘리지만 개화기에는 질소보다는 인산과 가리를 주어 튼튼하게 기르는 것이 필요하다. 특히 꽃눈분화기 전후의 질소비료는 삼가야 한다.

(4) 꽃눈분화시기와 단수

난은 질소나 수분이 많은 상태에서는 꽃을 피울 생각을 하지 않고 생장만 계속하려는 성질이 있다. 따라서 종류에 따라 자연계절의 꽃눈분화기를 알아서 7~10일 단수를 시키면 꽃눈이 잘 생긴다. 보세란과 춘란은 7월 첫 장마가 끝난 후 8월 초까지 일주일간 단수하였다가 다시 평시처럼 1주간 물을 주고 다시 1주 단수하면 꽃눈이 분화된다.

하란(夏蘭 : 건란, 옥화란, 소엽란, 고금륜)은 4월초에 10일 단수하고, 관음소심, 철골소심, 적아소심 등 추란류는 5월 중순~6월에 꽃눈분화한다. 한란은 6월 초~7월에 7~10일간 엽수만 하고 관수를 안하면 꽃눈이 생긴다. 한편 풍란은 10월에 꽃눈이 생긴다. 따라서 이 시기에 단수를 하면 개화가 촉진된다.

(5) 꽃눈분화 후 개화까지의 일수

건란류의 하란은 꽃눈분화후 개화까지 일수가 가장 짧아 55일이면 꽃피나 소심란류의 추란은 90~100일, 한란은 110~120일, 보세란은 155일 걸리지만 춘란은 가장 길어 220~230일 만에 개화한다. 한편 풍란도 220~230일 만에 꽃이 피어 춘란과 풍란은 꽃눈이 생겨 겨울을 지나야 된다.

(6) 난의 휴면과 휴면타파

동양란도 다른 생물처럼 생장과 휴면을 하며 4계절이 뚜렷한 우리 나라는 일정기간의 겨울을 지나야 되기 때문에 이 기간에 살아 남기 위해서 휴면에 들어간다. 동양란 중에서는 원산지에 따라 휴면타파를 위한 저온요구도가 다르게 된다. 자생지에선 자연조건이 휴면타파가 되지만 실내에서나 재배장에서 기를 때에는 이 조건을 인위적으로 맞추어 줘야 한다. 휴면타파가 충족되지 않으면 여러 가지 휴면장해가 일어나는데,

첫째, 꽃이 피지 않거나 꽃대가 충분히 신장하지 않고 꽃수가 작아진다. 한편 꽃의 색도 맑지 않고 탁한 모양이 되기 쉽다.

둘째, 새싹이 안나오고, 나오더라도 세력이 약하다.

셋째, 잎이 쉽게 노화하고 관상시기가 짧아진다.

종류별 휴면타파는 다음과 같다.

① **춘란** : 첫서리 때부터 다음해 2월까지 계속되는데 이때 10℃ 이상 올라가면 꽃눈이 말라버리는 블라스팅(blasting) 현상이 일어난다. 인위적으로 휴면타파시킬 때는 0~5℃에서 한달~한달 반 정도면 된다.

② **한란** : 꽃이 지는 즉시 휴면상태에 들도록 11월 말부터 2월 초까지 관수를 줄이고 그늘을 지어주며 5℃ 정도의 저온을 유지시켜 줘야 하는데 휴면부족은 장해현상을 나타난다.

③ **보세란** : 온대난지 원산으로 휴면장해가 비교적 적으나 고온에서 계속 길러 휴면타파가 없으면 꽃이 잘 피지 않고 색상도 나쁘다. 11월 말부터 12월 초순 사이에 휴면환경을 만들어 줘야 한다. 11월 말경에는 3~4℃ 정도로 해주고 관수와 광을 줄여준다. 12월 중순이 되면 7~8℃로, 2월에는 15~18℃로 온도를 높여 준다. 무늬가 있는 혜란은 너무 저온보다는 고온 장애현상이 일어나지 않을 정도의 저온이 더 좋다.

④ **하란과 추란** : 옥화란, 건란, 소심란류도 찬바람이 불때 휴면이 시작되는데 다른 동양란보다 휴면부족으로 인한 휴면장해가 덜하다. 휴면기로 들어서면 0~10℃의 저온에 관수와 광을 줄여준다.

⑤ **풍란** : 10월 중순쯤 잎이 시들해지고 꽃눈분화되면서 휴면에 들어간다. 이때는 한달 가량 물을 끊고 광을 충분히 주는 것이 좋다. 온도는 10℃ 이하가 되지 않는 상태에서 관리한다.

⑥ **석곡** : 가을이 되면 낙엽이 되고 휴면에 들어가는데 10월 말경 단수와 함께 광을 늘려 주어야 한다.

(7) 종류별 꽃눈분화

① **춘란** : 6월 초 새싹이 자라 장마를 지나면 잎이 펴질 정도로 자라고 8월에도 생장을 계속한다. 꽃눈이 생겨 고개를 내미는 것은 장마가 끝나고 난 한참 후의 일이다. 새 촉이 생장하는 시기에 나온 꽃눈은 따주는 것이 좋다. 장마가 끝나고 8월에 단수는 꽃눈분화에 촉진적이지만 관수를 많이 안하여 길렀으며 건강하게 기른 큰 묘는 단수를 안해도 꽃이 잘 나온다. 꽃눈은 가능한 한 늦게 형성시키는 것이 필요하여 장마 전에 나온 것은 따주는 것이 좋고 늦은 것은 10월 이후에 생기는 것도 있는데

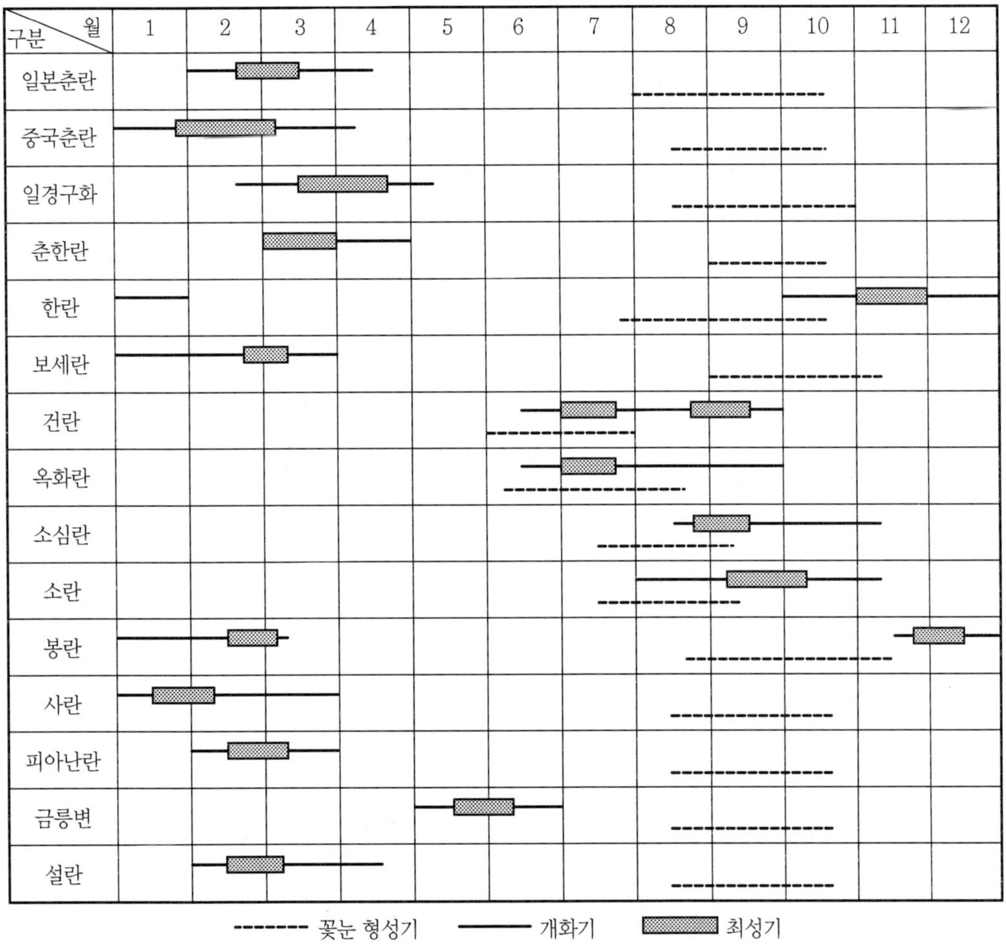

〈그림 2. II. 9-10〉 동양란의 꽃눈분화 시기와 개화

이런 것들이 봄에 꽃이 좋다.

② **한란** : 6~7월 초여름에 꽃눈분화하여 110~120일 지나서 꽃핀다. 장마가 끝날 무렵 생긴 꽃이 좋다. 건조와 다소 고온에서 꽃눈분화가 촉진된다.

③ **광엽혜란** : 꽃보다 무늬를 더 중요시하는 보세란이나 대명란은 꽃에 너무 신경을 쓸 필요가 없다. 춘란이나 한란에 비해 새 촉이 늦게 나오고 가을에 많이 자란다. 꽃눈은 9월 하순에서 11월 사이에 표토를 뚫고 나와 비교적 늦은 편이다. 8월에 꽃눈분화되어 초가을에 생긴다.

(8) 꽃눈분화 후의 관리

꽃눈분화가 안된 것 같으면 일주일 정도 정상관리한 후 단수를 한번 더 해준다. 단수해도 광부족이나 꽃눈분화 온도부족 또는 고온인 경우는 안생긴다. 꽃눈분화 후는 공중습도를 높여주고 광을 충분히 쪼여준다. 꽃눈분화 후 꽃이 안피는 현상은 대부분 새 촉으로 되어 있거나 늙은 촉으로 되어 있기 때문이다. 대부분의 동양란은 새싹에서 꽃이 피는 일은 드물지만 양란 심비디움과 일찍 나온 한란은 새 촉에서 꽃핀다. 식물체 보다 화분이 너무 크거나 포기수는 많은데 광이 부족해도 꽃이 안피니 식물체를 손으로 들어 화분이 뽑히지 않을정도로 자란 화분이 알맞고 충분한 광선이 있게 하여 광합성을 늘려야 된다. 꽃눈이 생긴후 이 꽃눈이 발달 되려면 온도가 높을수록 발육이 빠르지만 너무 고온에선 황변하거나 잎이 타는 엽소현상이 일어나므로 20℃ 이상이 안되게 하고 5℃ 이하는 피해를 받으므로 금해야 된다. 꽃대가 오를 때는 관수량을 늘려주고 꽃핀 후에는 온도와 습도를 내려주는 것이 좋다. 꽃망울이 있는 상태에서 온도를 높여주면 고사하는 수가 있으며 특히 춘란은 5~10℃ 정도가 알맞다.

4. 재배법

(1) 배양토

동양란 재배의 성패는 배양토에 달려 있다. 통기, 배수, 보수성이 있어 물을 너무 많이 주거나 적게 줘도 자체 조절할 수 있는 것이어야 되는데 단용보다는 섞어쓰는 것이 좋다.

① 적옥토(赤玉土) : 우리 나라는 남해산이 공극이 있어 통기가 좋고 흡수성도 좋으나 좀 무겁고 부서지는 성질이 있고 유기질이 섞여 있는 흠도 있다.

② 경석(輕石) : 제주에선 송이라고 부르는 제주 화산석으로써 다공질이면서 흡수성이 좋으나 모서리가 날카로워 뿌리가 찔리는 수가 있는 흠이 있다.

③ 하이드로볼 : 점토를 알맞는 굵기로 둥글게 콩알만하게 만들어 1000℃ 이상 고온 살균처리한 인조용토로써 흡수와 통기가 좋다. pH는 5.6이며 단용보다는 타재료와 혼용하는 것이 좋다.

④ 가누마토(鹿沼土) : 배수성이 좋으나 흡수성이 타재료보다 높다. 일본에서 수입한 재료이다.

⑤ 일향토(日向土) : 가볍고 단단하며 둥그러워 뿌리뻗음이 좋고 통기, 배수가 좋다. 그러나 과습과 건조가 되기 쉬운점이 있다.

이상의 배양토는 재배장소의 환경과 관리방법, 난의 성질에 맞추어 조절한다. 건조가 빠른 곳은 보수력이 좋은 것을 섞고 습한 곳은 배수가 잘되고 보수력이 다소 낮은 것을 섞는다. 예컨대 가누마토 4+하이드로볼 3+일향토 3 등의 비율로 섞어 쓸 수 있다.

(2) 심기(정식)

그림과 같이 배양토입자의 크기에 따라 화분높이의 일정량을 넣어주는 것이 중요하다. 굵은것(지름 2cm), 중간(지름 1.5cm), 적은 것(0.8~1cm)을 섞되 가는 것은 팥알이나 쌀알 크기도 쓸 수 있다.

① 춘란 : 반 정도(3/6)를 굵은 배양토를 사용하고 남은 부분은 3/6 정도를, 입자 굵기 중간을 2/6,

가는 것을 1/6로 나누어 준다.

② **한란** : 굵은 배양토를 7/10, 중간 크기를 3/10 으로 굵은 배양토를 심는다(〈그림 2. II. 9-11〉 참조). 한편 〈그림 2. II. 9-12〉와 같이 수태, 모래, 자갈과 숯을 이용하여 심을 수도 있다.

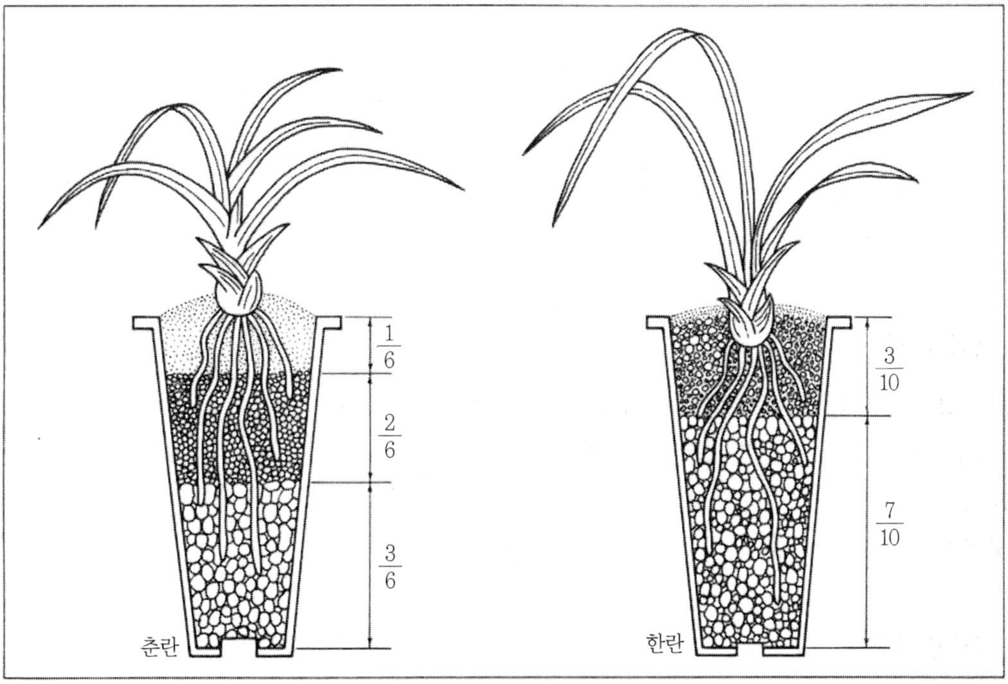

〈그림 2. II. 9-11〉 춘란, 한란의 화분에 심는 방법

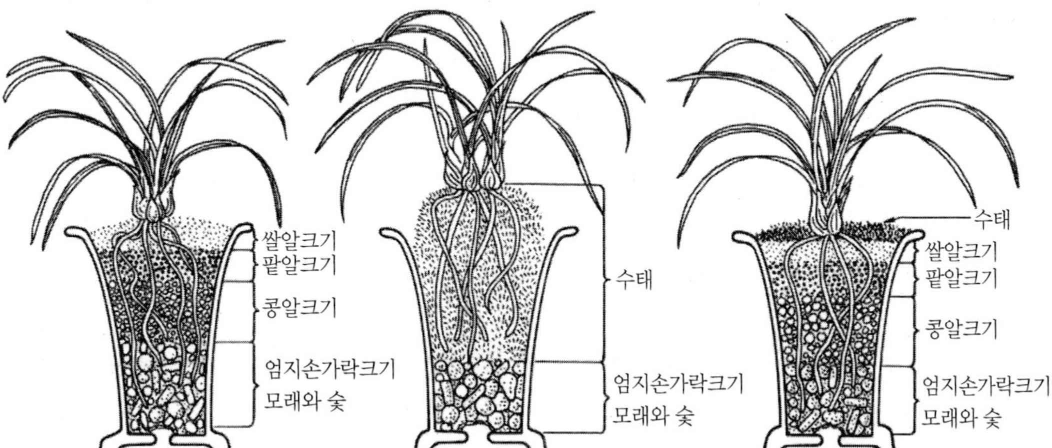

모래 · 자갈과 숯을 이용하여 심는 법
춘란 심는 법

수태를 주체로 심는 법
금릉변란에 많으며, 또 혜란에도 쓰여지는 심기 방법으로서 통기성이 잘 되도록 가급적 포기를 올려서 심는다.

모래 · 자갈과 숯, 수태를 쓰는 심는 법
혜란, 금릉변란에 이 방법이 많고, 또 한란은 대체로 이와 같은 배합을 하며, 위에 수태를 얹는 수가 많다.

〈그림 2. II. 9-12〉 동양란의 심는 방법 (예시)

(3) 분갈이

식물은 자라며 분 공간이 부족하게 된다. 한편 한 분에 오래 두면 병해충이 많아지고 썩은 뿌리의 산성화와 함께 뿌리에서 내어놓은 유해물질 때문에 생육이 나쁘며 뿌리가 많아져 통풍이 좋지 않다. 따라서 2~3년에 한번씩 분갈이를 해줄 필요가 있고 대분은 3 년에 한번씩은 해줘야 한다. 새 촉이 매년 나와 무성하게 된 것은 포기를 나눈다. 시기는 춘분~4월 상순이나 추분에 하는데 춘분경이 더 좋다. 화예품이 8~9월에 꽃눈이 생긴 것은 가을 분갈이는 하지 않는 것이 좋다.

포기나누기는 실시 2~3일 동안 건조시켰다가 하는 것이 좋고 절단가위는 알콜이나 램프불 등에 소독해서 쓴다. 분갈이 후는 충분한 물을 주고 1~2주 정도는 광을 줄이고 물도 오전에만 주고 통풍이 심하지 않은 다소 습한 곳에 놔둔다.

(4) 비 료

영양분이 부족하면 뿌리가 가늘어지고 새 촉의 잎수가 적어지고 꽃눈이 안 생긴다. 깻묵을 주성분으로 하여 만든 건조비료를 화분에 얹어주면 좋고 하이포넥스 등 수용성 4종 복합비료를 2000배 정도로 희석하여 쓴다. 하이포넥스로 엽면시비할 때는 3000~4000배로 희석하여 주는데 엽면시비는 뿌리가 안 좋거나 생육이 극히 나쁠 때만 하고 자주 해주면 해롭다.

(5) 병충해

난에 많은 병은 바이러스가 제일 심각하다. ORSV (odontoglossum ringspot virus), CYMV (cymbidium mosaic virus)가 많다 . 포기나누기할 때에 전정가위나 칼을 불에 지져 쓰거나 다른 도구로 쓰고 진딧물 등 흡즙성 곤충을 방제한다.

깍지벌레는 스프라사이드 등 유기인제로, 달팽이는 유인하여 죽이거나 나메돌 등 달팽이약을, 응애는 살비제로 방제한다.

9-3 카틀레야

학 명 : *Cattleya* Lindle
과 명 : 난과
영 명 : cattleya
원산지 : 브라질, 콜롬비아 등 중남미

종 및 품종에 따라 꽃눈분화 시기에 차가 있지만 8월 상순에 새싹(리더)이 나오는 품종은 9월 상순부터 10월 하순에 꽃눈분화한다. 새싹이 5cm 정도가 되는 9월 상순부터 꽃눈이 생기는데 새싹이 9cm 정도 자라는 9월 중순경에는 제1화의 꽃눈분화가 진행되기 시작하여 소화(小花)가 4개 정도 형성한다. 9월 하순이 되면 새싹이 11cm 정도가 된다. 1 화서(花序) 중에는 5개의 소화가 분화하지만 10월 상순 이후에 시즈(꽃대기부에 붙은 주걱 모양의 잎)는 급속한 생육을 하는데 반하여 위의 소화(小花)는 위조(시들음)가 생긴다. 새싹의 생장점에 엽원기(葉原基)가 12~14매 분화하면 꽃눈분화가 시작된다. 엽원기는, 밑에서 8~9매는 엽초부(葉鞘部)만 생기는 저출엽(低出葉)으로 최고 하단의 2~3매는 인편엽이 된다. 9~10마디부터 위에 위치한 2매의 잎은 엽신(葉身)을 가진 정상적인 보통 잎이 된다(간혹 1매 또는 3매의 것도 있음). 더욱이 상위 2~3 매의 잎 중 최하위의 1 매는 시즈가 되며 나머지는 퇴화하여 개화할 때는 흔적만 보인다 . 발부의 밑에서 3~4마디로 부터 5마디까지는 다음에 새싹이 되는 잠아가 형성된다.

1. 일장과 온도가 개화에 미치는 영향

카틀레야는 일반적으로 저온과 단일에서 생식생장이 촉진되는 꽃눈 형성에 큰 영향을 준다. 생육개화습성상 3그룹의 생태형으로 나눈다(〈표 2. II. 9-5〉).

첫째, 왈세위지(Warsewizii) 그룹으로 4계성이 강한 그룹이다. 꽃눈분화후 온도나 광조건에 크게 영향을 받아 꽃눈발달에 만족한 조건을 주지 않으면 블라인드(不開花)가 된다(〈그림 2. II. 9 13〉).

둘째, 모씨아에(Mossiae) 그룹은 발부가 성숙한 후에 일정한 저온과 단일조건을 경과한 후 개화하는 그룹이다(〈그림 2. II. 9-14〉). 일장과 온도에 의한 개화조절은 비교적 간단하여 자연상태에서는

〈표 2. II. 9-5〉 주요 카틀레야 원종의 개화습성

종　　명	개 화 기	생 태 그 룹	유 전 력 강 도
C. percivariana	12하~3중	*m**	강
C. trianae	12하~3중	*m*	극강
L. pumila	12하~3중	*m*	약, 부정기 개화
S. grandiflora	12하~3중	*m**	–
C. schirocederae	12하~4중	*m*	극강
B. digbyana	12하~5중	*m*	약, 부정기 개화
C. schirocederae	3~4	*m*	극강
C. mossiae	4~5	*m*	강
C. mendelii	5~6	*m*	–
C. purpurata	5~6	*m*	강
C. lodogesii	6	*w*	2번 개화
C. ludemanniana	6~7	*w*	약
C. warscewizii	6~7	*w*	강
C. warneri	7~8	*w*	–
C. intermedia	8	*w*	–
C. gasreliana	8~9	*w*	–
C. dawiana	8~9	*w*	다소강
C. schileriana	8~9	*w*	–
C. tenebrosa	8~9	*m*	–
C. labiata	10~11	*m*	강
C. bowringiana	10~11	*m*	약 부정기 개화

C : Cattleya, L : Laelia, S : Sophronitis, B : Brassavola, m : mossiae w : warscewizii

봄에서 초여름에 걸쳐 개화한다. 교배종 중에서 이때에 꽃피는 것은 *mossiae*의 피가 섞인 것들이다. 이 그룹은 새싹이 형성될 때까지는 낮 27℃, 밤 18℃에서 관리하고 그 후 꽃눈분화까지는 낮 21~24℃, 밤 13℃로 저온을 유지시키며, 일장은 9시간 이하의 단일에서 관리되어야 하고, 꽃눈분화 후에는 제1화의 꽃봉오리가 6mm에 달할 때까지 앞에 언급한 저온, 단일조건(온도 : 낮 20℃, 밤 13℃. 일장 : 9시간)을 지속해 주다가 이후에는 낮 27℃, 밤 18℃의 고온과 장일 쪽이 좋다. 장일의 경우는 약 45일에서 개화되지만 단일조건에 두면 50~60일로 개화가 늦어진다. 같은 그룹의 라비아타(*labiata*)는 다소 개화반응에 차이가 있다. 즉, 밤 온도가 13℃면 일장에 관계없이 꽃눈분화하지만 꽃눈발달에서 오히려 장일에서 지연되고 단일에서 촉진된다.

특히 밤온도가 18℃ 이상일 때는 단일에서만 분화발달을 촉진하고 장일에서는 억제된다. 6월 상순부터 10월 상순까지 3.3m^2당 100W 백열등을 14~16시간 장일로 놔뒀다가 그 후 자연일장에서 기를 때 낮 27℃, 밤 14℃에 관리하면 12월 중순에 개화시킬 수 있고, 4월 하순부터 8시간 단일에서

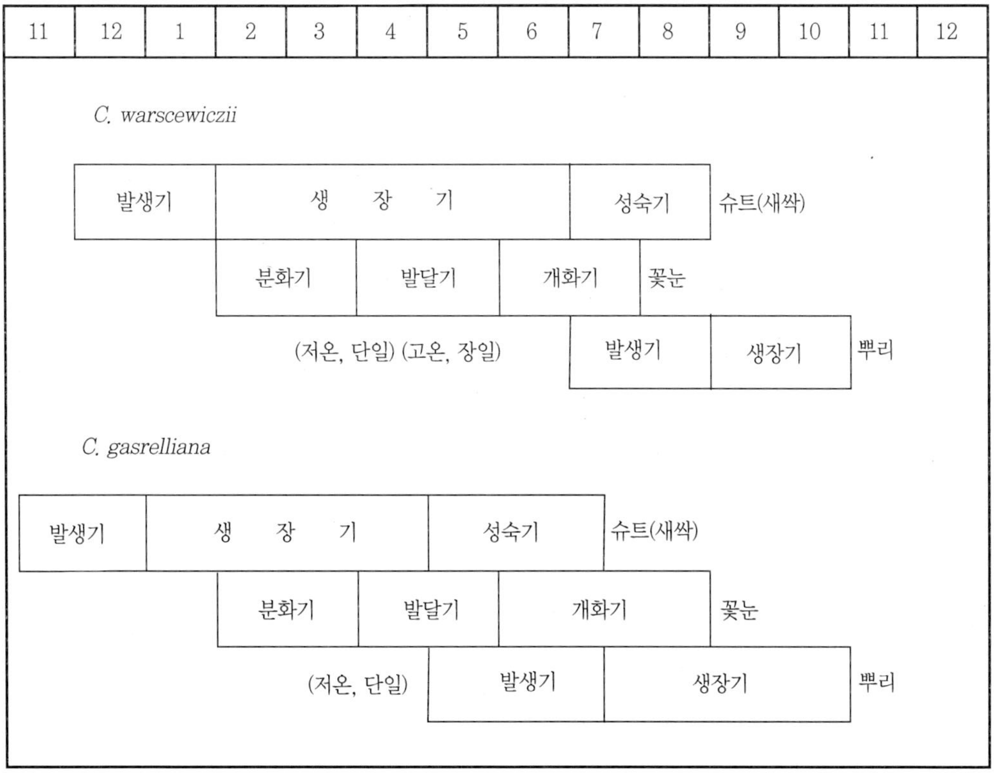

〈그림 2. II. 9-13〉 Warscewiczii 그룹의 생장과 개화습성

밤 온도를 14℃로 내려 관리 하면 6월 하순에 개화시킬 수 있다. 트리아나에(*C. trianae*)는 17~30℃의 범위에서 높을수록 생장이 촉진되었지만 개화에는 영향을 미치지 못하였다. 그러므로 8시간의 단일이 2개월 이상 필요하다, 더구나 꽃눈분화에서 개화까지는 가장 짧은 것이 11주가 필요하다(Went). 실험에 의하면 11주의 단일이 경과한 후 장일상태로 복귀시켰을 때 최초 1개월 이내에는 몇 개의 꽃이 개화하지만 2개월부터는 전혀 개화를 억제시켜 버린다. 그러나 꽃눈분화중에 장일조건으로 옮기면 화서(花序) 원기는 형성되지만 발달은 되지 않는데, 다시 단일 조건으로 옮기면 4개월쯤 후에 개화한다. Goh(' 82) 의 보고에 의하면 *trianae* 종의 개화는 8시간의 단일조건에서 개화가 빨랐고 9시산 일장에서도 13℃와 18℃의 온도조건에서 개화를 촉진하였지만 16시간 장일상태에선 개화가 지연되었다. 이 종의 피가 강하게 들어간 품종(예 : Remy Chollet)의 경우 개화기는 1월경이지만 8월 하순부터 12월 하순까지 3.3m^2 100W의 백열등을 해진 후 3시간 장일처리하여 2~3월까지 개화를 지연시킬 수가 있었다. *percivariana*종의 자연상태에서 꽃눈분화기는 새싹의 생장이 정지한 후 9월 상순인데 개화기는 12월~1월경이다. 꽃눈분화와 발달과정을 볼 때 밤 온도가 18℃ 정도면 8시간 단일이 필요하나 밤 온도가 낮은 경우는 장일에서도 개화가 현저하게 지연되고, 밤 온도가 높으면서 장일인 경우에도 개화가 되지 않는다. 주요 두 생태형의 여러 특성을 요약하면 〈표 2. II. 9-5〉와 같다.

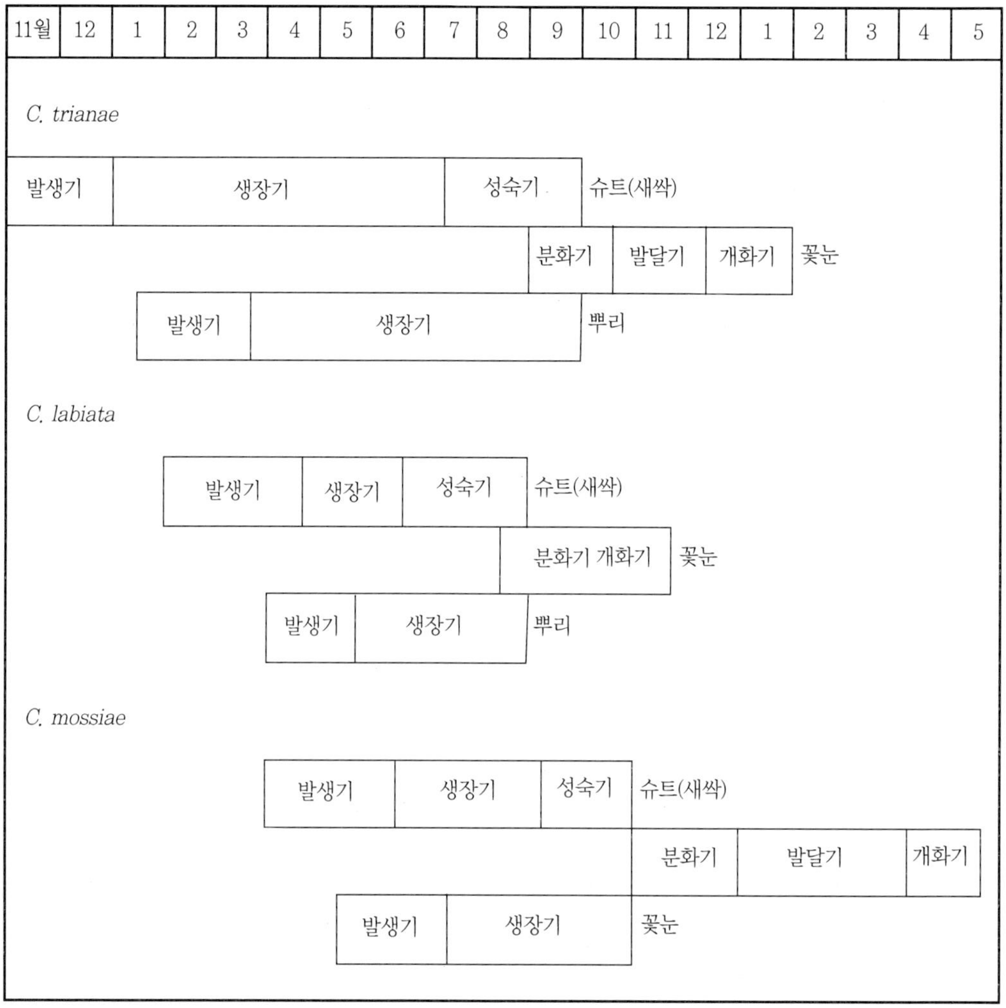

〈그림 2. II. 9-14〉 모씨아에 그룹의 생장과 개화습성 (월)

2. 광과 온도가 꽃피기에 미치는 영향

광합성은 CAM형 식물(C_4식물과 같은 광합성 경로를 거치지만 CO_2 고정을 주야 2회에 한다)로 25~35KLux 에서 생육 및 개화가 양호한데 약광에선 개화가 불량하고 강광에선 엽소(葉燒) 현상이 일어난다. 특히 장마 들었다가 강광을 쪼이면 이런 일이 생기기 쉽다. 재배관리에 알맞은 온도는 여름엔 낮 20~25℃, 밤 16~18℃로 유지시키고, 겨울엔 낮은 15~22 ℃, 밤은 12~13℃가 이상적이다. 이 조건에서 생장과 개화가 좋다.

〈표 2. II. 9-6〉 카틀레야 주요 2그룹의 특징

	Warscewizii 그룹	*Mossiae* 그룹
개화기	늦봄~여름, 장일강광조건	가을, 겨울의 단일기간 중에 꽃눈분화
휴면 발육개시	개화 후에 휴면 새로운 경엽발육이 겨울에 시작(주위의 상태에 따라서는 개화후에 잠시 발육)	휴면이 없거나 짧다. 새싹의 발육은 개화 후 곧 일으킨다. 뿌리는 눈이 반쯤 성숙할 때쯤 발육시작
꽃눈 분화와 개화	단일에는 꽃눈분화, 분화 후 꽃눈발육은 휴지하는 일이 없이 급속히 진전, 발부 미성숙에서 개화에 이른다.	꽃눈분화는 일장, 온도에 의해 지배됨. 분화 후 발육에는 매우 늦다. 개화기는 일장, 온도 또는 양자의 조합에 관계없이 조절된다.
개화조건	새로운 경엽이 두 장 이상 발육할 경우는 발부가 성숙한 후 개화한다.	발생한 새싹은 매년 결정된 한 시기에 개화
뿌리발생	개화기와 대략 같은 시기 또는 개화 후 곧 뿌리 발생 시작	개화시 뿌리는 이미 발육, 이식은 새싹 발육개시가 좋다. 뿌리 발생은 발부의 성숙 도중
시즈	개화시에 고사하여 건조	개화시에 녹색을 드러냄. 생존해 있음.

3. 일장과 개화(開花)

전술한 것을 요약해 보면, 일반적으로 영양생장은 고온 장일에서 촉진되고 일조량은 많은 쪽이 좋다. 그러나 생식생장은 저온이거나 단일이든가 또는 저온, 단일에 의하여 촉진된다.

9-4 덴드로비움

학명 : *Dendrobium* Swarts
과명 : 난과
영명 : dendrobium
원산지 : 동남아시아, 호주, 남태평양 섬

열대 및 아열대 아시아, 호주와 태평양 여러 섬에 약 900여 종이 자생하고 우리 나라에도 석곡이 자생하지만 산업적으로 많이 이용하는 것은 노빌계, 팔레높시스계(덴파레), 호르모섬계가 있다. 태국

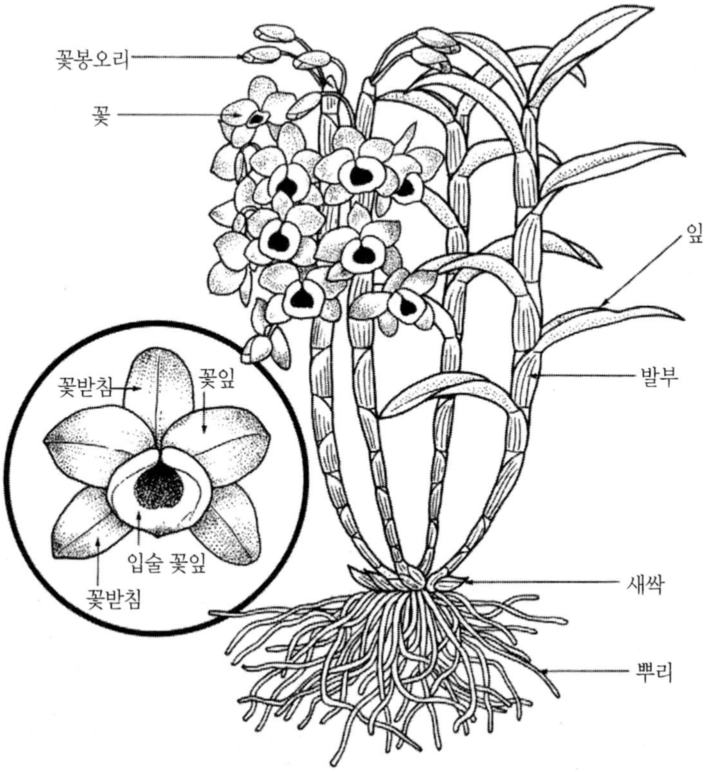

〈그림 2. II. 9-15〉 덴드로비움 꽃 기관의 명칭

에서 덴파레(*D. phalenopis*)를 세계에서 제일 많이 값싸게 생산하여 수출하고 있고, 우리 나라 및 일본 등은 노빌계가 가장 많이 생산되고 있고 연구도 많이 하고 있어, 여기서는 노빌계에 대하여 주로 쓰도록 하겠다(〈그림 2. II. 9-15〉).

1. 꽃눈형성과 온도

노빌계 덴드로비움이 꽃눈분화에 관여하는 주요인은 온도인데 꽃눈분화를 일으키는 최적온도는 13℃ 전 후이다. 실험에 의하면, 레드스타 품종과 노도가 품종을 최저온도 25 ℃에서 기르다가 11월 7일에 최저 10℃, 15℃, 20℃, 25℃에 옮겼더니 레드스타 품종의 경우 10℃와 15℃에서는 20~30일 후에 꽃눈분화가 관찰되어 1월 17일까지는 화서가 대략 완성되었으나 20℃ 이상에선 꽃눈형성이 관찰되지 않았고, 노도카(Nodoka) 품종은 전부 개화하였음을 볼 때 품종에 따라서는 높은 온도에서도

〈표 2. II. 9-7〉 꽃눈형성과 꽃눈발달과 온도와의 관계(坡西 등. '82)

최저 밤온도	노도카					레드스타				
	개화율	개화 절수/경	소화수/절	평균 개화일	분화부터 개화일	개화율	개화 절수/경	소화수/절	평균 개화일	분화부터 개화일
	(%)			월 · 일						
10℃	100	7.2	2.5	4.11	115	100	7.8	2.4	4.3	127
15℃	100	7.5	2.5	3.11	83	100	6.4	2.1	2.6	81
20℃	100	5.0	1.9	2. 9	44	0	0	0	-	-

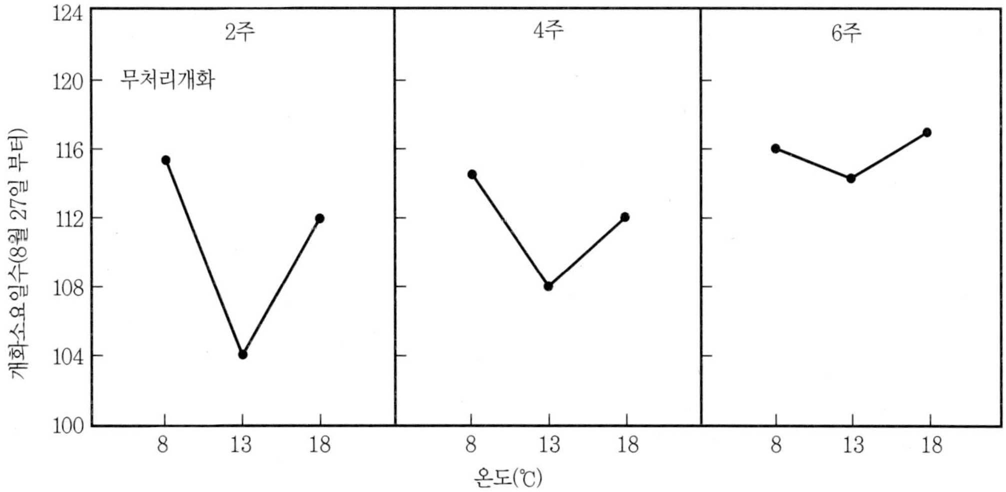

〈그림 2. II. 9-16〉 온도처리와 개화(품종 D × Nodoka)

개화가 가능한 것으로 생각된다(〈표 2. II.9-7〉). 그러나 이 품종도 다른 연구자에 의하면 23℃에서는 개화하지 않았다.

저온처리 기간은, 낮과 밤 온도를 똑같이 13℃에 놔둔 경우는 20~30일, 낮 온도가 높은 경우는 40~50일에 꽃눈이 완성되었다(〈그림 2. II.9-16〉). 이러한 실험결과는 고령지 여름재배 또는 저온처리법에 의한 재배법에 응용하고 있다. 저온요구량이 불충분하면 영양생장하는 영양아(營養芽)와 꽃눈(花芽:꽃눈)의 중간적인 형태를 취한다. 이 저온요구는 아무 때나 되는 것이 아니고 발부(줄기)가 성숙해야 효과가 있으며 성숙하지 않으면 꽃눈분화가 일어나지 않는다. 성숙이 불충분하면 착화절위가 낮게 된다. 성숙된 상태(ripeness to flower)는 줄기(발부)가 충분히 비대하여 표면에 노란색 띠가 보이는데 일반적으로 지엽(止葉 : 마지막 발생된 잎) 발생 후 40~50일쯤이다.

2. 일장과 개화 (開花)

노빌계는 꽃눈분화와 꽃눈발달에 대하여 일장과 관계가 없지만 꽃눈발달 과정에서 장일조건은 어느 정도 빨라지는 경우도 있다. 그러나 팔레높시스계 덴드로비움(일명 덴파레라고도 함)은 장일에서 개화를 지연시키고 단일에선 꽃눈분화를 촉진한다. 온도를 18℃에 유지시키면서 계속 단일조건에 놔두면 묵은 발부와 새로 나온 발부에 착화(着花)하여 연 2회 착화를 관찰할 수 있다(Rotor, '59).

그러나 Sheehan('65)은 Jacquelyn Thomas 품종을 사용하여 시험한 결과 일장은 개화에 대하여 직접 영향은 없고 화수증가만 보였다고 보고한 일도 있어 품종간에 차가 있는 것으로 생각된다.

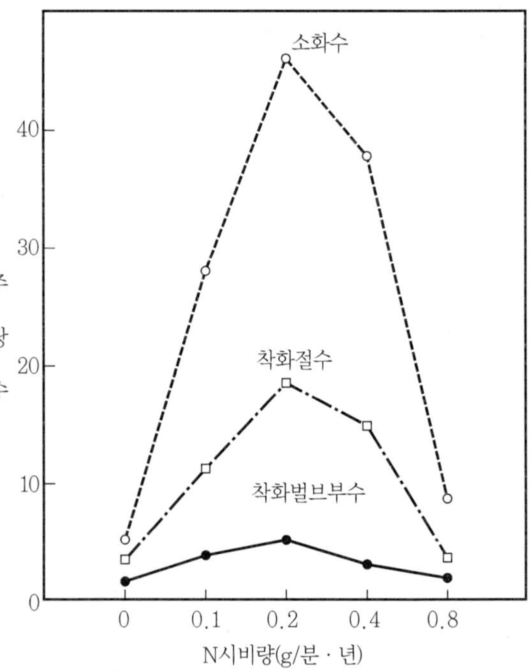

〈그림 2. II. 9-17〉 개화 전해(前年)의 시비량과 개화 (酒井, '77)

3. 수분(水分)과 꽃눈분화

9월경 단수(斷水)하여 건조시키면 노빌계 덴드로비움 품종의 착화를 촉진한다. 이때 줄기(벌브:위구경)를 10일 간격으로 관수한 정도의 단수상태에서는 줄기가 위축하지 않은 정도로 개화에 영향이 없었다(小杉, '52).

4. 생육개화와 개화

비배관리를 어떻게 하느냐가 생육개화에 크게 영향을 준다. 〈그림 2, II.9-17〉과 같이 하이포넥스를 7월부터 10월까지 1주당 질소(N)를 성분량으로 0.1g부터 0.8g까지 8회 분시하고 이듬해 비료를 주지 않은 상태에서 개화상태를 본결과 소비(小肥) 또는 다비(多肥)가 착화수를 현저히 감소시켰다. 그림에서 보는 바와 같이 연간 질소(N) 0.2g을 시비하였을 때가 최고임을 알 수 있다.

5. 생장조절물질

벤질아데닌(BA)을 경엽에 산포하면 개화수를 증가시키고 개화기를 촉진하였다고 보고하였다(桶口, '77). 처리적기는 위구경이 성숙하여 밤온도가 13℃ 전후가 되는 시기 1주전에 300~400ppm이 좋았다는 보고가 있다.

9-5 호접란

학명 : *Phalenopsis* spp.
과명 : 난과
영명 : moth orchid
원산지 : 동남아, 호주

겨울부터 봄에 개화하는 *amabilis*계 품종은 〈그림 2. II. 9-18〉에서 보는 바와 같이 보통 10월 중순에 화경이 신장을 시작하여 5~6개의 액아를 형성한다. 꽃눈분화 과정은 계속되어 11월 상순에 소화(小花)원기가 형성되고 화경이 신장을 시작하여 개화까지는 120일을 요한다. 화경이 신장한 후 하

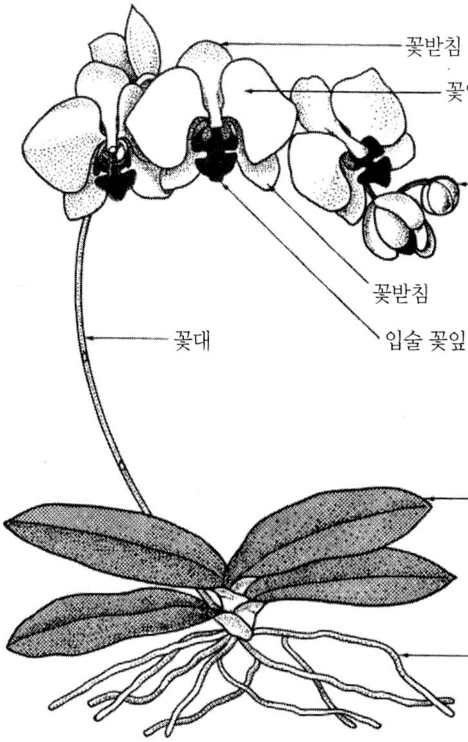

〈그림 2. II. 9-18〉 호접란의 각 부분 명칭

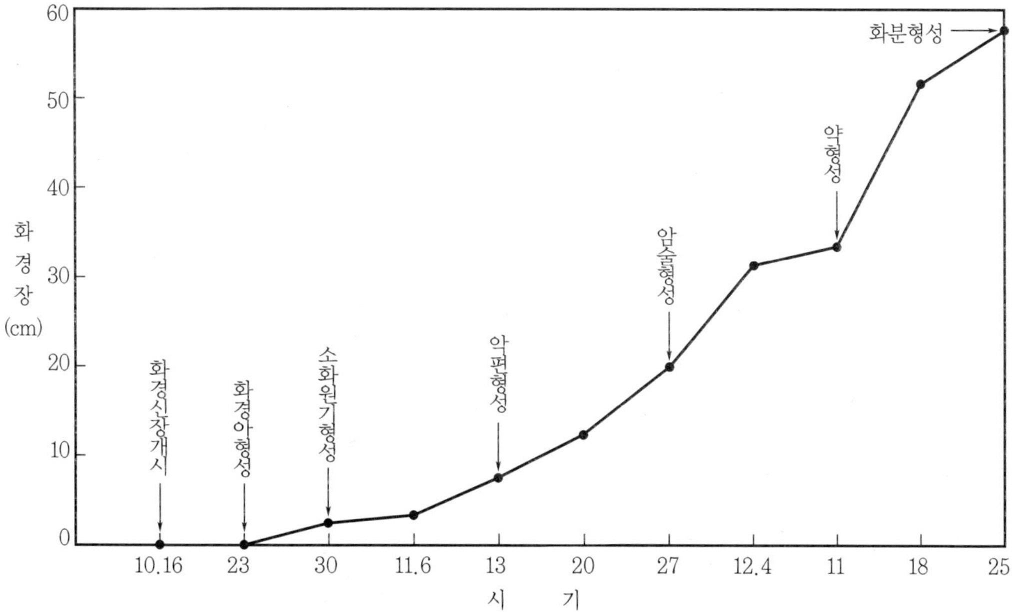

〈그림 2. II. 9-19〉 꽃눈분화 과정과 화경신장(西村등, '72)

위절을 자르면 액아가 다시 신장하여 다시 화서를 형성한다(〈그림 2. II. 9-9〉).

통상 재배조건에서는 1월 중순부터 꽃이 피기 시작하여 3~4월까지 계속된다. 주당 화경 발생수는 1~3개로써 주위의 영양상태에 따라 달라진다. 화경이 발생하는 절위는 먼저 번에 착화했던 절(節) 위의 3번째가 최고 많다. 연속하여 발생하는 것은 5~6마디까지 볼 수 있다. 호접란의 개화는 저온단일에서 개화가 촉진되며 구체적인 내용은 다음과 같다.

1. 온도와 개화

품종에 따라 꽃눈분화 온도에 차이가 있으나 호접란의 꽃눈형성은 고온에서 방해되고 25 ℃ 이하의 고온과 단일에서 촉진된다. 따라서 봄에 개화가 집중하는 것은 이 온도때문이다. 今西(' 77)의 보고에 의하면 28℃에선 꽃대 출현이 되지 않았고 25℃ 이하에서 (특히 20℃에서) 빨리 꽃대가 나왔다고 하였다. 따라서 호접란(특히 *amabile*)의 개화는 온도가 최고 중요한 역할을 한다. 먼저 번 착화절의 위 3매 이상의 잎이 전개한 것이 20~25℃의 온도에 얼마 동안 조우하면 액아휴면이 해제된다. 상온하에서는 40일에 화경이 출현하지만 28℃ 상온에서는 휴면을 계속한다. 그리고 상온에서 두면 130~150일 만에 개화한다. 이 기간은 20~25℃에 만났던 시간을 대략 계산하면 800시간 전후가 된다.

2. 꽃피는 원리

개화에 대한 일장의 반응은 양적 단일식물의 성격을 가지고 있다. Rotor('59)의 실험에 의하면 18.5℃의 온도하에서 단일 조건에 두면 1년에 여러 번 화경을 형성하지만, 같은 온도하에서 장일조건에 두면 연 1회로서 개화도 지연된다. *P. shillerana*는 화경상에 영양아가 형성되고 *P. amabils*도 기부에서 영양아가 발생된다,

이상의 온도와 일장이 개화에 미치는 영향을 요약해 보면 단일과 서늘한 온도에서 가장 꽃눈형성이 잘된다. 그래서 냉방실을 이용하여 낮 24℃, 밤 18℃ 전후로 하여 단일처리를 6 월부터 처리하면 10~11월에 출하할 수 있다. 한편 표고 600m 정도의 고냉지에서 여름에 재배하면 개화가 촉진되는데 〈그림 2. II. 9-20〉과 같이 6월 28일부터 8월 20일까지 고령지 재배한 결과 7월 상순부터 화경이 발생되었다. 따라서 평지에서 보통 재배한 것과 비교하여 볼 때 화경이 80일이나 촉진되어 개화기는 120일 빨라졌다.

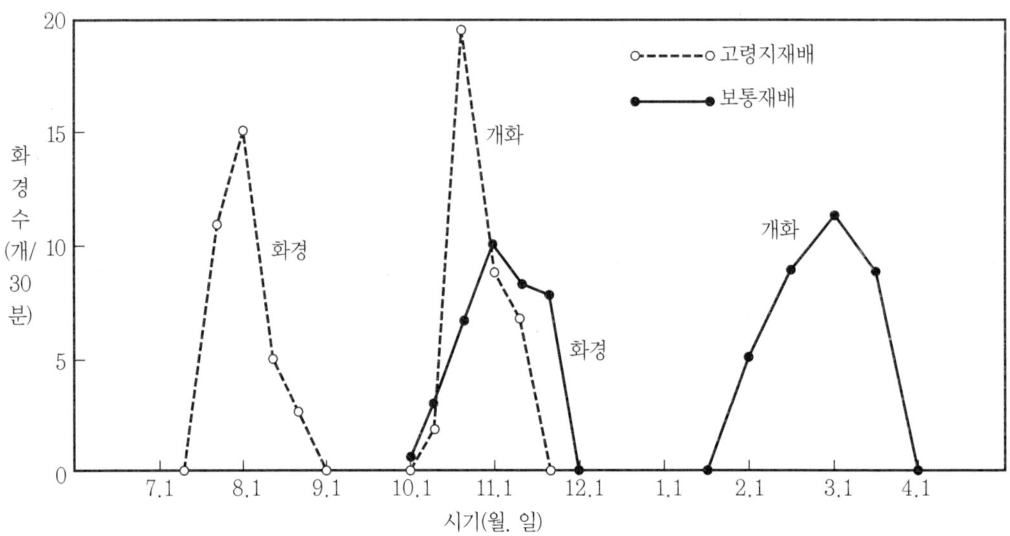

〈그림 2. II. 9-20〉 화경 발생시기와 개화기에 미치는 고냉지의 영향(桶口등, '78)

3. 생장조절물질과 개화

澤('77)의 실험에 의하면, 6월에 온실내에서 BA 0.5~1.0%를 채화 후 화경절구에 처리한 결과 액아는 전부 영양아가 됐지만 GA 0.125~0.25%를 동시에 처리하면 액아는 전부 2차 화경으로 발달하였다고 하였다. 그러나 한여름에는 소화수가 감소하고 소화와 화경의 각 마디에 있는 포가 기형이 되어 6월까지밖에 이용할 수가 없었다고 하였다. 따라서 6월 처리 10월 개화만이 서늘한 온도조건에서 가능하다고 하였다.

10 게발선인장

학 명 : *Schlumbergera truncatus* K. Schum
(*Zygocactus truncatus*)
과 명 : 선인장과
영 명 : christrnas cactus
원산지 : 브라질 동부해안

선인장은 약 100속(屬)에 2,000여 종이 지구상에 자생하는데 북위 55° 이남의 미대륙에 넓게 분포하고 있다. *Rhipsalis*속만은 동아프리카 마다가스칼, 스리랑카에 여러 종 자생하고 있다. 건조에는 강하지만 사막 같은 곳은 적고 평지보다 고원(해발 400m 이상의 곳)이나 산지에 많다. 나뭇잎선인장(*Peireskia*), 공작선인장(*Phyllocactus*), 부채선인장(*Opuntia*), 기둥선인장(*Cereus*), 털선인장, 둥근선인장, 별선인장 등이 있다. 시장성이 높은 것으로는 크리스마스 칵터스와 이스터 캑터스(Easter cactus)가 있다. 전자는 11~1월에 개화하지만 후자는 2~3월에 개화한다. 따라서 이 두선인장의 개화생리에 대해서만 언급하도록 하겠다.

1. 주요 품종

현재 재배되던 품종은 19세기 전반에는 여러 변종들이 이용되었지만 20세기 초반에는 다수의 야생종간 교잡한 원예품종이 개발되었다. 주로 많이 생산되는 이 품종은 11~12월에 개화하기 때문에 크리스마스 칵터스(christmas cactus)라고 부르고 있다.

(1) 재래종

자도색 품종과 적색 품종 둘이 있는데 잎 모양의 줄기는 다소 소형으로 11월 중 · 하순에 꽃이 핀다.

(2) 오니샤고

담홍색으로 잎과 줄기 모양은 크지만 분지성이 적고 초형이 다소 정연치 않은 흠이 있다. 12월 상순경 꽃이 핀다.

(3) 기 타

White Christmas(백색), 천성(天城:자홍색), 명석(明石:등색), 호접(胡蝶:백색), 기면휘(箕面輝:적자색) 품종 등이 있다. 최근 덴마크 칵터스(Denmark Cactus)라고 불리는 소니아(Sonia:홍색), 코니거(Koniger:도색), 스노우플레이크(Snow Flake:백색), 리타(Rita:자도색), 마리에(Marie:적등색), 수퍼코니거(Super Koniger:농도색), 노리스(Noris:홍색) 등이 유행되고 있다.

2. 꽃피는 원리와 자라는 습성

꽃눈은 10월 상순경에 줄기 정단부에 형성된다. 그 후 약 60일 후인 12월 상순경에 꽃이 핀다.

(1) 꽃눈분화와 일장조건

단일식물로서 개화에 단일이 필요하며 한계일장(꽃눈분화하는 데 필요한 한계가 되는 일장) 은 12시간 전후가 된다(〈그림 2. II. 10-1〉). 그러나 이 한계 일장은 온도와 밀접한 관계가 있어 〈그림 2. II. 10-2〉에서와 같이 15℃ 정도의 적온에서는 일장에 관계없이 꽃눈형성하여 일장에 대해 중성이지만 20℃ 정도의 온도에서는 단일 상태여야 개화가 촉진되고 14시간보다 긴 일장에서는 발뢰(發蕾)가 현저히 늦어진다. 12시간 이하의 단일이라면 25℃에서도 화뢰가 형성하고 30℃에서도 가끔 화뢰를 형성한다. 그러나 20℃의 단일에 비하여 개화 반응이 극히 약하다. 또한 10℃ 이하에서는 어떠한 일장에서도 꽃눈이 형성되지 않는다.

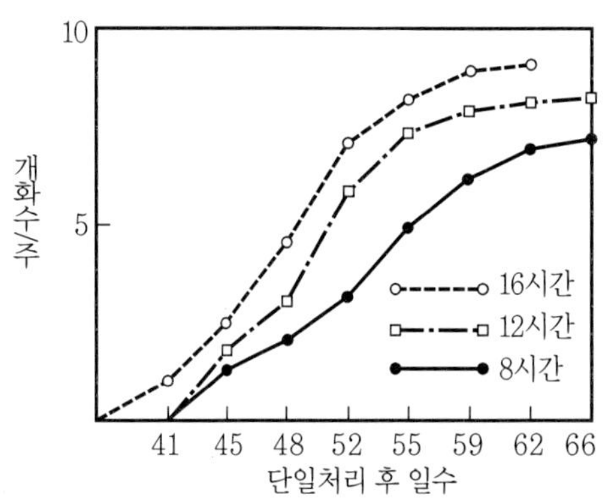

〈그림 2. II. 10-1〉 발뢰 후(꽃봉오리 발현 후) 일장과 개화수의 변화

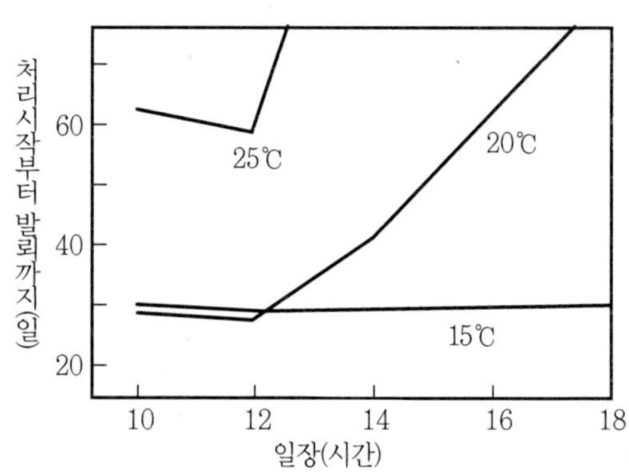

〈그림 2. II. 10-2〉 일장과 온도의 크리스마스 칵터스 발뢰에 미치는 영향(품종 : Weihnachtsfreude)

적온하의 단일조건에서 꽃눈발달 상태를 보면 12~14일 후에 화피형성기(花被形成期), 20~22일 후에 웅예형성기, 24~26일 후에 자예형성기, 28~30일 후에 배주형성기에 달한다. 자예형성기 이후

에는 〈그림 2. II. 10-1〉에서 보는 바와 같이 단일조건이 필요하지 않고 오히려 장일조건에서 꽃눈발달이 촉진된다. 일장감응조도는 5Lux 이하에서는 암흑상태로 감지하지만 50Lux 이상에서는 명(明) 상태로 감지한다.

(2) 꽃눈분화와 온도조건

주간온도가 20~25℃, 야간온도 15~20℃가 알맞다(〈그림 2.II.10-3 〉). 한편 알맞은 온도라도 12시간이상의 장일에서는 착뢰율이 낮아진다(〈그림 2. II.10-4〉), 주간온도가 15℃ 이하 또는 30℃ 이상이거나 야간온도가 10℃ 이하 또는 25℃ 이상에서는 꽃눈형성이 저해된다. 꽃봉오리가 팥알이나 큰 콩알만큼 자랐을 때, 고온상태에 두면 꽃봉오리가 떨어지는 낙뢰(落蕾) 현상이 일어나기 쉽다. 그러나 착색기 이후라면 야간의 부적당한 조건에서도 낙뢰하지 않는다.

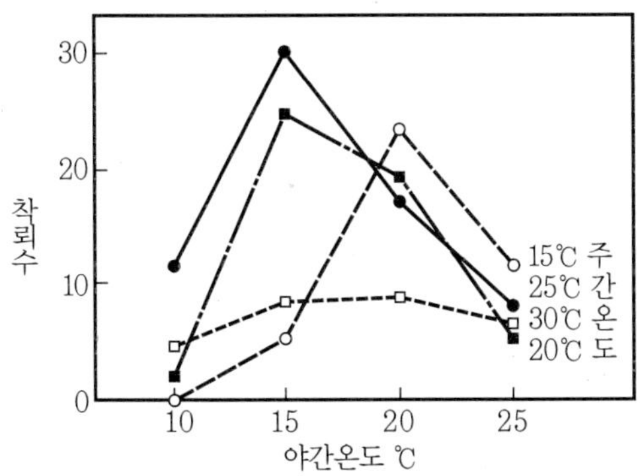

〈그림 2. II. 10-3〉 주간온도와 야간온도에 따른 착뢰수의 변화

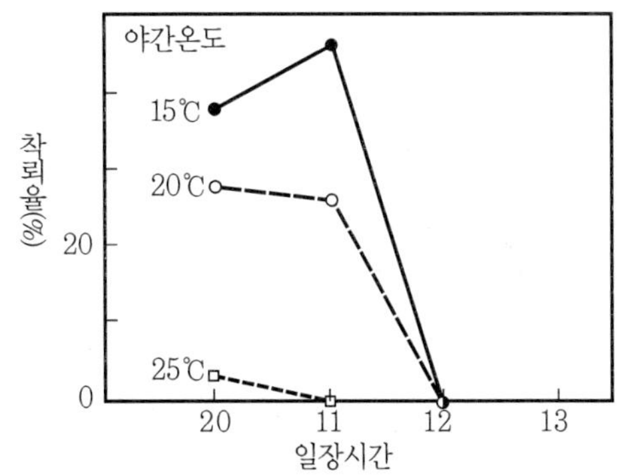

〈그림 2. II. 10-4〉 야간온도와 일장시간이 착뢰율에 미치는 영향

생육적온은 15℃ 이상으로 한계고온시에도 잘 생육하지만 15℃ 이하에서는 생육이 정지하여 휴면상태에 들어간다. 관수량이 적으면 내한성이 증대되어 강하여지는데 월동 한계온도는 1~2℃가 된다.

(3) 개화에 필요한 성숙(成熟)상태

꽃눈분화에 필요한 성숙상태에 들어가지 않으면 알맞은 조건을 주어도 꽃이 피기 어렵다. 성숙조건에 들어가려면

① 질소성분의 체내 함유율이 1.8~2.2% 범위에 있어야 한다. 따라서 꽃눈분화기 2~3개월 전에 시비를 끊을 필요가 있다. 너무 많을 때는 꽃눈분화가 늦어진다.

② 너무 음지(陰地)에 두지 말아야 한다. 6~8 월 사이에는 차광률이 25~50% 정도가 알맞고 더 차광하는 것은 좋지 않다. 또한 이 이상의 여름철 직사광선은 일소현상을 일으키기 쉽다 .

③ 삽목 후 9개월 미만에서는 착뢰하기 어렵고 12개월 이상의 재배기간이 바람직하다. 줄기의 단

수는 적어도 4단 이상이 필요하다.

④ 꽃눈분화기 전 1개월간 관수량을 줄이면 꽃눈착생이 쉽다고 알려졌으나 1년생 주에는 효과가 적었고 2년생 주는 단수할 필요가 없었다.

(4) 생장조절제가 개화에 미치는 영향

화뢰(꽃봉오리)가 발현한 후에 지베렐린을 살포하면 낙뢰(落雷) 방지에 효과적이다. 이때 화뢰발달에는 촉진적이지만 꽃눈분화에는 억제적이다. 단일 개시 직전 또는 직후에 지베렐린을 살포하면

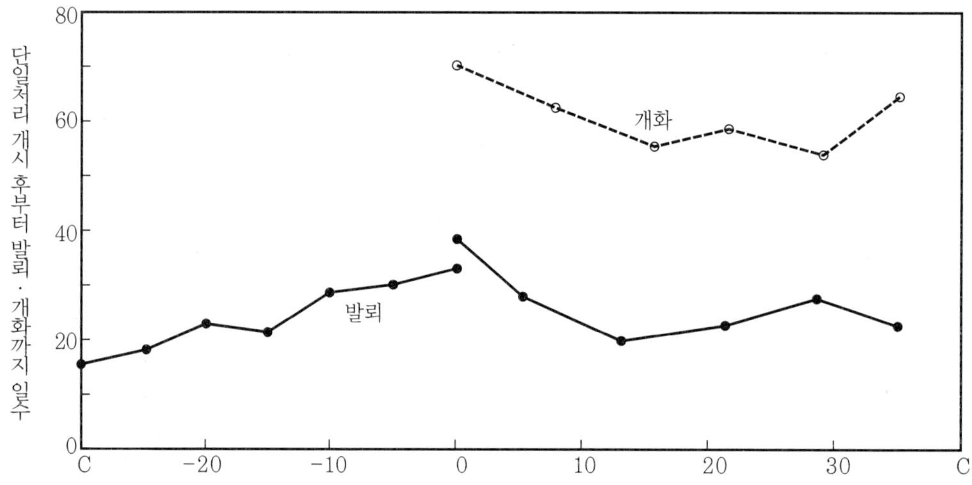

지베렐린 처리시기(단일처리 전, 처리 후, 0 : 단일처리한 날) *단일 전 25ppm, 처리 후 20ppm GA를 마디에 침적, C : 무처리

〈그림 2. II. 10-5〉 지베렐린 처리시기가 크리스마스칵터스 개화에 미치는 영향

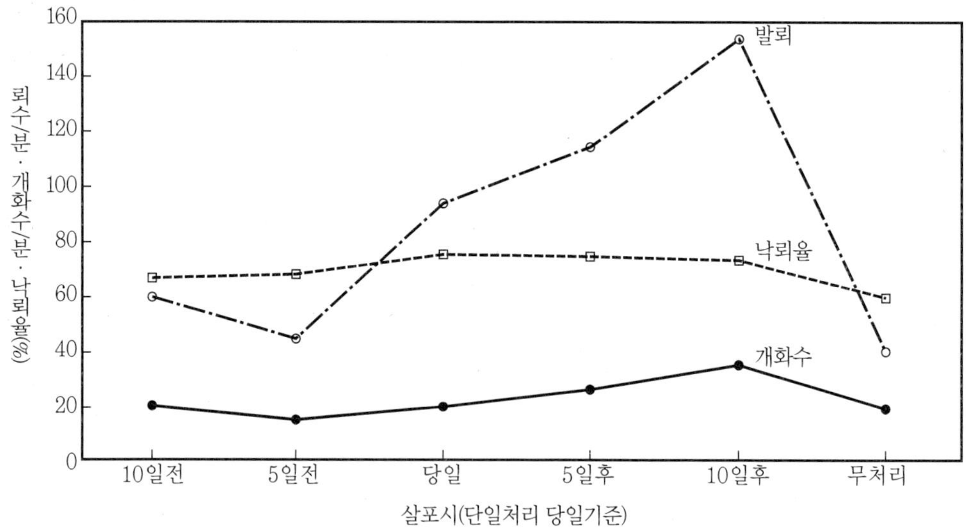

〈그림 2. II. 10-6〉 벤질아데닌 살포시기와 뢰수, 개화수, 낙뢰율

단일시기에 가까울수록 발달이 늦어진다〈그림 2. II.10-5〉. 한편 착화수를 증가시키기 위하여 벤질아데닌(BA : benzyl adenine) 100ppm 정도를 단일처리 개시 10일 후 경에 살포하면 〈그림 2. II.10-6〉과 같이 개화수와 뢰(꽃봉오리)수가 증가한다. 한편 농도가 높으면 뢰수가 증가하지만 그 반면 낙뢰가 많게 된다.

3. 개화기 조절의 실제

기본적으로는 촉성, 보통, 억제재배로 나눌 수 있지만 〈그림 2. II.10-7〉과 같이 주년생산(周年生産)이 가능하다 .

(1) 보통재배

개화기를 11월 중순부터 12월 중순경의 자연개화하는 방법으로 가장 많이 생산된다.

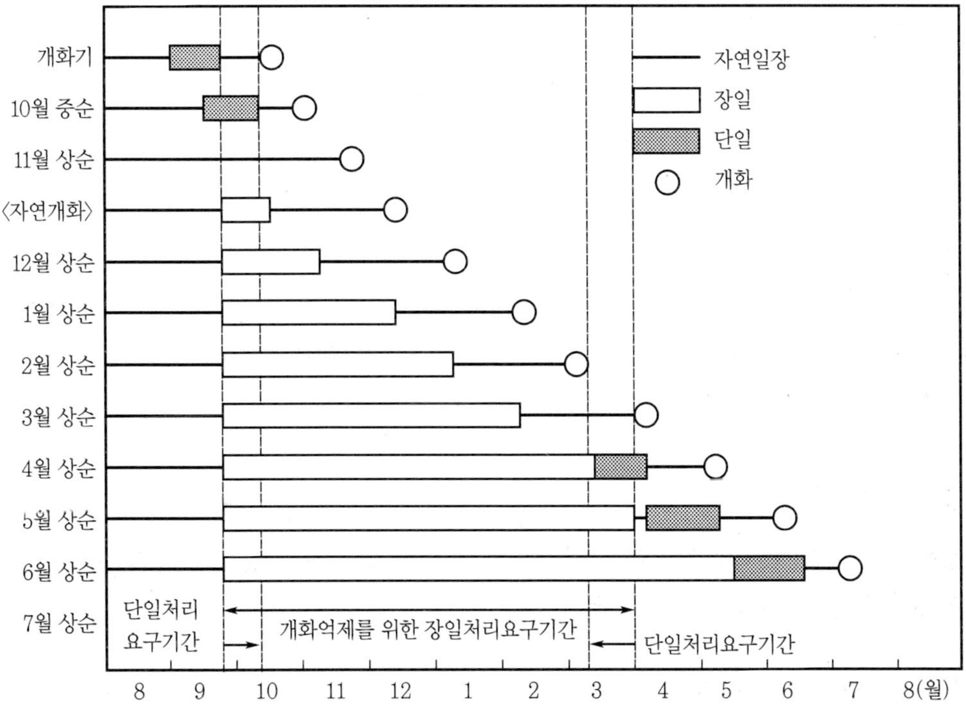

※1) 동계기온 15℃. 2) 삽목후 12개월 이상된 주를 사용. 3) 장일처리는 16시간 일장 또는 광 중단 2시간.

〈그림 2. II. 10-7〉 주년 개화기 조절을 위한 계획

(2) 촉성재배

단일처리에 의하여 꽃눈형성을 촉진시켜 10월 상순에서 11월에 개화시키는 방법이다. 고온은 꽃눈형성을 억제하기 때문에 단일처리는 9월에 들어선 후에 행한다. 개화기는 단일처리 시기에 따라 10월 상순에서 11월 하순경까지 꽃이 피는데, 자연상태에서도 11월 중순경에는 나오니까 이때 출하, 경쟁되지 않도록 한다. 고냉지에서는 여름철에도 시원하여 7~8월에 단일처리를 행할 수 있기 때문에 유리하다.

(3) 억제재배

9월 중순부터 장일처리를 행하여 꽃눈형성을 억제시켜 늦게 개화시키는 작형이다. 대체로 장일처리를 중단한 후 50~60일 만에 개화한다. 개화기는 자연개화기 이후 다음해 여름까지 할 수 있지만 12월에서 1월에 출하하는 작형을 많이 한다.

지금까지의 3 작형은, 삽목번식 후 1년 전후의 1년생 주는 15cm 화분에 기르고, 2년생 주는 그 이상의 화분을 사용한다.

4. 재배법 요약

(1) 번 식

삽목번식을 하는데 삽수는 재배중에 정지해서 생긴 것이나 모주에서 직접 채취하는데 , 주로 선단 2마디 정도를 채취하여 2~3일 정도 그늘에서 풍건(風乾)한 후 삽목한다. 삽목용토는 냇모래 또는 수태를 쓴다.

수태를 쓸 때는 3개의 삽수기부를 고무밴드로 수태를 고정하여 삽목한다. 삽목시기는 15℃ 이상의 기후에서는 언제라도 가능하고 15~20일이면 발근한다. l8cm분 정도이면 5~6월, 15cm 화분은 9월 , 12cm분이면 11~12월을 표준으로 하여 삽목한다.

(2) 분식(盆植)

삽목 후 약 1개월에 6cm의 포리포트(자바라식 포트)나 소분에 심는다. 수태로 3개의 삽수기부에 묶어 삽목 한 것은 그대로 옮겨 심는다.

(3) 정지(整枝)

4~5월에 너무 신장한 부분은 전체 균형을 맞춰 높이가 같게 정지한다. 2년생 주는 밑에서 3~4마디쯤의 높이에서 자른다.

(4) 배양토

피트모스 1+경석 1 · 피트모스 1+왕겨 1 또는 피트모스 1+냇모래 1로 두 원료를 각각 같은 비율로 혼합하여 사용하는데 어느 정도 보수성이 있으며 통기성이 있게 하는 것이 좋다.

(5) 비료

유박 등 완효성 유기질비료 또는 완효성 화학비료를 사용하되 10회분당 질소성분량으로 계산하여 12cm 화분은 0.8g 정도 준다. 6월에 최종시비를 하고 그 후는 주지 않는다. 발뢰 후 액비를 시비하면 개화율을 높일 수 있다.

(6) 관수

관수량은 약간 많은 쪽이 생육에 좋다. 그러나 꽃눈분화 전 1개월은 관수량을 줄인다. 휴면시켜 월동하게 되는 무가온재배의 경우는 겨울 동안 몇 번 소량 관수하고 거의 건조시켜 월동한다.

(7) 단일처리

촉성재배시 단일처리는 오후 5시부터 오전 9시까지 흑포나 흑색비닐로 피복한다. 20~25일 후 꽃봉오리가 확인되면 자연일장으로 복귀시킨다.

(8) 환경 및 기타관리

미숙한 줄기는 단일처리 개시 전에 미숙경은 제거하는 것이 좋다. 미숙경(未熟莖)의 절단은 착화율을 높이는 효과가 있다. 6~8월 사이에는 흑색 한냉사 1매를 피복하지만 5~9월 사이에는 노지에서 방치해도 좋다. 동계(冬季)는 원칙적으로 15℃로 가온한다. 장일처리는 10m^2 당 100W 백열등을 1등의 비율로 해주는 것이 표준이고, 육묘중 장일처리도 효과가 좋다. 병충해는 입고병, 역병, 탄저병이 많이 발생하는데 토양소독을 철저히 하여 배양토로 사용하고 톱신, 벤레이트를 뿌려준다.

출하는 착색이 시작할 때 한다. 미착색한 꽃봉오리는 환경이 급변하면 낙뢰하기 쉽다. 고온, 암흑상태는 낙뢰의 원인이 된다. 밀폐포장은 하지 않는다.

11 극락조화

학 명 : *Strelitzia reginae*
과 명 : 파초과
영 명 : bird of paradise
원산지 : 남아프리카

약 5종이 자생되는데 그 중 레기네종과 그 교배종이 주로 많이 재배된다. 꽃은 7월을 제외하고는 연중 피지만 특히 가을개화가 많다.

초장이 1~2m에 잎은 근출엽으로 40cm쯤 되며 뿌리가 굵고 다육(多肉)한 다년초로 최근 절화로서 인기가 높고 고가로 팔리고 있다.

1. 주요 종류와 품종

주로 레기네종이 재배되나 유사종으로 다음과 같은 종류가 있다.

(1) 아우구스타(*Strelitzia augusta*)

일본 원산으로 줄기가 있으며 10m까지 자라는 장간종으로 잎은 줄기의 정부에 있고 엽신(葉身)은 60~120cm, 엽폭은 30~60cm로서 순백색으로 외관상 파초와 비슷하다.

(2) 니콜라이(*S. nicolai*)

형태는 아우구스타와 비슷하나 소형(小形)인 점이 다르다.

(3) 레기네(*S. reginae*)

절화용으로 가장 많이 재배되는 종(種)이다. 잡종상태로 재배되고 있으며 개체간에 우열의 차가 크다. 묘를 정식하여 개화주가 되기까지는 5~6년을 요하고 더욱이 2~3년이 경과되지 않으면 우성과 열성 형질의 판단이 곤란하다. 화기구조는 〈그림 2. II. 11-1〉과 같다.

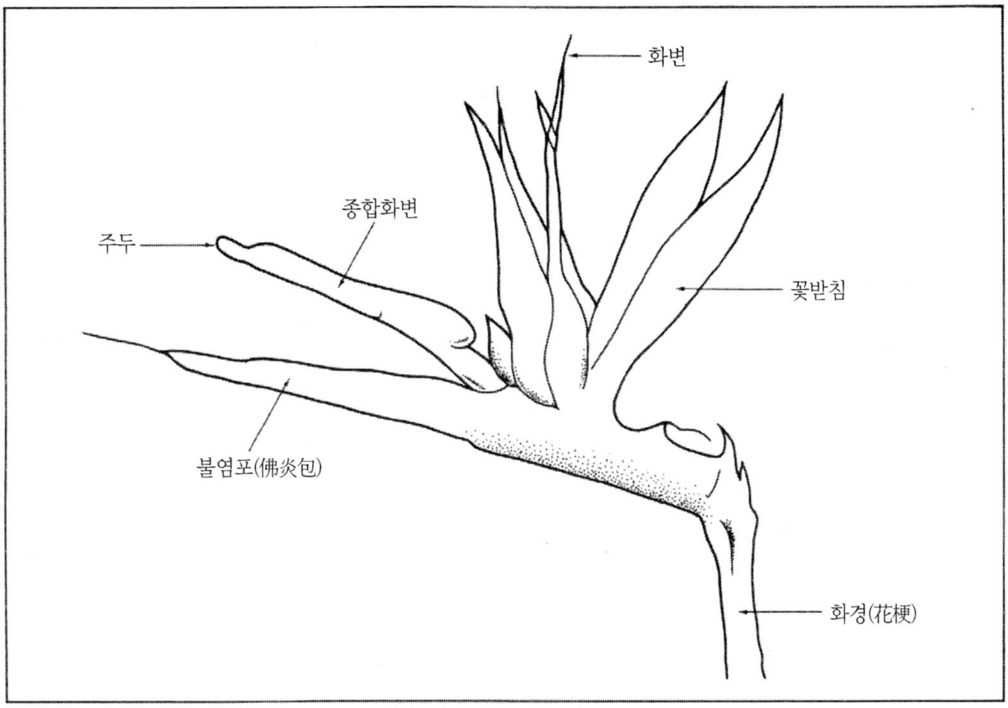

〈그림 2. II. 11-1〉 극락조화 화형모식도

〈표 2. II. 11-1〉 재래종(야생종)과 뉴하이부리드종과의 특성 비교

구분	재래종	뉴하이부리드
개화시기	실생 4~5년 후	실생 1~2년 후
채화수량	엽병(葉柄) 4~5매에서	엽병 1매에서 꽃눈 1개
재식주수	평당 하우스 5~6주	평당 하우스 10주
	노지 3~4주	노지 8주

(4) 뉴하이부리드(*S. reginae* New-hybrid)

레기네종은 실생한 경우 개체차가 크기 때문에 우성주와 열성주와의 경제적 격차가 크므로 생산자는 장기간 손해를 보게 된다. 그래서 우성주간의 교배에 의해 F_1(1대 잡종)에서 우성주를 선발하여 우성주간에 교배를 시켜 고정 육성한 신계통으로 다음과 같은 특성이 있다.

① 실생 후 18~24개월에 개화가 시작한다.

② 1주로부터 채화가 극히 많다.

③ 화변이 총체적으로 넓고 자변(紫弁)이 넓다.

④ 화색은 타계통에 비해 진하다.

2. 꽃피는 원리와 자라는 습성

(1) 생육온도 및 내한성

비교적 저온에 강한 편으로 –3℃에서 5시간 경과시켜도 경엽의 피해는 없지만 꽃과 화경은 1시간에서도 피해가 생긴다. –5℃에 1시간에서도 경엽의 피해는 나오지 않는다. 생육적온은 25℃로써 난지에서는 노지월동도 가능하다.

(2) 꽃눈분화

일반 재래종은 실생 3년째부터 형성되지만 블라인드가 많다. 전술한 바와 같이 종에 따라 차이가 크다. 잎은 연간 3~4매 나오는데 꽃눈은 성엽 외측에 하나씩 형성된다. 제1화 형성시에는 측화아도 가능하지만 이것은 거의가 블라인드가 된다. 소화(小花)는 6~8화가 생기고 꽃받침, 꽃잎, 수술, 암술, 배주 순으로 형성된다.

(3) 일조와 개화: 충분한 광선을 받아야 개화수가 증가한다.

3. 재배법 요약

(1) 적 지 배수 양호하고 일조 조건이 좋은 토양이 좋다.

(2) 번식 및 육묘

가을에 우량개체끼리 교배한 것을 다음 해 채종한다. 발아율이 나쁠 때 시험에 의하면 농황산에 40초 동안 침적처리 후 수세하여 파종하면 발아율이 향상된다는 보고가 있으나 실제 이용에는 실제 실험해 본 후 실시해야 한다. 발아적온은 25℃ 정도가 좋고 뉴 하이브리드는 파종 후 60~150일 정도에서 발아한다. 발아묘가 2~3엽이 되면 9~12cm 포트에 이식한다. 이식시 뿌리가 절단되면 개화시기가 반년~1년 정도 개화가 늦어지니 식상(植傷)에 주의한다.

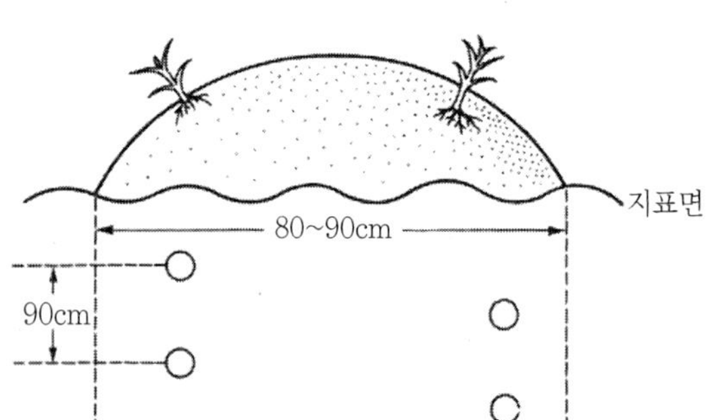

〈그림 2. II. 11-2〉 극락조화 정식방법 모식도(예)

(3) 정식

완숙퇴비 이외는 시비하지 않는 것이 정식 후 세근 발생에 좋다. 논을 이용할 때는 배수를 위하여 이랑을 높게 한다. 정식거리는 135×90cm로 30평당 90주를 심는다. 10년 이상 된 큰 묘는 3~4줄기를 붙여 분주할 수 있다. 분주한 묘는 지주를 세워주고 방풍과 차광을 1~2개월 하여 주는 것이 활착을 촉진시킬 수 있다. 한편 〈그림 2. II. 11-2〉와 같이 정식할 수도 있다.

(4) 비 료

1a(30평)당 성분량으로 질소 8kg, 인산 10kg, 칼리 8kg을 3~4회 분시한다. 심을 때는 완숙퇴비(1000~2000kg/10a당)를 충분히 시비하는 것이 좋다. 화학비료보다는 유기질비료가 더욱 효과적이다(〈표 2. II. 11-2 〉).

〈표 2. II. 11-2〉화학비료와 유기질비료 사용이 극락조화 생육차

구 분	화학비료	유기질 비료
화색	색깔이 연하다	색깔이 진하다.
화경(花莖)	짧고 가늘고 수송중 상하기 쉽다	굵고 강하다
채화 년수	채화기간이 짧고 10~15년 정도 채화가능	채화기간이 길고 20~30년 채화가능
기타	건조 추위에 약하다	건조 추위 등의 저항성 강하다

(5) 기타 관리

멀칭하는 것이 좋고 관수는 15℃ 이상일 때에 한다. 건조에는 매우 강한 특징을 가지고 있으며, 저온관수는 근부(根腐)의 원인이 되고 생육에도 해롭다. 외기온이 10℃ 이하가 되는 10월에는 비닐피복한다.

(6) 채화(採花)

최성기에는 1주에서 20~50개를 자를 수 있다. 뉴하이브리드종은 비배관리만 좋으면 2년째 1~2개, 3년째는 3~4개, 4년째는 6~8개, 5년째는 10~15개 수확했다는 보고가 있다. 출하시는 다음 규격에 준하여 선별 포장한다(〈표 2. II. 11-3〉). 5개를 1속으로 하여 한 상자에 30~100개를 넣고 잎도 같은 숫자를 넣어 출하한다.

〈표 2. II 11-3〉 극락조화 절화 등급별 규격

규격	화경(花莖)(cm)	초장(cm)	줄기굵기(cm)	꽃받침 길이(cm)
대	90~120	100	1.3	18이상
중	70~90	80	1.2	16이상
소	70이하	50	1.0	10이상

(7) 병충해

선충 및 문우병은 열 또는 약품을 이용한 토양소독을 철저히 하여 토양전염 병해를 막고 진딧물, 응애, 스립스, 개각충은 침투성 토양살충제 또는 유기인제로 방제한다.

12 리아트리스

학명 : *Liatris* spp.
과명 : 국화과
영명 : gayfeather
원산지 : 북미

북미 원산으로 30~40여 종의 원종이 있으나 그 중 4종이 재배되어 있다. 국화과 식물로서 재배특성상 내한성 숙근초로 취급하지만 형태상으로는 괴경상의 구형으로 구경에 속한다. 주로 절화생산하는데 난지에선 5~6월에, 고령지에서는 7~8월에 출하하는 노지재배가 가능하다. 자연개화 기간이 짧고 출하가 일시에 집중하는 경향이 있다.

1. 주요 종류 및 품종

(1) 스피카타종(*L. spicata*. spike gayfeather)

화경장이 130~180cm, 화수장이 40cm로서 줄기가 굵고 튼튼한 초형을 가지고 있다. 6월 중순부터 7월 상순에 꽃피는데 한 구에 4~5대의 꽃이 핀다. 주요 품종은 다음과 같다.

① **삼홍(三紅)** : 다소 적색의 줄기에 꽃은 진한 자홍색으로 잎이 직립하는 성질(立葉性)이 있다. 초장은 80~90cm 정도이고 화수장(花穗長)은 30cm 정도로서 6월 상 · 중순에 개화한다.

② **홍휘(紅煇)** : 꽃은 농자색으로 초장이 70~90cm 로서 봉상(棒狀)이며, 개화는 조생종으로 삼홍보다는 다소 늦다.

③ **종규(鐘馗 : 쇼우끼)** : 꽃은 적홍색으로 화수장은 40cm 정도이고 초장은 1m 이상이 된다. 1구(球)를 심으면 4~5개의 줄기가 나온다. 개화는 홍휘보다 1주간 정도 늦다.

(2) 리귤리스틸리스종(*L. ligulistylis* : rocky mountain gay feather)

두상화(頭狀花)는 반구(半球)형으로 꽃 직경이 2cm 정도이고 초장은 100~150cm에 화수장은 40cm 정도로 줄기가 매우 강하여 거의 도복하지 않는다. 한 주에서 4~5개 줄기가 나오며 6월 상순경 꽃이 피어 리아트리스 중에서 가장 빨리 꽃핀다. 꽃색은 순백색과 자홍색으로 지하경은 괴상(塊狀)으로 분구가 곤란하다.

(3) 스카리오사종(*L. scariosa* : tall gayfeather)

초장은 120~150cm에 화수장은 50cm 정도로서 상부에는 1.5~2.5cm의 두상화가 15~45개 정도 붙는다. 하엽(下葉)은 10~15cm의 광피침형이고 상위엽은 협피침형(俠被針葉形)이다. 기본종은 연핑크색이지만 백색종도 있다. 리귤리스틸리스종과의 교배종도 있는데 원래 9월에 꽃피지만 6~7월에 개화하는 것도 있다.

2. 꽃피는 원리와 자라는 습성

자연상태에서 난지에서는 12~1월에 정식하면 3월에 싹이 나오고 꽃대가 신장하여 6월에 꽃핀다. 그 후 여름의 고온기를 지나 휴면이 유도되며 9월 하순~10월 상순에 지상부가 고사한다.

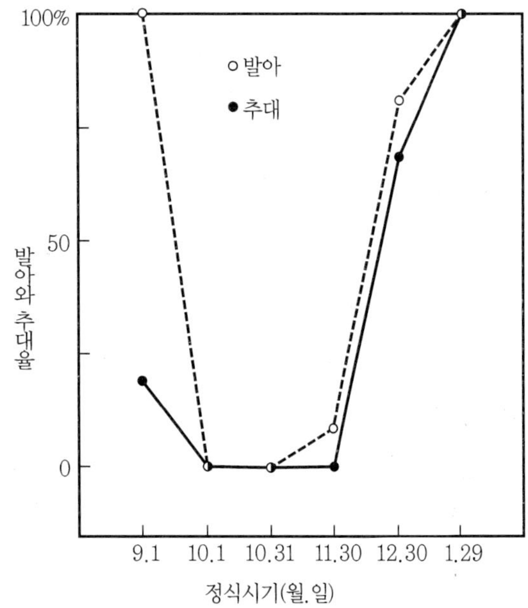

〈그림 2. II. 12-1〉 정식시기가 리아트리스의 발아와 추대에 미치는 영향 (품종 = 종규)

(1) 휴면유도 조건

난지 노지재배에선 9월부터 심는데 9월은 100% 발아하지만 10, 11월은 발아되지 않고 12 월은 추대 및 발아가 된다(〈그림 2. II. 12-1〉). 자연상태에서 휴면의 유도와 타파는 품종의 조만성(早晩性)에 따라 차이가 있다. 극조생종인 삼홍(三紅)은 휴면기간이 짧아 11월에 휴면에 들어가 1월이면 휴면이 각성된다. 종규도 비슷하나 10월부터 12월까지 휴면한다. 리아트리스 휴면유도는 여름의 고온기가 경과해야만 유도되고 그 후 겨울철의 저온기를 경과하여 타파된다. 일반적으로 7, 8월 고온기 때 30℃에서 30일 정도 경과해야 9월 이후 휴면에 들어간다(〈표 2. II. 12-1〉).

〈표 2. II.12-1〉 동계 고온처리가 발아와 추대에 미치는 영향

처리일수	발아율(%)	추대율(%)	마디수
0	100	100	149.4
30	100	20.0	10.5*
60	100	0	8.9
90	100	0	10.8

* 로제트주의 평균엽수 (절수)/온도처리 : 2월 1일 정식과 동시에 30℃고온처리 개시

(2) 휴면타파

리아트리스 휴면타파는 5℃에서 120일 정도 저온처리가 효과적이고 저온처리가 불충분할 때는 지베렐린 100ppm을 싹튼 후 1회 엽면살포하면 로제트가 타파 된다(〈그림 2. II. 12-2〉). 실제 촉성재배를 행할 때 자연 저온처리가 끝나기 전에 하우스 비닐피복을 너무 빨리하면 발아한 후 추대되지 않거나 주당 화경수가 적고 채화율이 저하한다. 즉, 휴면타파에 저온이 필요하지만 발아 후의 추대에도 저온이 필요하다. 충분히 저온에 감응할수록 발아, 추대가 빠르고 화경수가 증가한다.

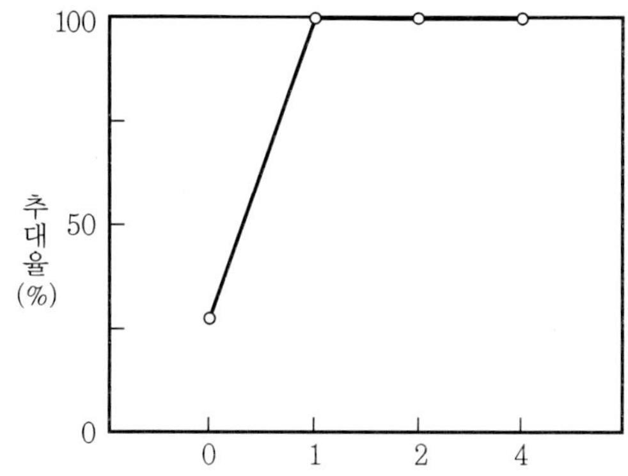

*12월 1일 GA200ppm 침적처리 발아후 1월 10일부터 10일에 100ppm엽면산포

〈그림 2. II. 12-2〉 **발아후 GA처리가 추대에 미치는 영향 (품종 : 종규)**

(3) 꽃눈형성

일본 고지현에서 조사한 바에 의하면 조생종(품종 : 종규)을 12~1월에 난지에 심으니까 3월 상·중순에 싹이 나와서 4월에 화경이 신장하여 4월하순에 꽃눈 분화한다. 그후 약 30일 후에 발뢰기에 달하고 6월 중순경에 꽃핀다〈그림 2. II. 12-3〉. 극조생인 삼홍은 3월에 싹이 나와 추대가 시작되어 4월상순에 꽃눈 분화하고 5월 상순 발뢰기에 도달하여 6월상순에 꽃핀다.

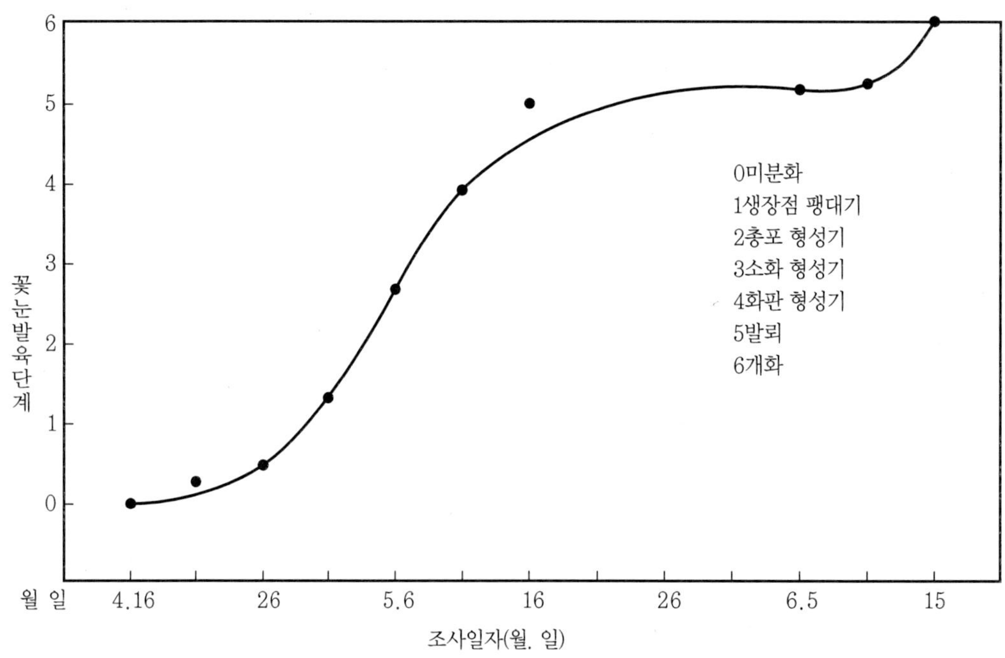

〈그림 2. II. 12-3〉 **꽃눈형성 과정(日本高知 노지재배시). 품종 종규(鍾馗)**

〈표 2. II. 12-2〉 재배온도가 리아트리스(품종 : 종규) 생장개화에 미치는 영향

재배밤 온 도	발아율 (%)	평균발아일 월 일	추대율 (%)	초 장 (㎝)	화수장 (㎝)	화 수	정식에서 개화까지 일수
무가온	100	12. 19	30	95.2	26	97.3	165.0
10℃	100	12. 18	60	90.5	32.3	99.3	156.7
15℃	100	12. 19	80	77.9	24.3	61.6	120.6
20℃	100	12. 20	100	71.3	14.5	33.1	92.5

* 12월 1일 GA 200ppm 수용액에 60분 침적 후 정식

그러나 스카리오사종의 백색품종(*L. scariosa* 'White')을 고령지에서 재배하면 6월 상순에 꽃눈 분화하여 약 2개월 후인 8월 상순에 꽃핀다.

(4) 생육온도와 일장반응

완전 휴면타파된 리아트리스는 재배온도가 높을수록 생장이 촉진된다. 그러나 고온에선 화수장이 짧아지고 품질이 저하하기 때문에 발아 후 밤 온도가 15℃ 재배온도에서 가장 품질이 좋다(〈표 2. II. 12-2〉). 즉, 약간 저온에서 개화와 생육이 좋다. 일장반응은 상대적 장일식물로서 일장이 개화에 절대적인 영향은 주지 않지만 장일에서 개화가 촉진되는 상대적 장일식물로서 저온기에는 전등조명 재배에 의하여 개화가 현저히 빨라진다. 단, 고온기엔 장일처리 효과가 적다. 촉성재배시 고소(高所) 로제트가 발생되는 경우가 있는데 그 원인은 저온, 단일이므로 전조재배하여 장일조건으로 만들면 막을 수 있다.

3. 개화기 조절의 실제

리아트리스는 노지재배, 난지의 촉성재배와 고령지의 억제재배를 조합하여 주년생산이 가능하다. 촉성재배는 첫째, 봄에 꽃핀 것을 휴면시키지 않고 가을의 서늘한 온도조건에서 정식하여 꽃피우는 방법과 둘째, 가을 이후 휴면에 들어간 것을 조기에 타파시켜 싹틔워 꽃피우는 방법이 있다.

난지에서는 봄에 꽃핀 것을 8월 이전에 냉장을 시작하여 가을에 정식하면 즉시 발아하여 꽃 핀다. 또는 냉장한 것을 9월 이후에 정식하면 2~3 주 후에 100% 발아하지만 9월 상순의 고온기에 정식하면 불추대주가 많아진다. 이때 냉장은 2℃~10℃에서 비교적 넓은 온도조건에서 차가 없지만 온도가 높을수록 부패주가 많기 때문에 2~3℃가 좋고 기간은 150일 정도가 가능하다.

한편 봄에 개화한 것을 여름 고온의 영향을 받기 전인 7월부터 저온저장하여 9월 이후 정식시기를 바꾸어도 1~4 월 출하하는 촉성재배가 가능하다.

가을에 휴면타파하여 발아 개화를 시키는 데 있어서 지베렐린 100~200ppm 을 60 분간 침적하면 개화율이 높지만 휴면이 깊은 10~11월에 처리하면 개화율이 낮다. 따라서 GA는 시기에 따라 효과가 다르기 때문에 주의한다.

4. 재배법요약

(1) 토양

배수 양호한 사질양토가 좋다 . 배수 불량한 점질토양에선 백견병 발생이 많다.

(2) 육묘

꽃 핀 후 추비 등 비배관리와 병충해 방제를 하면 2~3배의 묘가 증식된다. 노지재배에선 2~3년 노지에서 계속 재배하는 방법과 매년 지상부가 황변한 후 굴취하는 방법이 있다. 하우스 재배에서는 채화 2개월 후 구가 충분히 비대한 후에 굴취하는 것이 좋다. 굴취 후에는 지상부 경엽을 제거하고 실내 1~2일 음건시켜 분주하지 말고 그대로 상자에 저장한다. 분주하면 절단면에 상처가 부패되는 일이 많다. 정식 전에 3~4눈씩 분주하여 이랑폭 100~120cm에 4~5줄로 심거나 60~90cm 두둑에 두줄로 심는다.

(3) 비료

10a 당 퇴비 2~3ton, N 15~20kg, P 10~16kg, K 14~20kg을 시용한다.

(4) 기 타

도복방지를 위하여 네트를 쳐준다,

(5) 병충해

백견병과 균핵병 발생이 많다. 토양소독을 철저히 하고 발생하면 벤레이트, 톱신 M을 약제살포 또는 관주를 해준다.

(6) 수확 출하

저온기에는 화수가 10~20% 꽃피었을 때 절화하고 봄과 여름의 고온기에는 정화가 2~3개 꽃이 피었을 대 수확한다. 길이는 85cm 이상으로 100cm 이상은 상등품에 속한다. 10개를 1속으로 출하한다.

Ⅲ 구근류

튤립

오리엔탈나리

아시아틱나리

수선

프리지아

크로커스

시클라멘

아네모네

글라디올러스

독일붓꽃

달리아

에라티올베고니아

크리스마스베고니아

꽃베고니아

구근베고니아

1 튤립

학 명 : *Tulipa gesneriana* L.
과 명 : 백합과
영 명 : tulip
원산지 : 지중해 연안

추식 구근의 대표적인 존재로서 1630년대와 1730년대는 유럽에서 경제가 혼란할 정도로 대단한 인기가 있었다. 주산국은 네덜란드이며 국내에서도 상당량을 생산하였으나 최근 수입이 많아지고 있다. 절화, 분화 및 노지정원용으로 많이 쓰여지고 있다. 자생종은 지중해 연안, 일본, 북아프리카 등지에 150여종이 자생되고 있지만 1554년 터키로부터 네덜란드에 들여와 개량한 게스네리아나 종이 주로 재배되고, 최근에는 다른 야생종을 개량한 보태니칼 튤립(botanical tulip)이 재배되어 원예종과 구별되고 있으며, 이들과의 교배에 의한 새로운 품종이 많이 육성되었다.

1. 주요계통 및 품종

가. 원예종 튤립

*T. gesneriana*종으로 지금까지 약 7,000여 품종이나 되는 많은 계통과 품종이 육성되었다.

① 조생홑꽃(single early tulip) : 4월 상 · 중순에 일찍 꽃피며 컵 모양으로 초장은 20cm 쯤의 단간종이며, 잎이 2~3매 정도인데 잎폭이 넓어 화분용으로는 적당해도 절화용으로는 적당하지 않다. 구근은 작으며 번식률이 높지 않다. 가이자스 그론(적색에 황색 복륜), 브리리안도스타(적색), 코랄도나쇼날(심홍색), 요꼬하마(황색) 등이 있다.

② 조생 겹꽃(double early tulip) : 조생 홑꽃과 개화시기 등 성질은 비슷하나 겹꽃종이다. 피치무롯삼(핑크색), 갈톤(적색), 마샬닐(황색), 보난자(적색에 끝이 황색), 스쿠노드(백색) 등이 있다.

③ 다윈종(darwin tulip) : 원예종의 대표종으로서 절화, 화단에 널리 사용되고 있다. 꽃이 크고 초장은 40~50cm, 엽수는 4~5매로서 4월 하순에 꽃이 핀다. 저온처리에 민감하여 촉성용 재배품종이 많다. 촉성용 품종으로는 윌리암 피트(적색), 레드피트(적색), 핑크 수프림 (농도색), 크리스마스 레드(선홍색), 윌리암 코프란트(연등색), 퀸오브나이트(흑자색), 스노피크(백색), 선키스트(황색), 마마사(황금색), 파티곤(선홍색), 마루다(농적색) 등이 있다.

④ 트라이엄프(triumph tulip) : 다윈 × 조생종과의 교배종으로 중간 성질을 가지며, 개화는 4월 하순으로 줄기가 굵고 화형이 좋으며 복륜이 선명한 품종들이다. 절화 및 화단용으로 간사스(순백색 촉성용), 단바메도(농홍색), 데레스고품(적자색), 모자드(백색에 도색 복륜), 오라후(선홍색), 골멘멜로디(선홍색) 등이 있다.

⑤ 멘델종(mendel tulip) : 다윈과 조생종 다크반돌과의 교배에 의해 육성된 계통으로 조생종이며 4월 중순에 꽃핀다. 초장은 30~40cm로서 절화보다 화단 분화용이 많다. 오렌지원더 (등적색), 아즈렛(백색의 촉성용), 스칼렛원더(주홍색) 등이 있다.

⑥ 코테이지종(cottage tulip) : 만생종으로 4월 하순~5월 상순에 개화하며 초장은 40~50cm의 장간종이고 잎은 4~5매로서 색채가 선명하고 화변 끝이 뾰족하다. 노지절화나 화단에 알맞다. 골덴하베스트(진황색), 메이아(순황색), 마운트에베레스트(순백색), 바라라이카(황색) 등이 있다.

⑦ 브리더종(breeder tulip) : 화형은 둥근 구형으로 장간종이다. 여러 종류의 화색이 있다. 데렌바크(등적색), 프레지던트후버(등적색), 차이니스반데스(등갈색) 등이 있다.

⑧ 트라이엄프 더블종(triumph double tulip) : 만생 겹꽃종과 함께 소위 다윈이나 코테이지종에서 생긴 변이계통을 다른 종과 교배시켜 생긴 계통이다. 40~50cm의 장간종으로 대륜이며 화변이 크다. 4월 중순~하순에 꽃피며 마운트 다고마(백색), 신포니아(적홍색), 올골드 (황색), 메이원더(핑크색) 등이 있다.

⑨ 백합꽃형종(lily flowered tulip) : 코테이지종과 비슷하나 화변이 가늘고 끝이 뾰족하며 밖으로 반전하는 데 꽃 모양이 백합 같다. 그 동안 꽃대가 약했으나 개량종은 튼튼한 것이 많다. 차이나핑크(핑크색), 맛데리(농도색), 바랏드(적자색에 백색 복륜), 웨스트포인트(황색) 등이 있다.

⑩ 패로트종(parrot tulip) : 화변이 가장 크고 꽃 끝 가장자리에 홈이 패여져 있다. 다윈, 코테이지로부터 생긴 것으로 장간종이다. 오렌지훼보릿(등적색), 레드 패로트(적색) 등이 있다.

⑪ 하이브리드 다윈종(hybrid darwin tulip) : 다윈계와 보태니칼계의 포스테리아나종과의 교배에 의해 육성된 새로운 계통으로 장간종이며 꽃과 잎이 크고 줄기가 튼튼하다. 4월 중순경에 꽃피고 촉성용으로 많이 쓴다. 아펠돈(적색), 레드 마타돌 (홍색), 제너럴아이젠하워 (선적색), 골덴파렛드(순황색), 스프링송(주홍색), 도버(적색) 등이 있다.

⑫ 기타종 : 렘브란트(rembrant tulip), 비잘종(bizzarre tulip) 등이 있으나 품종수는 적다.

나. 보태니칼 튤립(botanical tulip)

야생종에서 재배가치가 높은 종으로서 개량이 안된 종류이나 최근 포스테리아나, 다레이기, 카프마니아종 등은 많은 개량성과가 있었다.

① 포스테리아나종(*T. fosteriana* H.) : 중앙아시아 원산으로 초장이 15~20cm, 엽폭 및 꽃이 현저히 크고 아름답다. 4월 상순에 꽃피며 바이러스에 강하다. 레드엠페라(선홍색), 가라다(등적색) 등이 있다.

② 그레이기종(*T greigii* R.) : 터키 원산으로 초장은 30cm 정도이지만 잎이 넓고 농록색에 선명한 자 갈색의 줄무늬가 있어 잎 하나만으로도 관상가치가 높다. 4월 중순경 꽃 피며 꽃이 크다. 오리엔탈뷰티(홍색), 마가렛하베스트(홍색), 가프고드(황색) 등이 있다.

③ 카무프마니아종(*T. kaufmania*) : 터키 원산으로 초장 20cm 정도의 단간종이고, 엽폭이 넓으며 자색 무늬가 있다. 3월 하순~4월 상순에 개화하고 증식률은 나쁘다. 죠셉페르디 (선홍색에 황색복륜), 세익스피어(황색에 주적색) 등 다수가 있다.

2. 꽃피는 원리와 자라는 습성

튤립은 대표적인 추식 구근으로써 가을에 심어 일정기간 저온에 처리하는 춘화처리(vernalization)를 해야 봄에 꽃피며, 일장은 개화에 관계하지 않는 중일성 식물이다. 수확 당시 꽃눈분화가 전혀 진행되지 않았지만 수확 후 저 장중에 꽃눈분화가 진행된다. 가을 정식기까지는 모든 품종에서 꽃의 각 기관이 거의 완성 된다. 따라서 정식시 꽃눈이 안에 저장되어 있는 내장형(内藏形) 구근이다.

(1) 꽃눈분화단계

생육적온은 10℃ 전후이고 초봄부터 급속히 신장하여 개화후 신구(新球)가 급속히 비대하여 6월경 수확한다. 그 후 6월 하순경부터 꽃눈분화가 시작, 8월 상순에 완료하고 10월에 정식한다. 꽃눈분화 단계는 품종, 저장온도, 수확시기, 생산지의 토질, 시비, 병충해 감염 등에 따라 차가 있기 때문에 꽃눈분화가 완성됐는지 안됐는지는 저장구근의 중앙을 예리한 칼로 종단하여 노란 생장점의 잎이 보일 때까지 인편을 떼어내고 또한 꽃눈이 보일 때까지 잎을 떼어 현미경으로 검경해서 확인한다. 저장기에 꽃눈분화되는 구근류는 모두 이와 같은 방법으로 꽃눈분화 진행과정을 검경할 수 있다. 1단계는 생장점이 편평해 인편과 엽편의 구별이 가능하고, 2단계는 생장점이 넓게 퍼지며 중앙이 돌기된다. 3 · 4단계 (P_1, P_2 : perianth ; 화피)는 화피가 형성되는 단계이고, 5 · 6단계는 웅예(A_1, A_2 :

androecium) 형성단계이고, 7단계는 심피(G : gynoecium) 형성단계로서 꽃눈분화의 최종단계이다. 이 G단계(G-stage)가 형성돼야 저온처리를 해서 촉성이 가능하기 때문에 확인이 무엇보다 중요하다. 관계되는 요인은 구근생산과 해에 따라 분화시기가 틀려지는데 대체로 6월 하순경부터 분화가 시작되어 7월 하순~8월 상순에 완성된다. 생산지의 토성이 사질토이면 양토보다 꽃눈분화와 개화가 빠르다. 굴취시기는 늦을수록 꽃눈분화가 늦어지고 생육기에 있어 양호하게 생육된 구근이 더욱 분화가 빠르다. 또한 3요소 시비가 균형 있게, 그리고 어느 정도까지 증시할수록 꽃눈분화 및 개화가 빠르다. 구근의 모양에 따른 꽃눈분화는 수하구(垂下球)가 가장 늦고 다음이 환구(丸球), 그리고 성구(成球)가 가장 빠르다, 또한 구의 크기는 대구일수록 꽃눈분화가 급속히 진행되고 소구일수록 늦어진다. 품종간 꽃눈분화는 차가 많아 조 · 중 · 만생으로 나눌 수 있으며 품종에 따라 촉성용 품종이 구분된다. 한편 후자리움과 같은 병원균이 침해하면 에틸렌이 발생되어 꽃눈분화 발달에 이상이 생겨 블라인드(꽃 안피는 현상)가 많아진다.

수확 후 저장고에서 꽃눈분화되는데 이때 저장고의 저장온도는 매우 중요한 역할을 한다. 너무 낮거나 높으면 중심부의 꽃눈이 적어지고 꽃눈분화 단계가 늦어진다. 이 온도는 저장중 전기간 일정하지 않은데 초기에는 23℃ 정도 다소 높은 온도에서 각 기관 분화가 촉진되고, 그 후 20℃, 17℃에 두는 것이 촉진되며, 전기간 20℃ 이하에 두면 각 기관이 충분한 꽃눈분화가 이루어지지 않고 잎 한매에 개화하지 않는 불완전 꽃눈구가 많아진다. 한편 루이텐의 실험에 의하면 저온이나 고온, 즉 13℃ 이하나 25℃ 이상(단, 품종 중에 따라 차가 있음)에서는 꽃눈분화가 안된다고 하였으니 주의해야 한다. 따라서 우리나라에서 구근을 생산할 경우는 저장고가 꼭 필요하게 된다. 초기에는 저장온도가 높아도 꽃눈분화가 진행되기 때문에 가을이 될수록 온도가 차츰 내려가는 쪽이 좋은데 우리나라 기상 중 8 · 9월 저장시의 고온은 구근양분의 호흡작용에 의한 양분소모가 촉진돼 블라인드가 더욱 촉진된다.

(2) 온도처리(촉성을 위한)

고온처리는 꽃눈발육에 저해작용을 하지만 꽃눈분화기 전에 습도가 40~50%의 건조상태에서 35℃에 5일 간쯤 처리하면 구근의 수분함량 감소가 현저하여 꽃눈분화를 촉진시킬 수 있고 구상처를 아물게 한다. 처리 시기가 늦어지면 부패율과 기형화 발생율이 높고 40℃가 넘으면 좋지 않다. 꽃눈분화가 완성된 구근을 저온처리하기 전에 꽃눈의 비대와 발육 및 근원체의 발육촉진을 위해 예비냉장을 하는데 13~15℃ 정도에서 20일간 처리하는 것이 좋다. 20℃에서 20일, 15℃에서 20일의 예비냉장이 끝나면 적어도 G단계에 와 있어 근부의 근원체가 인정될 때에 본냉장에 들어간다. 그렇게 하지 않고 발육이 불충분한 것을 냉장하면 꽃이 작아지고 기형 또는 블라인드가 생기거나 또는 생육 개화가 늦어진다. 예비냉장시는 수태와 같은 보습제로 습윤냉장하는 것이 좋으나 그렇게 하기 어려운 구라라파트나 초장신장이 나쁜 모자드는 건조냉장해도 된다.

예비냉장은 발근부가 말굽 모양으로 비대할 때까지 계속한다. 예비냉장중에 구근 내부는 구근 저장양분의 분해를 촉진시켜 본냉장 저온처리시에 세포의 당함량을 증대시켜 저온징해를 막아준다. 예비냉장 없이 5℃ 이하의 본냉장에 들어가면 꽃눈발육이 위험하고 개화가 늦으며 블라인드가 심하다. 한편 냉장고에 탄산가스 농도가 높으면 냉장효과가 떨어지니 환기도 주의해야 한다.

본냉장은 예비냉장에 이어 하는 것으로써 적당한 온도는 대체로 0~3℃에 50일간이 알맞다. 최근 연구에 의하면, 다윈 하이브리드 계통은 2℃에 55일 처리가 더욱 효과적이었다고 한다. 처리기간(0~3℃일 때)은 조기촉성의 경우 45~50일 정도가 좋은데 40일 이내는 개화가 늦어지고 50~70일은 잎과 꽃이 빈약해진다.

보통촉성은 35일, 후기촉성은 30일도 좋지만 반촉성은 8℃(또는 5℃)에서 30일이 좋다. 5~10℃에서는 꽃이 크게 되어 좋지만 개화가 늦다. 발근의 신장은 5℃ 이상이면 35일 정도에 1~3mm 발근한다. 한편 처리중의 온도에서 변온의 효과는 온도 폭이 넓으면 좋지 않고 습도는 높게 유지하는 쪽이 발근에 유리하다. 한편 꽃눈분화 전에 저온저장은 화기의 이상을 가져와 윌리암피트를 꽃눈분화 전 5℃에 저장했더니 그 후 온도에 관계없이 겹꽃이 많았고, 프라이드 오브하렘도 꽃눈분화 전부터 15℃ 저온에 저장한 구는 현저히 겹꽃 출현율이 높았다고 보고하였다. 또한 보통재배에서 굴취 직후부터 정식할 때까지 초기 45일간을 30~32℃에 저장한 구는 꽃눈분화 초기에 고온이기 때문에 화변형성이 방해되므로 잎으로 변하여 화관이 구부러지는 현상이 나타나는데 이는 대구일수록 많으며 저온처리 전후에 NAA와 2-4-D 처리한 구근이 많으며 TIBA(생장 저해제) 처리는 감소하였다고 하였다.

(3) 저온처리 후의 문제

온도처리를 마치고 정식할 때에는 발근이 개시되어서 근장이 1cm 이내일 때가 좋다. 길게 자란 뿌리가 절단되면 다시 재생되지 않아 블라인드가 발생된다. 또한 시험에 의하면 온도처리 후 톱밥과 저장한 구근은 4일 후까지는 바로 정식하지 않아도 별 차가 없었으나 6일 후부터는 정식이 늦어질수록 생육이 전체적으로 나쁘고 블라인드가 많다. 따라서 처리 후는 뿌리가 상하지 않게 바로 심어야 한다. 만약 바로 정식이 어려우면 15℃ 내외의 실내에 저장할 필요가 있다. 정식시의 온도는 15℃ 이하인 상태가 좋고, 너무 높을 때는 볕 가림으로 온도가 하강하도록 재배적 조치를 해 준다.

(4) 생장조절제의 영향

지베렐린(GA)을 근원체 활동이 시작된 시기에 맞추어 100ppm에 24시간 침적한 결과 생육개화에 촉진적이었으나 이전에는 좋지 않았다. 발아 4cm 쯤 잎이 말랐을 때 GA 120ppm 1mL를 적하(滴下)한 구는 생육 개화촉진 효과가 현저하였고 19일간 개화촉진이 인정되었다. 한편 초장 4cm 정도의 말린 잎 상태 때에 메타놀에 녹인 GA 400ppm을 lmL 떨어뜨려 보았더니 12일 개화촉진 효과가 있었다고 하였고, 저온처리가 불완전한구도 GA 처리로 부분적인 보충효과가 인정되었다. 냉장기간에 관계없이 3회 처리는 24일, 2회 처리는 l8~21일, 1회 처리는 10~18일 정도의 개화촉진 효과가 있었다. 기타 생장조절제로서 MA를 1회 엽면 살포한 경우 1% 이상에서는 10% 이하의 발아율을 보였으나 0.1% 이하에서는 개화에 80% 이상 발아했으나 봉오리가 나온 것은 0.l% 이하에서도 이상개화하여 개화에 저해작용을 보였다. 2 · 3 · 5-T 100~200ppm 산포로 출뢰 전후 잎의 신장이 나쁘고 웅예, 자예의 기형 또는 불완전화가 발생하였다. 2 · 4-D 또는 NAA도 개화에 악영향을 주었다. 2 · 4 · 5-TP는 초장신장을 억제하거나 화중, 절화중을 증가시켰다.

3. 개화기 조절의 실제

작형을 구분시켜 보면 초촉성, 조기촉성, 보통촉성, 후기촉성으로 나눌 수 있는데, 초촉성이란 11~12월에 가장 일찍 촉성재배하고, 이어서 조기촉성, 보통 촉성재배를 하고, 3~4월경 가장 늦게 생산하는 반촉성 재배가 있다(〈표 2. III. 1-1). 일반적으로 재배되는 작형은 〈표 2. III. l-2〉와 같이 출하기를 고려해서 구근의 크기와 냉장처리를 하여 정식을 맞춘다.

〈표 2. III. 1-1〉 튤립 촉성재배 시기별 종류

월 / 구분	11	12			1			2			3			4	
	하	상	중	하	상	중	하	상	중	하	상	중	하	상	중
예 1	초	촉	성		중	기	촉	성					반	촉	성
			조	기	촉	성			후	기	촉	성			
예 2	초	촉	성		보	통	촉	성							
				조 기	촉	성					반	촉	성		
예 3			초	촉	성				중 기	촉	성				
						조 기	촉	성				반	촉	성	

〈표 2. III. 1-2〉 튤립 촉성과 반촉성재배 작형

작 형	출 하 기	구 등급	저온처리	정 식	가온개시(입실시기)
1 기작(촉 성)	12월 하순 ~ 1월 상순	1 등급	냉 장	10(월) 10(일)	11(월) 하순
1 기작(반촉성)	1월 중순 ~ 2월 중순	1 등급	냉 장	10(월) 25(일)	1(월) 상순
1 기작(반촉성)	2월 하순 ~ 3월 상순	2 등급	냉 장	2(월) 상순	2(월) 상순
1 기작(반촉성)	3월 중순 ~ 3월 하순	3 등급	무 냉 장	11(월) 20(일)	–

* 남부지방을 중심으로 한 작형. 3~4 기작을 하우스에서 1작하는 데는 상식 (床植)요

(1) 구근의 크기와 촉성용 구근

초촉성 또는 조기촉성에는 특등구(구주 13cm 이상)~1등구(구주 12~13cm)를 사용하고, 1~2월 출하하는 1등구(구주 12~13cm)~2등구(구주 11~12cm)를 사용하며, 반촉성재배는 0~3℃의 저온처리를 하지 않는다면 3등구(구주 10~11cm)도 좋다. 꽃눈분화는 구근의 크기에 비례해서 클수록 빠르다.

(2) 초촉성과 조기촉성

구근을 수확한 후 건조시킬 때, 급격한 건조는 열피(裂皮)가 생겨 병충해 발생이 우려되니 서서히 건조시키는 것이 좋다. 35℃에 5일 동안 고온건조시킨 후 20~23℃에서 꽃눈분화를 시킨다. 25℃ 이상에서는 꽃눈을 억제하기 때문에 20℃ 정도의 냉량건조(冷凉乾操)가 좋다. 노즈(새싹)가 적어도 5~6mm 이상 달할 때 13~15℃에서 20일간 예비냉장한다. 예비냉장하면 발근부가 말굽처럼 부풀어 오른 후 0~3℃에서 45~50일간 본냉장을 한다. 냉장시 5℃ 이상에서는 발근이 되니 주의한다. 이때 너무 자라면 절단되어 재생이 안 되어 블라인드가 생긴다. 정식기 때 1cm쯤 발근된 것을 정식하고 미발근된 것을 15℃에 2~3일간 두면 발근된다. 정식기는 〈그림 2. III.1-1 〉과 같이 재배력을 고려해서 한다.

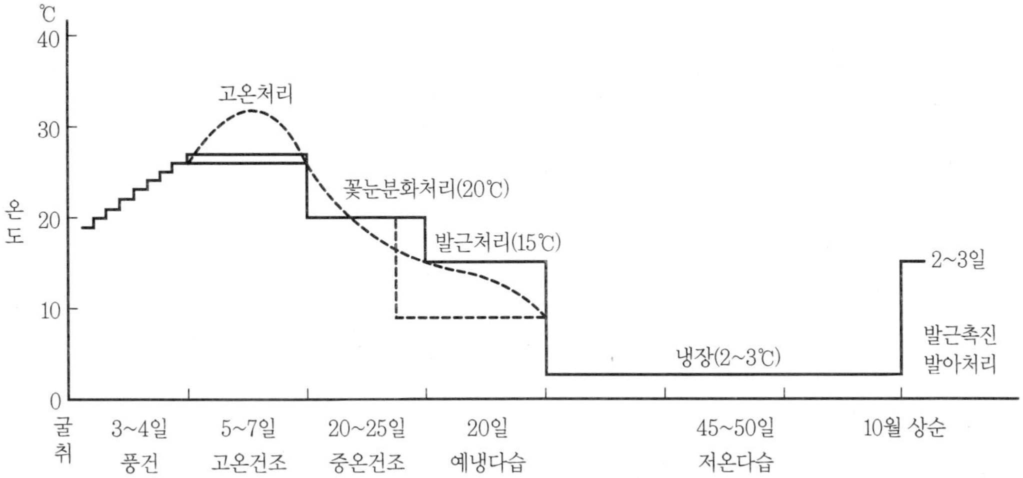

〈그림 2. III. 1-1〉 튤립 조기촉성재배

(3) 보통촉성

〈그림 2. III.1-2〉와 같이 고온처리구가 아니더라도 적온에 잘 건조시켜 사용할 수 있다. 20℃에서 21~28일 정도 꽃눈분화시키고 15~20일간 예비냉장시켜 발근촉진시킨 후 본냉장을 하는데 기간은 5일 정도 단축시켜 정식한다.

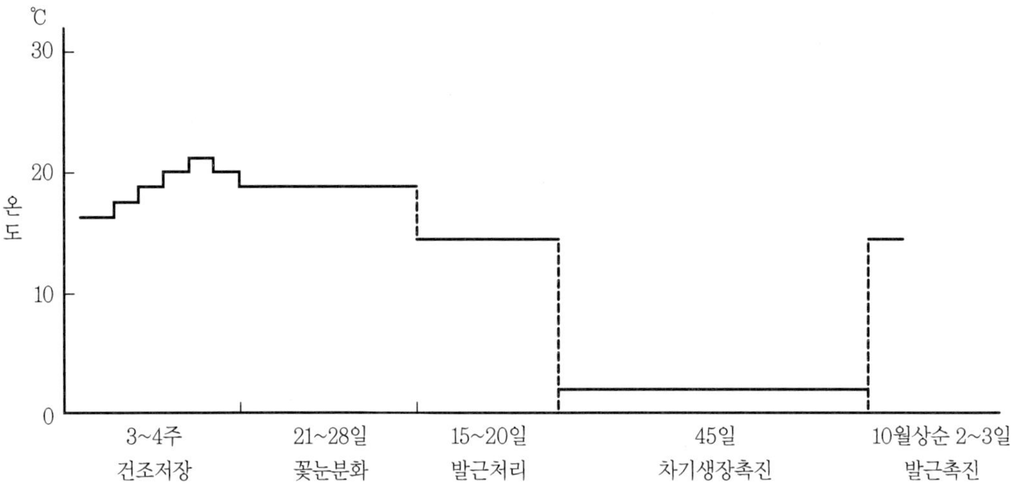

〈그림 2. III. 1-2〉 보통촉성재배 온도처리

(4) 반촉성

특정 품종 또는 산지를 가리지 않고 사용할 수 있다. 냉장은 8℃ 또는 5℃에서 45일 가량 한다. 이런 온도에서는 발근이 잘 되니 다른 처리는 불필요하다. 또한 무냉장으로 재배하는 경우는 10월 중순경 상자 또는 얕게 지식(地植)하여 그 위에 왕겨 등으로 피복하여 자연 저온처리시켜 입실시킨다. 실험에 의하면 수원지방에서는 1월 상순경이 알맞다(〈그림 2. III.1 -3〉).

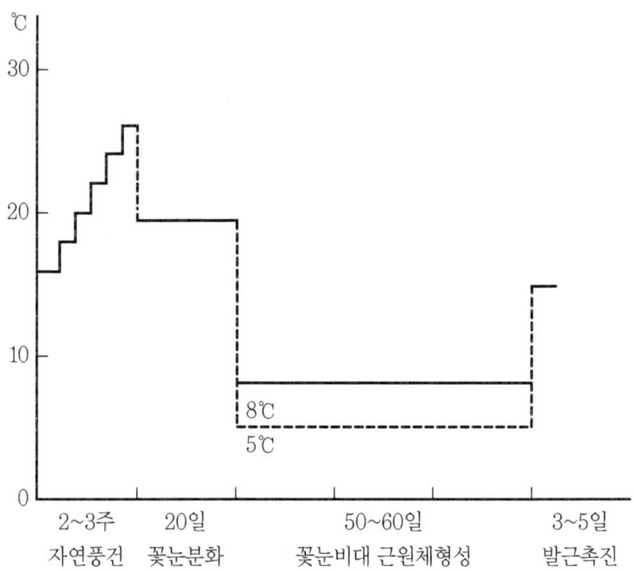

〈그림 2. III. 1-3〉 반촉성재배 온도처리

(5) 노지 보통재배(4월 출하)

일반 구근 생산 및 노지 절화재배로서 개화가능한 소구를 일반 재배방식으로 10월 하순 ~11월 상순에 정식한다. 다윈 하이브리드, 다윈, 만생 겹꽃 등 만생종이 좋다.

(6) 억제재배(5~6월 출하)

보통재배와 같지만 보다 만생종으로 양질 품종을 선택하여 해발 500m 이상 되는 적설지대의 북향지대와 같이 지온이 낮은 곳을 택하여 재배하면 개화가 늦게 된다. 그러나 바람직한 방법은 아니다.

4. 재배법 요약

촉성을 위한 온실재배는 구근의 상부가 1/3 정도 올라오도록 얕게 심고, 상자에 심을 때는 6×9cm 간격으로 심는다. 심은 후는 그늘진 곳에 묻고 짚을 덮어 지온이 올라가지 않도록 한다. 재배토양은 깨끗하고 비료분이 적은 배수양호한 토양을 사용하고, 입실 후는 1주일 정도 신문지를 덮어서 햇빛을 막아 주다가 서서히 벗긴다. 입실 후 눈이 6~9cm 정도 자랄 때까지는 13~15 ℃로 관리해 주고, 그 후 개화까지는 15~20℃로 관리한다. 일반 노지재배나 구근 생산재배는 〈표 2. III. 1-3〉과 같이 심는다. 정식거리는 구근의 크기에 따라 달리하고, 이랑넓이는 100cm 이상, 사이는 60cm로 하여 심으며, 복토는 구근의 3배로 한다. pH 6.5 정도에서 좋고 비료는 10a당 N 11kg, P 15kg, K 20kg을 시비하고, 구근 비대기인 개화기에 관수를 충분히 해주며, 바이러스 방제를 위한 진딧물 방제를 철저히 한다. 구근 수확은 잎이 2/3 정도 황변했을 때 하고, 수확시는 벤레이트나 캐프탄으로 구근을 소독한 후 저장하도록 한다.

〈표 2. III. 1-3〉 튤립 보통재배 재식거리와 소요구수(10a)

구근종류	구주	재식거리	소요구수
소구	5 이하 (㎝)	5×5 (㎝)	240.0 (만구)
양성구	6 ~ 9	7×8	108.3
모구	9 ~ 11	10×12	44.5
번식구	13 이상	15×15	26.6

절화는 꽃이 착색한 지 2일 만에 1개의 길이가 40cm 이상 되게 잘라 10개를 한 속으로 하여 출하한다. 병으로는 후자리움에 의한 구근부패병과 보토리티스병에 주의한다. 구근소독과 벤레이트, 캐프탄을 뿌려주고 토양소독을 철저히 한다.

2 나리류

학 명 : *Lilium* spp.
과 명 : 백합과
영 명 : lily
원산지 : 일본, 중국 및 대만

전세계에서 100여 종이 자생하고 변종만 해도 500~600종이나 되는데 국내에는 11종의 개발가치가 높은 종류가 자생하고 있다. 주로 나팔나리(철포백합)와 스카시나리(틈나리, 유색백합, 투백합, 엘레칸스백합은 같은 이름)가 가장 많이 이용되고 있다. 최근 교배종들이 많이 재배되고 있는데 나팔나리 교배종, 아시아틱나리 교배종(틈나리와의 교배종), 오리엔탈나리(일본 산나리 등과의 교배종)가 시중에 많이 이용되고 있다. 이번 항에서는 나팔나리를 중심으로 언급하겠다

2-1. 나팔나리 (*L. longiflorum*, Easter lily)

백합류 중 가장 수요가 많은 백합인데 일본 가고시마를 중심으로 한 류구열도와 오끼나와, 대만에 자생되는 백합으로써 크리스마스 절화, 부활절 분화 등 기독교 의식 때 많이 이용하고 결혼식이나 장례식 때 많이 사용한다. 초장은 60~90cm로서 자연상태에선 6월 중순부터 7월 상 · 중순에 꽃핀다.

1. 주요 품종

(1) 죠지아

미국에서 1940년경 육성된 품종으로 꽃은 중형이고 고성으로 청축(青軸)이며 절화용으로 많이 쓰인다. 구근의 비대와 발육은 좋으나 지역에 따라 분구가 많은 것이 흠이다. 초촉성 재배에서 반촉성까지 어느 작형에도 적당한 품종으로 일찍 피지는 않지만 휴면이 깊지 않아 고온에서도 잘 발육하여 화수가 많다.

(2) 히노모도

일본 옥구섬(屋久島)에서 야생되고 있는 우수한 1계통을 선발, 20여 년간 번식하여 보급한 품종으로 생육이 강건하고 분구가 적으며 구근 비대기 좋다. 초형이 뛰어나고 꽃이 균형이 있는 절화 전용종이다. 구근이 강건하고 휴면이 짧아 두 번 절화해도 좋다.

(3) 신나팔나리

나팔나리와 고사백합(대만나리)과의 교배종으로 실생 6~9개월이면 개화하여 주로 실생재배하지만 〈표 2. III. 2-1〉과 같은 여러 계통이 있다. 바이러스병 방제와 종묘비 절약(구근의 1/10)을 위해 인기가 높다. 국내에서 육성한 은하, 무학이 있고, 기타 조생 아즈사, 만생 아즈사, 아사마 등이 있다.

〈표 2. III. 2-1〉 신나팔나리의 계통분류

구 분	계 통
실생타입	은하 1호, 백봉, 신설, 백마, 담하계 (淡河系)
구근타입	BS수퍼, 갑신(甲信), 복수(福壽)
실생, 구근타입	진산, 히노모도

(4) 기타

일본에서 육성된 분화용으로 알맞은 장태랑(長太郎)과 청축(青軸)의 중 · 조생종으로 조기 촉성재배에 적당한 영랑부(永郎部 : 에라부) 백합이 있으며, 반흑축계(半黑軸系)의 거대륜 품종으로 초촉성 및 촉성에 적당한 좌백 30호(佑伯30號)가 있다. 기타 전하 1호, 성산(城山), 상근(箱根) 등이 있고, 화분용으로 넬리화이트(Neli white) 흑축(黑軸), 고천수(高千穗)가 있다.

2. 꽃피는 원리와 자라는 습성

다른 추식 구근과 마찬가지로 수확 후 2~3개월 휴면하고 저온처리로 타파된다. 일장은 꽃눈분화 15일에 직접적인 영향은 없으나 저온대체효과와 꽃눈분화 및 생장을 촉진하는 상대적 장일식물이다.

휴면은 구근 내부에 있는 자인편(inner scale)에 존재하며 휴면타파는 화수(花數)를 감소시킨다. 틈나리와의 개화생리상의 차는 〈표 2. III. 2-2〉와 같다. 저온요구와 저온처리를 받지 않으면 꽃 수가 나팔나리는 많아지고 틈나리는 적어진다.

〈표 2. III.2-2〉 나팔나리와 틈나리와의 개화생리차 (Roh)

종 류	개화필요조건	휴면깊이	저온처리온도	저장기간
나팔나리	저온, 장일 (상대적)	약	4 ~ 5℃ 6주	질소 100% 저장고에 1~8℃ 저장후 -2℃ 14~15월 저장가능 (네덜란드)
틈나리	저 온	강	2 ~ 4℃ 6주	1~0℃에서 12개월 가능 (미국)

* 품종, 구근크기, 생산지에 따라 저온요구도는 달라짐

〈표 2. III.2-3〉 저온처리 유무 (有無)별 개화생리차

저온처리 주수	종 류	정식후 맹아까지 일수	개화소요일수	화수(花數)
0주	나팔나리	70(일)	230	15~20
	틈 나 리	60~200	80	2 ~ 3
6주	나팔나리	70	120	6 ~ 8
	틈 나 리	60	70	6 ~ 7

(1) 구근수확과 휴면

개화 직후 수확한 구근은 거의 정상적인 추대를 행하지 않으나 일수가 지남에 따라 추대율이 높아지고 개화 42일 후쯤에는 100% 추대된다. 또한 저장일수는 오래될수록 추대율이 증대된다(〈그림 2. III. 2-1〉). 이는 수확기에 따라 휴면의 깊이에 차가 있음을 보여주고 있다. 따라서 조촉성용은 난지산에서 일찍 개화한 구근을 일찍 수확해 사용한다. 일반적으로 꽃이 지고 지상부가 마른 후 2~3개월 휴면하며 이전에 심으려면 휴면 타파를 시켜야 한다.

(2) 휴면과 휴면타파법

굴취한 구근은 휴면상태에 있게 되고, 이 휴면은 가을의 자연 저온상태에 들어감으로써 소멸된다. 촉성용 구근은 휴면이 얕은 경우 생장에 의해 휴면타파되지만 깊은 경우는 냉장만으로는 무리이며 강한 휴면타파처리가 필요하다. 휴면이 문제가 되는 시기의 냉장은 0~5℃의 저온에서는 발아가 극히 나쁘고, 8℃ 보다도 13℃ 쪽이 좋다. 저온 감응온도는 8~10℃가 좋기 때문에 13℃ 2주~3주+8℃ 4주~5주간 온도처리 조합이 좋다. 한편 휴면이 깊을 때는 14℃에 7주간 처리도 좋다. 냉장도 휴면타파에 효과가 있지만 지베렐린(GA), 온탕처리, 에틸렌, 석회질소, 카이네틴, 메타놀 등도 효과가 있고, 역효과를 나타내는 것으로는 NAA 나 고온 처리(乾熱)가 있다.

① **온탕처리(溫湯處理)** : 45~48℃되는 온탕에 30분 이상 침적하는데 시험결과에 의하면 1시간이 가장 좋았다. 42℃ 이하에서는 효과가 떨어지고, 50℃ 이상에서는 구근이 고온에 의해 열해를 받을 수 있으므로 위험하다. 이 방법은 발아촉진 외에 뿌리응애, 선충, 백견병, 피티움 등의 병충해 방제효과도 있다. 이러한 휴면타파 기작은 다음과 같이 이해될 수 있다. 즉, 묵은 외부 인편은 내부 인편보

수확후 저장일수 (주)	수확시기(개화후 일수)				
	6월 19일 (직후)	7월 3일 (15일)	7월 17일 (28일)	7월 31일 (42일)	8월 12일 (52일)
0	0	20.0	86.6	100	100
2	10.0	33.3	10.0	96.6	100
4	16.6	63.3	86.6	100	100
6	28.5	75.0	96.2	100	96.6

〈그림 2. III. 2-1〉 나팔나리(품종 : 히노모도) 추대율에 미치는 구근 수확시기와 저장일수별 정상 추대율(%)

다 옥신함량이 많고 억제물질도 많은데, 온탕처리하면 억제물량이 급격히 감소되고 그 후 저온처리하면 묵은 인편의 옥신함량이 현저하게 증가하여 휴면타파 효과가 높고 생장활력이 증진된다.

① **생장조절제 처리** : 지베렐린은 가장 효과가 높은데 GA_{4+7}은 200ppm(mg/L)에서, GA_5은 1,000ppm에서 2~3초간 침적처리하면 탁월한 효과가 있다는 시험보고가 있다.

에틸렌은 10%에 3일간, 석회질소는 5~10%액에 30분 정도가 좋은데 품종간 차가 크다. 한편 메타놀은 20%에 30~60분간 처리도 보고되었으나 그 효과는 재검토중에 있다.

② **저온처리(低溫處理)** : 작형과 정식 후 생육조건에 따라 처리온도를 달리함이 좋다. 초촉성은 13℃ 정도의 온도처리가 좋고, 12월 개화에는 9월 상 · 중순 서늘한 시기에 정식하기 때문에 8~10℃에서 6~7주간 처리가 좋고, 1~3월 개화에는 10~11월 자연온도에 두기 때문에 0~5℃에서 처리가 좋다. 냉장온도는 생육 초기, 재배온도와 비교하여 8~15℃로 낮게 하면 좋다. 그 이상의 차가 크거나 작으면 좋지 않다. 본냉장은 8~10℃가 좋지만 5~6℃도 좋다. 전술한 바와 같이 품종에 따라서도 차가 크다.

③ **장일처리(長日處理)** : 장일은 저온과 같은 정도의 생육개화에 효과가 있으나 직접 개화율의 향상에는 거의 효과가 없다. 장일처리는 저온처리와 마찬가지로 초장신장 및 화수(花數)를 감소시킨다. 저온처리가 덜 끝난 구근은 일장처리로 대체할 수 있고 저온처리 효과를 장일처리로 대체할 수 있는데, 시험에 의하면 장일 처리 6주간의 것과 저온처리 6주간의 것은 저온처리 6주간이 다소 빠르지만 대차(大差)가 없고 장일 3주+저온 3주도 같은 결과가 있다고 하였다. 효과적 일장처리는 형광등이나 백열등으로 378룩스 광도에 밤 10시에서 새벽 2시(4시간)까지 심야 단시간 조명이 효과적이라는 보고가 있다. 이때 나팔나리 생육온도는 21℃ 정도가 좋았다. 완전저온처리가 끝난 것은 덜 효과적이다.

(3) 생육과 개화

발아하여 추대개화한 후 휴면을 하는데 휴면타파된 구근은 0~20℃의 범위에서 생장개화가 이루어진다.

지상부 발육적온은 18~20℃이며, 12℃ 이하에선 발육이 나쁘고 촉성재배는 15℃ 이상 유지해야 좋다.

꽃눈분화는 어느온도에서 냉장처리를 하였느냐에 따라 정식 후 꽃눈분화까지 일수가 다르게 된다. 예컨대 죠지아를 8월 22일에 정식하여 꽃눈분화를 조사한 결과 13℃에서 냉장한 것은 10~15일에 꽃눈분화했고, 8℃에서는 20일에 분화가 시작되었으며, 5℃는 35일, 2℃는 50일 만에 꽃눈분화가 인정되었다. 따라서 고온기에는 냉장온도가 높은 쪽이 빨리 꽃눈분화하여 유리하였다. 따라서 알맞은 저온처리에서의 꽃눈분화는 고온 쪽이 빠르고 초촉성은 8℃ 이상, 13℃가 빠르다. 자연상태에서는 22~32매 잎이 전개될 쯤 꽃눈분화한다.

(4) 블라인드(不開花)와 불발아(不發芽) 대책

블라인드는 고온다습시 200룩스 이하의 일조 부족에서 생기는 경우가 있는데 피복자재를 세척하여 광투과율을 높이고 물방울이 맺히지 않는 피복재료를 쓴다. 토양수분이 부족하거나 건습교차가 심하지 않게 하고 염류집적과 뿌리부패가 되지 않도록 토양소독과 배수를 좋게 한다. 저온 특히 꽃봉오리가 1~10cm일 때 최저 야간온도를 5℃이상 되게 하고 생육적온을 15~20℃되게 한다. 질소수준이 50ppm 이하가 되지 않게 하고 재식밀도를 너무 높게 하여 도장되지 않도록 하면 블라인드를 감소시킬 수 있다.

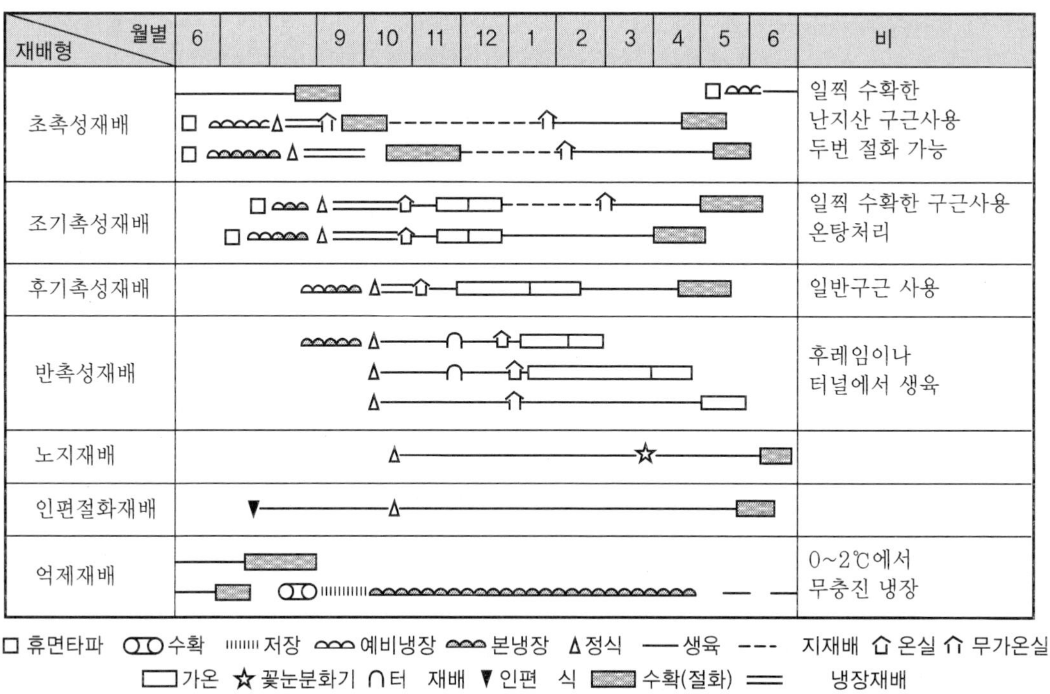

〈그림 2. III. 2-2〉 나팔나리 절화재배 개화기 조절 재배작형

불발아(不發芽)는 개화 후 6주에 수확하여 미성숙 구근을 쓰지 말고 수확전 줄기가 시들지 않게 하며, 굴취 1~4주(週) 사이에 온탕처리를 행하며, 냉장처리시 CO_2를 적게 환기시키고 적습 · 적온조건을 유지시키며, 정식 직후 고온처리로 이춘화현상(devernalization)이 되지 않게 충분한 저온처리를 한다.

(5) 신나팔나리의 개화생리

나팔나리와 비슷하지만 영양생장 기간이 다소 길기 때문에 다소 늦다. 구근재배는 자연상태에서 조생종은 4월 하순~5월 상순에 꽃눈분화하여 6월 하순~7월 상순에 개화하고, 만생종은 5월상순~하순에 꽃눈분화하여 7월 중순~8월 상순에 개화한다. 이때 화경장은 10~40cm 쯤 된다. 실생재배는 11월~2월 사이에 파종하여 3~4월 후인 5월 상순경 정식하면 그 후 6월 하순부터 7월 상순에 장기간에 걸쳐 꽃눈분화하여 1개월 후에 꽃봉오리가 형성되고 그 후 1개월 후에 꽃이 핀다. 꽃눈분화 완료시 전개엽수는 20~30매, 초장은 40~80cm 정도가 된다.

3. 재배작형

나팔나리와 신나팔나리의 재배작형은 〈그림 2.III.2-2〉 및 〈그림 2.III.2-3〉과 같다. 설명은 생략한다.

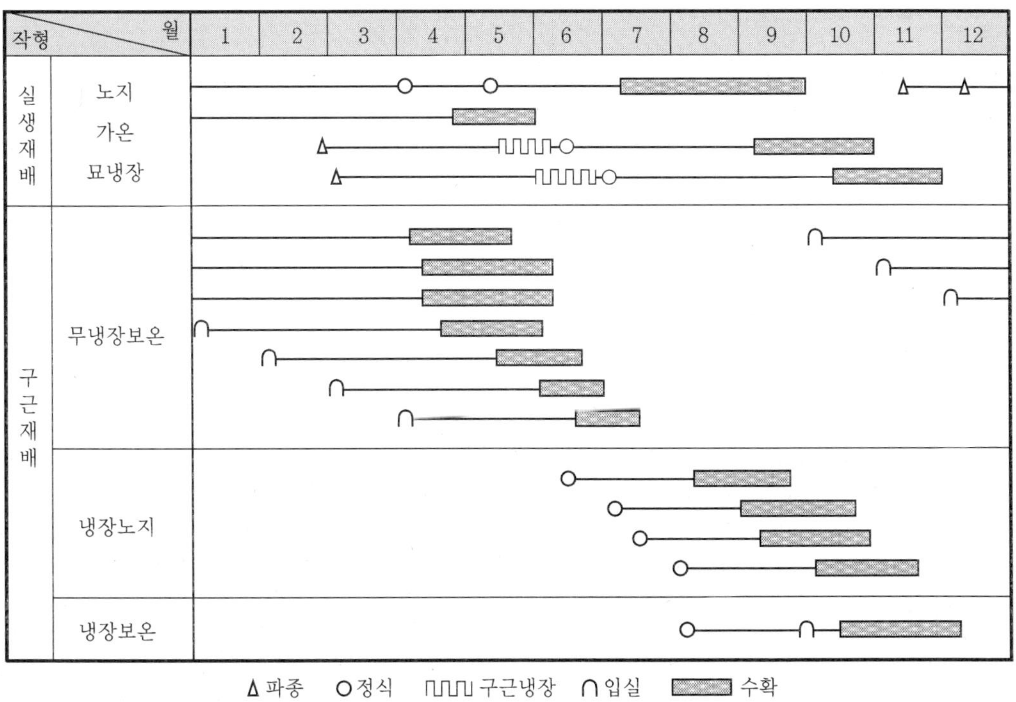

〈그림 2. III. 2-3〉 신나팔 나리의 작형(예)

2-2. 아시아틱 나리 (Asiatic hybrid)

일본 북해도에서 시베리아에 걸쳐 자생하는 *L. dauricum*, 일본 중부에 있는 *L. maculatum*과의 교잡에 의해 만들어진 *L.×elegans*와의 교배종인 Asiatic hybrid와 기존 틈나리(*L. elegans*)에 Enchantment 등 외국품종과 교배되어 최근 많은 품종이 만들어졌는데 *L. tigrinum, L. amabile, L. leichtinii* var. *maximowichii, L. davidii* var. *willmottiae* 등과 종간잡종에 의해 많은 품종이 만들어졌다

(1) 꽃피는 원리와 자라는 습성

추식한 틈나리를 추식하여 초봄 싹이 2~5cm가 되면 꽃눈형성이 된다(단, 만생종은 6cm 정도 돼야 됨). 5월 중순에 꽃눈분화되고 6월 하순경에 개화한다. 5℃에 4주 정도의 저온처리가 필요하고 6~8주 하면 개화소요기간이 단축된다. 20℃ 이상의 재배온도는 개화는 빠르나 생육 도중 고사하는 일이 많다. 분화한 꽃눈은 24,000Lux 정도의 광상태에서 잘 발달하지만 12,000Lux도 차광되면 50% 이상 불개화현상이 일어난다. 이 때 ethylene 발생에 의한 블라인드로 해석하고 있다. 고온, 온도의 급변은 재배상 제일 큰 문제가 된다. 억제재배시에는 -2℃에 장기저장했다가 저장종료 후 서서히 (10~15℃) 해동 후 재배한다.

(2) 재배작형

11월부터 4월까지의 재배작형은 〈그림 2. III. 2-4〉와 같다.

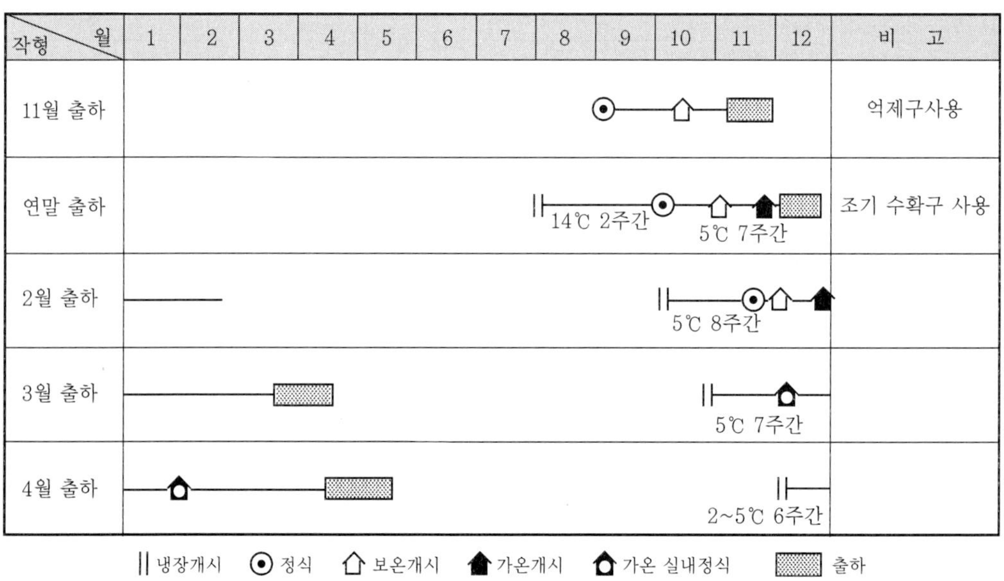

〈그림 2. III. 2-4〉 아시아틱 나리의 작형(난지. 남부지방)

2-3. 오리엔탈나리 (Oriental hybrid)

원종은 일본에 자생하는 산나리(*L. auratum*), 점박이나리(*L. speciosum*), 사사나리(*L. japonicum*), 을녀나리(*L. rubellum*)를 종간 및 품종간 교배육성된 품종들이다. 꽃이 크고 향기가 나기 때문에 고급꽃으로 인기가 높다. 최근 많이 재배되는 카사블랑카(Casablanca), 르레브(Le Reve), 마르코폴로(Marco polo), 아카풀카(Acapulca) 등은 국내 수요도 높지만 수출도 많이 된다. 구근 장기저장법이 개발되어 연중재배가 가능하나 겨울철은 광선부족, 여름철은 엽소현상이 염려되고, 봄과 가을은 주야간 온도차가 심하여 엽고병이 발생하기 쉽다. 수입종구를 자급화하는 것이 중요과제로 되어 있으나 차츰 자급률이 향상되고 있다.

(1) 꽃이 피는 원리와 자라는 습성

자연상태에서는 봄에 싹이 터서 여름에 개화하고 겨울에 휴면하는 겨울휴면형 나리로서 저온처리를 받지 않으면 싹이 트지 않는다. 여름휴면형 나팔나리는 고온 휴면타파되는 것과는 반대적 성질을 가지고 있다. 건조에 약하고 하근(下根)이 나온 후 새싹이 나와 구근 바로 위에 상근(上根)이 나온다. 꽃대가 자라면서 다음 해에 자랄 구근을 형성한다. 정식 후 구근은 발근, 발아에 이용되어 점차 줄어들며 꽃봉오리 출현 무렵 최저 상태가 되지만 그 후 개화 후 급격히 비대하여 개화 2개월 후면 완전 비대하여 휴면에 들어간다. 2~5℃에서 8~10주간 저온처리가 필요하고 장기저장시에는 10℃ 2주 → 2℃ 4~8주 처리 후 −1.5℃에 장기 저장(9개월 이내가 좋음) 하였다가 심기 전에 5~6℃에서 4~5일 순화시킨 후 정식하거나 5℃ 1주 → 8℃ 1주 → 13℃ 1주 저장하여 5cm 정도 새싹이 나온 후 정식한다. 6~7월에 정식하면 60~80일 만에 개화하지만 봄과 가을은 80~100일, 겨울은 100~120일 걸린다. 생육 적온은 초장이 10cm 이내일 때는 9~13℃, 꽃눈분화기(10~20cm 초장)는 15℃, 그 후는 18℃가 좋다. 주간온도는 야간온도보다 5~10℃ 높게 관리하되 기온차가 심하면 엽소 및 기형화가 발생되기 쉽다. 정상개화에 필요한 광량은 20kLux로 여름철에는 30~40% 차광해야 좋다. 일조부족(50% 이상 차광)은 웃자라고 꽃대가 연약하며 꽃봉오리가 일찍 떨어지거나 발육이 정지되며 고온시 피해가 크다.

(2) 종류와 품종

측향개화종이 많으나 상향(上向) 개화종도 최근 육성되어 있다. 꽃이 크고 분홍색~흰색까지 다양하며 향기가 있다. 주요품종은 아카풀카(연분홍, 장간종), 카사블랑카(백색, 장간종), 카스케이드(분홍, 장간종), 르레브(분홍, 중간종), 마르코폴로(백, 분홍, 중간종), 스타게이저 (분홍, 적, 단, 중간종) 등이 있다.

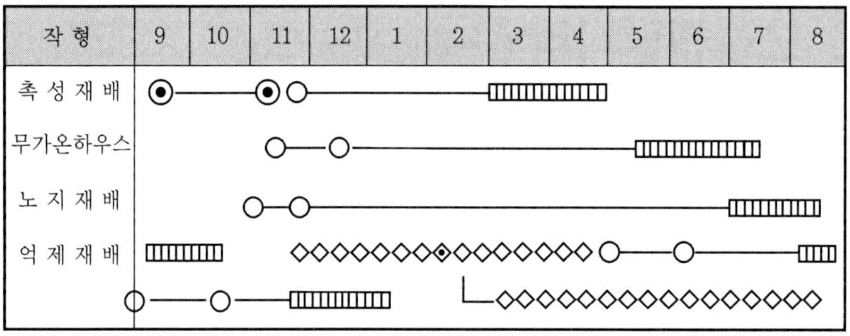

◉ 저온처리 (2~5℃에 8~9주) ○ 정식 ▥ 출하 ◇◇ 냉동저장(−1.5℃)

5~9월은 30~40 차광재배, 10~4월은 가온재배

〈그림 2. III. 2-5〉 오리엔탈나리의 재배작형

(3) 재배작형

3~4월에 출하하는 촉성재배는 9월 중순부터 11월 중순까지 2~5℃에 8~9주간 저온처리하여 정식하고 5~7월에 출하하는 무가온 하우스 재배는 11~12월에 정식하여 무가온 하우스에서 저온처리시켜 재배하고, 억제재배로는 구근수확하여 −1.5℃에 장기저장하였다가 8~10 월 출하하거나 8월 하순~10월 중순에 정식하여 11~1월에 출하한다. 기타는 〈그림 2. III. 2- 5〉를 참조하기 바란다.

(4) 기타

저온처리되지 않는 구근은 2~5℃에 8주간 처리하고 장기저장구는 −2℃에 저장하였다가 필요한 시기에 정식한다. 구근이 말랐거나 뿌리가 상하고, 갯빛곰팡이병이 걸린 구근은 제거하고 심는다. 구근수확시나 소독시는 밑뿌리가 상하지 않도록 하고, 가능하다면 18cm 이상의 구근을 사용해야 절화 품질이 좋다. 여름철 정식 구근 22cm 이상 구주를 가진 큰 구근을 사용하면 좋다.

pH는 5.5~6.5, EC는 1.5mS/cm 이하가 좋다. 유기질이 많고 배수 · 보수가 좋은 흙이 좋고, 기비로는 l0a당 완숙퇴비 lton, 유안 l0kg, 용성인비 29kg, 염화칼리 13kg을 정식 2주 전에 넣고서 30cm 이상 깊이 갈고, 연작피해가 염려되는 곳은 토양소독을 한 후 정식한다. 정식거리는, 카사블랑카는 20×20cm, 르레브는 l5×15cm, 아카풀카 및 마르코폴로 등은 18×18cm 간격으로 심는다.

깊이는 지상부에서 7~10cm 깊이로 한다. 얕게 심으면 개화는 빠르나 상근(上根)의 발육이 나빠서 절화 품질이 떨어진다. 정식 후는 12~14℃로 하고 꽃눈분화기(초장 10~20cm 시기)는 16~17℃, 그 이후는 18℃로 관리한다. 주간은 야간보다 5~10℃ 높게 하고 너무 건조하지 않게(80~85% 상대습도) 한다. 겨울철은 2중 피복을 피하고 흐린 날은 10m^{2}당 400W 전등을 16시간 보광해 주면 좋다. 수확은 1번화의 꽃봉오리가 품종고유 색깔로 물들 때 아침에 하고, 줄기 하단 10cm는 잎을 제거한다.

3 수선

학 명 : *Narcissus* spp.
과 명 : 수선과
영 명 : narcissus, daffodil
(나팔수선 : trumpet narcissus)
원산지 : 한국, 중국, 일본, 유럽, 지중해

자생지에는 25~35종이 있지만 주로 7종의 수선이 재배된다. 추식 구근 중 내한성이 강한 종류로서 다른 추식 구근보다 봄 일찍 꽃이 핀다. 품종개량은 영국, 네덜란드에서 많이 했고 최근에는 미국에서도 개량이 많이 이뤄지고 있다. 수선은 6개의 화변으로 되어 있으며, 가운데 나팔(trumpet) 모양 또는 접시모양의 부관(副冠)의 대소장단(大小長短)에 따라 다음과 같이 분류한다. 우리나라 제주수선(송이수선류)은 화단용으로 많이 쓰여지며, 영어로는 나팔수선을 daffodil이라 하고 기타는 통틀어 narcissus라고 한다.

수선은 종류가 많은데 1950년 영국 왕립원예협회에서는 9개의 군(群)으로 나누었다. 제1군은 나팔수선(trumpet narcissi)인데 1경 1화(一莖一花)로써 부관이 화개편(花蓋片)과 같은 길이이거나 또는 그보다 다소 긴 것이고, 제2군은 큰컵수선(大杯水仙 : large cupped narcissi)인데 1경 1화로써 부관이 화개편 1/3 보다 긴 것이며, 제3군은 작은컵수선(small cupped narcissi)인데 1경 1화로써 부관이 화개편의 1/3, 또는 이보다 짧은 것이다.

제4군은 겹꽃수선(double narcissi)으로 나팔수선이지만 화개편과 부관이 겹꽃화한 것이고, 제5군은 트리 안드루스(triandrus narcissi : 3개의 웅예를 가졌다는 뜻)로써 1경 1화 또는 몇 개의 꽃이 옆 또는 밑쪽으로 향해 꽃이 피고 화개(花蓋)는 뒤틀려져 있다. 제6군은 시클라 미네우스(cyclamineus narcissi)로써 잎과 꽃이 다함께 세장(細長)하고 화개편이 현저하게 뒤틀린다. 제7군은 존퀼라(jonquilla narcissi)로써 잎이 선상(線狀)으로 세장하며 한 줄기에 여러 꽃이 핀다. 제8군은 타제타(tazetta)로써 잎이 편평하며 부관이 짧으며 줄기 에 여러 꽃이 송이처럼 피고 향기가 강하다. 제9군은 연지수선(poeticus narcissi)으로 1경 1화에 부관이 짧고 2 선단에 적색의 테가 있다.

1. 종류와 품종

(1) 나팔수선(*Narcissus pseudo-narcissus* L. : 영명 daffodil)

부관(副冠)이 길어 나팔(trumpet) 모양으로 발달하는데 크기에 따라 큰나팔, 중나팔, 작은나팔로 분류한다. 3월 하순~4월 하순에 걸쳐 개화하며 촉성재배하면 12~2월에 개화시킬 수 있다. 주요 품종으로는 킹알푸렛(진황색), 골덴하베스트(진황색), 엠페러(연황색), 미세스트 · H 2 레라지(화개는 진황색, 부관은 담황색), 마운드후드(백색) 등이 있다.

(2) 큰컵수선(大杯水仙)

이것도 분류상 1군(群)으로 중나팔수선이라고도 부른다. 품종으로는 포츈(화개는 농황색, 부관은 등황색), 세루마라가로프(백색에 부관은 적등색), 세이론(농황색에 부관은 등적색) 등이 있다 .

(3) 작은컵수선(小杯水仙)

작은나팔수선이라고도 하며 컵이 작은 특징을 가지고 있으나 성질은 큰컵수선과 비슷하다.

(4) 송이수선(房笑水仙 : *N. tazetta*)

남유럽, 일본, 중국, 한국에 자생하는 종류로써 잎이 평편하고 부관이 짧으며 한 화경에 많은 꽃이 핀다. 특히 개화기가 빠르고 난지에서는 11월 하순부터 꽃이 피고 향기가 높다. 주요 품종으로는 제라늄(화변 백색에 부관은 적등색, 만생종), 그랫그포도(화변은 백색, 부관은 주황색, 극조생으로 연말 개화) 등이 있다. 우리나라 제주에도 자생한다.

(5) 연지수선(*N. poeticus*)

남유럽 원산으로 한 화경에 한 개 꽃이 피나 드물게 2~3개의 꽃이 피는 것도 있다. 화개 (花盖)는 순백색으로 부관이 짧고 황색 바탕에 선단은 입술연지처럼 빨갛다. 주요 품종으로는 스칼렛젬(등황색에 부관은 농주황), 에스티에그네스(백색 화변에 부관은 주홍색) 등이 있고, 기타 킹오부다이아몬드, 사시톤, 아리퍼펙숀, 그레스제라늄 등이 있다.

(6) 황다선(*N. jonguilla* : 실잎수선(系葉水仙))

남유럽과 알제리 원산으로 잎이 진녹색에 가는 원통상으로 다른 종류와 구분이 된다. 꽃은 작고 1화경에 2~6개의 꽃이 붙고 4월에 꽃이 핀다. 향기가 강하고 화단용으로 많이 사용한다. 트래비산(담황색), 골드퍼펙손(황색) 등이 있다.

(7) 겹꽃수선

겹꽃류의 수선으로 재배가치가 적으나 화분용으로 사용되기도 한다.

한편 사용용도에 따라 주로 많이 사용되는 품종을 분류하면 다음과 같다.

(1) 절화용 품종

가든자이언트(거대륜 큰 컵, 농황색에 환변, 연지빛이 물들어 있음. 조생종), 킹알프렛(농황색 대륜으로 큰 나팔모양의 부관이 크다. 화단 및 절화 품종의 대표 품종) 등이 있다.

골든 셉터(농황색, 거대륜 나팔), 포츈(농황색 대륜컵, 냉장 촉성용으로 적당), 칭가(외변 농황색, 진한 등홍색 컵, 촉성용), 마운드후드(꽃 필 때는 유백색이나 후에 순백색, 큰 나팔형 부관), 그랏그포드(외변은 백색, 작은 컵은 등색), 제라니움(외변 백색, 작은 컵은 적등색), 가리레이(순백색 소륜, 다화성 조생종), 페퍼화이트(순백색, 송이모양꽃, 생육왕성, 조생) 등이 있다.

(2) 화단 화분용 수선

대륜종으로는 오렌지제리(외변은 유백색, 컵은 등황색의 대륜종), 아이스호리(외변 순백색, 컵은 입술연지 색깔로 큰 컵, 대륜종, 개화기간이 길다), 아푸렘(외변은 순백색, 입술연지색의 큰 컵종), 가비니아(외변은 농황색, 내변은 오렌지색의 컵) 등이 있다. 겹꽃종은 다히치(진한 황금색, 중심은 주적색), 다블이벤트(카나리옐로우, 화변 중심에 농황색), 아크로폴리스(순백색 환변으로 중심에 등적색) 등이 있다. 한편 소륜종으로는 스지(외변 유백색 작은 컵, 입술연지가 물듬. 소륜 다화성 품종), 발보고쥼(순황색, 외변이 가늘고 작아 암석원에 사용), 은방울수선(은방울꽃 모양으로 작은 꽃이 1화경에 3~4개 피어 눈송이(snow flake) 처럼 꽃이 핌) 등이 있다.

2. 꽃피는 원리와 자라는 습성

가을에 심은 구근은 이듬해 4월 상순에 꽃피고, 6월이면 지상부가 마르고 휴면되며, 이때 벌써 꽃눈이 형성되어 추식 구근 중 가장 빨리 꽃눈분화된다. 생육적온은 15℃ 정도이며, 수확 후 일정기간 꽃눈분화하여 저온처리 과정을 거쳐야 휴면타파되며 일장반응은 중일성이다. 사상근(系狀根)의 뿌리로서 이식하면 근절단으로 재생력이 없어 불가능하다.

(1) 구근의 발육

수선은 백합이나 히야신스와 마찬가지로 중심에 새로운 인편을 형성하여 묵은 인편은 차츰 없어져 튤립처럼 매년 갱신되지 않는다. 나팔수선은 4월 중순부터 5월 하순에 걸쳐서 1/2 엽서에 의해 모구양측에 3구 또는 많으면 6구가 동시에 새 구근이 형성된다. 생장과 인편의 발육, 잎의 형성은 꽃눈분화할 때까지 계속 하고 모구에서 형성된 새 자구들은 균등하게 발육하며, 80%는 같은 화엽을 가진 인편의 액아에서 형성되어 모구와 함께 비대발육해서 1년 반 내지 2년이 되어야 분구할 수 있다. 성구(成球)는 16~17매의 인편을 갖지만 생장점은 1년에 측구(側球) 4매, 성구는 6~7매의 인편을 형성한다. 인편 수명은 2년 반쯤으로 꽃눈의 형성은 성구(成球)와 특히 생육이 왕성한 2년째 측구(側球)에서 분화한다. 새 생장점은 꽃눈분화 후 15~20일쯤에 꽃눈의 기부, 설상(舌狀) 인편의 반대쪽에서 분화한다. 7~16℃의 봄 온도에서는 계속 생장되지만 보다 고온에서 잎의 성숙이 급속히 이루어져 구근비대가 나쁘고 2~5 ℃의 저온에서는 진행되지 않는다.

(2) 꽃눈분화기와 꽃눈발달 단계

나팔수선(품종 : 킹알프렛)의 경우 조사에 의하면 5월 상순에 꽃눈분화를 시작하여 7월 하순 굴취할 때에는 부관 이외의 화기가 전부 형성된다.

송이수선은 7월 상순에 개시하여 8월 하순까지는 부관이 형성된다. 연지수선은 송이수선보다 분화가 빠르고 8월 상순까지는 부관이 완료된다. 즉, 나팔수선과 송이수선과는 꽃눈분화기가 다르다. 즉, 나팔수선은 꽃눈분화기경에는 아직 잎이 녹색으로 활발하게 동화작용을 하지만 송이수선은 튤립과 같이 굴취한 후에 꽃눈분화하는 일이 많다. 꽃눈분화는 9단계로 이루어져 마지막에 부관이 형성된다(〈그림 2. III. 3-1〉). 액아에서 나온 소구(小球)는 꽃눈분화가 될 때까지 2년 정도 걸리며 씨앗으로는 4~5년 걸린다. 꽃눈분화하면 엽액에서 새 생장점이 움직이고 이 생장점이 다음해 봄 꽃눈형성할 때까지 엽신과 엽초를 가진 정상엽과 함께 분화한다. 나팔수선의 꽃눈형성에 미치는 적온도는 20℃ 정도이고 13℃ 이하이면 떨어진다.

수확시기에 따른 개화기의 영향에 관한 연구에 의하면 나팔수선(품종 : 킹알프렛)의 경우 일찍 캔 구근은 일반 구근보다 조금(약 6일 정도) 빨리 꽃 피었다. 그러나 이는 종류에 따라 차가 있었는데, 큰컵수선(품종 : 포춘)을 5월 15일부터 15일 간격으로 8월 15일까지 7회에 나누어 수확하여 8월 15일부터 8℃에서 60일간 저온 처리하여 10월 13일 정식한 결과 평균발아일이 거의 차가 없었고, 평균개화일은 6월 15일 굴취한 것이 가장 빨랐으며 다음이 30일구였다. 이보다 빠르거나 늦은 구는 개화가 늦어졌고 꽃 크기도 차가 없었다고 보고하였다.

저장온도는 꽃눈분화에 크게 영향을 주는데 온도를 달리하여 꽃눈분화 과정을 조사한 바에 의 하면, 〈그림 2. III. 3-2〉와 같이 일본수선에서 상온에 비하여 20℃ 저장구가 다소 빠르지만 13℃에서는 분화가 안되어 냉장처리가 불가능하다. 따라서 일정 상온은 꽃눈분화와 완성을 촉진한 후 추대개화에 필요한 냉장을 줄 정도 까지 꽃눈분화 완성만으로 족하고, 꽃눈분화중에 구근을 저온에 냉장하면 꽃이 작아지든지 블라인드가 생기기 쉽다.

조사월일 \ 꽃눈분화단계					1	2	1	2		
5	2(일)	●●●●● ○○○	○							
	8	●●●● ○○○○	○							
	15	●● ○○	●●● ○○○							
	22	●	●●● ○○	● ○○						
	28		●●● ○	●● ○○	○○					
6	5		●●	●●● ○○○	○○					
	12	△△△△△	●	●●● ○○	● ○○○					
	19	△△△△△		●●● ○	●● ○○○	○				
	26	△△△△△		●●	●●● ○○	○○	○			
7	3	△△△△△		●	●●● ○	○○ ●	○			
	10	△△△△	△	●	●●●	●●	○○○	○○		
	17	△△△	△△		●●●	●●	○	○○○	○	
	24	△	△△△	△	●●●	●●		○○	○○○	
	31		△△	△△	●●●	●●				○○○○○
8	4		△	△△△	●● △	●●●	●			
	14			△	● △△△	△● ●●●	△ ●●	●		
	21				△△	△△ ●	△ ●●	●●		
	28					△ ●	△△ ●	△△ ●●●		
9	4						△ ●	△△△ ●●●	△ ●	
	11						△ △	● △	●●● △△	● △△△ ●●●●●
	18									●●●●● △△△△△

꽃눈분화 단계설명 { 인편과 잎분화 　생장점 폭이 넓고 비추함. 　. 대화포엽 분화기 새중심아 형성 　1 외화피초생돌기 　2 내화피초생돌기 　1 외측웅예 초생돌기 　2 내측웅예 초생돌기 　3개의 심피초생돌기 　나팔(부관)초생돌기

*수확 5월 하순(5 27) 조사품종 　● 킹알프렛(나팔수선) 　○ 제라니움(송이수선) 　△ 일본수선

〈그림 2. III. 3-1〉 수선의 꽃눈분화시기

조사월일 \ 꽃눈분화단계		I	II	SP	P_1	P_2	A_1	A_2	G	PC
7	23일	●●●● △△△△ △△△△	● △ ○							
	30일	●● △△ ○○○○	●● △△ ○	● △						
8	6	○○○	●● △ ○	●●● △ ○	△△△					
	13	○○	● ○○	●●●● ○	△	△△	△△			
	20	○○○	○	●● ○	●●●		△	△△	△△	
	27	○○○○		○	●	●●●	●		△△△△	△
9	3	○○○	○○				●	●	● △△△	△△
	10	○○○○							●●●	△△△△△
	17	○○○○○							●	●●●● △△△△△

*수확: 5월 21일, 처리온도: 상온(실온) -0, 20℃-X, 13℃-0. 　범례: ● 킹알프렛 ○ 제라니움 △ 일본수선

〈그림 2. III. 3-2〉 일본수선의 저장온도와 꽃눈분화

수선은 다른 추식 구근에 비해 꽃눈분화가 가장 빨라, 이른 것은 4월 말부터 5월 초에 꽃눈형성을 시작하는데 전년(前年)에 생긴 꽃은 4월 하순~5월 상순에 개화하여 2주간 꽃이 핀다. 수선은 지상에 출현한 잎의 존재가 중요한데 꽃이 되기 전에 잎을 절제하면 꽃눈분화가 안되고 생장점에서 잎만을 형성한다. 일단 꽃눈이 형성되면 잎이 필수적이 안된다. 꽃눈형성 적온은 20℃ 또는 이보다 다소 낮은 온도가 좋고, 수확 직후 1주간은 34℃에 고온처리해 주면 꽃눈형성을 촉진한다.

(3) 저온처리

① **나팔수선류** : 지나친 저온은 품질이 떨어지기 쉬워서 5~13℃에 저장하는 것이 좋다. 학자에 따라 처리온도가 다소 다른데 킹알프렛(나팔수선)의 시험에서는 고온처리 후 7~8℃에 9주, 15℃ 혹은 10℃에 2주간 저장할 것을 白穗板씨는 권장하고 있으며, 0~3℃와 같은 저온에서는 꽃은 일찍 피지만 초장이 작고 꽃의 품질이 나빠졌다고 하였다. 존윈 윌슨씨는 9℃에서 10주 또는 눈이 6cm 나올때까지 처리하고, 정식 후 노스(구근 새싹)가 8cm 되면 16.6℃가 좋다고 하였다. 한편 先保씨는 24~25℃에서 수 시간 건조 후 30℃에서 수 일간 건조하고, 8월 상순부터 10℃에 저장하여 1주 후 3

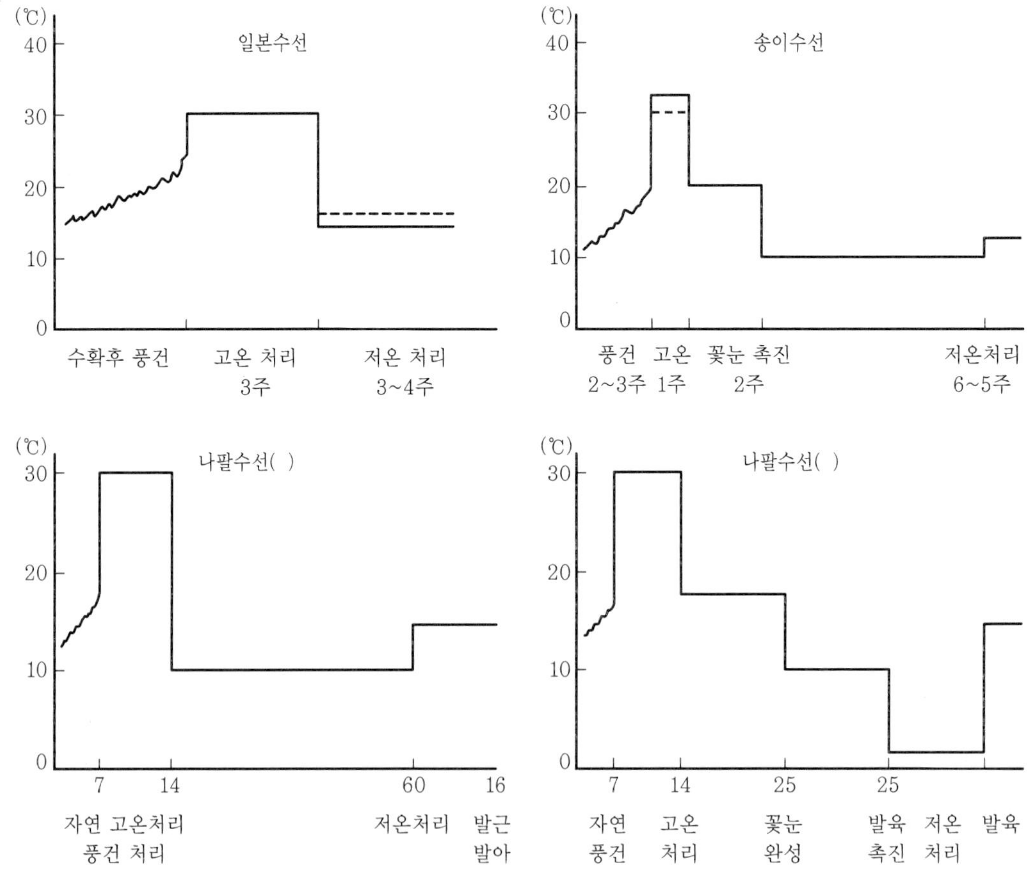

〈그림 2. III. 3-3〉 조기촉성 수선 온도처리 예(穗板)

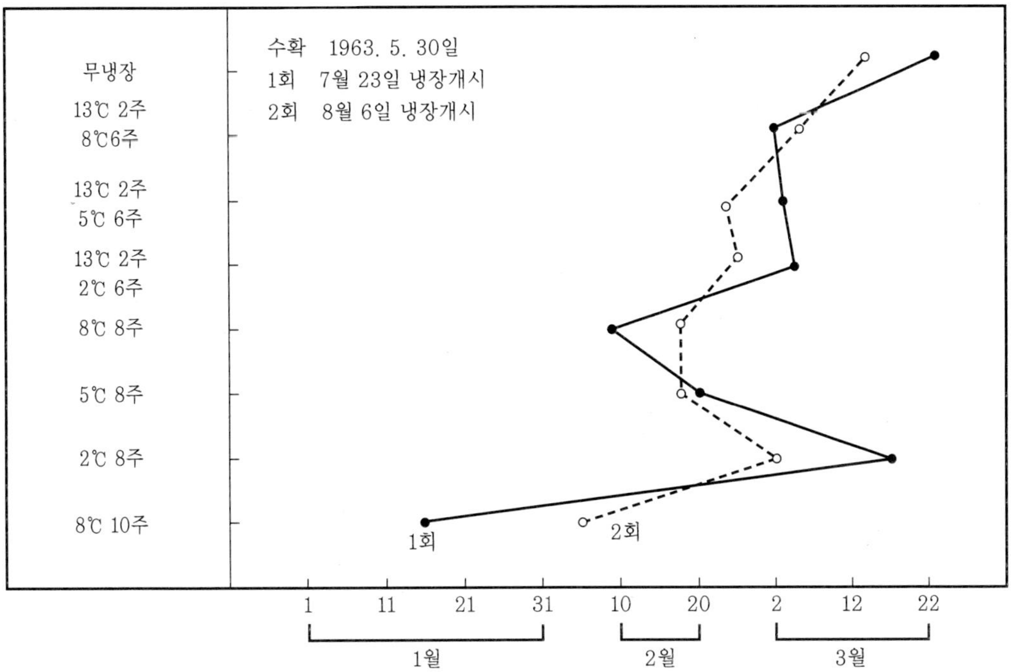

〈그림 2. III. 3-4〉 송이수선 (품종 : 제라니움) 개화촉진에 미치는 냉장효과(무가온 하우스)

℃에 7~8주 동안 저장하는 것이 좋고, 만약 발근불량일 때는 10℃에서 1주를 더 처리해 주는 것이 좋다고 하였다. 포춘씨와 山田씨는 8℃에서 60~65일이 좋고, 10월 15일까지는 일찍 심을수록 개화가 불균일하고 늦어진다고 하였다. 林씨는 8℃가 좋다고 하였는데 다소 늦게 출하할 때는 14℃에 저장하여 2주 후 8℃에 6주간을 권장하였다. 福岡園試의 연구는 〈그림 2. III. 3-4〉와 같이 2℃ 부터 8℃에 각종 온도처리를 한 결과 8℃에 10주 처리일 때 개화가 가장 촉진적이고, 2℃와 같은 저온에서는 개화가 상당히 지연되었다. 이와 같이 수선 저온요구도는 학자에 따라 차가 많았다.

林씨는 송이수선에서 고온처리만으로도 효과가 있고 나팔수선은 8~9℃에 7~9주 또는 15℃에 예비냉장 한 후 0℃에 5주간이 좋다고 하였고, 큰컵수선은 11℃에 9주 처리한 결과 조기촉성재배에서 좋았다고 하였다. 한편 穗板은 〈그림 2. III. 3-3〉과 같은 온도처리를 권장하고 있고, 네덜란드에서는 〈표 2. III. 3-1〉과 같은 온도처리방식을 하고 있다. 송이수선은, 林씨의 연구에 의하면 5월 상순에 일찍 수확한 후 경엽을 2주 정도 말린 다음 30℃에 3주간 고온처리 또는 훈연처리 후 7월 중 · 하순 안

〈표 2. III. 3-1〉 네덜란드에서 수선 촉성재배에서의 온도처리방식(Tuinbouwgids)

개 화 기	9월 1일까지 처리	9월 1일 이후	정 식 기
극조생 (12~1월상)	34℃ 4일	9℃	10월 1일~15일
6월 15일~7월 15일 굴취	17℃ 2주 → 9℃		
조생 (1~2월)	17℃ 17	9℃	11월 1일
만생 (2~3월 상순)	17℃	10월 1일가지 17℃~9℃	11월 1일
극만생 (3~4월)	17℃	17℃	11월 1일~12월 1일

에 정식하여 18~20℃에 두면 좋다고 하였다. 여기서 훈연처리란 왕겨나 톱밥으로 연기를 내어 훈증시키는 방법으로 일본에서는 일본수선을 촉성할 때 사용하였던 방법인데, 林씨의 훈연처리 효과연구를 보면 훈연처리나 고온처리나 같은 시기에 꽃피는데 훈연 처리가 1화방내의 화수가 다소 적었다고 하였다. 황색송이수선(일명 黃房水仙)은 34℃에 1주간 동안 훈연처리 후 20℃에서 꽃눈을 증진시켰고, 8~10℃에서는 6~7주간이 좋았다고 하였다.

3. 개화기 조절의 실제

10월부터 4월까지 개화기를 조절할 수 있으며, 〈그림 2.III.3-5〉와 같은 작부방식으로 가능하다.

(1) 촉성재배

12월에서 2월까지 생산하기 위해서는 촉성재배가 필요하며 저온처리가 필요하다. 사용구근은 구주(球周)가 12~15cm의 대구를 사용한다. 고온처리는 수확 후 2주간 하는데, 林과 穗板의 연구에 의하면 일본수선(송이수선)은 25~30℃에서 3~4주, 나팔수선은 30℃에서 2주가 적당하다고 하였다. 훈연처리도 고온처리와 같은 효과가 있다. 종류나 품종에 따라 다소 차가 있으나 나팔수선은 8~9℃에서 7~9주, 큰컵수선은 11℃에서 9주간이 좋은데 수선은 종류에 따라 감온성에 다소 차가 있으며, 저온처리 모식도는 〈그림 2. III. 3-3〉 및 〈표 2. III. 3-1〉과 같이 다르게 하고 저온처리가 끝난 것은 바로 정식한다. 정식 후 고온은 재춘화(리버나리제이션)를 일으키기 때문에 쓸데없이 조기정식을 위해 저온처리하는 것은 좋지 않다. 정식할 때는 기온이 서늘한 것이 좋기 때문에 직접 시설내에 심지

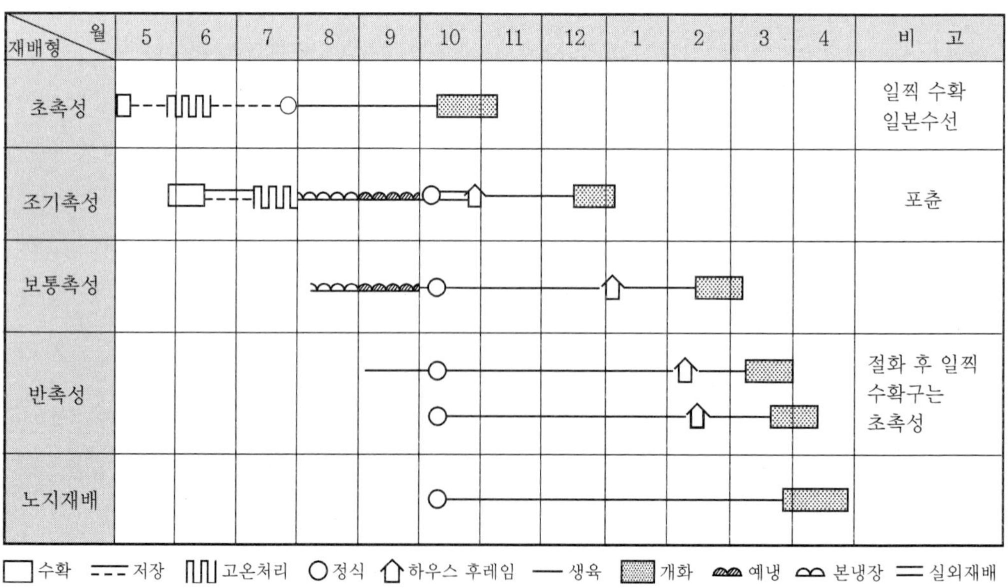

〈그림 2. III. 3-5〉 재배작형에 따른 수선개화기조절의 실제예

말고 옥외에 상자나 분에 심었다가 온도가 차가워지면 입실가온하는 것이 좋다. 일아구(一芽球)는 다소 밀식하고 이아구(二芽求)는 조식(組植)하되 표준적으로는 9cm 간격으로 정식한다. 13~15℃로 유지하였을 때 킹알프렛이나 포춘 등의 품종은 입실 35~40일 만에 개화한다. 개화기 조절의 실재방법은 〈그림 2. III. 3-5〉와 같이 작부방식을 취하면 11~1월 사이에 출하할 수 있다.

(2) 반촉성재배

자연개화보다 다소 빠른 2~3월 출하하는 방법으로 무가온 시설에서 재배하기 때문에 난지일수록 좋다. 품종 중에서는 킹알프렛이나 포춘이 좋은 효과가 나는데 작부방식은 〈표 2. III. 3-5〉와 같이 10월에 정식해서 1월에 시설에 보온 또는 가온하여 2~3월에 출하한다. 이때 사용되는 구근은 구주가 12cm 이상의 것을 사용한다.

4. 재배법 요약

알맞은 토질은 모래가 함유된 점질토가 가장 좋다. 소비(小肥)에서도 개화하지만 구근의 충실도를 갖게 하기 위해 10a당 질소 20kg, 인산 30kg, 칼리 30kg을 표준으로 시비한다. 충적토에서는 전량을 기비로 주고, 홍적토(洪積土)에서는 인산만 전량을 기비로 주고 질소와 칼리는 기비로 80%, 나머지 20%는 이른 봄 새싹이 나올 때 추비로 준다. 정식은 9~10월 노지에 하며 정식간격은 이랑폭을 1m로 하고 10~20cm 사방으로 심는다. 복토는 구근의 2~3배로 하며, 구근양성을 할 때는 소구를 더 가까이 얕게 심는다. 토양소독과 구근 소독을 철저히 하고 심는 것이 중요하다. 구근재배시에는 꽃이 피면 품종확인과 이병주를 감별한후 꽃을 따 버려야 구근비대가 좋다. 개화 후 1.5개월쯤이면 잎이 황변하기 때문에 2/3 정도 황변했을 때 수확하여 3일 정도 음건 후 뿌리와 잎을 조제하여 20℃의 저장고에 저장한다. 촉성재배시에는 1m 이랑에 9cm 사방으로 심고 복토는 구근의 상부가 묻힐 정도로 하여 심고 나서 충분히 관수한다. 지온이 서늘할 경우 15일이면 발아하므로 피복물을 서서히 벗기고 햇볕을 충분히 쪼여 주도록 한다. 실온을 10℃ 이하로 가온해야 하지만 발아 후 3cm 정도 자랄 때까지는 13~15℃, 9cm 정도까지 자란 이후는 17~18℃로 관리했다가 개화 직전에는 13~ 15℃로 낮춘다.

절화는 꽃이 반개(半開)했을 때 잘라 10개를 1속으로 하여 출하한다. 주요 병충해로는, 구근이 갈변해서 썩는 건성부패병은 캐푸탄이나 벤레이트로 구근소독을 철저히 하고, 잎 끝이 말라서 틀어지는 반점병은 만네부다이젠을 뿌려준다.

기타 바이러스병은 발견 즉시 뽑아 태워버리고 지표변의 구근이나 경엽에 오목반점이 생기는 균핵병은 벤레이트나 톱신을 뿌려준다.

4 프리지아

학 명 : *Freesia refrecta* K.
과 명 : 붓꽃과
영 명 : freesia
원산지 : 남아프리카

비내한성 추식 구근으로 자생지에는 3~4종이 있지만 현재 널리 재배되는 것은 레프렉타(*refrecta*)종으로 소구(小球)의 구경(球莖)으로 되어 있다. 향기가 강하며 꽃이 고상하고, 구근 값이 싸며, 단위 면적당 재식 수량이 많아 절화재배 및 분화로 널리 이용되고 있다. 잎은 7~8매 정도가 나며 6~8륜의 꽃이 붙는데 화경은 50cm 내외이다. 그 동안 이탈리아, 네덜란드, 미국 등지에서 개량되어 화경 80cm 이상 되는 대륜으로 10~15개가 붙는 품종이 육성되었다. 동계 시설 절화재배의 주요 작목으로 인기가 높다.

1. 계통 및 품종

보통 널리 사용되고 있는 주요 품종과 특성은 다음과 같다.

(1) 절화용 촉성품종

① 라인 벨드 골든 옐로우 : 녹황색 대륜의 절화용 대표품종으로 화변이 두텁고 생육이 강건하며 냉장시 감응도가 좋기 때문에 초촉성에서 억제재배까지 넓게 재배된다. 왜화제를 사용하여 화분재배도 가능하다.

② 마리 화이트 : 순백색의 환변 대륜품종인데 촉성 및 억제용으로 절화용 품종이다. 화통부(花筒部)가 굵고 화경(花莖)도 굵으며 초형이 정돈되어 있으나 초장이 짧다. 7륜 정도가 부착되며 배수불량토에선 생육이 나쁘고 고온에도 약하지만 냉장감응도는 좋은 편이다.

③ 마리 로즈 : 도홍색에 중심이 유백색 대륜으로 꽃붙임이 좋고 10륜 정도의 소화가 착생한다. 개화기간이 짧고 화경이 굵으며 초장은 중 정도에 냉장감응도는 좋은 편이어서 연말 출하가 가능하다. 초장은 다소 짧아 분식도 가능하지만 억제재배는 부적당하다.

④ 자천(紫泉) : 등자색에 중심은 유백색, 중륜품종으로 1화방에 착생하는 수는 7륜 정도로서 다소 적지만 반촉성에 적당하다. 고온재배는 부적당하고 성질이 강건하여 화분재배도 가능하다.

(2) 절화용 일반 거대륜 품종

① 골드 No. 10 : 농황색 거대륜 홑꽃종으로 화경이 굵고 강하며 직립성이다. 초장이 작으나 화변이 두텁고 잎 폭이 넓다. 난지산 구근만 있으면 초촉성도 가능하나 연말 출하가 안전하다. 착화수가 많고 수송에도 잘 견딘다.

② 골덴 리다 : 황색 거대륜 품종으로 화통(花筒)의 밑부분이 굵고 짧다. 수송 도중 상처도 적고 착화수도 10륜 정도이고 동시 개화화수도 4~5륜으로 초장이 크며 화경도 굵고 직립이다. 초촉성에서 억제재배까지 널리 재배할 수 있는 품종이다.

③ 아테네 : 순백색 거대륜종으로 중앙에 유백색의 물이 들어 있다. 통상부(筒狀部)의 기부가 굵고 화형은 환변(丸弁)으로 화형도 좋고 착화수도 10륜으로 동시에 4~5륜이 개화한다. 냉장감응이 좋아 촉성이 가능 하며 엽폭이 넓고 강건한 특성을 가지고 있다.

④ 에베레스트 : 순백색 거대륜종으로 화변의 잎이 두텁고 화통이 굵으며 화형이 좋다. 꽃수도 많은 편이며 화경과 잎이 강건하고 직립이다. 냉장 감응도가 좋기 때문에 연말 출하가 가능하다.

⑤ 골덴 멜로디 : 황색 대륜의 환변 품종으로 화경의 신장이 강건하고 꽃붙임도 좋다.

⑥ 화이트 마리 : 백색 대륜의 환변 품종으로 중조생이며 성질이 강건한 품종이다.

⑦ 바레리나 : 순백색 환변의 대표 품종으로 초장이 큰 다화성 품종이다.

⑧ 그라나다 : 농황금색 거대륜종으로 화통부가 진한 황색이며 화변은 환변이다. 꽃목이 튼튼하고 꽃 피기 전의 꽃봉오리도 아름답게 착색하며 화경은 굵고 직립한다. 촉성 및 억제재배도 가능하다.

⑨ 시자다스 : 진한 적색의 대륜으로 화통부는 진한 황금색이며 기부는 굵고 한 꽃나무에 8륜의 꽃이 피며 촉성용 품종이다.

⑩ 오베론 : 농적색의 거대륜으로 중심은 농황색이며, 초장이 길고 성질이 강건하며 촉성용 품종이다.

⑪ 레드 라이온 : 농적색의 거대륜으로 화심부까지 착색한다. 10륜정도의 꽃이 붙고 4~5개의 꽃이 동시에 핀다. 생육이 강건한 촉성용 품종이다.

(3) 겹꽃종

로자린다(비적색, 대륜, 환변, 극조생), 로즈파스칼(비홍색에 화심부는 담황색, 환변), 멜라니 (살몬색이 물든 로즈색, 중심은 담황색, 대륜, 조생종), 로도스(진한 로즈색 , 환변, 화변수가 많음), 토스카(진한 자색이 물든 로즈색), 실비아(밝은 자색이 물든 청색, 반겹꽃), 아이다(연한 자색, 화경 6cm 내외의 거대륜) 등이 있다. 프리지아의 겹꽃은 다른 꽃의 겹꽃과 달라 수술이 꽃잎으로 변한 것으로 영양상태가 불량하면 꽃잎으로 변화하지 않는다. 따라서 시설내에서 불량한 환경상태에선 겹꽃이 되지 않는다.

(4) 4배체 거대륜종

뉴테트라 계통 품종으로 실생 후 6개월 (180일) 후에 개화하는 고성종이며 화경 7cm 내외의 초장 80cm쯤 되는 절화용이다. 뉴테트라 골덴(진한 오렌지가 물든 황금색), 뉴테트라블루(밝은 연블루색) 등이 있다.

2. 꽃피는 원리와 자라는 습성

생육적온은 10℃로서 고온에선 연약한 생육을 한다. 10월 상순에 심으면 11월 상순에 꽃눈분화가 시작되고 12월 상순엔 암술형성까지 진행된다. 최저 온도는 3~5℃로써 비교적 추위에 약한 비내한성 추식 구근이다. 프리지아는 튤립처럼 구근 중에 꽃눈(花芽)이 내장(內藏) 되어 있지 않고 활동중에 생장점이 8~15℃의 저온을 받아 꽃눈분화, 발육하여 꽃이 핀다. 구근의 휴면기간은 50~90일로서 알바계, 화이트스완 등은 짧아 8월 상 · 중순에 끝나지만, 긴 것은 8월 하순~9월 상순까지 계속된다. 일장은 중일성 식물로서 개화에 필수적은 아니지만 꽃눈분화에 단일, 분화 후 발달은 장일에서 촉진된다.

(1) 구근생산지와 휴면

프리지아는 남아프리카 원산이기 때문에 난지산 구근일수록 빨리 성숙되어 빨리 수확할 수 있어 휴면이 빨리 타파된다. 따라서 조기 촉성재배에는 일찍 수확된 난지산 구근이 좋다. 개화후 수확까지의 온도는 냉장온도 및 후기생육에 영향을 미친다.

(2) 품종별 차이

품종별 조만의 차이에 따라 촉성 및 초촉성, 만성에 차가 크다. 라인 벨드 골든 옐로우는 조생종이지만 화이트 프리는 만생종이어서 휴면 타파 기간이 길다(품종 해설함 참조).

(3) 휴면생리

휴면이 끝나지 않은 구경을 일찍 심으면 불발아율(不發芽率)이 높아진다. 구근생산지에 따라 다르지만 50~90일의 휴면을 하고 휴면중 저온에 두면 발아하지 않는다. 저장온도는 고온저장보다 20~25℃정도가 좋다. 휴면의 정도는 구근수확 전후 기온의 고저가 원인이 되기 때문에 냉장유무와는 관계없이 휴면타파의 조만(早晩)에 관계가 있다. 〈표 2.III.4-1〉은 꽃핀 후 수확까지 구근수확기 전후의 온도에 따른 휴면관계를 보여 주고 있다. 구근 저장기간은 생산지(구근수확기 전후 온도)의 온도가 높은 쪽이 (23~28℃) 구근 저장기간이 짧아도 100% 발아되었고, 온도가 낮은 곳은 구근 저장기간이 오래돼야 휴면이 타파되며 짧으면 타파되질 않아 13~18℃ 재배지에서는 10주에 24%의 발아밖에 되지 않았다. 이러한 현상은 개화율에서도 나타나고 있다.

네넬란드에서는 휴면타파를 할 때 일반적으로 31℃에 10주간 이상 저장했다가 13℃에서 4주간 저온처리를 하고 있는데, 시험에 의하면 30℃ 이상에서의 저장온도도 좋지만 25℃ 이상도 효과가 있

〈표 2. III. 4-1〉 프리지아 구근 성숙기 온도와 휴면 및 냉장 촉성효과 ※표준편차

개화후수확까지온도 밤온도~낮온도	구 근 저장기간	공시 구근	발아구수 (발아율)%	치상에서 발아까지일수	냉장종료시 눈의 길이	개화율 (%)	냉장종료부터 개화까지일수
	(주)			(일)	(cm)		(일)
23℃~28℃	10	50	50(100)	18.2±3.0	10.2	94	63.0±1.6
	12	49	49(100)	14.8±1.7	9.3	94	57.4±1.7
	14	49	49(100)	13.1±1.6	11.6	98	56.6±1.7
	16	50	50(100)	10.4±2.0	14.8	94	55.8±1.6
	18	48	48(100)	12.0±4.3	13.3	100	58.2±4.4
18℃~23℃	10	50	14(28)	30.7±2.9	2.1	68	81.9±16.4
	12	50	36(72)	29.3±3.9	2.1	88	69.6±11.6
	14	50	50(100)	18.2±2.9	8.4	92	61.6±2.1
	16	50	50(100)	16.1±2.0	11.8	100	59.4±3.6
	18	50	45(100)	10.8±2.1	14.7	96	60.4±2.4
13℃~18℃	10	50	12(24)	33.5±2.9	1.1	68	84.4±13.3
	12	50	33(66)	30.2±3.1	1.7	86	72.1±14.1
	14	50	48(96)	20.6±2.7	8.1	88	61.8±3.0
	16	50	50(100)	16.4±2.8	9.8	94	58.9±2.6
	18	50	48(96)	12.9±3.0	11.5	96	59.3±2.4

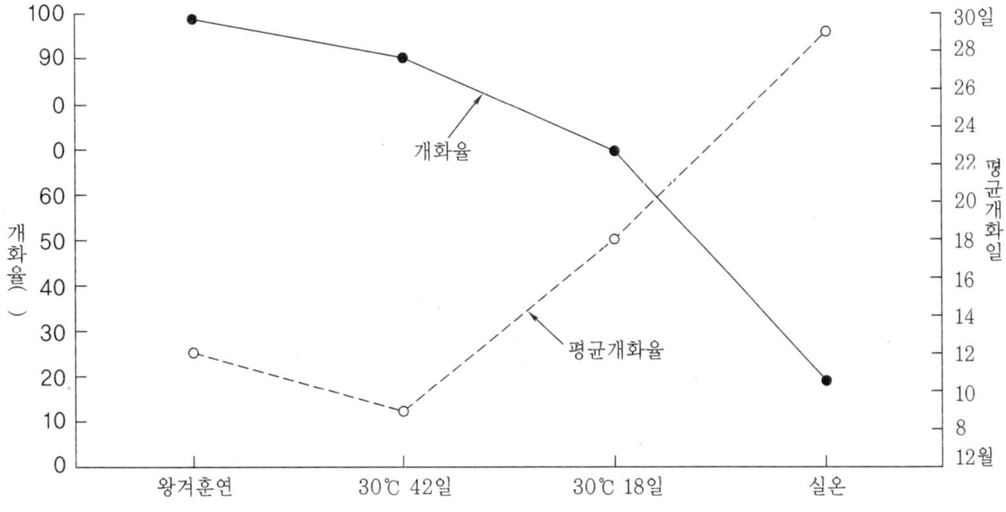

〈그림 2. III. 4-1〉 프리지아 구경의 훈연처리와 고온처리가 개화에 미치는 영향

었고, 이는 품종간 차가 커서 라인 벨드 골든 옐로우는 고온저장을 길게 할 필요가 있지만 화이트 스완은 그럴 필요가 없었다. 더욱이 수확전후와 저장중의 저온이면 30℃에서 저장하는 것이 좋다. 34℃ 정도의 고온에서는 저장후 초장이 작아졌고 40℃에서는 발아장해가 생긴 시험결과도 보고되고 있다. 반대로 15~20℃의 저온저장은 휴면타파가 늦어지고, 15℃ 전후에서는 발아력이 소실되어 모구의 양분을 이용해 잎을 형성하지 않은 채로 신구근을 형성하는 일이 있다. 이러한 현상도 좌백 7호와 화이트 스완은 그 영향이 적다. 따라서 고온기인 7월까지 30℃에 저장한다. 휴면이 타파된 후 구경의 발아적온은 20℃ 전후이다.

냉장하기 전에 왕겨나 연탄으로 10일간 훈연처리를 하면 휴면타파를 빠르게 하고 촉성능력도 빨랐다는 시험결과(〈그림 2. III. 4-1〉)도 있고, 냉장 전에 에틸렌클로로 하이드린 4%에 1시간 처리가 유효하다는 시험결과도 있으나 일반적으로 구근을 소독한 다음 지하실이나 온도가 시원한 샘에 넣어 하는데 15~20℃ 정도의 온도조절이 되는 냉장실 저장이 가장 안전하다. 이와같이 휴면 말기(休眠末期)에는 저온의 기상조건이면 더욱 효과적 이다.

(4) 냉장처리

5~15℃ 범위에서 냉장효과가 있다. 시험에 의하면 10℃가 최상이고 다음은 12.5℃, 7.5℃, 15℃순으로 효과적인데 5℃에서는 불발아가 많아 개화촉진효과가 떨어진다. 네델란드에서는 13℃가 가장 좋은 온도로 이용되고 있는데 이는 냉장 후 기온이 낮기 때문이다. 낮은 온도의 냉장은 때에 따라 화수가 감소되기도 한다. 처리일수는 냉장효과가 높은 알바계는 10℃에서 25일도 좋지만 30일쯤 하는 것이 가장 좋다(〈그림 2. III. 4-2〉). 고온기에 정식할 때는 35일까지도 좋다. 대륜계 품종은 35~40일에서 큰 차가 없지만 냉장 후 뿌리신장이 길게 되어 심기 어렵기 때문에 30일에서는 다소 불충분하고 35일 정도가 적당하다. 45일 처리는 현저히 개화가 촉진되지만 발근신장이 너무 오래되어 곤란하다. 습도는 냉장효과에 영향이 큰데 건조한 구근은 냉장효과가 떨어진다. 냉장 전에는 충분히 수분을 흡수시켜 저장하되 흡습된 수태나 톱밥을 깔고 똑바로 구경을 세워 놓는 것이 좋다. 건냉(乾冷) 효과가 있는 품종도 있지만 습냉(濕冷)보다 1주 정도 늦게 꽃 피니 가능한한 습냉한 것이 좋다.

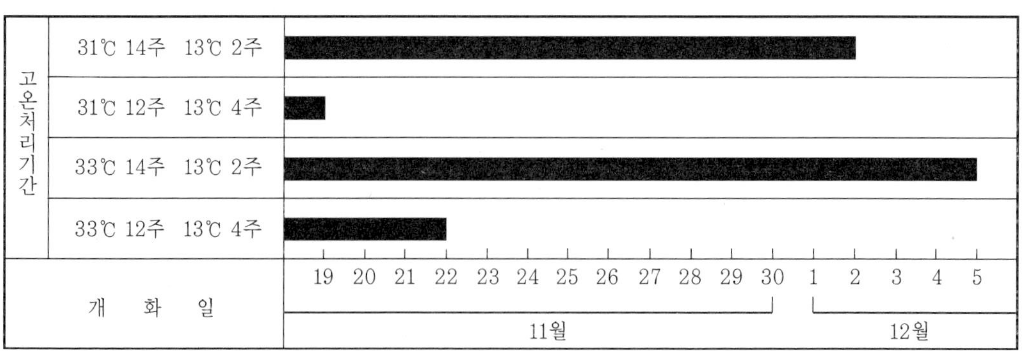

〈그림 2. III. 4-2〉 프리지아 구경의 고온처리가 촉성개화에 미치는 영향(품종: 베타캅)

(5) 일장(日長)이 개화에 미치는 영향

프리지아는 국화처럼 일장에 민감한 반응을 보이지는 않고 필수적인 것도 아니지만 상대적 반응을 보인다. 단일상태에서 꽃눈분화가 10일 정도 촉진되었으며, 장일상내에서는 5일 정도 촉진되었다. 단일은 꽃눈분화를 촉진하고 화수(花數)도 증가시키지만 장일은 꽃눈분화를 지연시키고 화수도 감소시킨다(〈표 2. III. 4-2〉).

〈표 2. III. 4-2〉 일장 (日長)이 프리지아 개화에 미치는 영향

구 분	공시구수	초장	화경장	엽수	개화기	평균개화	소화수	
							중앙화수	1주총수
표준구	154	31.3cm	31.0cm	11.9장	1月 22日	2月 5日	5.6	12.6
장일-장일	146	34.6	28.5	11.4	1.18	2. 2	4.3	5.5
장일-단일	149	35.7	31.7	11.6	1.25	2. 4	5.8	11.6
단일-단일	157	33.7	30.2	11.8	1. 7	1.25	6.2	15.9
단일-장일	158	33.9	29.5	11.6	1. 7	1.20	5.8	10.4

(6) 꽃눈분화

프리지아 꽃눈분화 단계는 7단계로 나눌 수 있다(〈그림 2. III. 4-3〉). 이러한 꽃눈분화 단계의 조만은 생육 온도에 따라 차가 있어 〈표 2. III. 4-3〉에서 보는 바와 같이 생육온도가 낮을 수록 꽃눈분화가 빨리 진행되어 8~13℃구가 알바, 라인 벨드 골든 옐로우 품종에서 가장 빨랐다. 반면 23~28℃구에서는 꽃눈이 분화되지 않아 꽃눈이 확인되지 않았다. 꽃눈분화 개시 후의 발달은 양 품종 다같이 제1화 웅예형성기까지는 저온일수록 빨랐지만 그 후에는 중온~고온에서 빨랐다. 한편 고냉지의 서

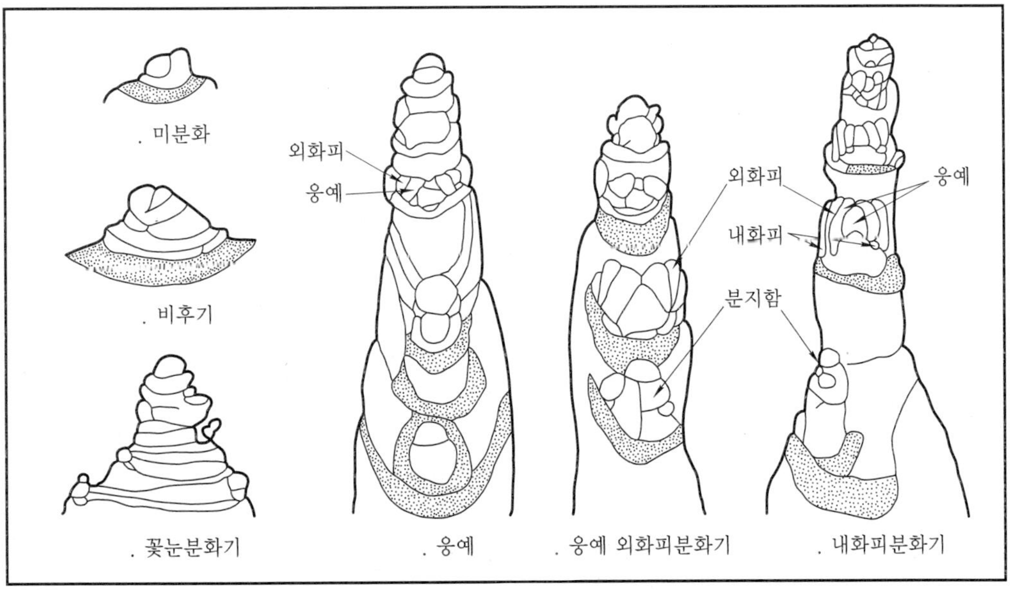

〈그림 2. III. 4-3〉 프리지아의 꽃눈분화과정

늘한 상태에서 기르다가 평지로 옮겨 재배하는 릴레이농법도 시험에 의하면 처음부터 평지에서 기르던 것보다 효과가 있는 것으로 나타났다.

〈표 2. III. 4-3〉 프리지아 화아분화 및 생육에 미치는 온도의 영향

품 종	알 바				라인 벨드 골든 옐로			
온도조건 / 단계별	8~13℃	13~18℃	18~23℃	23~28℃	8~13℃	13~18℃	13~18℃	13~18℃
화아분화 개시기	40일	52일	74일	118일	41일	50일	76일	121일
제1화 웅예형성기	122	128	161	-	61	83	115	-
추대기	164	154	184	-	124	123	170	-
개화기	164	154	184	-	160	140	186	-

(7) 정식기 기온과 개화의 관계

정식시기 기온은 냉장 촉성재배에서 매우 중요하다. 전술한 바와 같이 20℃ 이상에서는 냉장효과가 감소되어 25℃에서는 3일 정도 감퇴된다. 냉장구근은 정식 후 3~4일 후에 꽃눈분화가 시작되기 때문에 미분화되면 엽수가 증가되어 무냉장보다 늦어진다. 그러나 꽃눈이 꽤 발육한 후에는 이상개화현상을 일으키기 때문에 개화지연이 일어난다. 때문에 정식 후생육중의 온도는 20℃가 좋지만 낮과 밤의 변온이 더욱 효과적이어서 낮 25℃, 밤 15℃, 평균 20℃ 쪽이 좋다.

(8) 정식시기와 개화와의 관계

그 지방의 외기온이 20℃로 떨어지는 시기를 선정해서 하는 것이 꽃피는 원리에 유리하며, 가을의 저온이 빠른 지방일수록 유리하고, 기상대에서 발표한 30년 평균 기후도를 참고하여 9월 하순~10월 중순경 평균 20℃가 되는 시기를 택하여 심는다.

〈표 2. III. 4-4〉 프리지아 재배작형별 출하시기에 따른 정식기

재배작형	정 식 기	출 하 기	품 종	지 역
무냉장 초촉성 가온재배 무가온재배	 8월 상 · 중순 8월 중순	12월중순~1월상순	알 바 계	고냉지
냉 장 초촉성 가온재배 무가온재배	10월 상순	12월중순~1월상순	촉성용품종	각지역난지
보 통 촉 성 가온 재배 무가온재배	 9월 상순 9월 중순	1월중순~3월중순	〃	각지역난지
반촉성(후레임 및 가온)	11월 중순~12월중순	3월중순~4월하순	〃	온난지

3. 개화기 조절의 실제

12월 출하를 위해서는 8월 상 · 중순에 심어야 되는데 이때는 온도가 높은 시기이기 때문에 고냉지에서 심는다. 냉장하여 초촉성을 할 때는 〈표 2. III.4-4〉에서와 같이 10월 상순에 심어서도 연말이나 1월 초에 출하 하려면 8월 하순~9월 상 · 중순에 정식해야 된다.

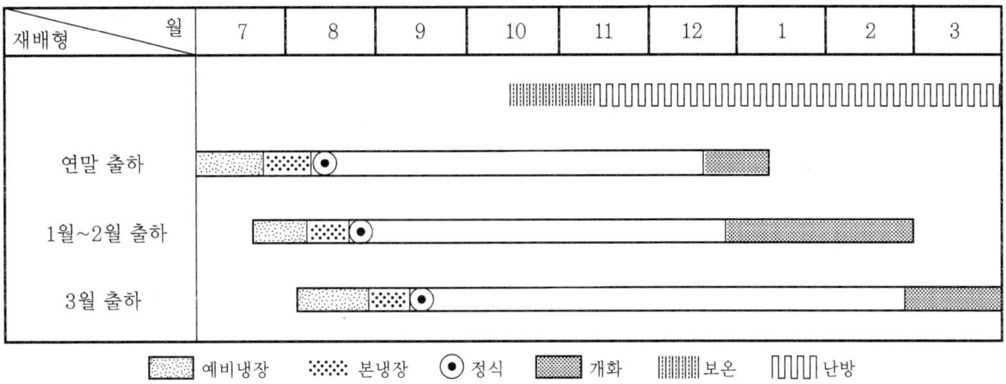

〈그림 2. III. 4-1〉 프리지아 절화재배 개화기 조절 실제

4. 재배법 요약

(1) 조기촉성

냉장이 끝난 것은 뿌리가 자라 서로 엉켜 있으므로 충분히 관수하고 20℃가 넘으면 발을 쳐서 그늘을 지어 시원하게 해준다. 만약 기온이 20℃가 넘으면 개화가 늦어지고 첫번째 꽃이 낮은 위치에서 피는 기형화가 생기니 주의해야 한다. 우리나라의 중부지방은 평균 20℃가 되는 시기가 10월 상순경, 남부지방은 10월 중순 경으로 생각된다. 1월 개화를 위한 9월 상순의 정식은 평지에서는 불가능하니 해발 400~500m의 고랭지를 이용해야 하고, 야간온도가 10℃ 이하가 되는 날이 되면 보온 및 가온을 하도록 한다. 개화 소요일수는 냉장 처리일수에 따라 다르며, 45일간 냉장처리한 것은 정식일부터 45일, 40일간 냉장처리한 것은 정식일부터 50~60일, 35일간 처리한 것은 60~70일이 소요된다.

(2) 보통촉성(무냉장 촉성)

구근은 냉장할 필요 없이 9월 하순~10월 상순에 정식한다. 정식후 중부지방은 10월 상순, 남부지방은 10월 중순이면 외기온이 낮아지니 하우스를 지어 주되 주간은 25℃가 넘지 않도록 하고 야간은 13~15℃가 되게 한다. 3월 개화는 남부지방에서 무가온 하우스내에 턴넬을 하여 2중 피복하면 되나 3℃ 이하의 야간온도는 곤란하다.

(3) 억제재배

수확한 구근을 2~5℃의 저온에 저장해 두었다가 정식 90일 전에 30℃의 고온처리를 60~70일 정도 한후 바로 하우스 내에 정식한다. 억제재배는 봄의 저온을 이용하여 꽃눈분화시킨다는 원리이므로 정식이 늦어 기온이 상승하게 되면 개화가 곤란하니 늦어도 2월 중순까지 해야 한다. 정식 후 35일간은 8~15℃로 관리하여 꽃눈분화시키고 그 후는 냉장촉성과 같이 주간 20℃, 야간 13℃로 관리하면 된다. 4월 중순부터는 환기에 주의한다. 고냉지에서는 3~4월까지도 정식할 수 있어 6~7월까지 억제재배가 가능하나 그 시기에는 꽃값이 나빠 불리하다.

(4) 실생 절화재배

파종 후 7~8개월이면 꽃이 피며 구근보다 값이 싸고 바이러스피해가 없다는 장점이 있다. 종자소독을 한 후 14℃에서 20일 또는 우물에 20일 정도 담가 두면 발근이 시작되는데 적기는 7월 20일 경이다. 8월 상순에 1cm 간격으로 파종했다가 9월 중순에 3cm 거리로 가식하는데 가식중에는 20℃ 이상이 안되도록 하고, 10월 중순경에 7×9cm 간격으로 정식하면 2월부터 꽃이 핀다.

(5) 비배관리

① **토양비료** : 유기질이 많이 함유한 식질양토로서 보수성, 배수성이 좋은 토양이 좋다. 다비성이며 충분한 유기질 비료를 주는 것이 좋다. 시비량은 〈표 2. III. 4-5〉와 같은 정도의시비를 한다.

〈표 2. III. 4-5〉 프리지아 시비예(10a당)

구 분	기 비	추 비
퇴비	2,000kg	－kg
복합비료 (22,22,11)	50	－
용성인비	45	－
염화가리	20	－
뇨소	－	10

② **정식** : 소구성인 알바계통은 8월 하순~9월 상순, 대구성인 품종은 9월 중순~10월 상순이 적기이다. 정식포장의 이랑은 90cm 폭으로 하고, 구근 등급별로 〈표 2. III. 4-6〉과 같은 정식거리로 심는다. 복토는 구근직경의 3배로 한다(〈표 2. III. 4-6〉).

③ **구근재배시 구근수확** : 잎이 완전히 마르는 5월 하순~6월 중순이 되면 수확한다. 수확구는 7일 정도 음건 후 잎과 줄기를 제거하여 다시 20일 정도 건조 후 등급별로 선별한다.

④ **병충해** : 지표면의 경엽 및 구근에 갈색 또는 암갈색의 병반이 생기는 세균성병인 수부병(首腐

〈표 2. III. 4-6〉 구근 크기별 정식거리

등 급	구직경	상자(33×60cm)재식거리	하우스베드에 심을때	구근 생산포장
특대구	1.8 ㎝이상	5×9 (㎝)	7×9 (㎝)	6.0×7.5 (㎝)
대 구	1.5×1.8	4×8	5×9	4.5×6.0
중 구	1.2×1.5	4×6	4×8	4.5×4.5
소 구	0.9×1.2	3×5	4×6	3.0×4.5
자 구	0.9이하	–	–	조 파

病)이 있는데 토양 및 구근소독을 철저히 하고 항생제 농약을 뿌린다. 한편 후자리움균에 의한 구근 부패병도 수부병과 같이 방제한다. 바이러스병은 발견 즉시 뽑아 버리고 균핵병(깨 같은 균핵이 생김)은 톱신, 벤레이트를 뿌린다. 진딧물은 호리마트나 데시스, 응애는 프릭트란이나 켈센 등의 살비제를 뿌려준다.

⑤ **수확 출하** : 2~3월의 촉성재배는 꽃봉오리가 물들고 소화의 1륜이 벌어질 무렵이, 3~4월경의 반촉성 재배는 개화 1일 전쯤이 적기이다. 고성종은 지제부부터 자르되 45cm 이상 길이로 잘라 중 · 소륜종은 20개를 1속으로, 대륜종은 10개를 1속으로 하여 얕은 물에 잠깐 담갔다가 출하한다.

5 크로커스

학 명 : *Crocus* spp.
과 명 : 붓꽃과
영 명 : crocus
원산지 : 지중해, 연안, 소아시아

지중해 연안에서 소아시아에 걸쳐 약 80여 종이 자생하는 소구(小球)성 추식 구근으로 형태는 구경으로 되어 있다. 내한성이 강하고 꽃은 종에 따라 가을부터 봄까지 피는데 주로 봄에 핀다. 화단 및 분화로 주로 이용되는데 수요는 튤립이나 백합에 비해 떨어진다.

1. 종류 및 품종

일반적으로 크로커스라고 불리는 것은 *C. vernus*이지만 *Crocus*속에는 매우 많은 종류가 있다.

(1) 크리산더스(*C. chrysanthus*)

그리스, 소아시아 원산으로 원산지에서는 1월 중순부터 3월에 개화하며 2월 하순~3월에 등황색의 꽃이 핀다. 기부에 흑색반점이 이 종의 특색이며 주요 품종으로 다음과 같은 것들이 있다. 블루펄(Blue Pearl : 담청색꽃 기부황색),이-피-보울스(E.P. Bowles : 레몬색에 꽃 기부 황갈색), 골디록스(Goldilocks : 담황색에 꽃 기부 농자색), 레이디킬러(Lady Killer : 화피 외측 암자색, 주연부 백색, 내측은 연한 라일락 백색), 스노우번팅(Snowbunting : 백색에 꽃 기부 농황색) 등이 있다,

(2) 코쉬아누스(*C. kotschyanus*)

라일락색으로 꽃 기부가 등색이며 10월 하순에 꽃이 핀다. 변종으로 Leucaphaynx, Karduchorum이 시판되고 있다.

(3) 메디우스 (*C. medius*)

농청색으로 11월에 꽃핀다. 기부는 농자색외 방사상선이 들어 있다. 주두는 비홍색으로 되 어 있다.

(4) 오크롤레우쿠스 (*C. ochroleucus*) : 유백색으로 소륜 다화성이며 11월 초에 꽃핀다.

(5) 사티부스 (*C. sativus*)

사프론크로커스(saffron crocus)라고 하는 종이 이 종에 속한다. 특정으로는 꽃이 크고 향기가 좋으며, 잎은 10매 이상으로 꽃피기 전에 신장한다. 담자색으로 10월 말에서 11월 초에 꽃핀다.

(6) 시베리(*C. sieberi*)

다화성으로 1월~2월에 꽃핀다. 주요 품종으로는 화이어 플라이(Fire Fly : 담청색에 꽃기부 황색), 바이올렛 퀸(Violet Queen : 등청색에 꽃 기부 농황색) 등이 있다.

(7) 스페시오서스(*C. speciosus*) : 밝은 등청색에 자색의 선이 들어 있다. 10월 중순에 꽃핀다.

(8) 토마시니아누스(*C. tomasinianus*)

연한 등청색인데 외측은 은회색으로 2월경 개화한다. 우수 품종으로는 루비자이언트(Ruby giant : 자홍색에 꽃 기부 담색)가 있다.

(9) 베르누스(*C. vernus*)

크로커스라면 보통 이 종을 말하는 대표종으로서 많은 품종이 있다. 알프스 원산의 봄 (3~4월)에 개화하는 대표 품종으로, 변종도 많고 변이체간의 교잡종에 의해 육성되었다. 주요 품종으로는 얼리 퍼펙손(Early Perpection : 자청색), 플라워레코드(Flower Record : 농자색), 쟌다크(Jeanne d’Arc : 백색), 킹오부더스트립드(흰색에 청색 띠), 피터팬(Peter Pan : 상아백색), 피크위크(백색에 농등색의 띠), 레멤브란스(Remembrance : 자홍색) 등이 있다.

2. 꽃피는 원리와 자라는 습성

종류에 따라 꽃눈분화기에 차이가 있지만 어느 종이나 심기 전에는 꽃눈분화가 완료된다. 그 발육과정상의 차이는 〈표 2. III. 5-1〉과 같다 . 빠른 것은 5월 하순에 시작하여 9월 중순에 완료되는 종(*C. speciosa*)도 있지만 원예종이 가장 많은 베루누스종은 정형적인 추식 구근으로 7월 상순에 시작하여 11월 하순경에 끝나고 봄에 꽃이 핀다. 그러나 스페시오서스는 가을에 꽃이 핀다. 따라서 크로커스는 가을개화와 봄개화로 나눈다. 다른 종들은 그렇지 않지만 베루누스종은 15℃ 이하의 저온처리(venlization)를 받아야 되는데 6~10℃에서 8주가 필요하다. 저온경과 후에는 15~20℃의 온도에서 개화가 촉진된다. 그러나 다른 종들은 약간 이 온도보다 아래 조건에서 꽃이 핀다.

여름철의 고온은 꽃눈의 발달을 억제하고 재배온도도 너무 높으면 꽃이 좌지현상을 나타낼 수 있다. 가을 개화종 중 개화가 빠른 스페시오서스, 코치아누스의 변종인 leucophayvnx는 15~20℃가 재배적온이고, 개화가 늦은 메디우스, 사티부스, 오크롤레우쿠스는 다소 낮아 15 ℃ 전후가 재배적온이며, 겨울에 꽃피는 시베리, 후라부스와 그 피가 섞인 황색 품종은 15 ℃ 이하가 재배적온이다.

구의 크기 3g 이상이면 개화에 충분하지만 사티부스(saffron crocus)는 10g 이상의 대구가 아니면 꽃피지 않는다.

〈표 2. III. 5-1〉 크로커스 꽃눈분화 발육과정과 개화촉진법

종 명	자연조건상태에서 꽃눈분화와 발육				개 화 촉 진	
	꽃눈분화개시	자예형성	화분형성	개화	저 장 온 도	촉성온도
C. speciosus	5월 하순	7월 중순	9월 중순	10월 중순	여름 20℃ 전후	15~20℃
C. kotschyanus	6월 중순	7월 하순	9월 하순	10월 하순	여름 20~25℃	15~20℃
C. sativus	8월 상순	9월 중순	10월 중순	11월 상순	여름 20℃ 전후	15℃ 전후
C. medias	6월 상순	8월 상순	9월 하순	11월 중순	여름 20℃ 전후	15℃ 전후
C. achloreucus	7월 하순	9월 중순	10월 중순	11월 중순	여름 20℃ 전후	15℃ 전후
C. sieberi	7월 하순	9월 하순	11월 중순	2월 중순	여름 20~25℃ 그 이후 15~20℃	10~15℃
C. flavus	7월 상순	9월 중순	11월 하순	2월 하순	여름 20~25℃ 이후 15℃ 전후	10~15℃
C. vernus	7월 상순	9월 상순	11월 하순	3월 중순	여름 25℃ 전후 자예형성 후 6~10℃ 8주	10~20℃

한편 수경재배로 사용하는 크로커스는 구의 둘레가 8cm 이상의 것을 사용하도록 한다.

꽃눈분화 발육과정은 구근 생산지, 저장온도 등에 따라 차가 있지만 가장 많이 사용되는 베르누스(*C. vernus*)와 사티부스(*C. sativus*)를 비교해 보도록 하겠다.

베르누스는 사티부스에 비해 꽃눈분화가 한 달 정도 빠른 7월 상순에 시작하지만 진행되는 것이 늦어, 사티부스가 10월 중순에 꽃눈분화를 완성하는 반면에 베르누스는 11월 중순에 완성한다. 따라서 베르누스는 그 이듬해 봄(3월 중순~4월 상순)에 꽃피는데 반하여 사티부스는 그해 가을(11월 상순경)에 꽃핀다.

이와 같이 가을에 꽃피는 사티부스종 등을 가을 개화종이라 하고, 촉성에 가장 많이 사용하는 베르누스종과 후라부스종을 봄 개화종이라고 한다.

3. 개화기 조절의 실제

12월 말부터 3월 초까지 개화를 조절하는데, 개화기 조절에 사용하는 촉성구는 구 둘레가 10~11cm 것을 사용토록 한다. 구가 크면 꽃도 크고 1구당 꽃수도 많아진다(보통 구당 2개).

개화기 조절의 실제를 우리나라와 비슷한 미국 미시간(북위 42~45° 사이)에서 실험한 예를 들면 〈표 2. III. 5-2〉와 같다. 즉, 12월 하순~1월 중순에 출하하기 위해 촉성하는 경우는 심기 전에 저온처리가 필요하지만 1월 중순 이후에서 3월 상순까지는 할 필요가 없다. 출하기에 따라 정식시기를 달리하여 심는데 빠른 것은 10월 1일부터, 늦은 것은 11월 15일까지 심는다. 발근(發根)시키게 하기 위하여 1월 중 · 하순 이전에 출하할 때는 11월 5일~10일까지 8℃에 계속 놓아두었다가 1월 1일~5일까지 5℃, 그 이후는 1℃의 온도에 놓아둔다. 그러나 2월 하순~3월 상순 출하는 12월 1일~5일까지 8℃로 유지하다가 1월 1일에서 5일까지 5℃, 그 이후는 1℃로 놔둔다. 입실시기를 출하시기에 맞추어 넣게 되는데, 온실온도를 약 20℃ 되게 유지하면 목표시기에 출하할 수 있다(〈표 2. III. 5-2〉).

〈표 2. III. 5-2〉 크로커스 개화기 조절의 예(Michigan, USA)

출하기	저온처리시작	정식시기	발근실의 온도	입실시기	개화시기
12하 ~ 1중	6 ~ 10℃ 8하	10(월) 1(일)에서 7일 사이	11월 상순까지 8℃, 1월 상순까지 5℃, 그 이후 1℃	12(월) 8(일) 12 22	12(월) 30(일) 1 6
1월 중 · 하	-	9(월) 28(일)~ 10(월) 5(일)	〃 〃	12 31 1 14	1 20 1 29
2하 ~ 2중	-	10 16~ 10 20	12월 1~5일까지 8℃, 1월 1일~5일까지 5℃, 그 이후는 1℃,	1 20 2 3	2 5 2 13
2중 ~ 3상	-	11 10~ 11 15	〃 〃	2 11 2 25	2 21 3 6

4. 재배법

크로커스는 주로 봄개화종이 중심이 되기 때문에 이 종을 중심으로 설명하겠다.

(1) 재배과정

화단이나 노지에서는 9월 중순부터 10월 중순 사이에 심는다. 이듬해 6월에 구근을 수확하여 25℃ 정도에서 가을 정식기까지 저장했다가 9~10월경 정식하면 겨울 동안 자연 저온처리를 받아 3~4월에 개화한다.

(2) 토양 및 비료

유기질이 풍부한 사질양토로서 배수가 잘되는 토양이 좋다. 분화로 심을 때는 밭흙+부엽+모래를 5+3+2의 비율로 혼합하여 사용하고 실내원예에서는 수태재배 또는 수경재배에도 이용된다.

비료는 많이 주지 않는 것이 좋다. 노지인 경우에는 1m^{2}당 퇴비 1kg, 복합비료(N, P, K18 동률) 80g 정도를 넣고 석회를 약간 넣은 후 경운을 하고 심는다.

(3) 정식

가을 개화종은 8월 중 · 하순에 정식하고, 겨울과 봄에 꽃 피는 것은 9월 중순~10월에 심는다. 정식거리는 구 직경의 2배 정도 간격으로 심는데 보통 7~9cm 간격이 된다. 깊이는 구 높이의 2 배로써 약 7~8cm 정도 된다. 화분에 심는 경우는 12cm 직경(4치분)의 분에 5~7구를 심도록 한다. 화단에 심은 경우는 매년 구를 수확하지 않고 2~3년 놔두어도 되지만 병충해 및 비배관리상 매년 수확했다가 퇴비와 비료를 보충하여 주고 심는 것이 좋다.

(4) 수경재배 요령

수경재배는 구 둘레가 8cm 이상 되는 구근을 10월 중 · 하순경 수경재배용 용기에 얹어 놓고 발근부가 조금 젖을 정도로 용기에 담아 발근할 때까지 시원한 장소에 놓아두도록 한다. 물은 1주일 간격으로 새 물로 갈아주고, 발근이 시작할 무렵에는 컵을 종이나 헝겊으로 용기를 싸서 광 투과를 억제시키면 발근이 더 잘 된다. 뿌리가 젖지 않도록 한다. 뿌리가 충분히 자라면 물 갈아 주는 간격을 월 1회로 줄여도 된다.

(5) 번 식

분구에 의한다. 신장한 눈수(芽數) 만큼 새 구근이 형성된다. 자구가 많으면 구가 작아지게 된다. 소구를 심어서 양성하면 대구가 된다.

(6) 병충해

많이 발생 되는 병은 *Fusarium*균에 의한 건부병과 *Erwinia*에 의한 연부병이 있는데 토양소독과 종구소독을 철저히 한다. 진딧물에 의한 바이러스(모자이크병)는 진딧물을 구제하여 주도록 한다.

6 시클라멘

학 명 : *Cyclamen persicum* M.
과 명 : 앵초과
영 명 : common cyclamen, persian cyclamen, florists cyclamen
원산지 : 그리스, 시리아, 이태리, 이란 등 지중해연안

시클라멘의 자생종은 약 15종이 이탈리아로부터 이란에 걸쳐 분포하는데 원종은 유전적인 이질성이 강하기 때문에 종간교잡이 곤란하며, 영리재배용 품종은 퍼시컴(*C. persicum*)이 주가 되고 있다. 퍼시컴종의 원산지는 팔레스타인으로써 더운 여름에는 휴면하고 온도가 내려가는 우기가 되면 새싹이 나오고 꽃이 핀다. 분화류 중 세계적으로 수요가 많은 종류로써 우리나라에서도 큰 인기를 얻고 있다.

1. 계통 및 품종

현재 재배되는 품종은 대부분 이 퍼시컴종(*Cyclamen persicum* M.)으로 화형. 화색이 풍부하고, 염색체는 2n=48 외에 배수체인 2n=96, 기타 2n=90, 92, 94, 95 등의 이수체도 있다. 최근 1대 잡종 품종 외에 소륜의 미니시클라멘 품종이 많다. 기타 네아폴리타넘(*C. neapolitanum*, 영명 : ivy leaved cyclamen)은 꽃이 작고 백색 바탕에 자홍색의 꽃이 8~11월에 꽃피며, 에우로파에움(*C. europaeum* 영명 : European cyclamen)은 잎과 꽃이 동시에 나오며 잎은 암록색에 농핑크색으로 7~9월경에 소화가 핀다. 구근 중 괴경(塊莖)으로 〈그림 2. III. 6-1〉과 같이 새싹과 잎이 나오고 있으며, 화형은 〈그림 2. III. 6-2〉와 같이 분류한다.

주요 재배품종은 다음과 같은데, 파종에서 개화까지 15개월 요하는 18cm 분으로 출하하는 대륜 대형품종이 주로 많이 재배되고 있고, 다소 작은 화분에 2배체 품종도 수요가 증가되고 있으며, 재배기간이 8개월로써 짧고 균일한 생육을 하는 1대 잡종이나 꽃이 작은 미니에츄어 품종도 수요가 증가되고 있다.

① 적색계 : Vaurbaak, Salmon Scarlet, Bonfire, Giant Red
② 백색계 : Pure White, White Whith Red Eye.
③ 핑크색계 : Salmon Plnk, Pink with Red Eye, Rosa von Aalsmieer

④ **파스텔계** : 음악가의 이름을 붙인 것이 많고 화색은 파스텔 물감처럼 중간색의 것이 많다. Schubert(담선육색), Beethhoven(농등자색), Bach(담등자색)

⑤ **복륜계(覆輪系)** : Victoria(백색 바탕에 꽃 끝이 홍색)

⑥ **소분(15cm 이하 화분용 품종)** : 다스계로서는 Light Salmon Pink, Salmon Red, White 가 있고, 1대 잡종 품종으로는 Orion, Taurus, Aquila 등이 있다.

⑦ **미니에츄어 시클라맨** : Anne Ecke, Sonia, Rosine, Puck, Red, Orchid Rose 등이 있다.

2. 꽃피는 원리와 자라는 습성

시원한 기후를 좋아하며 생육적온은 유묘기의 경우 18℃, 성묘기는 약 22℃, 개화기는 16~17℃쯤이다. 따라서 우리나라의 여름은 고온이기 때문에 차광을 하여 온도를 내려주든지 여름철에 시원한 고냉지나 해변가에서 육묘하여 평지나 내륙지방으로 옮기는 것이 좋다. 시험에 의하면, 광합성은 20℃일 때 15,000~40,000Lux에서 최대가 되며, 온도가 생육적온 이상으로 높아지거나 광이 너무 강하면 엽수와 꽃눈(花芽)수가 감소된다. 일장은 생육 개화에 필수적으로 영향을 미치지 않는데 장일은 촉진적인 것으로 밝혀졌다.

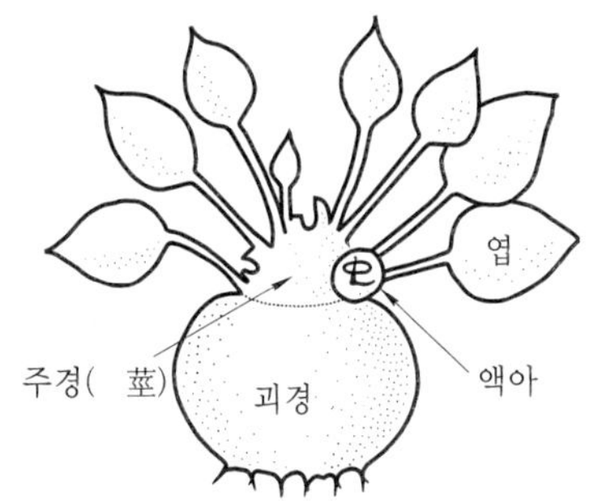

〈그림 2. III. 6-1〉 **시클라멘의 종단도**

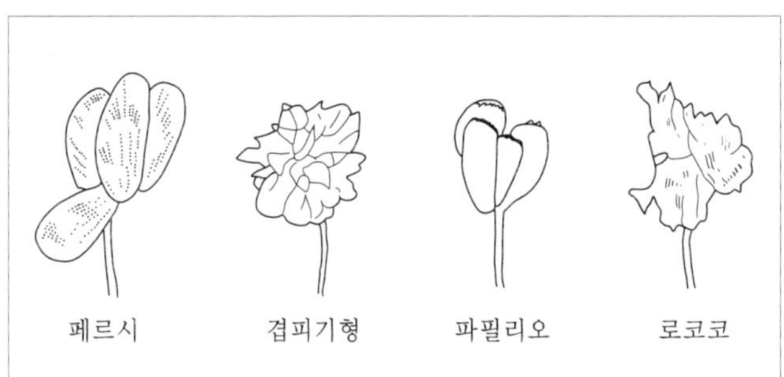

〈그림 2. III. 6-2〉 **시클라멘의 화형**

(1) 꽃눈분화의 발달

시클라멘의 꽃눈분화는 일관성 있게 발생엽수와 관계가 크다. 본엽(本葉)의 발생수가 7개가 나오면 제 6엽의 액아에서 꽃눈형성이 된다. 이 이후는 엽액과 꽃눈이 하나증가하면 하나씩 증가하게 되는데 〈그림 2. III. 6-2〉에서 보는 바와 마찬가지로 고도의 상관관계가 있어 r=0.99가 되며 y(꽃눈수)= −7.5+1.01x(x=엽수)의 희귀식이 성립된다. 따라서 본엽이 몇 장인가를 세어보고 7을 빼면 꽃수가 되며, 이는 생육적온일 때에만 맞아 들어가고 온도가 높아지면 꽃눈이 줄어들기 때문에 맞지 않는다.

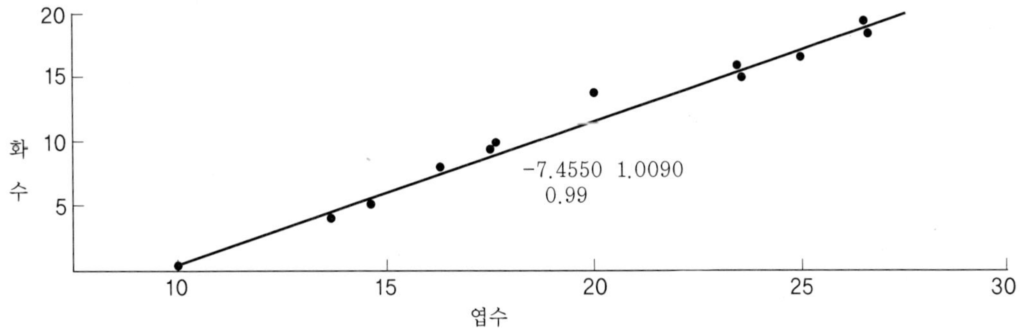

〈그림 2. III. 6.3〉 시클라멘 주경(主莖)의 엽수와 화수와의 상관관계(품종 : 로자문데)

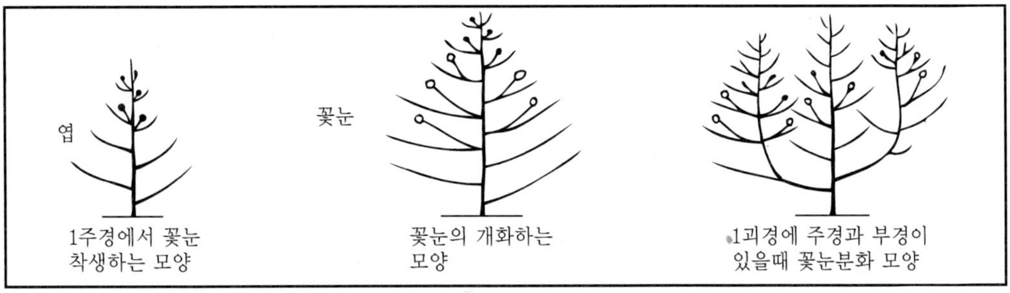

〈그림 2. III. 6.4〉 시클라멘 주경에 꽃눈 착생하는 모식도

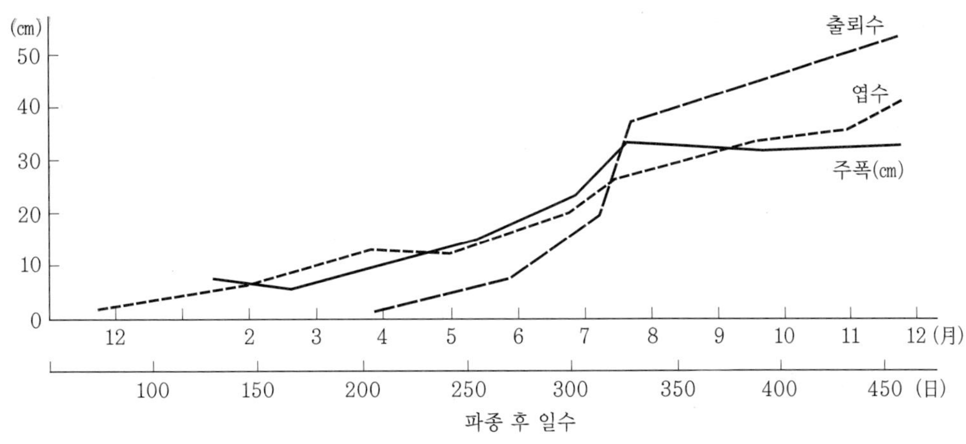

〈그림 2. III. 6.5〉 시클라멘 피종후 시기별 생육경과

(2) 파종 후부터 개화까지

시클라멘은 수분(授紛) 후 5개월이면 결실하여 구형의 삭과가 익으며 1삭과(蒴果) 중 20~40개의 종자가 생긴다. 파종 후 자엽이 신장하고 그 기부가 비대하여 괴경을 형성한 후 엽병이 신장하여 잎이 전개하는 데 까지 60일 정도 걸린다. 그러나 온도가 높으면 시기가 많이 늦어진다. 파종으로부터 주폭, 엽수, 꽃눈발생수(출뢰수)는 〈그림 2. III. 6-5〉와 같은 경과를 하게 되고, 300일 정도면 주폭이 대체로 완성된다. 꽃이 발생 되는 부위는 〈그림 2. III. 6-4〉와 같이 주경수에 따라 차가 있다.

(3) 광합성

바바크의 생육시기별 광합성 특성을 보면 전 생육기간 동안 20℃ 전후에서 광합성 속도가 최대가 되지만 생육이 진전되면 온도가 차츰 낮아져 비교적 저온인 10~15℃에서 최대가 된다(〈그림 2. III. 6-6〉).

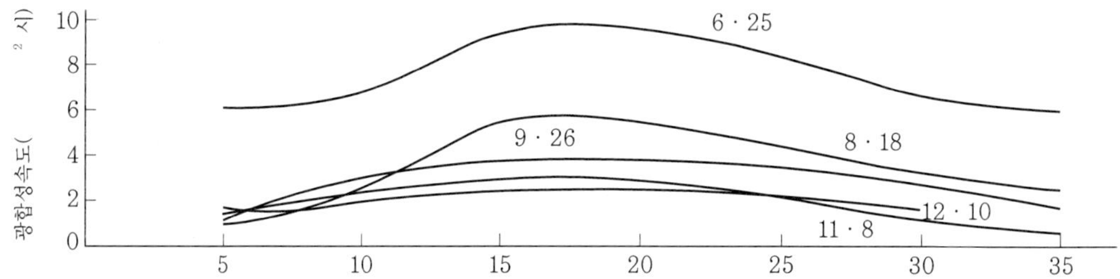

〈그림 2. III. 6-6〉 시기별 기온과 광합성 속도와의 관계곡선(그림내의 숫자는 조사시기)

(4) 개화촉진

고냉지 육묘를 하면 개화가 촉진되지만 생장조절제에 의해 개화를 촉진시킬 수도 있다. 지베렐린(GA_3)과 벤질아데닌(BA)은 개화촉진에 효과가 있음이 밝혀졌는데 농도가 알맞지 않으면 오히려 품질을 저하시킬 수가 있다. GA 농도가 높으면 각 꽃봉오리가 동시에 개화하는 일이 있고 화경이 연약해져 품질이 저하되기 때문에 저농도가 바람직하다. 초기에는 50ppm 전후에서 처리하였지만 최근은 2~5ppm에서 처리한다. BA는 GA처럼 농도가 높아도 화경(花梗)이 신장하지 않지만 기형이 되는 수가 있으니 100ppm쯤 사용한다. 연말 출하할 경우, 9월 상순에 잎속의 화뢰가 10mm 이상이면 알맞게 개화시킬 수 있지만 그 이하의 것이 많으면 호르몬 처리를 해야 하는데 대체로 목표일 45~60일 전에 처리한다. 최근은 품질을 고려하여 GA2ppm+BA 50ppm 을 혼합처리한다.

3. 개화기 조절의 실제

시클라멘의 재배형은 〈표 2. III. 6-1〉과 같이 한다. 연중 개화체계도 가능하지만 여름철 온도가 너무 높거나 생태적으로 고온기일 경우는 휴면시키는 것이 좋기 때문에 〈표 2.III. 6-1 〉과 같은 작형을 취한다. 분 크기에 따라 작형이 틀려지게 되는데, 18cm 화분은 9월 중순~10월 상순에 파종하고, 1월 하순~2월 중순에 상자에 이식하였다가 4월 상순에 12cm 분에 옮기고 이어 9월 하순에 18cm 분에 옮겨 12월부터 출하하며, 생육이 왕성한 경우는 21cm 화분에 심을 수 있다. F_1 품종은 생육기간이 짧기 때문에 2월 중순에 파종하고 5월 중 · 하순에 10cm 분에 이식했다가 9월 하순에 15cm 분에 이식하는 작형을 취한다. 화분크기별 소요재배기간 월(月)수를 볼 때 최소 7.5cm 분은 6.5개월, 10cm

분은 7.5개월, 12.5cm 분은 8~8.5개월, 15cm 분은 9~9.5개월 이상 걸린다. 작은 분은 큰 분보다 같은 품종이라도 일반적으로 개화 소요기간이 짧다.

〈표 2. III. 6-1〉 시글라멘의 재배형

재 배 형	파 종 기	개 화 기	재 배 기 간
보 통 재 배	9~10월	12~2월	15~16개월
조기출하 재배 (고냉지육묘재배)	8~9	10~11	12~13
만 기 출 하 (봄에출하)	3~4	3~4	11~12
절 화 재 배	9~10	12~2	15~16
채 종 재 배	9~10	4~5	19~20

4. 재배법 요약

(1) 파종

분구번식도 하는 경우도 있지만 보통 종자번식을 한다. 20℃에서 2주간 정도이면 종자휴면이 타파되기 때문에 9월 중순경이 적기가 된다. 발아적온은 20℃로서 40일 후쯤 발아가 된다. 흙은 부엽 1+충적토 1 또는 밭흙 1로 배합하든지 밭흙 4+부엽 4+모래 2의 비율로 섞어 pH는 5.5~6.0으로 조절하고 토양소독한 후 5mm체로 쳐서 파종한다. 2cm 간격으로 점파하고 훈탄을 20% 정도 혼합하여 복토한다.

(2) 가식 및 육묘

본엽이 3~4매가 되면 〈표 2. III. 6-2〉와 같이 6cm 간격으로 가식하는데, 깊이는 지하경이 겨우 보일 정도로 하고 3개월 이상 생육시키며, 이때 단근되지 않도록 주의한다. 이어 본엽이 증가함에 따라 〈표 2. III. 6-2〉와 같이 가식하고 10매정도가 되면 마지막 정식을 한다. 9월까지는 정식을 끝내야 되며 정식방법은 괴경의 1/3 이싱이 땅위에 나오도록 심는다.

(3) 광선과 온도관리

생육적온은 전술한 바와 같이 생육단계에 따라 차가 있으나 전기간을 통하여 20℃ 전후이기 때문에 여름철 고온대책이 중요하므로 차광망으로 빛가림을 해줘야 한다. 25℃ 이상이 되면 생장이 중지하므로 온도를 내려줘야 하며, 재배지는 주야간의 온도차가 많은 장소가 좋다. 낮엔 15~20℃, 밤엔 8~10℃로 유지시킨다. 파종시 묘가 아니고 모구(母球)인 경우는 4월부터 고온이 되어 꽃이 시들고 잎이 누렇게 되며 휴면에 들어가는데, 단수를 하여 강제휴면시켰다가 9월경 휴면이 끝나고 싹이 틀 때 분갈이를 한다.

〈표 2. III. 6-2〉 시클라맨 재배계획표

이식법	시 기	본엽수	화분의 크기	상 토	비 료	차 광
1회 이식	1~2월	3~4엽	상자 6×6㎝	실생과 동일	액비 주1회	불필요
2회 이식	3~5	5~6	9	상토6+부엽3+모래1	액비 주1회	불필요
3회 이식	6~8	10~12	12~15	상토7+부엽2+모래1	건조 비료	필 요
정 식	9~10	-	15~18	상토8+부엽1+모래1	액비 주1회	불필요

(4) 배양토와 비료

통기성이 매우 중요하므로 전 공극량이 70~80%쯤 되게 하고, 비료는〈표 2. III. 6-3〉과같이 흡수율에 차가 있으며 질소와 칼리는 엽수와 개화수를 증가시킨다. 비료 혼합비율은, 토탄 모스피트를 혼합한 배양토는 비료비율을 질소 2+인산 0.8+칼리 1.4로 하는 것이 좋고, 밭흙을 섞은 경우는 질소 1+인산 2+칼리 2로 하는 것이 좋다. 염기 치환용량이 30 이상의 높은 토양이 좋은데 시험에 의하면 mg당량의 비율로 K 15 : Ca 65 : Mg 20이 좋으며, 염기포화도 80%가 적당하다. 관수시마다 시비하고자 할 때 잎이 15장일 때는 K200mg/L (ppm)+N 50~100ppm 정도로 주고, 15~35장일 때는 N 200ppm+K 50~100ppm으로 희석시켜 관수한다.

〈표 2. III. 6-3〉 시클라멘 부위별 양분흡수량(건물중%)

부위별	N	P	K	Ca	Mg
잎	2.18	0.35	2.05	2.12	0.89
꽃	1.77	0.57	4.12	0.92	0.43
괴 경	0.78	0.39	0.77	0.75	0.49
뿌 리	1.27	0.38	3.34	0.57	0.62

(5) 여름철 고온관리

가능하다면 여름철엔 고냉지에서 관리하는 것이 이상적이지만 평탄지에서는 냉방장치 또는 차광과 같은 보조방법을 쓴다. 여름철엔 고온과 겸하여 각종 병원균이 많이 발생되기 때문에 여름철 관리가 매우 중요하다. 가장 많은 병은, 토양전염되는 후자리움균에 의한 위조병과 어위니아균에 의한 연부병으로 고온기에 구근의 도관부를 부패시켜 시들게 하거나 구근을 부패시키는 제일 무서운 병이다.

토양소독을 철저히 하고 오소사이드나 벤레이트를 뿌려준다. 기타 반점병과 탄저병은 다이젠을 뿌려주고 응애, 스립스는 켈센, 푸릭트란 등 살비제를 뿌려준다.

출하는 15cm 화분인 경우는 5~8개의 꽃이 피었을 때에 하고 18cm 분인 경우는 10~15 개쯤 개화했을 때 출하한다.

7 아네모네

학 명 : *Anemone* spp.
과 명 : 미나리아재비과
영 명 : anemone, windflower
원산지 : 북반구, 지중해 연안

북반구의 온대로부터 극지방까지 넓은 범위의 지역에 120여 종이 분포하지만 주종인 코로나리아(*A. coronaria*)는 지중해 산으로 16세기 말 유럽에 도입되어 품종개량이 이루어졌다. 고지(高地)에 자생하는 것도 있고, 초장도 소형에서부터 1.5m에 달하기까지 다양하다. 지하부는 분지상의 괴경을 형성하는 종과 근경(根莖) 또는 비대근을 형성하는 종이 있다. 꽃잎이 없고 꽃잎 모양의 꽃받침이 착색되어 꽃잎을 대신하고 있다. 꽃받침보다도 짧은 다수의 수술과 1개의 배주에 많은 암술이 있는 것이 다른 구근류와 다른 특징이다.

1. 종류 및 품종

주로 코로나리아종과 홀겐스종이 재배되고 있고 품종도 다양하여 홑, 겹, 반겹에 화색도 적, 청, 핑크, 라벤다, 백색이 있다. 화경은 대체로 7cm 미만이다.

(1) 코로나리아(*A. coronaria*, 영명 : poppy coronaria)

지하에 분지성(分技性)의 괴경을 형성한다. 20~40cm의 화경에 한개의 꽃이 착생되고 총포는꽃에 인접하여 있다. 홑, 반겹, 겹꽃에 꽃색도 적, 청, 등, 핑크, 백색 등 다양하고, 꽃의 크기는 직경이 5~7cm 쯤 된다. 16세기 말 유럽에 도입되어 18세기 중엽 프랑스에서 개량된 드칸(De Caen) 계통은 홑 또는 반겹으로 대표계통이 되고 있다. 주요 품종으로는 비사(誹司 : 비적색으로 중심에 백색 눈이 있고 홑꽃), 플로레 플레노(Flore Pleno : 주술이 꽃잎 모양으로 변한 겹꽃, 정자(丁字)형), 크리산테미플로라(chrysanthemiflora : 국화 모양의 아네모네), 센트브리지드(St. Brigid : 아일랜드에서 개량되어 아일랜드 아네모네로서 겹꽃 대륜으로 화심 노출) 등의 품종이 있다.

(2) 풀겐스 (A×*fulgens* : frame anemone)

코로나리아와 파보니나(*A. coronaria*×*A. Pavonina*) 또는 호르텐시스와 파보니나(*A. hortensis* ×*A. Pavonina*)와의 3근 연종간의 교배에 의해 육성된 종이다. 단엽으로 3~5개가 얕게 째져서 코로나리아종과는 다르다. 초장이 다소 작고 화경 이 가늘다.

(3) 기 타

블란다(*A. blanda*: greek anemone)는 초장 15cm의 왜성종의 절화에는 부적당하나 분화로 이용한다. 유럽 남동부 원산으로 원종은 8~14매의 청색 꽃받침과 연황~백색의 들국화 비슷한 꽃으로 원예종은 백, 청, 핑크색이 있다. 풀사틸라(*A. pulsatilla* : European pasque flower)는 분화로 이용하는데 화경은 25~30cm로 꽃 직경은 5cm쯤의 백색, 적색, 자색의 꽃이 핀다. 주요 품종으로는 바이올렛(Violet : 농자색), 루브라(Rubra : 적색) 등이 있다. 한편 후페헨시스(*A. hupehensis*)는 중국 원산으로 초장이 70cm쯤 되는 내한성, 대형 다년초로서 지하경으로 되어 있는데 화경이 5cm 쯤으로 담홍자색의 국화 모양 꽃이 된다. 주로 정원에 많이 재식된다.

2. 꽃피는 원리와 자라는 습성

여기에서는 아네모네 주재배종인 코로나리아(*A. coronaria*)를 중심으로 언급하겠다.

(1) 생육습성

수확건조시킨 구근(예 : 드칸 계통)은 7월 하순 이후에 흡수시키면 15~20℃ 온도에서 언제라도 10일 전후에서 발아한다. 괴경은 건조시키면 발아가 억제되지만 자발휴면은 가리지 않는다. 가을에 괴경을 심으면 몇 장의 잎을 분화한 후에 암술 형성이 보여진다. 〈표 2. III.7-1〉은 최저야온 (夜溫)을 10℃ 온실에 재배하였을 때 꽃눈분화가 시작되는 시기는 정식 4주 후이고 자예분화기까지는 약 10주간이 필요하며 개화까지는 그 후 2주가 더 필요하다. 정부의 꽃눈이 형성되면 다음의 액아에서 다시 형성되어 1구에서 수 개 내지 10개의 꽃눈이 순차적으로 형성된다.

(2) 일장과 개화

드칸계는 일장에 관계없이 꽃이 피지만 자연일장이 단일일 때는 장일 또는 심야조명이 개화에 7~10일 촉진되어 아네모네는 상대적 장일식물로 생각되어지고 있다.

그러나 장일에 의해 줄기신장이 이루어져서 개화촉진되는 것은 아닌 것으로 보고되고 있다. 반면에 야생종은 장일에 의해 휴면에 유도되는 종이 있지만 코로나리아종의 드칸계는 고온장일에서 약간 보이며 야생종과는 다르다.

(3) 온도와 개화

괴경은 20℃ 이상의 온도에서 발아하여 꽃이 피는데 꽃눈형성 및 모든 발달에 저온을 필요로 하지 않지만 정식 전에 흡수시킨 후 괴경을 저온처리하면 개화가 약 1개월 빠르게 된다(〈표 2. III. 7-1〉). 그러나 저온처리구에 비교하여 전재배기간을 통하여 채화수가 감소하고 절화품질도 다소 저하하는 경향이 있다(大川 '85). 따라서 채화수와 절화품질을 고려하면 10℃에서 4주간이 적당하다는 시험 보고가 있다. 정식 후 알맞은 재배온도는 낮 20~25℃, 밤 10℃이고, 고온(15~20℃)에서는 개화 소요 일수는 단축되지만 품질(절화중, 줄기 직경) 은 나빠지는 것으로 보고되고 있다.

〈표 2. III. 7-1〉 저온처리유무가 아네모네 꽃눈분화와 그 후의 발달단계(大川, 85)

정식후 의주수	저온 처리	전개 엽수	분화 엽수	초장 (㎝)	제 1화의 꽃눈발달단계*					
					1	2	3	4	5	6
(주)	5℃ 4주	2.3	4.5	6.0	-	1	2	7	-	-
4	무처리	2.7	5.5	7.0	1	4	3	2	-	-
6	5℃ 4주	3.5	5.3	11.1	-	-	1	5	4	-
	무처리	3.8	5.8	11.3	-	4	3	3	-	-
8	5℃ 4주	4.3	6.1	11.5	-	-	-	-	10	-
	무처리	4.9	7.0	13.2	-	-	4	6	-	-
10	5℃ 4주	5.9	7.8	12.0	-	-	-	-	-	10
	무처리	6.9	8.7	16.0	-	-	-	3	7	-

* 1 : 미분화, 2 : 포엽분화, 3 : 악편분화, 4 : 웅예분화, 5 : 자예분화, 6 : 개화
품종 : 드칸종, 정식시기=10월 25일, 최저야간온도 10℃에서 유리온실에서 재배

3. 개화기 조절의 실제

개화촉진을 위해서는 10℃에 저온처리를 하는데 이때는 저온처리중에 눈이 나오기 때문에 심을 때 상처가 생기기 쉬운 결점이 있다. 그 때문에 실제 재배에서는 10℃에 2주 처리 후 나머지 2주는 0~5℃로 떨어뜨리거나 5℃에 4주 처리방법이 있으나 처리효과는 10℃에 4 주 처리보다 떨어지는 것으로 보고되고 있다(〈그림 2. III. 7-1〉). 흡수 후 5~10℃의 온도에 4주 동안 습적한 구근을 9월 하순에 눈이 다치지 않게 심는다. 11월에 입실가온하면 12월부터 순차적으로 꽃이 핀다. 촉성재배하려면 더 일찍 저온처리하여 9월 상 · 중순에 심으 면 11월부터 꽃이 핀다. 그러나 10월에 저온하에서 흡수시켜 심으면 1월 이후에 꽃이 핀다.

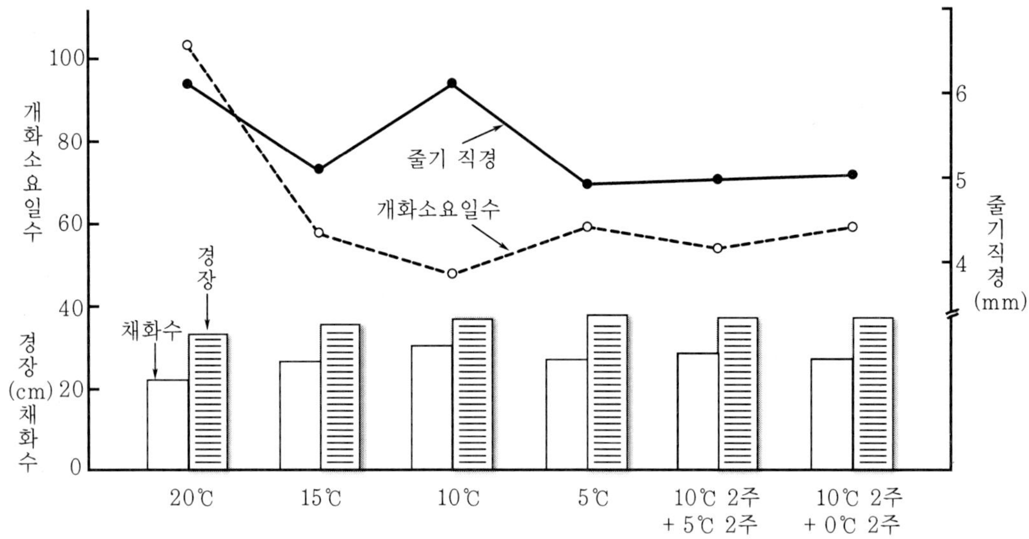

품종=드칸 청색종, 8월 14일 저온처리개시. 정식=9월14일, 유리온실온도=최저야온 8℃에서 재배

〈그림 2. III. 7-1〉 개화에 미치는 저온처리 온도와 기간의 영향

4. 재배법 요약

(1) 번식

플로레플레노나 풀겐스와 같은 겹꽃 품종은 결실되지 않기 때문에 분구에 의해 번식한다. 홑꽃, 국화형 꽃도 분구하며 실생번식도 좋다. 분구는 6월경 잎이 황변한 후 굴취하여 캡탄 또는 벤레이트 소독액에 1시간 침적 후 수세하여 통풍이 좋은 냉암소에 건조저장한다.

채종은 성숙하면 바람에 날려 손실이 염려되므로 완숙하기 전에 수확한다. 면모가 있기 때문에 가는 모래와 혼합 파종하여 토립과 밀착을 도모한다. 발아는 광의 유무와 관계없이 싹이 트며 발아적온은 16℃이다. 일반적으로 9월 중 · 하순에 파종하는데 발아 소요일수는 5~6주간이 걸린다. 종자크기는 1g당 1250립쯤 된다.

(2) 정식

코로나리아종은 보통 실생 1년구를 쓴다. 묵은구는 편평한 부정형이며 실생 1년구는 하단이 뾰쪽하여 3각 추를 거꾸로 한 것과 같은 모양을 하고 있다. 심을 때는 상하의 구별을 해서 심는다. 묵은 구는 한 구에서 5~6개의 화경이 나오지만 꽃이 작고 값이 비싸기 때문에 한 구에 꽃대가 2~3개 나오는 실생 1년구를 많이 사용한다. 3~4년생 실생 묵은 구는 갱신하는 것이 좋다. 정식시기는 9월 상 ·

중순경 10cm 간격으로 심고 복토는 구근이 덮이는 정도면 된다. 내한성이 약하므로 중부지방에서는 온실에서만 가능하고, 노지에 심을 때는 10cm 이상 방한피복(짚이나 기타 보온재료)을 해야 하며, 해에 따라서는 피해도 예상된다. 건조에도 약하기 때문에 국내 기후는 적당하지 않다.

(3) 화분재배

15cm 화분에 대구(大球)를 3~5구 심은 후 하우스내에 월동시키는데 밤 온도를 5~10℃로 유지하는 것이 좋다. 고온에서는 개화가 빠르고 꽃이 작아지며 화경이 짧아진다. 사질양토로서 보수력이 있고 배수가 잘되는 토양이 좋으며, 산성토양에서는 생육상태가 나쁘므로 석회로 교정하도록 한다.

(4) 병충해 방제

균핵병은 이른 봄 지상부에 반점이 생겨 연화하며 쥐똥만한 균핵이 형성되는데 다이젠, 보르도액 등으로 방제한다. 녹병, 회색곰팡이병은 다이젠이나 캡탄, 벤레이트, 바리톤 등으로 방제한다.

8 글라디올러스

학 명 : *Gladiolus gandavensis* V.
과 명 : 붓꽃과
영 명 : gladiolus
원산지 : 남아프리카

춘식 구근류 중 대표적인 구근으로 구경(球莖)에 속한다. 주로 절화를 생산할 목적으로 재배된다. 자생지엔 약 150종이나 자생되지만 현재 널리 재배되고 있는 것은 봄에 심어 여름에 꽃피는 대형 *gandavenesis*와 그 교잡종으로 화형, 화색이 풍부하고 많은 품종이 있다. 1807년 교잡이 행해진 이래 독일, 프랑스, 네덜란드에서 품종개량을 많이 하였고, 최근에는 캐나다, 미국에서도 많은 품종들이 개량 보급되었다.

1. 계통 및 품종

개화습성에 따라 봄에 심어 여름에 꽃피는 춘식종(春植種)과 가을에 심어 봄에 꽃피는 추식종(秋植種)으로 나뉜다.

(1) 춘식종(春植種 : 여름개화종)

꽃이 크고 화색이 풍부하여 여름철 절화의 대표적인 계통으로써 재배되는 품종의 99%가 이 계통이다. 주요 재배품종은 〈표 2. III. 8-1〉과 같다.

① 글랜디플로러스계(glandiflorus type) : 대형 다화성으로 화수(花穗)가 길고 꽃도 밀생하지만 구근의 생장은 느린 편으로 실생(實生)해서 개화까지 2~3년 걸린다.

② 프리뮬리누스계(primulinus type) : 위의 꽃잎(花弁)이 두건처럼 내려 덮이는 모양으로 되며, 작은 꽃이 드문드문 달리는 결점이 있다. 자구는 1년이면 개화구가 된다.

③ 프리뮬리누스 글랜디플로러스계(primulinus glandiflorus type) : 위 두 계통의 교잡종으로 프리뮬리누스의 장점인 꽃의 아름다움과 글랜디플로러스의 장점인 강한 화경과 꽃이 밀생하는 특성을 겸비한 계통으로 오늘날 재배되는 많은 품종이 여기에 속한다.

〈표 2. III. 8-1〉 춘식종 대형화 주요 품종

품 종	화 색	특 성
발레리아(Valeria)	농주홍색	중형화, 다화성 꽃이 약간 적음.
레드 라디안스(Red Radiance)	농적색	중형화, 조생종, 동기재배 ,
화이어 브랜드(Fire Brand)	적색	절화의 대표 품종. 겨울철 블라인드 발생.
헥타(Hector)	주홍색	화변 파상, 동기 절화재배 최적.
브롬페이보리트(Bloom Favorite)	선적색	조생종, 저일조에서 개화.
초일(初日)	주홍색	초형이 좋고 촉성 억제재배 가능.
레드 뷰티 (Red Beauty)	비홍색	광택이 있는 비홍색, 성질 강건.
핑크 딜라이트(Pink Delight)	핑크색	촉성, 억제재래, 꽃잎이 두껍다.
핑크 100 (Pink No.100)	핑크색	파상변, 저일조에서 개화 촉생용 품종.
트래블러(Traveler)	핑크색	화수(花穗)밀생, 재배용이한 품종.
와인 앤드 로즈	핑크색	화변 중앙 농도홍색 반점, 춘계 절화용.
옐로우 스톤(Yellow Stone)	황금색	초생종, 촉성, 억제 절화용.
골덴 젬(Golden Gem)	진황색	중심엔 큰 비적색 눈이 있음, 화변이 두껍고 화수가 밀생.
카스케이드(Cascade)	자청색	화변 중앙에 백색 줄기, 내서성 강한 품종.
헌팅송	연등색	중심 백색, 촉성, 억제가능, 조생종
구드리안교수	순백색	파상변, 반촉성품종
화이트자이언트	농적색	만생계 대형품종
산수시(Sans Souci)	핑크색	화변에 파상, 장간성
프렌드쉽(Friend Ship)	선분홍	화변에 파상, 동기 절화용
스픽 앤드 스판(Spic and Span)	선황색	화변에 파상, 동기 절화용
토페이즈(Topaze)	순백색	화변에 파상, 대형화
화이트 프렌드 쉽	순백색	화변에 파상, 절화적 품종
엘리자베스 더퀸	연보라	화변에 파상, 다화성

절화생산용으로 재배되는 품종은 대부분 〈표 2. III. 8-1〉에 나타난 품종을 재배하나, 화경이 6~8cm 정도로 꽃이 작은 품종도 최근 재배량이 많아지는 경향에 있다. 스토론포리(진한비적색), 집시(초장 70m 정도, 등적색+황색), 샤레드(녹색이 물든 황색), 엘핀오키드(연라벤다 : 보라색류), 베루세우스(자도색) 등이 있다.

(2) 추식종(秋植種 : 봄에 꽃피는 계통)

춘식종에 비하여 화색이 단순하고 꽃과 잎이 좁다. 온도가 다소 낮아도 블라인드 발생이 거의 없으므로 연말 연시에 출하하기 적당하다. 닌푸(순백색), 에르비라(연핑크), 임프레시브(연핑크색에 중앙 진적색의 무늬), 프린스 글라우스(순백색에 중앙 진적색 무늬), 간지 글로리(핑크색 하변 3매 화변에 진적색, 그 중앙엔 담황색), 비잔티 누스(핑크색에 자색이 물들어 있음), 골비리 알바(유백색), 콤멧(자색이 물든 홍색), 참(핑크색) 등이 있다.

2. 꽃피는 원리와 자라는 습성

꽃눈분화에 일장(日長)에 관계 없이 꽃이 피는 중일성 식물이나 꽃눈(花芽)의 발육에는 장일상태에서 촉진하고 단일에서는 억제되는 N, L형 식물이다. 꽃눈분화는 적기에 정식한 구근은 본엽 2매경부터 시작하여 40일 후에 웅예, 자예까지 형성된다. 구근류 중 자발 휴면기간이 긴 종류로서 촉성재배시는 우선 휴면이 타파돼야 한다.

새로 형성된 구경은 꽃이 피면서 비대하고 개화 직후 급히 비대하여 10~12주 만에 신구근을 형성한다. 신구와 모구 사이에 견인근이 나와 쓰러짐을 방지하고 생육적온은 낮 25~30℃, 밤 15℃ 정도로 3℃에서 발육이 정지되고 −3℃에서 동해를 입는다.

(1) 휴면

봄에 심어 여름에 굴취한 구경은 3개월 이상 휴면이 계속된다. 구근의 휴면과정을 경시적으로 조직배양실험을 통해 조사된 바에 의하면 〈그림 2. III. 8-1〉과 같다. 즉, 새로 형성된 신구경의 정아는 개화전후로부터 휴면에 들어가는 것으로 생각됐고, 엽수분화도 급히 쇠퇴되어 개화 후 180일쯤에는 완전히 없어져 100% 발아율을 보인다.

한편 실제 포장상태에서 보면 여름에 굴취한 구근은 3개월 이상 휴면이 계속하여 기온이 서늘해지기 시작할 때에 와서야 타파된다. 그러나 26℃의 습한 토양에서는 21개월간이나 휴면이 계속되다가 0℃에서는 단시일내 휴면이 깨진다. 휴면기간의 장단은 수확시기, 품종에 따라 다른데 3월부터 10월 사이에 형성된 구근은 휴면하지만 11~12월 사이에 형성된 구근은 휴면하지 않는다. 여름에 굴취한 구근은 저온에 저장하면 일찍 휴면이 타파된다. 휴면에 들어서는 한계온도는 15℃ 전후로 생각되며 단, 생육중의 것은 30℃ 고온에서도 휴면에 들어가지 않는다. 연구에 의하면 35℃에 15~20일간, 처리 후 2~3℃의 저온(최근 성적은 5℃도 효과가 있다고 함)에 20일간 처리하면 좋다. 에틸렌클로로하이드린(ethylene chloro hydrin. 상품명 : 에틸크로리스) 용액 1% 수용액에 2시간 침적하여 휴면타파시켜도 효과가 있다. 목자는 큰 구근에 비해 휴면이 깊어 휴면타파를 시킨 후 최아시켜 파종해야

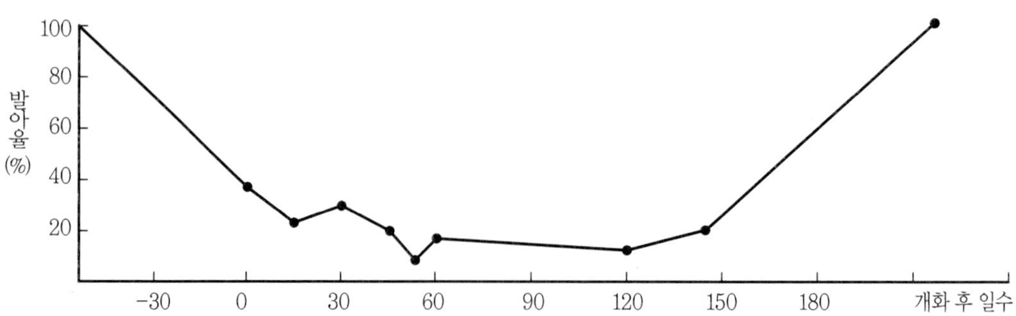

〈그림 2. III. 8-1〉 구경 정아(頂芽)의 발아율

한다. 종피가 단단한 목자일수록 꼭 휴면타파가 필요하다. 휴면타파 방법은 다음과 같다.

① **저온저장** : 수확 후 6~10℃의 온도로 120일 정도 저장한다.

② **약품처리법** : 겨울 동안 5~10℃로 저장한 자구를 파종 10~20일 전에 그릇에 담아 에틸렌클로로 하이드린 1mL를 넣어 4시간 동안 밀봉처리한 것을 1~2주간 실내에 넣어 두었다가 파종한다.

③ **온탕처리법** : 47℃의 온탕에 20분간처리하면 휴면타파뿐만 아니라 선충구제까지 겸할 수 있다. 온탕처리한 것을 상자에 담아 20℃의 항온기에 넣어 두면 10일만에 싹이 튼다.

④ 기타 외피를 벗기거나 피층에 상처를 주어도 효과가 있다.

(2) 꽃눈분화기

구근을 심어서 새 잎이 신장한 후에 꽃눈분화되는데 이는 정식시기, 품종, 일장에 관계없이 본엽 2매가 보이기 시작할 때나 바로 직전에 꽃눈분화가 시작된다. 먼저 생장점이 융기하고 양측에 교호로 포(苞)가 형성되고 각포의 내측에 꽃눈원기가 형성되며 전엽(前葉), 화수(花穗)가 신장하는데 9단계로 나누어 형성되고, 최종단계에서는 소화가 형성되는데 16개까지 형성한다. 이러한 꽃눈분화가 순조롭게 되려면 온도, 광, 수분 조건 등 알맞은 환경조건이 유지돼야 한다.

(3) 일장과 일조의 영향

글라디올러스는 여름에 꽃을 피게 하기는 용이하지만 겨울철 시설 내에서의 잎의 생육은 정상적이더라도 꽃은 잘 피지 않는 블라인드(blind : 不開花) 현상이 일어난다. 꽃눈분화를 일으키는 데는 일장에 관계없이 꽃이 피는 중일성 식물이지만 꽃눈의 발육에는 장일(長日)에서 촉진되고 단일에서는 블라인드 발생이 많아진다. 특히 낮은 일사량(日射量), 즉 저조도(低照度)와 단일(短日)에 의해 나타나며 가장 크게 영향을 받는 시기는 4~6엽기 사이이다. 〈그림 2. III. 8-2〉는 품종 트래블러를 각

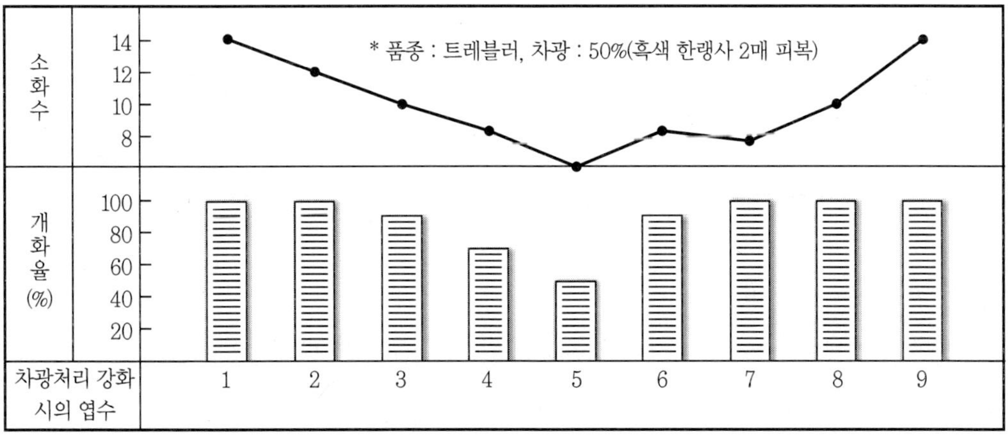

〈그림 2. III. 8-2〉 각 엽수 발생시 2주간 차광처리가 개화에 미치는 영향(1977, 今西)

엽령(葉令)기별로 2 주간 흑백 한랭사 2매로 차광한 결과 4~6엽기가 개화율이 가장 낮고 소화수도 가장 적었음을 보여 주고 있다. 알맞은 일장은 12시간 이상인데 겨울에는 16시간 정도일 때 좋은 품종도 있다. 겨울철 전등조명은 효과가 있는 것으로 밝혀졌는데, 보르드위크(Borthwick) 실험은 봄엔 19룩스, 가을엔 40룩스까지 유효하였다고 한다.

너무 낮은 광도에서는 블라인드 발생이 많아진다. 포스트(Post)는 8월부터 2월까지 정식해서 블라인드 발생을 조사한 결과 단일 약광을 피하기 위하여 2월 1일 이전에는 정식을 맞추어야 된다고 하였다. 광도가 너무 얕으면 생장점이 죽어 소화수가 현저히 감소하고 블라인드가 발생되며 저광도에 밤 온도가 높으면 더욱 촉진된다. 최근 글라디올러스의 육종 방향은 겨울철 낮은 일조에서 재배하기 알맞은 품종육성에 중점을 두고 있다.

(4) 온도의 영향

실험에 의하면 2엽에서 8엽까지 꽃눈발육 단계에서 야간 2℃, 주간 12℃의 저온처리를 2주간 행한 결과 5~6엽기의 저온처리가 개화율을 가장 크게 저하시켰다(〈그림 2. III. 8-3〉). 이때는 제1소화가 웅예~화분모세포를 형성하는 시기이다. 따라서 겨울철 절화재배에서는 4, 5, 6엽기의 기온에 주의할 필요가 있다.

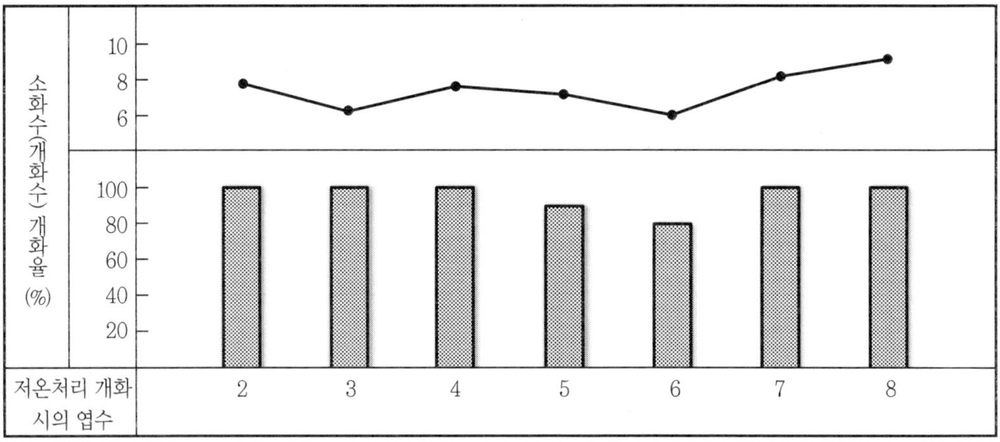

〈그림 2. III. 8-3〉 각 엽수 발생시 2주간 저온처리가 개화에 미치는 영향

(5) 수분과 비료의 영향

꽃눈발육이 진행되는 동안의 건조는 발육을 저해하여 블라인드 발생률을 높인다. 또한 비료분도 생육에 큰 영향을 주지만 특수한 경우를 제외하고는 블라인드 발생에 영향을 주지 않는다.

(6) 화학약품과 휴면타파

전술한 바 있는 에틸렌클로로 하이드린 처리는 휴면타파에 효과가 있으나 구경의 상해 등이 심하다. 한편 쯔까모도 등은 카이네친류의 화학약품 처리를 한 결과 다음과 같은 결과를 얻었다(〈그림 2. III. 8-4〉). 즉, 벤질아데닌(BA) 20ppm에 24시간 침적한 구경의 무처리(대조구)는 대부분 휴면하는데, BA처리구는 처리 3주 후에 100% 발아하였다. 또한 카이네친에 비하여 BA가 더욱 효과적이있다. 블라인드 발생의 대책으로 앞의 개화생리를 토대로 집약하면 다음과 같이 요약될 수 있다.

① 겨울철 절화재배시에는 저온 단일 약광 하에서 꽃이 잘 피는 품종을 선택한다.

② 겨울철 재배용 품종을 육성하는 일이 시급하다.

③ 난지에서는 노지재배하며 온실이나 비닐하우스에서의 재배는 가급적 피한다.

④ 전등조명은 특별한 경우 외에는 하지 않지만 일조부족이 심한 경우에는 행한다.

⑤ 구근은 가능한 한 대구(大球)를 사용한다.

⑥ 정식 간격은 너무 좁게 하지 않도록 한다.

⑦ 햇볕이 잘 들고 따뜻한 곳에 심는다.

⑧ 싹튼 후는 꽃대를 하나로 제한하여 2~3개가 나오지 않도록 한다.

⑨ 겨울철 조도를 높이기 위해 피복재료의 감광요인을 없애도록 한다.

⑩ 생장촉진제(BA) 처리도 효과를 얻을 수 있다.

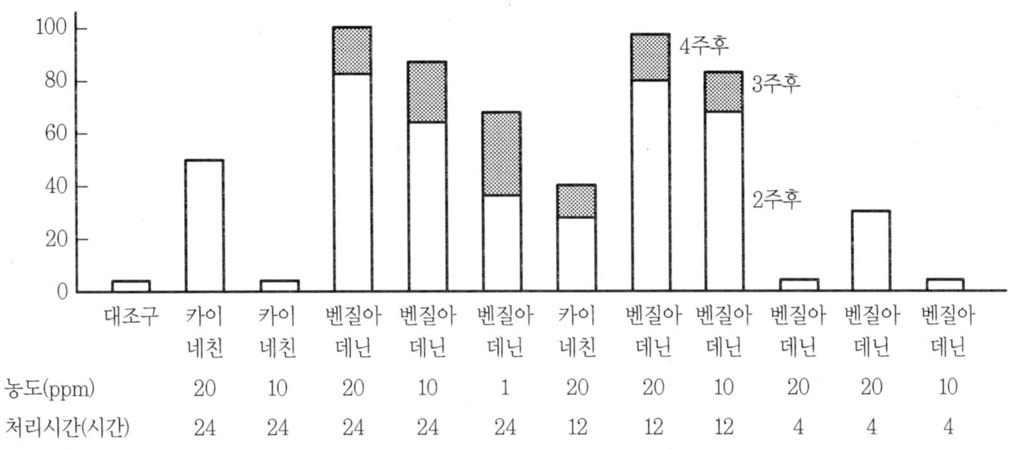

〈그림 2. III. 8-4〉 벤질아데닌과 카이네친 처리가 구경 휴면타파에 미치는 영향(품종 핵타)

〈표 2. III. 8-2〉 가을 단일상태에서 블라인드율(%)

품종	블라인드율(%)	품종	블라인드율(%)
스픽앤드스판	0	신니쓰본	43.7
레드라디안스	0	화이어블랜드	56.5
스포트라이트	3.4	레드참	59.0
크림손	3.8	페기로	60.0
핵타	4.0	시크인	65.2
스노프린세스	13.0	산스지	71.4
바레리아	37.5	바이오렛챰	82.6

3. 개화기 조절의 실제

(1) 보통재배

개화소요일수가 70~120일로서 주로 6월부터 8월에 꽃을 피게 하는 방법으로〈표 2. III. 8-3〉과 같이 정식 시기에 따라 개화 소요일수가 다르게 된다.

〈표 2. III. 8-3〉 정식기와 개화

정 식 일	개 화 일	개화소요일
3(월) 31(일)	7(월) 10(일)	101(일)
4 5	7 12	88
5 1	7 20	80
5 31	8 9	70
6 31	8 25	71
7 1	9 15	76
7 25	10 4	81

(2) 촉성재배

일찍 굴취한 구근은 약 3개월간 휴면이 계속되고 그 후 자연저온에 의하여 휴면이 타파된다. 휴면기간은 품종, 구근의 크기에 따라 차가 있으나 약 3개월간 걸린다. 자연 휴면기간이 지난 후에 정식한다. 정식은 〈그림 2. III. 8-5〉와 같이 11월 상순, 12월 상순, 1월 상순에 정식하였을 때 2~3월, 3월 하순~4월 상순, 4월 중순~5월 상순에 출하할 수 있다.

좀더 빨리 수확하고 싶으면 인공 휴면타파를 해야 하는데 〈그림 2. III. 8-6〉과 같이 35℃에 15~20일간 처리하고 그 후 2~3℃의 저온에 20일간 처리한후 정식하든지, 앞에서 이야기한대로 화학약품으로 인공휴면 타파시켜 정식한다. 〈그림 2. III. 8-6〉은 1월부터 4월 중순까지 출하를 위하여 고온처리와 저온처리했을 때의 재배력을 예시한 것이다.

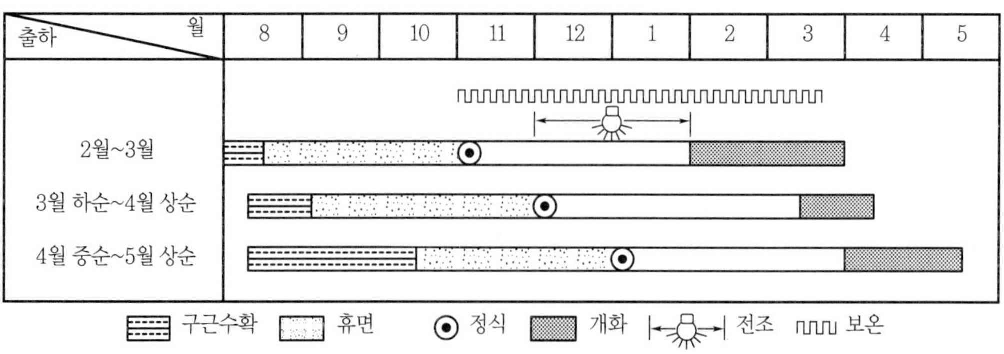

〈그림 2. III. 8-5〉 자연 휴면타파에 의한 촉성 재배력

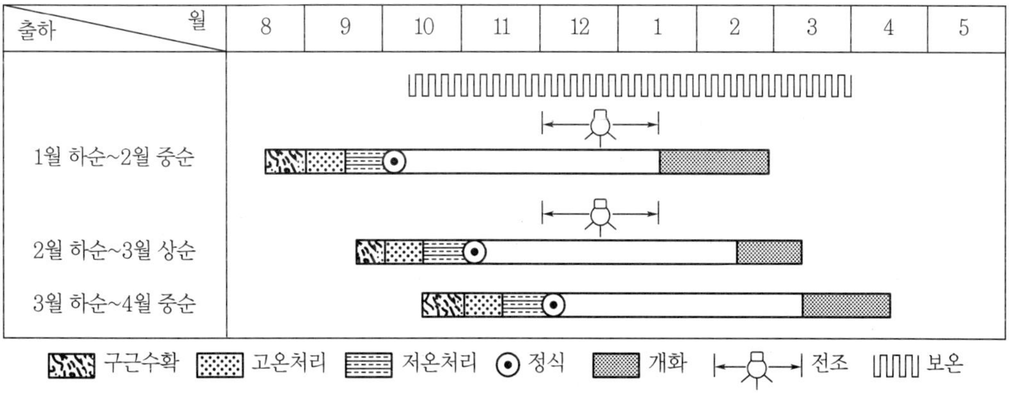

〈그림 2. III. 8-6〉 인공 휴면타파(고온, 저온처리)에 의한 촉성 재배력

(3) 억제재배

11월 하순~12월 중순의 출하를 위해서는 8월 하순~9월 상순에 정식한다. 12월 중순~1월 중순 출하는 9월 상 · 중순에 정식한다. 7월 정식은 보통 서늘한 창고에 저장해도 좋지만 8월 이후의 정식은 3월 중순부터 3~5℃의 냉장고에 건조 저장하고 정식 2~3일 전에 꺼낸다.

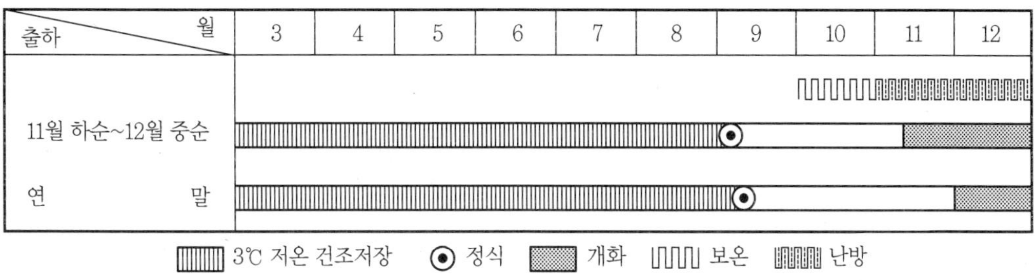

〈그림 2. III. 8-7〉 글라디올러스 억제 재배력(예)

4. 재배법 요약

(1) 보통재배

7~8월경에 출하하기 위하여 재배하는 방식으로써 개화소요일수가 80~120일(조생종은 80~90일, 중생종은 100일, 만생종은 110~120일) 이므로 역산해서 정식한다. 보통 3월 상순부터 6월 중순에 걸쳐 심는다. 10a당 소요구수는 대구 3만~4만구, 중구 4만~5만구가 필요하다(〈표 2. III.8-4〉).

10a당 시비량은 질소 24~28kg, 인산 20kg, 칼리 16~20kg을 표준으로 하고, 정식거리는 대구 12cm, 소구 6~10cm 간격으로 하며, 깊이는 구근 높이의 2배 정도로 한다. 발아 후 건조가 심한 곳

에서는 볏짚을 깔아주어야 하며, 제초를 할 때 유기질이 많은 토양이며 정식 후 10a당 시마진 25g을 90L 물에 타서 토양표면에 뿌려 준다. 개화기에 이르면 줄기와 꽃이 다른 꽃에 비해 무겁기 때문에 쓰러지기 쉬우므로 배토하거나 줄을 쳐서 도복을 방지한다.

〈표 2. III. 8-4〉 구근의 등급별 규격

등 급	규 격	당구수
특등구	직경 5cm이상	230 ~ 300
1 〃	4.0 ~ 5.0cm	400 ~ 450
2 〃	3.3 ~ 4.0cm	550 ~ 600
3 〃	2.6 ~ 3.3cm	1,000 ~ 1,100
4 〃	2.0 ~ 2.6cm	2,200 ~ 2,300

(2) 촉성재배

촉성재배에 알맞고 되도록 휴면타파가 잘 되는 품종을 택한다. 7~8월에 빨리 수확한 난지산의 구근으로 3개월 후에 정식하든지 전술한 저온처리를 한 후 정식한다. 영리재배에 있어서는 화색의 배합도 고려하여 적색 70%, 분홍색 20%, 기타 10% 정도가 좋은데, 화색의 배합은 시장의 기호를 조사하여 가감하는 것이 좋다. 촉성재배의 대표품종은, ① 적색종 : 화이어브랜드, 헥타, 바레리아, 레드참 ② 분홍색종 : 스픽 앤드 스판, 프렌드 쉽 ③ 백색 : 구드리안교수 ④ 황색종 : 옐로우 헤랄드 등으로써 구근의 크기는 3등구 이상이 좋고 정식은 밀식보다 소식하는 것이 좋은데 12×15~18cm 간격으로 하고, 복토는 얕게 하여 지온을 높임으로써 빨리 발아시키도록 하고, 본엽 2매가 나올 때까지 몇번 배토해 준다. 12월 말 ~1월에 걸쳐 단일 저조도 상태에서는 3.3m^2당 100W의 백열등을 1m 높이에서 심야에 2~3시간 조명을 해준다. 낮 25℃, 밤 15℃로 유지하는데 본엽 2매 때부터는 최저 5℃ 이상으로 해야지 2℃이하로 떨어지면 맹아발생률이 높아진다. 정식 후 지온을 높이고 수분보존을 위해 비닐터널 또는 멀칭을 해준다.

(3) 억제재배

9월부터 1월에 꽃을 피우는 방법으로써 3℃ 저온 건조저장이 9월까지 맹아억제가 가능하므로 1월까지도 가능하다. 〈표 2. III. 8-2〉에서 보는 바와 같이 가을 단일상태에서 블라인드 발생이 적은 품종을 택한다.

① **적색종** : 레드 라디안스, 헥타, 모갈

② **분홍색종** : 트래블러, 스픽 앤드 스판, 프렌드 쉽

③ **백색종** : 구드리안교수, 화이트 골드 등이 있다.

연내 개화를 목적으로 할 때는 2등구로 충분하나 1~2월 개화를 목적으로 할 경우는 1등구를 사용한다. 구근은 3℃에 건조저장하되 5℃ 이상이면 발근 발아억제 효과가 감소하고 0℃ 이하이면 동해의 우려가 있다. 건조냉장의 경우는 10℃라도 저장효과가 있다. 일반 냉장고 속은 습도가 높이 발아와 발근억제가 힘들므로 비닐포대에 교대로 넣고 이것을 다시 상자에 담아 냉장고 속에 넣는다. 정식기가 고온이므로 습기가 충분한 곳을 택하여 하되 정식거리는 9×12cm 간격으로 심는다.

자구를 이용한 억제재배도 가능한데 직경이 5mm 이상의 것을 사용한다. 10a당 40L 정도 소요되는데 자구 개화 소요일수가 130~170일 걸리므로 여기에 맞게 정식한다.

(4) 기타 관리

글라디올러스는 연작의 피해가 극히 심하다. 부패구는 2년 연작지에서 14%, 5년 연작지에서 30% 정도 되니 토양소독 약제나 증기소독을 하여 토양소독을 철저히 한다. 특히 수부병(首腐病 : *Pseudomonus marginate*)은 초여름부터 가을에 걸쳐 잎, 엽초, 구경을 침해하여 줄기가 뽑히는 병으로써 토양소독, 구근소독을 철저히 하고 농용신수화제를 뿌려준다. 후자리움에 의한 부패병도 많은데 구근소독을 철저히 하고 재배지에는 석회를 충분히 준다. 모자이크 바이러스병은 발견 즉시 뽑아준다.

(5) 수확 출하

한 화수(花穗)의 1번화가 약간 착색하여 물들기 시작할 때, 85cm 길이로 잘라 10개 1묶음으로 하고, 이것을 5묶음으로 하여 1속으로 출하한다.

9 칸나

학 명 : *Canna* spp.
과 명 : 칸나과
영 명 : canna
원산지 : 중남미, 동남아시아, 아프리카

춘식 구근의 대표구근으로서 중남미와 동남아시아, 아프리카등 열대와 아열대 지방에 약 51 종이 분포하고 있다. 1596년 이후 18세기에 걸쳐서 유럽에 도입된 이래 다륜종인 후렌치칸나와 고성종인 이탈리안 칸나가 육성되었고 그 후 많은 교잡종이 만들어졌다. 우리나라에선 홍초(紅草)라고 불려지기도 하나 옳은 이름이 아니다.

1. 재배이용상의 특징

칸나는 다른 구근류와는 달리 다음과 같은 좋은 특징을 갖고 있어 앞으로 많은 재배가 기대되는 꽃이다. 첫째, 생육이 강건하고 불량한 환경에 견디는 힘이 있어서 환경이 나쁜 도로변이나 광장, 철도 연변, 기차역 등에 비교적 재배가 가능하고, 강렬한 인상을 주는 적색의 화색은 시가지 배경으로 좋은 특성을 갖는다. 둘째, 개화기가 길고 병해에 강하며, 유지관리에 비용이 적게 드는 장점이 있다.

셋째, 집단배식시 여러 종류의 화색, 초장의 크기를 고려하여 대면적 화단에 이용할 수 있는 장점이 있다.

2. 종류 및 품종

원예종으로 재배되고 있는 품종은 여러 자생종들의 교배종으로서 품종군을 계통적으로 나누어 보면 다음과 같다.

(1) 프렌치칸나(*Canna generalis*, 영명: common garden canna)

프랑스에서 *C. iridiflora*와 *C. warscewiczii*와의 교배한 것에 다른 종들과의 교배에 의해 만들어진 것으로 초장은 고성종과 왜성종이 있지만 꽃이 크고 (화경 : 10cm 이상), 보통 꽃잎이 4개의 둥근 꽃잎과 가웅예(假雄蘂)가 뒤로 젖혀 말리지 않는다. 화색은 적, 등, 핑크, 황, 유백색 등 다양하고, 잎이 넓으며 흰가루를 가지고 있다 . 결실은 잘되지만 american red cross 와의 교배에의한 불임성 3배체종도 있다. 주요 품종은 〈표 2. III. 9-1〉과 같다 .

〈표 2. III. 9-1〉 프렌치 칸나의 주요 품종특성

품종명	제1차 화경장	화색	화형	엽색	내한성	결실성	염색체수
아메리칸 레드크로스	77(㎝)	진홍색	대륜	녹색	약	–	27
마호크	95	진적색	대륜	자색	약	–	–
화인샤롯	80	등색	–	녹색	–	–	–
유레카	95	유백색	대륜	녹색	약	–	–
쿠피트	58	연핑크색	중륜	녹색	약	+	–

(2) 이탈리안칸나(*C. orchiodes*, 영명 : orchid flowered canna)

이탈리아에서 *C. flaccida*×*C. iridiflora* 등의 교배에 의하여 만들어진 원예종으로 후렌치칸나보다 다소 작고 꽃잎이 뒤로 젖혀져 난과 같은 화형을 가진다.

가웅예는 5개로서 결실이 거의 되지 않고, 프렌치칸나보다 내한성이 강한 편이다. 주요 품종으로는 인디아나(오렌지색, 고성종, 중륜, 잎녹색), 킹한발(농황색에 적색 무늬, 고성종, 중륜, 잎 녹자색), 요밍(오렌지색, 자색, 대륜, 고성종, 잎 자색) 등이 있다.

(3) 인디카칸나(*C. indica*)

키가 1.5m로 매우 크고 잎이 길며 둥근데, 길이가 50cm 되는 야생 원종이다. 화색은 적색으로 프렌치칸나 등 교배종의 유전자로 많이 활용한다.

3. 꽃피는 원리와 자라는 습성

반내한성 춘식 구근으로 5℃ 이하에선 생육이 정지하고 0℃ 이하에선 피해를 받는데 , 생육온도는 25~28℃로 비교적 높아 우리나라의 여름화단에 알맞다. 개화엔 일장(日長)이 영향을 주지 않는 중일성식물(中日性植物)이지만 생육개화에는 충분한 일조가 필요한 호광성 식물로써 그늘에선 생육개화가 불량하다. 칸나를 심으면 주경(主莖)이 나와서 잎이 6~7매가 되었을 때 화수가 나오는데, 꽃

눈이 분화하는 데는 주경의 키가 30~40cm쯤 될 때 분화되고 한 화경에 2 화수(花穗)가 부착된다. 한 화수당 15~16개의 꽃이 달리는데 약 20일간 꽃이 핀다.

주경(主莖)의 기부 양쪽에서는 새로운 지하경이 나오고 각 끝마다 생기는 눈이 자라서 2차 주경이 발달되는데, 1차 주경보다 30일 정도 늦게 자라기 시작하고 그 후 다시 3차 주경이 나온다. 따라서 심은 뒤 일수가 지날수록 꽃대 수가 증가된다. 이와 같이 근경(根莖)이 분지되어 제 1, 2, 3의 주경이 자라는데 근경의 눈은 전부 자라지 않고 발아하지 않는 눈(副芽)이 붙어 있다(〈그림 2. III. 9-1〉). 이 부아는 9월 하순 이후에 급속히 신장하여 수확시의 눈수를 감소시키기 때문에 서리 내리기 전에 수확하는 것이 이 눈수를 증가시켜 수량을 많이 낼 수 있다.

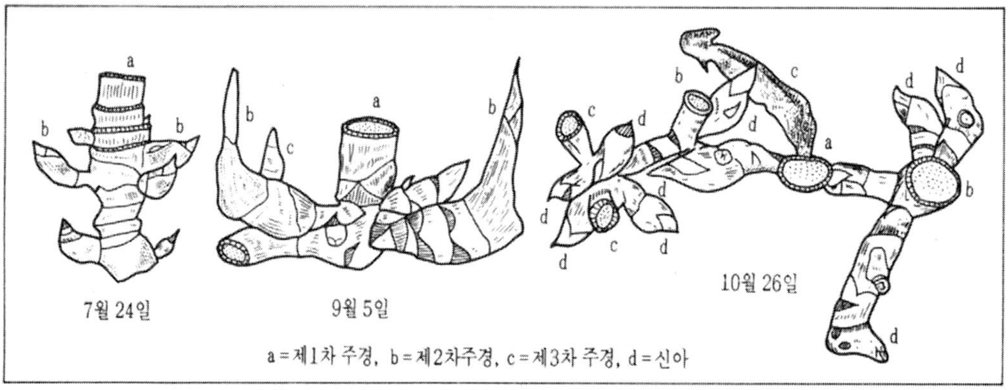

〈그림 2. III. 9-1〉 칸나 근경의 발육상태

4. 재배법 요약

(1) 토양비료

배수 양호한 사질양토 또는 화산회토에서 잘 자란다. 기비(基肥)로는 10a당 퇴비 1200kg, 복합비료 (N5+P 11+K5 : 맥주맥용비료) 70kg을 1개월 전에 넣어 심고 추비는 6월 하순부터 7월 상순과 9월 중 · 하순에 복합비료(5-11-5)를 2회에 걸쳐 50kg을 나누어 준다.

(2) 정식

시기는 4월 상순부터 5월 상순까지가 좋고, 화단에 모아 심을 때는 흙을 20cm 깊이로 파고 기비로서 평당(3.3m^2) 완숙퇴비 5kg, 복비(5-ll-5) 200g을 넣었다가 정식한다. 정식간격은 30~40cm쯤으로 한다. 구근양성 재배는 10a당 4, 000~5,000구가 필요한데 전술한 바와 같이 기비를 넣고 두둑을 90cm로 만들고 고랑깊이는 20cm쯤으로 높이고 정식간격은 30cm로 한다. 구근의 모양은 〈그림 2. III. 9-1〉과 같은데 분구시에는 적어도 2~3개의 눈을 붙여 자르고, 자른 자리는 살균제 또는 유황가루를 묻혀 심도록 한다. 심은 후 멀칭은 칸나생육에 매우 효과적이어서 검은색 비닐 또는 유기물로 덮어 주면 좋다.

(3) 구근의 수확과 저장

구근 수확시기는 그 지방의 첫서리가 내리는 시기에 따라 달라진다. 첫서리가 오기 전에 맑은 날이 4~5일 계속돼 흙이 건조해 있을 때 지상부를 낫으로 자르고 구근이 상처가 나지 않게 삽이나 괭이로 캐든지 경운기에 굴취기를 부착시켜 캔다. 캔 구근은 부착된 흙을 가볍게 털어버린 다음에 저장한다.

저장은 저장고에 하게 되는데 저장고가 없으면 폭 1.5m, 깊이 1m의 참호(trench)와 같은 구덩이를 파고 밑에서부터 구근을 쌓고 상부 20cm쯤 공간을 놔둔다. 그 위에는 스레트나 목판 등으로 덮은 다음 비닐로 물이 새지 않게 하고, 그 위에 흙을 50~60cm 정도 덮어 얼어 죽지 않게 한다. 대량일 때는 대나무로 마디를 뽑아 구멍을 내어 통기를 도모한다.

분구는 봄에 저장구덩이에서 캐내어 분구하여 심는다. 저장시 병균의 침입과 동해로 인해 잘 썩는 성질이 있는데 살균제로 구근을 소독하고 저장고에 살균제를 분말로 뿌려준다. 분구는 3월 중 · 하순경에 행하는데 눈 3개를 붙여 분구한다. 톱밥과 함께 나무상자나 골판지 상자에 넣어 출하한다. 한편 잘 세척한 구근은 파라핀처리하여 내는 일도 있다.

(4) 재배관리

칸나는 〈표 2. III. 9-2〉와 같이 영리재배를 위한 구근 생산재배에서 경운기 등을 이용한 기계재배가 보통재배보다 반 이상의 노력이 절약됨을 알 수 있다. 그중에서 특히 노력이 제일 많이 드는 것이 제초작업이다. 제초제로는 CAT 50~100g과 PCP 100g이 효과가 좋은 것으로 보고되고 있다.

〈표 2. III. 9-2〉 칸나 재배관리 노력비교(10a당) ('70 鶴島)

작업종류	보통재배	기계이용
정식	36시간	25시간
제초	89	34
추비	12	6
굴취	54	31
계	191	96

5. 병충해 방제

전술한 바와 같이 칸나는 병충해에 강하여 비교적 재배가 용이한데 간혹 발견하기 쉬운 병으로는 칸나모자이크병이 있다. 이 병은 바이러스병인데 병원균은 오이모자이크병 (cucumber mosaic virus)으로 주변에 오이가 재배되는 곳에서 많이 발생한다. 주로 복숭아혹진딧물과 목화진딧물에 의해 전염된다. 진딧물 방제를 철저히 하고 모자이크상이 보인 구근은 소각하여 버린다. 기타 응애는 살비제로 방제한다.

10 달리아

학 명 : *Dahlia hybrida*
과 명 : 국화과
영 명 : dahlia
원산지 : 멕시코, 과테말라

춘식 구근의 대표종으로써 북위 15~20°, 표고 2000m 이상인 멕시코, 과테말라가 원산지인데 12~15종의 자생종이 발견되고 있다. 현재 재배되는 품종들은 많은 종간교잡을 거쳐 육성된 것들로서 1만~3만여 교잡종이 있는 것으로 추정된다.

기본종은 *Dahlia variabilis*이며 이 종에 *D.coccinea, D. juarezii, D. merckii* 등의 혈통을 넣어 요사이 많이 사용되는 *D. hybrida*(주로 *D×cultorun*)를 만들었다. 괴근(塊根)으로써 4월에 발아하여 초여름부터 가을에 걸쳐 개화하는데, 화기(花器)는 설상화와 통상화로 되어 있고, 관상화는 임성이 있는 양성화로 5매의 꽃잎이 유합한 통상화가 5개의 수술과 Y자형의 주두로 되어 있다.

1. 주요 종의 계통 및 품종

미국 달리아 협회의 분류법에 따라 분류하면 다음과 같다(〈그림 2. III.10-1〉).

① 홑꽃(single) : 설상화는 1열로 되어 있음
② 미니온(minion) : 초장 45cm의 홑꽃.
③ 오키드(orchid) : 홑꽃의 긴 설상화가 안쪽으로 말림.
④ 아네모네(anemone) : 설상화는 1열, 관상화는 통상으로 신장하여 색채를 띠고 있음.
⑤ 콜라렛(collarete) : 1열의 긴 설상화와 그 내측에 다른 색의 짧은 설상화가 1열로 되어 있음.
⑥ 피오니(peony) : 설상화는 2~5열로 적고 불규칙하게 배열함 .
⑦ 칵터스(cactus) : 겹꽃으로 설상화가 꽃잎 외측에 틀어져 있음
⑧ 세미칵터스(semi-cactus) : 겹꽃으로 설상화 위쪽 끝이 외측으로 반전하여 기부는 넓다.
⑨ 포말 데코라티브(formal decorative) : 겹꽃으로 설상화 끝은 반전되지 않고 약간 내측이 반

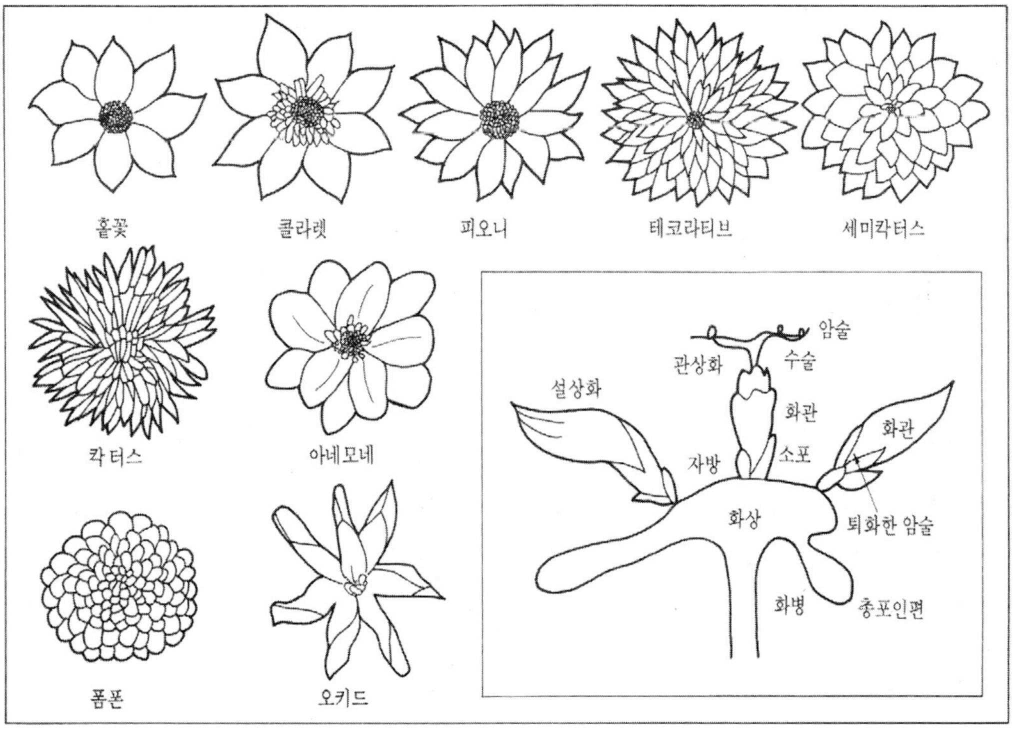

〈그림 2. III. 10-1〉 달리아의 주요 화형

전, 내부의 설상화는 짧은 배상(杯狀)이다.

⑩ 인포말 데코라티브(informal decorative) : 겹꽃으로 화변에 파상이 있는 객터스와의 교배종으로 불규칙한 배열.

⑪ 볼(ball) : 겹꽃으로, 구(球)형으로 설상화 선단부가 둥글다.

⑫ 미니에츄어(miniature) : 화경 10cm 이하의 작은 꽃.

⑬ 폼폰(pompon) : 볼형과 비슷하지만 화경 5cm 이하임.

⑭ 드왈프(dwarf) : 화형과 관계없이 초장이 60cm 이하인 것.

주요 품종들은 *D. variabilis*(초장 1.5~2m, 비적색, 자색으로 홑꽃, 폼폰, 포말, 데코라티브, 볼의 원종), *D. juarezii*(초장 1.5m, 칵터스의 원종), *D. coccinea*(홑꽃 원종, 초장 1~1.2m), *D. merckii* (초장 1m 이하) 등과의 종간교배에 의해 만들어진 품종으로 상업용 절화품종은 〈표 2. III. 10-1〉과 같다.

한편 화단용 실생품종으로는 휘가로(겹꽃, 화색 다양), 리고렛(겹꽃, 왜성종, 강건), 레드스킨 (왜성, 혹엽), 드왈프 코르드네스 스페셜믹스(홑, 왜성종, 화색 다양)가 있다.

화단용 구근 품종인데 40~60cm의 초장에 중륜품종들로써 오렌지 훼어리(왜성 중륜, 등적색), 가

든수퍼(왜성, 중윤, 비적색, 화단 또는 프랜터용), 다이니레드(왜성 중소륜, 비적색, 강건, 분식용), 러브메모리(극왜성, 중소륜, 농적색의 바탕에 끝이 백색, 화분용), 기타 프로미넨트, 드림라이락, 레드프레인, 오렌지 그래스 등이 있다.

2. 꽃피는 원리와 자라는 습성

(1) 원산지의 기후

북위 15~20° 인 멕시코 및 과테말라지방의 표고 2000m 이상되는 아열대고지대중 용암이 풍화된 토양에 자생하는데, 원산지 평균기온은, 1월은 12℃, 7월은 22℃로서 6~9월이 우기(雨期)인데 오전은 맑고 오후는 구름이 끼어 비가 내리고, 밤엔 여름에도 시원하다. 따라서 생장기엔 많은 수분을 요구하고 건조에 약하다.

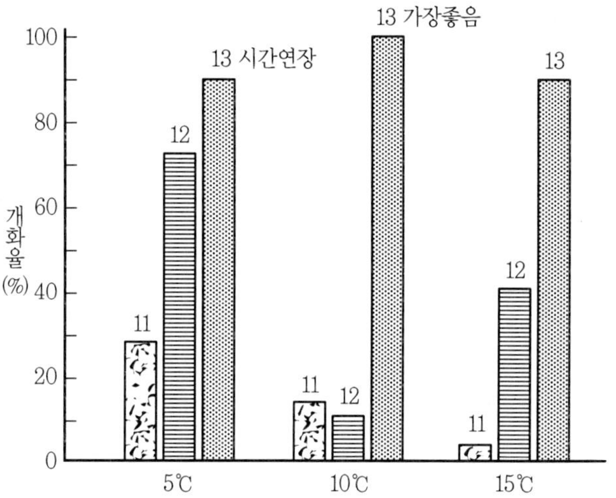

12시간 일장에서는 10℃가 특히 나쁘고, 10℃ 13시간 일장에서 가장 좋음

〈그림 2. III. 10-2〉 생육 야간온도와 일장이 개화에 미치는 영향

(2) 꽃눈분화 습성

꽃피는 습성은 임페리아리스등의 원종은 절대적 단일식물로서 가을에만 꽃이 피고 원예종은 상대적 단일식물로서 여름에도 꽃이 잘 피지만 단일에서 촉진된다. 12~13시간 이상의 일장에서 개화가 잘되는데 12시간 이하의 일장에서는 꽃눈분화는 하지만 블라인드가 되어 개화가 나쁘고, 6~8시간에선 거의 개화하지 않는다. 하위 한계일장인 12시간보다는 다소 긴 일장에서 개화가 빠른데 정식 20일이면 꽃눈분

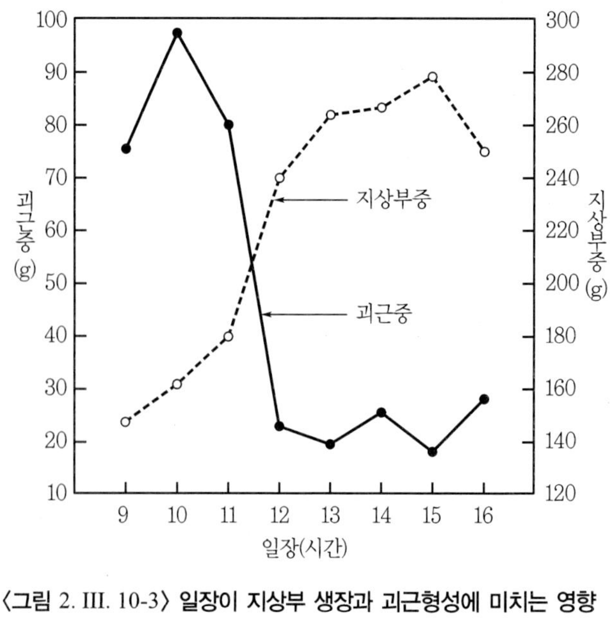

〈그림 2. III. 10-3〉 일장이 지상부 생장과 괴근형성에 미치는 영향

화하고 그 후 50일 후면 개화한다. 일장이 너무 길면 설상화가 적어지고 관상화가 많아진다. 한편 〈그림 2. III. 10-2〉에서 보는 바와 같이 야간온도에도 영향을 받는데 10℃에서 13시간 일장이 가장 좋았다. 반대로 일장이 짧아지는 늦은 가을에도 노심되어 품질이 나빠지기 쉽다. 하위(下位)의 한계 일장(약 12시간) 보다 짧은 일장에서는 지상부 생장이 멈추고 괴근형성이 이뤄지는데 〈그림 2. III.10-2〉 에서 보면 12시간이 한계가 되어 그 이하일 때 괴근중이 증가됨을 볼 수 있다. 한편 지상부가 생장하며 꽃이 피는 일장에서는 괴근의 비대가 되지 않는다.

휴면은 지상부 생장이 정지되고 괴근이 형성되는 일장에서 휴면한다. 휴면은 0℃에서 30~40일이면 타파되지만 1월 하순경이면 자연상태에서도 타파된다.

일장에 따른 겹꽃 발생률의 차이는 품종에 따라 차가 큰 것으로 보고되고 있고, 겨울철 절화를 위해서는 인공조명을 해야 하는데 이때의 조도는 20~36룩스 이상이어야 효과가 있는 것으로 보고되고 있다.

〈표 2. III. 10-1〉 달리아의 품종

구 분	품종명	특 성
대형화	조오지 윌슨	자홍색, F.D형*
	케디케이	등자색, I.D형
	올페	자색, S.C형
	메리 엘리자베드	홍적색, I.D형
	블랙 아우트	자색, F.D형
	스포오츠맨	등황색에 백색띠, F.D형
	엘리자베드 퀴인	선황색, I.D형
	아메리컨 저어지	황금색, S.C형
	페이스풀	순백색, S.C형
	메리랏셀	백색, I.D형
중형화	춘희(春姬)	적홍색, F.D형
	자희(紫姬)	자색으로 채화량이 많은 F.D형
	도광(挑光)	농도색, F.D형
	백묘(白妙)	백색의 중형화 중 대형에 속하는 우수 품종, F. D형
	화립(花笠)	주홍색의 백색, F.D형
	천진(天眞)	백색대표품종, F.D형
소형화	아리스	농홍색, pom형
	천천(天川)	농홍색, porn형
	신미 옥(新美玉)	자홍색, pom형
	미모사	순황색, 소형, pom형
	루우즈벨트	순도색, 중형, pom형
	블루우벤치	자홍색, 백띠, pom형

*주요품종의 계통 및 품종의 영문 약자 참조

(3) 구근의 휴면

지상부 생장이 정지하고 괴근을 형성하는 조건에서 휴면한다. 원산지는 10월의 단일과 건조상태에서 휴면하지만 우리나라는 저온, 단일에서 휴면한다. 따라서 우리나라에서는 가을에 휴면이 유도되어 11월경이면 깊은 휴면에 들어간다.

휴면에 들어간 괴근은 저온처리를 받지 않는 한 언제까지 발아하지 않거나 늦게 발아한다. 한국에선 12월 하순~1월 상순에 휴면을 타파하지만 이 이전에는 발아에 적당한 조건을 주어도 발아가 되지 않거나 불량하다. 휴면타파는 품종에 따라 자발휴면의 깊이가 다른데 6월 이후 삽목해서 얻은 구근은 보통 구근보다 휴면이 얕고 기간도 짧아 12시간 이하의 일장에서 70~80일간 생육하면 휴면한다. 인공 휴면타파를 위해선 0℃에 30~40일 저온처리가 필요하다.

3. 개화기 조절의 실제

달리아는 씨앗으로 실생을 하면 2~3개월만에 개화한다. 〈그림 2. III.10-4〉에서와 같은 여러 작형을 생각할 수 있다. 괴근을 사용한 노지재배는 화단에 많이 심겨지고 있는 개화기 조절방법으로 3~4월에 심어 5월 하순~7월에 꽃을 피우는 것이 있고, 적심을 하여 가을에 꽃피게 하는 방법이 있으며, 괴근을 건조상태에서 보관하여 발아와 발근을 억제시켰다가 여름에 정식을 해서 8월부터 가을에 꽃피게 하는 방법이 있다. 노지재배중에서 8월 상 · 중순에 한두 번 자르고 여기서 나온 측지를 삽목하여 온실에 재배하면 겨울부터 봄까지 계속해서 절화가 가능한데, 이때는 밤 온도를 8℃ 전후로 하고 일장은 14시간이 되도록 아침, 저녁에 조명을 하여 준다.

촉성재배는 휴면타파가 충분히 된 구근을 3~4구씩 분구하여 15℃에서 최아(싹티움)을 시켜 2월 하순 이후에 정식하면 4월 상순부터 일찍 개화한다.

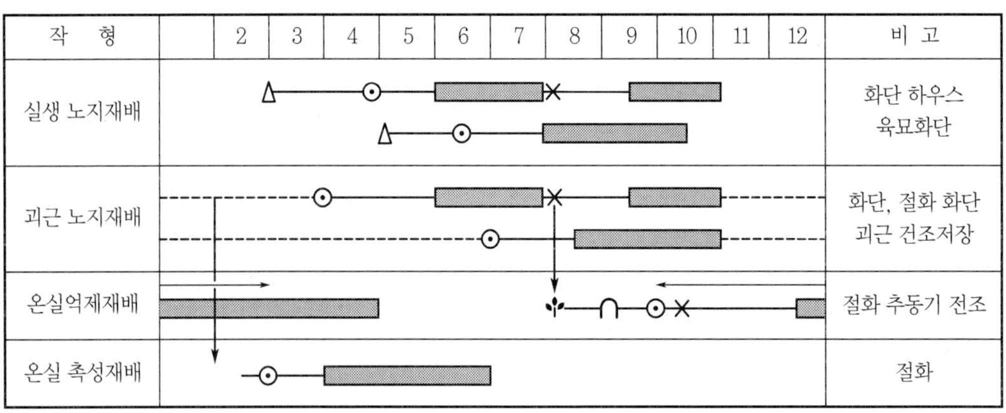

Δ : 파종, ⊙ : 정식, × : 전정, ✤ : 눈정리, ∩ : 입실, ▩ : 수확, ----- : 휴면.

〈그림 2. III. 10-4〉 달리아 개화기 조절의 작형(예)

4. 재배법 요약

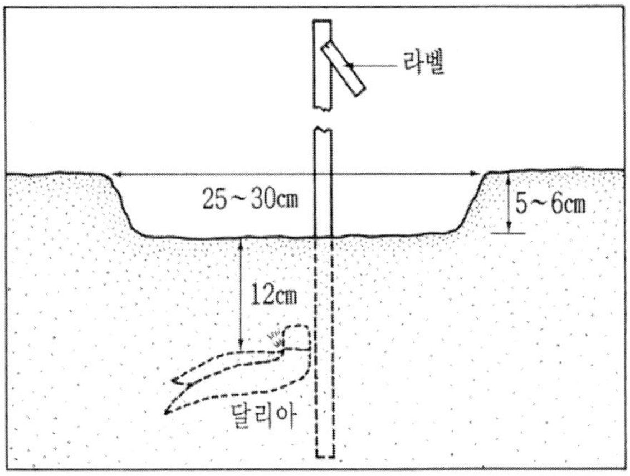

〈그림 2. III. 10-5〉 화단 달리아 심는 요령(꼭 지주를 세워준다)

달리아 분구(分球)는 지제부 줄기싹을 확인해야 한다.

삽목은 6~7월에 하여 괴근을 양성하거나 가을에 삽목하여 겨울에 절화재배에 이용하는 삽목법이 있다. 화단용은 종자번식을 하기도 한다. 가을에 서리가 내린 후 수확한 달리아는 음건했다가 5~8℃의 온도, 습도 75~90% 저장고에 저장하든지 지중 굴을 파고 저장한다. 정식거리는 〈표 2. III. 10-2〉와 같이 이랑폭에 거리를 두어 심고, 온실에선 지주를 안세우더라도 화단에서는 〈그림 2. III. 10-5〉와 같이 꼭 지주를 세워준다. 적심은 20cm쯤 자랐을때 기부 2~3마디를 남기고 적심하여 측지를 4~5본 길러 꽃피운다.

토양은 배수 양호한 사양토나 양토에 pH=6.5~7.0쯤으로 10a당 N, P, K가 성분량으로 각각 25kg 정도 주는데, 기비는 퇴비 2,000~2,500kg을 주되 3~4월에 정식하는 경우는 6~7월, 8~9월에 추비한다. 병해로는 바이러스 발견 즉시 소각 제거하고, 응애는 살비제로, 진딧물은 유기인제로 방제한다.

수확은 반 정도 피었을 때 40~50cm 길이로 잘라 중 · 소륜종은 10개를 한묶음으로 하여 5묶음을 한 속으로 출하한다.

〈표 2. III. 10-2〉 달리아 정식거리

품 종	이랑폭	a당 (30평) 정식구수	구덩이 폭×깊이	절화본수	구당 절화구수
대륜종	1m쯤	150	45×45(㎝)	25,000	33
중륜종	90㎝	250	30×30	10,000	40
소륜종	75㎝	300	30×30	15,000	50
폼폰종	45㎝×2줄	350	24×24	20,000	57

11 에라티올 베고니아

학 명 : *B.×hiemalis=B. elatior*
과 명 : 추해당과
영 명 : elatior begonia
원산지 : 영국에서 교배육성

*B. socotrana*와 남미의 안데산에 자생하는 구근 베고니아와의 교배에 의해 *B. hiemalis*란 이름을 붙였다. '55~'65년 사이에 독일의 리가씨가 새 품종을 육성하면서 이를 리거스 (Riegers) 베고니아 또는 리거스에라 티올이라고 붙여 유럽분화에 선풍적 인기를 끌었다. 네덜란드에서는 와게닝겐계가 새로 육성되어 새로운 인기를 얻고 있다.

1. 주요 품종

20~40cm의 초장에 직립 또는 하수(下垂)하는데 화경 3~8cm로서 장기간(non-stop) 개화가 계속되는 장점이 있다. 홑 또는 겹의 다양한 화형과 백, 적, 황색의 다양한 화색을 가지고 일반적으로 수꽃만 붙고 불임인 3배체종이 있다. Riegers계와 Wageningen계가 주축을 이루고 있다.

① Riegers Schwabenland : 25~30cm의 초장에 홑꽃 대륜(6~7m 화경)으로 Red, Orange, Pink, Rose, Gold Orange 또는 Vuurgloed로서 White, Yellow, Cream이 있다. 동(銅)색 잎 품종으로는 Krefeld Orange, Red가 있다.

② Ballerina계 : 발레리나품종의 아조변이 그룹인데 20~30cm 초장에 반겹 중륜으로 Balaleika(황색), Ballerina(담황색), Baluga(살구빛 황색) 등이 있다.

③ Nixe계 : 닉세 아조변이 품종인데 초장은 20~30cm에 반겹 중륜품종으로 Elfe(핑크색), Nixe(적색), Nymphe(백색), Sirene(농적색) 등이 있다.

④ Riegers Aphrodite계 : 초장 30~40cm, 반겹에 대륜종으로 Red, Rose, Pink 품종이 있다.

⑤ Mini Riegers Schwabenland계 : 초장 10~20cm의 홑꽃, 소륜 다화성품종으로 Alice(핑크색), Anita(적색), Melanie(등적색), Valentina(농적색) 등이 있다.

⑥ Wageningen계 : 초장 20~40cm로서 폴란드에서 육성한 계통으로 매우 튼튼하다. Tacora(농등적색, 겹꽃, 대륜, 다화성), Tango(겹꽃, 선등색, 대륜 다화성), Tiara(선황색, 겹꽃, 대륜), Toran(선등색, 겹꽃, 중 · 대륜), Turo(농홍도색, 홑꽃 소 · 중륜 다화성) 등이 있다.

2. 꽃피는 원리와 자라는 습성

일장의 영향은 품종에 따라, 재배시기에 따라 다른데 영양생장에서는 장일에서 잎, 초장, 측지수

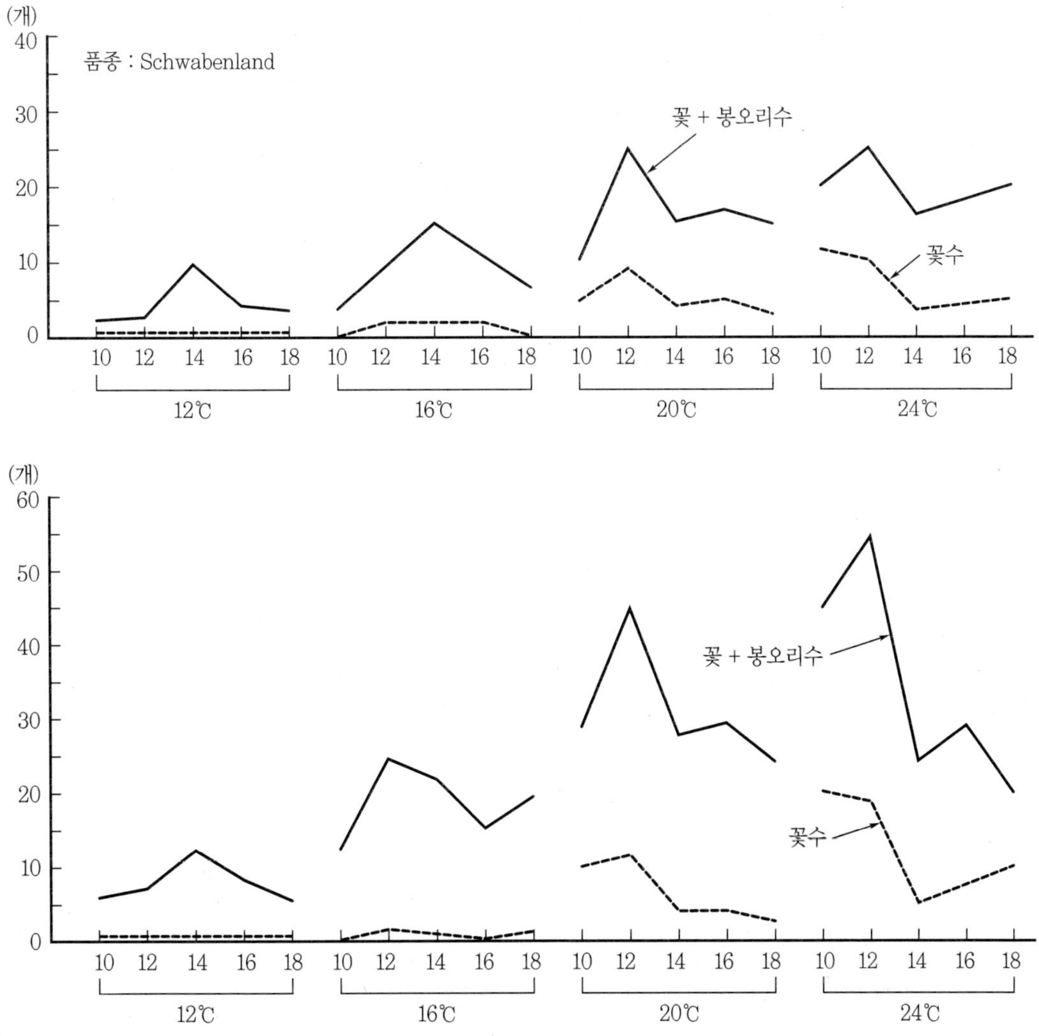

〈그림 2. III. 11-1〉 에라티올 베고니아 개화에 미치는 온도, 일장의 영향(처리 8주 후에 조사)

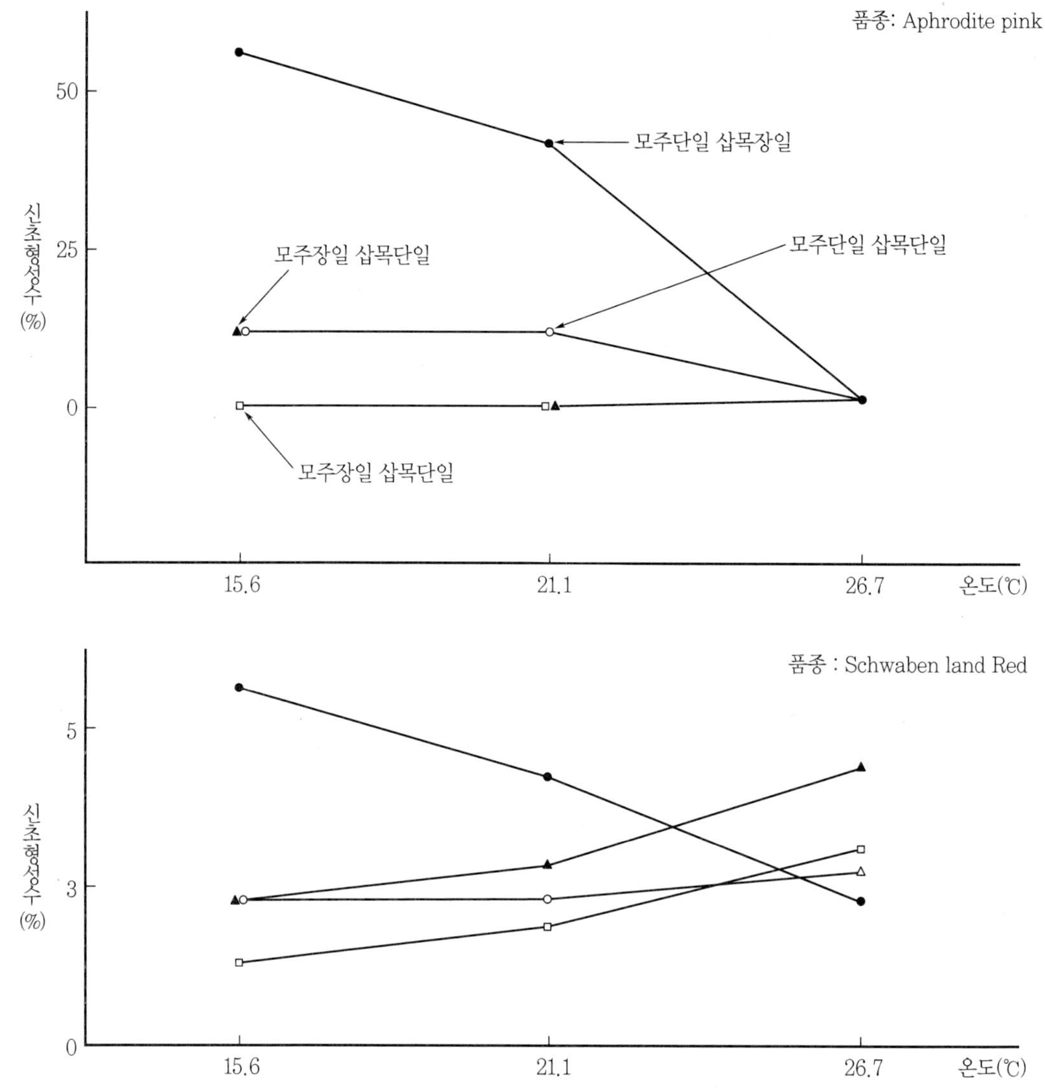

〈그림 2. III. 11-2〉 에라티올 베고니아 엽삽번식에 있어서 모주의 온도와 일장 및 삽목중 일장이 신초형성에 미치는 영향

발생에 촉진적이다. 12시간 이하의 일장에서는 생장이 멈춰 줄기 끝이 고사하며 휴면에 들어간다. 상대적 단일식물로써 장일에서도 꽃눈이 착생하지만 13~14시간 이상의 일장에선 개화가 지연되고 화수 및 화변(꽃잎) 수가 감소하는데 〈그림 2. III. 11-1〉과 같이 고온일수록 현저하다. 13시간 일장에서는 영양생장을 저하시키지 않고 생식생장도 좋게 하여 꽃과 꽃봉오리 그리고 꽃수를 증가시킨다. 번식은 엽삽을 주로 하지만 부정아 형성이 나쁜 품종인 Aphrodite 등은 천삽(天揷)을 한다. 엽삽시 모주는 15℃쯤의 저온에서 관리한 것이 삽수가 많았고 신초형성수(부정아형성)가 촉진되었다(〈그림 2. III. 11-2〉). 삽목 후는 장일상태에서 신초생장이 많아진다.

3. 개화기 조절의 실제

번식시기와 일장조작에 의하여 주년생산이 가능하다. 엽삽한 묘는 6~8 개월 후, 천삽은 4 개월 후에 출하가 가능하다. 여름 출하보다는 봄과 가을 출하를 주로 한다. 엽삽 2 주부터 전조하여 16시간 일장으로 출하 예정 2개월 전에 소등하고 천삽은 1개월 전에 한다. 소등 후는 단일이 되는데 단일은 화수가 증가하지만 분지가 정지되기 때문에 2 주간 단일 후 장일을 주면 더욱 좋다. 삽수전용 모주는 장일상태에서 18~20℃에서 재배하면서 꽃은 피우지 말고 따주면서 주기적으로 삽수를 채취한다. 소등시에는 적뢰 · 정지를 한다.

4. 재배법 요약

엽삽은 1.5~2.0cm의 엽병을 붙여 6~7.5cm의 포트에 직접 삽목한 후 다습한 번식실에 넣고, 천삽의 경우는 줄기 끝 3 엽을 붙여 펄라이트, 피트모스에 삽목하여 20~22℃로 유지하면 2~3주 만에 발근한다. 엽삽은 3~4 주 후에 부정아가 형성되고 신초 지상출현은 2개월을 요한다. 정식배양토는 피트모스 40%+완숙 퇴비 20%+밭흙 40% 또는 부엽, 피트모스, 퇴비를 섞어 통기성, 보수성을 향상시킨다. 동계는 16~18℃로 유지하고 여름 (6~9월)에는 차광하여 2만 5천 룩스쯤으로 해준다. 추비로는 질소 250ppm, 인산 125ppm, 칼리 100ppm 정도 주고 미량요소를 2주 간격으로 주며 출뢰 후에는 시비를 멈춘다.

전체적으로 회색곰팡이병은 벤레이트로, 경부병은 소독을 철저히 하여 방제한다. 반점세균병도 토양소독과 농용신수화제를 뿌린다. 야도충, 응애 등은 유기인제, 살비제로 방지한다.

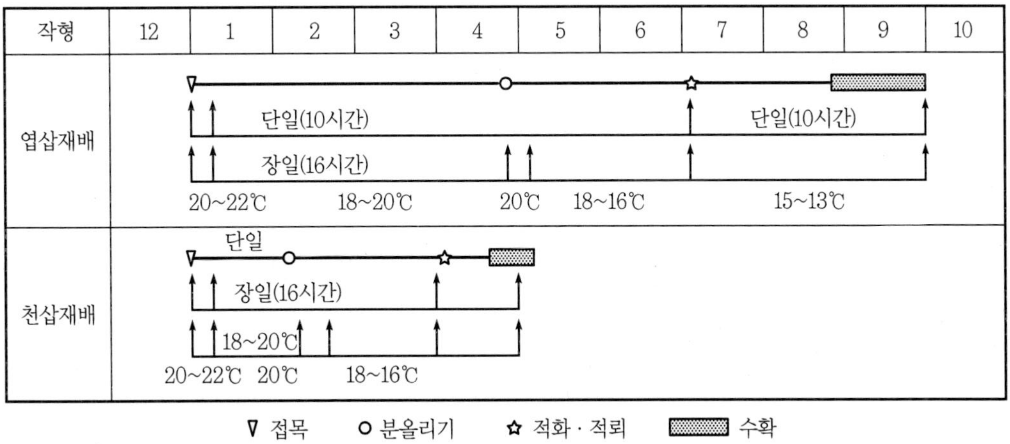

〈그림 2. III. 11-3〉 에라티올 베고니아 개화기 조절의 실제

〈표 2. III. 11-1〉 에라티올 베고니아 개화조절의 실제표(예)

분식	정지	점등	소등	재배기간	개화기
9(월) 24(일)	10(월) 15(일)	9(월) 24(일)	11(월) 5(일)	14(주)	1(월) 1(일)
12 3	1 7	12 3	12 28	16	3. 27
4 8	4 22	-	-	10	6. 17
7 15	7 29	-	-	10	9. 23

*미국 노스캘로리나주에서의 재배력

12 크리스마스 베고니아

학 명 : *B.×cheimantha*
과 명 : 추해당과
영 명 : christmas begonia
원산지 : 구주에서 육성

B. socotrana(인경)와 *B. dregei*(줄기 기부 구근 비대)와의 종간교배에 의해 육성한 것으로 주로 유럽에서 신품종이 육성되었다.

1. 주요품종

Dark Marina(아조변이종, 홍색 대륜), King(고성종, 엽수, 적음, 도홍색), Marietta(왜성, 소륜 다화성, 핑크색), Mrs. J. A. Peterson(왜성, 잎은 여름은 녹색, 개화기는 적동색, 중륜 다화, 홍도색), Nordlys(대형, 밀생형, 진핑크색 대륜), Red Ege's Favorite(소형, 중륜 조생종, 진적핑크색), Solbakken(대형화, 선도홍색화), Love Me(종자로 재배, 생장왕성, 대륜 핑크색) 등이 있다.

2. 꽃피는 원리와 자라는 습성

꽃눈형성에는 일장과 온도의 영향을 받는다. 10~15℃에서는 일상에 관계없이 개화하지만 25℃ 이상에서는 장일일 때 꽃이 피지 않는다. 20℃의 중간온도에서는 장일에서 꽃피는 것이 억제되든가 지연된다. 한계온도는 21~23℃로서 주야간 고온이면 꽃피는 것이 억제된다. 25℃에서 개화의 한계 일장은 12.5~13시간으로 단일처리는 2 주간으로 충분하다. 단일기간중 꽃눈형성의 적온은 20~25℃로서 10℃는 꽃피는 것이 지연된다(〈표 2. III. 12-1〉). 봄에 꽃핀 후 기부의 새싹이 자라 약 11개월 후 가을까지 영양생장하다가 엽액의 꽃눈이 착생하여 겨울부터 봄에 걸쳐 꽃이 핀다. 꽃이 피면 영양생장은 멈추게 된다.

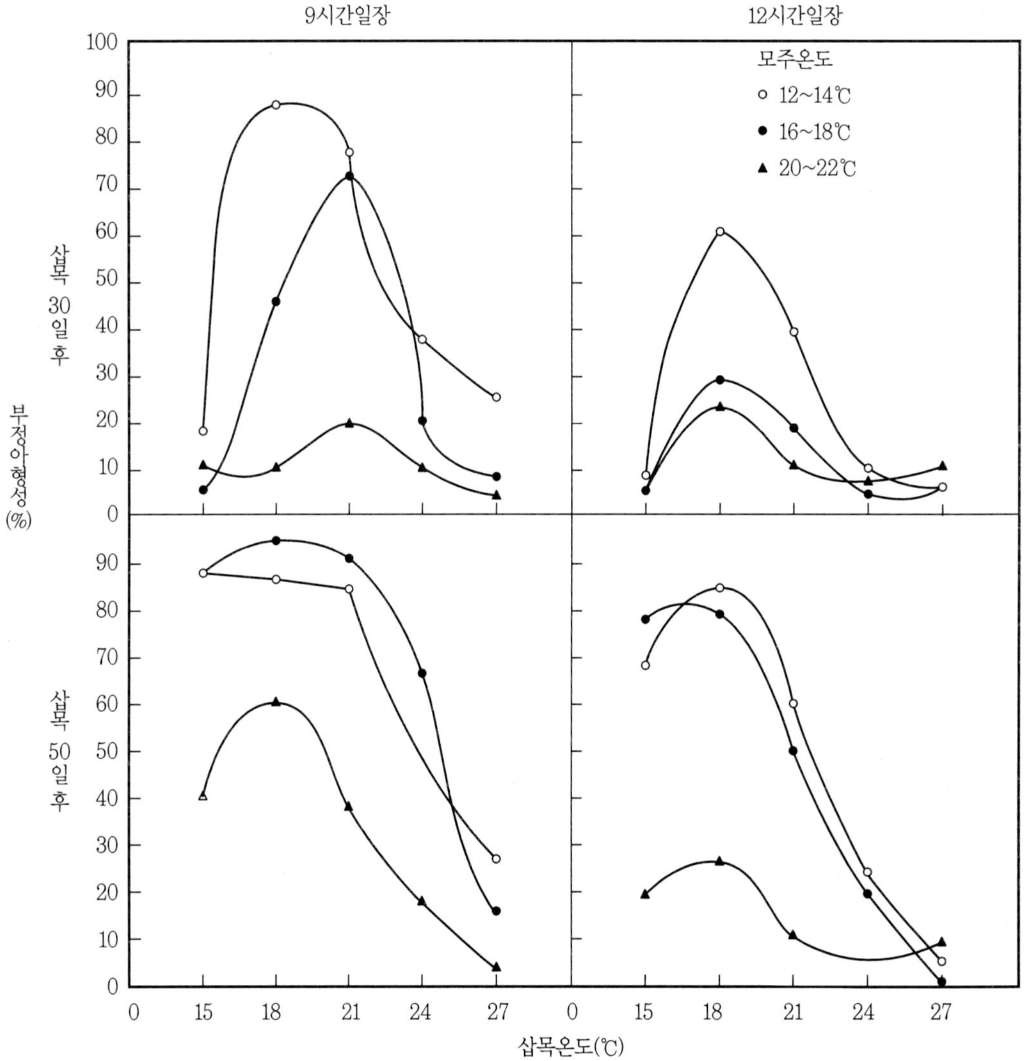

〈그림 2. III. 12-1〉 크리스마스 베고니아의 엽삽에 있어서 부정아 형성에 미치는 모주온도, 삽목온도 일장의 영향

〈표 2. III. 12-1〉 크리스마스 베고니아의 개화에 미치는 온도일장의 영향(품종 : Marina)

일 장 (시 간)	개화율(%)			
	15%	20%	25%	30%
10	100	100	100	100
12	100	100	100	0
14	100	27	0	0
16	100	18	0	0
18	100	0	0	0

번식은 경삽도하나 주로 엽삽에 의해 하며 부정아(새싹) 형성은 모주를 관리할 때와 삽목중에 〈그림 2. III. 12-1〉과 같이 단일 쪽이 좋고 온도는 모주 12~18℃, 삽목중에는 15~21℃가 좋았다.

3. 개화기 조절의 실제

일장조작에 의해 개화기 조절이 가능하나 일반적으로 특별한 개화조절은 하지 않고 12~1월에 자연개화시킨다. 엽삽은 11~2월경에 행하지만 대묘를 양성하려면 연내에 일찍 삽목할 필요가 있다. 엽삽한지 2~3개 월 후 새싹이 나오면 9cm 분에 옮기고 생장함에 따라 큰 분에 옮기는데 9월 상순까지는 3~4 회 적심한다.

4. 재배법 요약

개화주 위쪽 2~3cm 직경쯤 되는 소엽을 엽병 기부를 붙여 버미큐라이트와 펄라이트를 섞어 15~20℃ 정도로 해주면 좋다. 생육 초기는 18~20℃로 다습하지 않게 하며 여름엔 차광을 해준다. 4월에서 가을까지 3~4회 적심하되 최종 적심과 최종 분갈이는 9월 상순에 끝내고 10℃ 이하가 되면 난방한다. 개화시로부터 1개월 후쯤 출하하도록 한다.

13 꽃베고니아

학 명 : *Begonia semperflorens*
과 명 : 추해당과
영 영 : *perpetual begonia*
원산지 : 브라질

베고니아는 적도를 중심으로 세계 열대 및 아열대에 약 2000여 종이 분포되고 있다. 아프리카, 중남미, 아시아에 주로 자생하고 상업용으로도 200여 종이나 재배되고 있다. 〈표 2. III. 13-1〉에서와 같이 근계(根系)형태, 관상부위 및 초형에 따라 다양하기 때문에 화단 및 분화용으로 재배되는데 전 세계적으로 많이 이용되고 있다. 꽃은 암수술이 위아래 따로 꽃이 피지만 (〈그림 2. III. 13-1〉) 동일화에 존재한다. 수꽃은 보통 2 악편과 2 화변, 다수의 웅예가 있다. 암꽃은 화서의 말단에 붙는 일이 많은데 자방 하위이다. 이번 내용에서는 주요 베고니아의 개화생리에 대해 체계를 잡아보기로 한다.

〈표 2. III. 13-1〉 베고니아의 분류

- 근계형태에 의한 분류
  - 지하경형(rhizomatous : *B. rex*)
  - 구근형(tuberous : *B. tuberhybrida*)
  - 섬유근형(fibrous : *B. semperflorens*)
- 원예이용상 분류
  - 꽃관상(觀賞) 베고니아
    - 4계성 베고니아(*B. semperflorens*)
    - 동계 베고니아(*B. cheimantha*)
    - 1계성 베고니아(*B.* 'President Carnot')
    - 구근베고니아(*B. tuberhybrida*)
  - 엽(葉)관상(觀賞) 베고니아
    - *B. rex, B. massoniana,*
    - *B. argenteo-guttata, B. incana,*
    - *B. coccinea, B. evansiana,*
    - *B. haageana, B. metalica,*
    - *B.* 'Silver Jewel'
- 기타분류 : 초본성과 목본성, 직립성과 덩굴성 등.

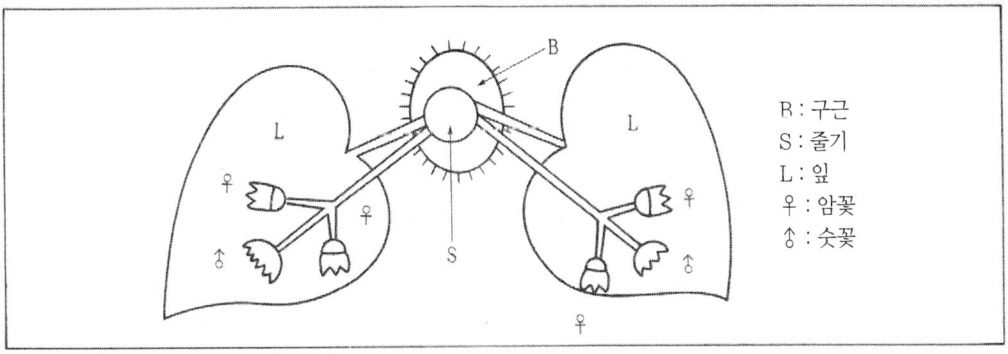

〈그림 2. III. 13-1〉 구근 베고니아 잎과 꽃의 착생위치

꽃베고니아는 *B. schmidtiana* 또는 기타종과 교잡에 의하여 다화성이며 왜성품종이 육성되어 화단 및 분화용으로 많이 이용되기에 이르렀다. 4계성으로써 최근 많은 1대 잡종 품종들이 보급되고 있다, 뿌리가 섬유상으로 15~40cm 초장에 화형, 화색, 엽색이 다양하다.

1. 주요 품종

(1) 왜성품종

초장이 15~20cm 로서 잘 분지하여 구형을 이룬다. 소륜 다화성으로 화단 및 분화용으로 쓰인다. 잎의 색깔에 따라 다음과 같이 나눈다.

① **녹엽계(綠葉系)** : 적화품종은 Basel, 홍금(紅錦), Olympia Red, Matador, Rose Tausendschion, Salina, Sheilla 등이 있고, 핑크색 품종으로는 Bella-7, 도금(挑錦), Rose Tallsendschiou이 있다. 백색 품종으로는 Olympia White, White Wonder가 있고 복륜종(覆輪種)으로 Derby(백+핑크) 등이 있다.

② **동엽계(銅葉系)** : 이 품종은 양주명이 붙여진 이름과 옥(玉) 계통이 있다. Gin(핑크색), Whisky(백색), Wodka(비적색), 미옥(美玉 : 연핑크색), 홍옥(紅玉 : 적색), 설옥(雪玉 : 백색) 이 있고 안푸라 계통으로 Pink, White 등이 있다.

(2) 중고성 품종

초장 25~40cm로서 분지가 적으며 중 · 대륜종으로써 화단, 화분 외에 플랜터(Planter)에 심는다.

① Butterfly 계통 : 녹색 잎으로 대륜화이며 화분용으로 쓴다.

② Charm 계통 : 초장이 짧고 녹색엽, 중륜 다화성으로 화단용으로 쓴다.

③ Darboa 계통 : 동색 잎으로 대륜으로 화단용으로 쓴다.

④ Fantasy 계통 : 녹색 잎의 중고성종으로 대륜, 화단 및 화분용으로 쓴다.

⑤ Glamour 계통 : 조생 대륜종으로 화단용으로 쓴다.

(3) 기 타

겹꽃, 무늬가 든 잎, 또는 웅예가 거대화한 Cinderella type이 있다.

2. 꽃피는 원리와 자라는 습성

일장에 관계없이 꽃피는 중일성 식물로써 파종 후 꽃이 피기까지 4~5개월을 요한다(삽목의 경우는 3~4개월 요함). 생육적온이 15~25℃의 온도만 있으면 연중 꽃이 피는데 고온기에는 생장 개화가 나쁘다. 웅화(雄花)가 우선 형성되고 정단에 자화(雌花)가 붙는다. 주로 F_1 품종을 이용하고 불임성 품종은 삽목을 한다 .

3. 개화기 조절의 실제

겨울철 말고는 연중 꽃을 피울 수 있는데 봄, 초여름, 가을철의 화분 및 화단용으로 많이 꽃피운다. 봄철에는 밤 온도를 15℃쯤으로 하여 생육을 촉진시키는데 포스트씨 연구에 의하면 21℃ 이상의 밤

〈표 2. III. 13-2 〉 꽃베고니아 번식기와 출하기 관계 (15cm 화분용)

구분	파종 또는 삽목기	출하기	비고
실	1월 중하순	5월 상~하순	주로 온실재배
생	3월 상순	6월 상~하순	여름 화단용
재	5~6월	10월~12월	후레임재배
배	7월 중하순	2~3월	육묘후 온실재배
	10월 상순	3~4월	온실하우스재배
삽	3월 상중순	5월 중하순	후레임과 노지재배
목	5월 중하순	9월하~10월중순	〃
재	7월 중하순	12월~1월	후레임육묘후 온실재배
배	10월 중하순	3월 ~4월	〃

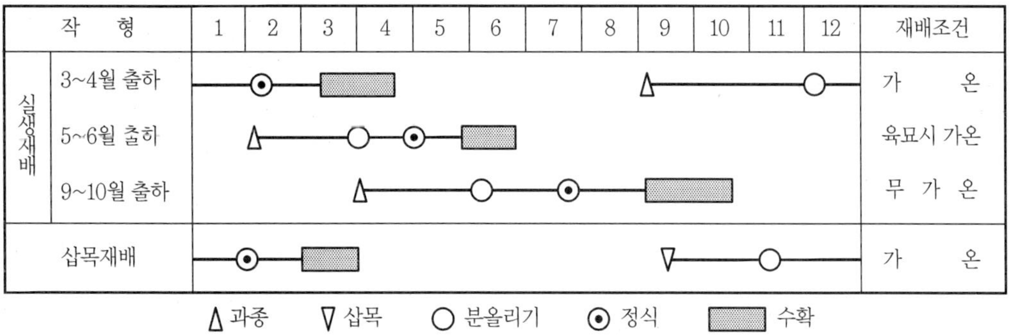

〈그림 2. III. 13-2〉 꽃베고니아(*B. Semperflorens*) 개화기 조절의 실예

온도가 고온인 경우에는 영양생장만 하고 꽃피는 것은 억제되었다고 한다. 정식 후에는 잠깐 저온으로 해야 충실하게 되고 겨울엔 10~15℃로 가온한다. 번식기와 출하기의 관계는 〈표 2. III. 13-2〉, 실생 및 삽목재배에 따른 재배력은 〈그림 2. III. 13-2〉와 같다.

4. 재배법 요약

10mL당 종자립수는 18만 립으로 거의 먼지와 같이 미세하다. 단 펠렛으로 피복한 큰 씨앗은 10mL당 5000립쯤 된다. 호광성 종자로서 15~20℃에서 10~15일이면 발아된다. 본엽이 2~3매쯤 자라면 1.5~2cm 간격으로 가식하고, 4~5매쯤 되면 화분에 옮긴다. 일대 잡종종자는 생육이 왕성하기 때문에 양분이 부족하면 황변하고 착화수가 감소하므로 추비가 중요하다.

14 구근베고니아

학 명 : *B. tuberhybrida*
과 명 : 추해당과
영 명 : tuberous begonia
원산지 : 남미 안데스산

남미 안데스에 자생되는 7종을 서로 교배하여 현재의 구근베고니아가 성립되었다. 1874년에 겹꽃이 육성된 이래 카메리아형, 아네모네형, 모란형, 수성형 등 다양한 화형과 화색이 육성되었다.

1. 주요 품종

실생계와 영양계가 있으나 실생계가 주체가 되고 초형에 따라 다르게 분류한다. ① 대륜종과 ② 소륜종, 그리고 ③ 현수성 계통으로 나눈다. 대륜종은 화형에 따라 카메리아형, 로즈형, 카네이션형, 아네모네형 등으로 나누고 소륜 다화성계로는 멀티플로라, F_1 논스톱이 있다. 현수성 품종은 행잉바스켓, 펜듈라 등이 있다. 화색은 백, 황, 주황, 적색, 크림색, 진적색, 핑크, 로즈색, 등 매우 다양하다.

2. 꽃피는 원리와 자라는 습성

통상 2 월에 파종하면 7월부터 꽃이 피고 가을 단일부터 생장점이 휴면하면서 구근이 형성되고 구근비대가 완성되면 지상부가 말라버리고 동기(冬期)는 휴면한다. 봄에 다시 새싹이 나고 생육개화하여 가을엔 같은 구근이 더욱 비대하는 주기(周期)를 거치게 된다. 생육적온은 10~25℃로써 야간온도가 16℃ 이상은 안좋다. 전형적인 장일식물로서 일장에는 매우 민감한 반응을 보이는데 14시간 이상의 장일에서는 생장과 개화가 계속되지만 11시간 이하의 단일에서는 생장을 정지하고 생장점이 고사 탈락하며 동시에 구근이 비대하고 구근이 휴면한다. 겨울철의 심한 감광은 화형, 생장이 정지된다. 따라서 3월까지 4~5시간의 야간 보광이 효과적이다. 휴면한 구근은 자연온도에서 6~12주 만에 발아하지만 발아를 좋게 하려면 0~2℃에서 2~5개월 처리로 발아와 개화가 좋아진다. 구근의 겨울철 저장온도는 10℃ 정도로 했다가 봄에 심는 것이 좋다.

3. 개화기 조절의 실제

(1) 실생재배

봄 개화시는 〈그림 2. III. 14-1〉과 같이 전조육묘하고 관행법인 여름 재화는 2월 이후에 파종하며 고냉지 육묘가 좋다. 겨울철 전조는 매우 효과적이어서 〈표 2. III. I4-1〉처럼 10월 21일부터 2월 20일까지 전조한 것은 95~100% 꽃이 피었다.

〈표 2. III. 14-1〉 6월 25일 파종한 구근베고니아 개화에 미치는 전조의 영향

계 통	조사개체수	항 목	1월 9일	16일	23일	30일	2월 6일	13일	20일
카메리아	88	개화본수	2	26	47	59	66	81	84
		개화율(%)	3.4	29.5	53.4	53.4	75.0	92.1	95.5
		착화수	4	33	75	121	176	235	248
		1본당착화수	0.05	0.4	0.9	1.4	2.7	2.7	2.8
펜듈라	14	개화본수	5	7	10	11	11	12	14
		개화율(%)	35.7	50.0	71.4	78.5	78.5	85.7	100.0
		착화수	7	20	45	81	117	148	184
		1본당착화수	0.5	1.4	3.2	5.8	8.4	10.6	13.1

※ ① 100W 백열전구 오후 10시~오전 2시까지 조명. ② 10월 21일부터 조명시작. ③ 온도 10℃ 이상 유지

(2) 구근재배

봄개화는 여름에 냉장한 소구근을 사용하여 11월에 정식한다. 초여름 개화는 늦게 하여 1~2월에 정식하고 관행법인 여름 개화는 서늘한 곳에서, 가을 개화는 좀더 늦춰 〈그림 2. III. 14-1〉과 같이 하여 재배한다.

4. 재배법 요약

극미세종자로서 10mL당 20만 립 (1g당 7만립) 정도로서 15~20℃에서 15일 정도면 발아된다. 복토는 하지 말고 버미큐라이트나 부엽에 모래를 3할 정도 섞은 토양을 소독하여 파종한다. 발아 후 새

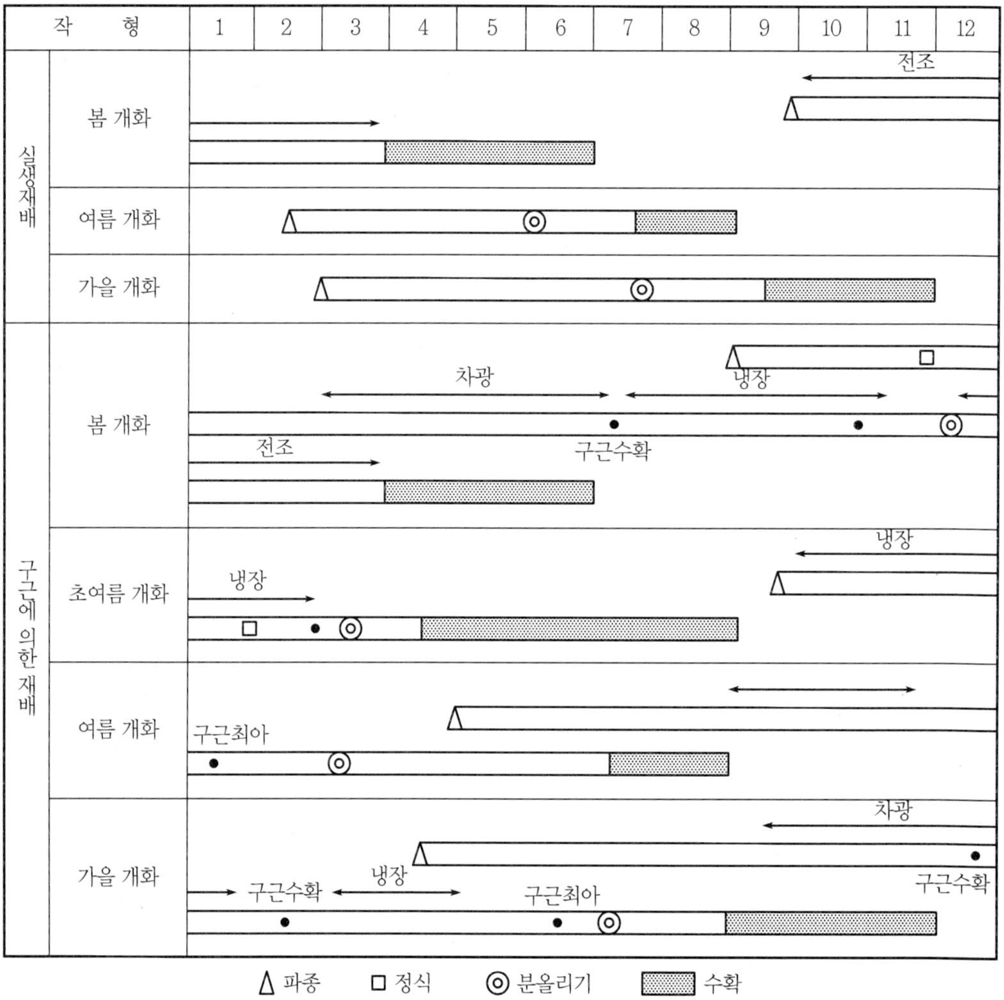

〈그림 2. III. 14-1〉 **구근 베고니아 개화기 조절의 실제**

잎 직경이 1cm 이내에서 2.5×3cm 간격으로 가식한다. 배양토는 부엽 65%+밭흙 25%+거친 모래 10%로 섞어 열소독해서 쓰고, 액비는 질소 200ppm 정도를 1~2 주간격으로 사용하며, 서로 잎이 닿으면 6cm 간격으로 이식해 준다. 본엽 4~5매가 되면 15~18cm 분에 옮기는데, 이때 배양토는 부엽 60%+밭흙 30%+거친 모래 10%로 섞어 1 L당 3요소를 300mg 정도 넣어준다. 저온단일에서 육묘할 때는 100W 백열등을 1m 높이에 4m 간격으로 1등씩 매달아 심야 3시간 정도로 단시간 조명을 해준다. 최소 10룩스 이상의 광도를 필요로 하고 발아 직후 바로 행하여도 좋다.

Ⅳ 화목류와 과실나무

장미

철쭉

포인세티아

부바디아

무궁화 '피젼트 아이'

1. 일반사항

꽃, 잎, 열매가 관상가치를 가진 목본식물을 총칭한다. 따라서 종수가 매우 많다. 또한 종에 따라서는 품종 분화가 많이 이루어져 장미는 15,000품종 이상이나 되며 철쭉, 매화, 모란 등의 품종수를 합치면 매우 많다. 그 많은 종류와 품종 중에서 이 책에서는 가정에서 가장 흔하게 심고 가꾸는 화목류(꽃나무)와 과실나무만을 대상으로 하겠다. 정원에 나무를 관리하는 데 있어서 어떠한 개화생리에 의해 꽃이 피는가를 정확히 이해하는 것은 과실을 잘 열리게 하고 전정 · 촉성 등에 중요한 원리가 된다.

1. 종 류

(1) 관화(觀花) 및 관엽(觀葉) 화목류

꽃이 아름다워 관상부위가 꽃 또는 잎인 화목류를 총칭하며 대부분이 이 종류이다 (〈표 2. IV. 1-1〉참조).

2. 꽃피는 원리와 자라는 습성

여러 종류의 화목류의 꽃피는 원리를 이해함에 있어서 구분시켜 설명토록 하겠다.

가. 꽃눈분화

언제 꽃눈분화하느냐 하는 것은 화목류의 전정시기와 촉성재배를 위한 저온처리를 하는 데 있어서 매우 중요하다. 이는 그해의 기상조건과 지역과 지형에 따른 국지기상에서도 차이가 나며 품종에 따라서도 차이가 난다.

온대지방인 우리나라는 언제 꽃눈분화하느냐 하는 것도 중요하지만 꽃눈분화한 후 언제 꽃이 피느냐가 중요하다.

〈표 2. IV. 1-1〉 주요 화목류 일반사항과 주요특성

구분	한 명	학 명	영 명	과 명	원산지	내한성	개화기
관화화목류	댕강나무	*Abelia mosanensis C.*	mangsan abelia	인동과	한국	강	5월
	아카시나무	*Robinia poseudo-acacia*	black locust	콩과	북미	강	5~ 6월
	자귀나무	*Albizzia julibrissin*	silk tree, silk flower	콩과	한국·중국·일본	중	7월
	동백	*Camellia japonica*	common camellia	차나무과	한국·일본 등	약	10~11월
	철쭉류	*Rbododendron* spp.	azalea	철쭉과	온대아시아·한국	(남부지역)강	3~ 6월
	능소화	*Campsis grandiflora*	chinese trumpet creeper	능소화과	중국	중	8~ 9월
	명자나무	*Chaenomeks lagenaria*	flowering quince	장미과	중국·한국	강	4~ 5월
	산수유	*Corus officinalis*	Japanese cornelian cherry	층층나무	한국·중국	강	3~ 4월
	산사나무	*Crataegus pinnatifida*	hawthorn, chinese hawthorn	장미과	한국·중국	강	5월
	개나리	*Forsythia koreana.*	Korean forsythia	물푸레나무과	한국	강	4월
	치자나무	*Gardenia jasminoides*	cape jasmine	꼭두선이과	한국	약	6~ 7월
	무궁화	*Hibiscus syricus*	rose of sharon	아욱과	소아시아	전국	7~10월
	장미	*Rosa hybrida*	rose	장미과	중국·시리아	북부피해있음 전국	5~10월
	수국	*Hydraneea macrophylla*	Japanese hydrangea, house hydrangea	범의구과	중국	중	6~ 7월
	황매화	*Kerria japonica*	kerria japanese rose	장미과	일본	강	4~ 5월
	배롱나무	*Largerstroemia indica*	crape mytle	부처꽃과	중국·남부	중	7~10월
	수수꽃다리	*Syringa dilatata*	common lilac, pipe tree	물푸레나무과	한국·유럽	강	4~5월
	백목련	*Magnolia heptapeta* D.	yulan magnolia	목련과	중국	강	4월
	꽃아그베나무	*Malus sieboldii*	toringo crab apple	장미과	한국·일본	강	5월
	협죽도	*Nerium indicum*	sweet-scented oleander	협죽도과	인도	약	7~ 1월
	모란	*Paeonia suffruticosa*	tree paeny, mutan paeony	미나리아재비	중국	강	5월
	매실나무	*Prunus mume*	Japanese apricot	장미과	중국	강	2~ 3월
	옥매	*Prunus glandulosa*		장미과	한국	강	5월
	장미	*Rose hybrida*	rose	장미과	한국·중국	강	6~ 7월
	꼬리조팝나무	*Spiraea salicifolia*	willow spiraea	장미과	한국·중국·일본	강	6~ 7월
	백당나무	*Viburnum sargentii*	sargent, cranberry bush	인동과	한국	강	5~ 6월
	붉은병꽃나무	*Weigelia florida*	weigelia	인동과	중국·일본	강	5월
관엽나무	등나무	*Wisteria florbunda*	Japanese wisteria	콩과	한국·중국·일본	강	5~ 6월
	단풍나무	*Acer palmatum*	maple	단풍나무과	한국	강	5월
	식나무	*Aucuba japonica*	Japanese aucuba	층층나무과	한국·중국 일본·대만	중	3~ 4월
	남천	*Nandina domestica*	nandina sacred bamboo	매자나무과	중국·일본	중	6~7월
	위성류	*Tamarix chinensis* Lour	tamarix, Junipernia	위성류과	중국대륙	강	년 2월 5월, 8월

〈표 2. IV. 1-2〉 주요 화목류의 화아분화개시기

종류	화아분화 개시기	종류	화아분화 개시기
유도화	3(월) 23(일)	목단	7(월) 30(일)
왜성석류	4. 19	치자나무	7. 21 ~ 9.1
왜성배롱나무	4. 26	매화	7. 10 ~ 8.5
댕강나무	4. 26	단계목	8. 1
백목련	5. 12	도당철쭉	8. 5
꽃아카시아	6. 9	꽃복숭아	8. 1 ~ 8.10
등나무	5. 25 ~ 6. 22	명자나무	9. 1
동백	6. 5 ~ 7. 10	고데마리	10.8 ~ 10.10
늦동백	6. 21 ~ 8. 1	조팝나무	10. 상순
개나리	6. 20	수국	10. 8
철쭉류	6. 20 ~ 7. 20	피라칸사	10. 하순
꽃아그배나무	7. 13 ~ 8. 20	만병초	6. 7 (폴란드 조사)
벚나무	6.21 ~ 8.10	라일락	7.21 (폴란드 조사)

※ 조사시기는 일본에서 조사된 자료이기 때문에 우리나라와는 다소 차이가 있을 수 있음.

(1) 꽃눈분화 시기와 개화

① 봄부터 여름에 걸쳐 고온하에서 꽃눈분화하여 그 해에 개화하는 종류로서 배롱나무, 난쟁이석류, 아베리아, 무궁화, 에리카, 단계목, 포인세티아, 백마골, 차이니스호울리 등이 있다. 이것들은 당년에 나온 새싹에서 꽃눈분화되어 꽃이 피기 때문에 비교적 다루기 쉽고, 원산지가 아열대 등 외국에서 온 귀화식물이 많다.

② 또한 봄에서 가을에 걸쳐 꽃눈분화하여 이듬해 개화하는 종류로써 대부분 온대산 화목류인 백목련, 산수유, 동백, 꽃아카시아, 개나리, 철쭉, 박태기꽃나무, 서향, 매화, 해당화, 치자나무, 벚나무, 꽃복숭아, 도당철쭉, 옥매화, 마취목, 명자나무, 조팝나무, 수국, 양골담초 등이 있다. 이들은 전년도에 꽃눈분화 하였다가 겨울 동안 저온처리를 받은 후 휴면타파하여 봄에 꽃이 핀다. 이것도 광의의 춘화처리(vernalization)이다. 이들은 전정 및 촉성시에 꽃눈분화와 관련하여 주의해야 한다(〈표 2. IV. 1-2〉).

(2) 온도와 꽃눈분화

화목류에는 고온(高溫)에서 꽃눈분화하는 것과 저온에서 꽃눈분화하는 것이 있다. 따라서 우리나라에서는 고온인 여름철에 꽃눈분화하는 것과 서늘한 가을에 꽃눈분화하는 것의 둘로 나눌 수가 있다.

① 고온에서 꽃눈분화하는 것으로는 동백, 늦동백, 철쭉류, 벚나무, 목단, 치자나무, 매화, 꽃복숭아, 단계목, 도당철쭉, 개나리 등이 있는데 이러한 종류를 냉량지(冷凉地)에서 재배하면 꽃눈분화가 늦게 되고 난지는 빠르게 된다. 이러한 원리를 이용해서 꽃눈분화 시기를 조절할 수가 있다.

② 저온에서 꽃눈분화하는 것, 즉 서늘한 온도에서 꽃눈분화가 촉진되는 조팝나무나 수국은 우리나라에서 10월 상 · 중순경에 꽃눈분화하는데, 표고 500~600m 되는 고냉지에서는 평지보다 기온이 3~4℃ 낮고 가을이 한 달 가량 일찍 오므로 꽃눈분화가 빨리 이루어진다. 이런 성질을 이용해 고냉지에서 꽃눈분화를 촉진시켜 평지에서 저온처리하면 촉성재배가 가능하다.

(3) 일장(日長)과 꽃눈분화

화목류는 초화류나 구근류와는 달리 일장이 꽃이 피는데 미치는 영향이 적은 것으로 조사되고 있으나 광도(光度)와는 생육이 필요한 광합성 때문에 매우 중요시하고 있다. 그러나 여름에 꽃눈분화하는 것들은 장일(長日), 가을에 꽃눈분화하는 것들은 단일(短日)에서 영향이 있을 것으로 생각된다. 왜냐하면 자연상태에서의 장일은 고온을 유도하고 단일일 때는 저온이기 때문이다. 그러나 연구결과 결국 일장은 화목류의 개화에 큰 영향이 없는 것으로 밝혀졌다. 그것은 치자나무가 꽃눈분화하는 데에 일장이 영향을 주는 것으로 추정하고 시험함에 있어서, 하세크씨는 치자나무를 단일상태에 놓으니 꽃눈착생이 증가한다고 하였으나 그후 포스트씨는 장일에서 꽃눈분화가 좋았다고 반대의 결과를 내놓았기 때문이다.

나. 착화(着花)습성

꽃 핀 나무를 자세히 들여다보면 꽃눈이 붙어 있는 위치가 각각 다름을 볼 수 있다. 즉, 당년에 나온 신초에 붙은 경우에 있는 것도 있고 2년째의 성숙된 가지에 꽃눈분화하는 것도 있다. 대부분 화목류는 당년생 가지에 꽃눈분화하지만 명자 꽃나무는 2년째 가지에 착화(着花)한다.

〈표 2. IV. 1-3〉 주요 화목류의 착화습성

종류	착화습성	종류	착화습성
백목련	신초의 정아 (頂芽)	벚나무	신초액아
치자나무	신초의 정아 (頂芽)	매화	신초액아
수국	신초의 정아 (頂芽)	꽃봉숭아	신초액아
철쭉류	신초의 정아 (頂芽)	꽃아그배나무	신초액아
백정화	신초정아 + 짧은 측지정아	조팝나무	신초액아
왜성배롱나무	신초정아 + 측지정아	등나무	개화후 화수기부 1~2아 장초의 액아
왜성석류	신초 측지정아	목단	꽃 진후 바로 밑의 1~2아
산수유	신초 측지정아	명자나무	2년 생가지 액아와 단과지에 착화
고데마리	신초 측지정아	왕버들	2년 생가지 액아와 단과지에 착화
아베리아	신초정아+수개의 역아	마취목	신초정아 + 수개의 액아
무궁화	신초액아	도당철쭉	신초정아 + 수개의 액아

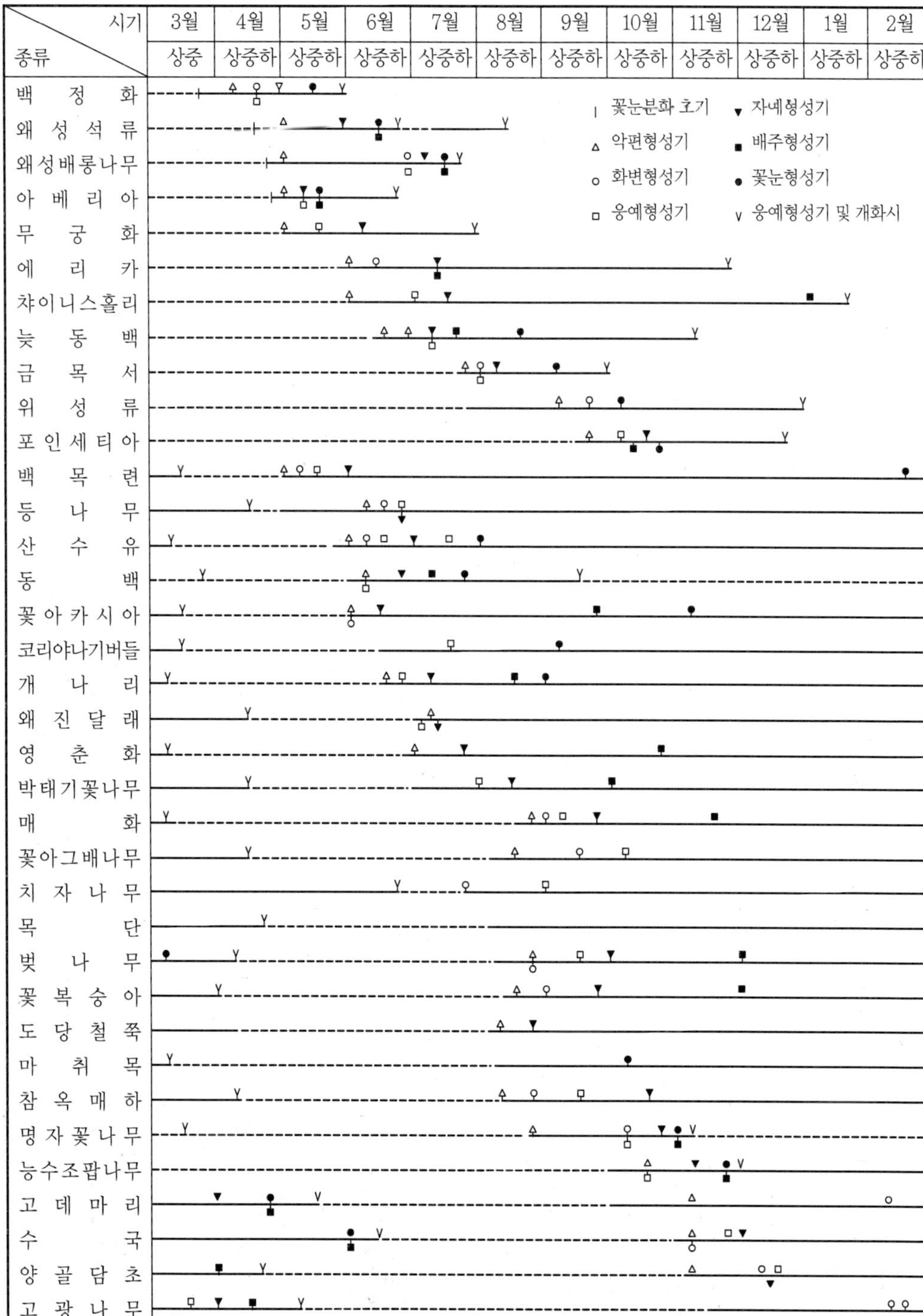

〈그림 2. IV. 1-1〉 시기별 주요 화목류 화아분화와 발육과정

착화위치는 정화(頂花 : 가지끝)에 꽃눈분화하는 것으로 서향, 철쭉, 치자, 목련, 수국, 동백 등이 있고, 도당철쭉은 정아와 수 개의 액아가 붙는다. 가지 측아(側芽)에 꽃눈분화한 것으로는 단계목, 조팝나무, 명자나무가 있다. 단, 명자나무는 단지(短枝)에 꽃눈분화할 때는 정아에 붙는다. 한편 정아와 측아에 동시에 꽃눈분화하는 것으로는 개나리, 벚나무, 복숭아, 매화 등이 있다. 주요 화목류의 착화습성은〈표 2. IV. 1-3 〉과 같다.

다 . 꽃눈분화 과정

〈그림 2. IV. 1-1〉은 주요 화목류의 꽃눈분화 과정을 표시한 것으로서 품종에 따라 차이가 있으나 일반적인 꽃눈분화 과정을 표시해 주고 있다. 〈그림 2. IV. 1-2〉의 종류에서 보면, 유엽도에서 포인세티아까지는 당년에 꽃눈분화해서 꽃이 피지만 백목련에서 고광나무는 두 해가 걸리고 그 과정도 차이가 많다. 철쭉류 중 왜진달래의 꽃눈분화 과정을 〈그림 2. IV. 1-2〉에서 보여주고 있는데 이는 현미경으로 시기시기마다 종단 또는 해부현미경으로 생장점부를 해부하여 어느 단계에 와 있는가를 알 수 있다.

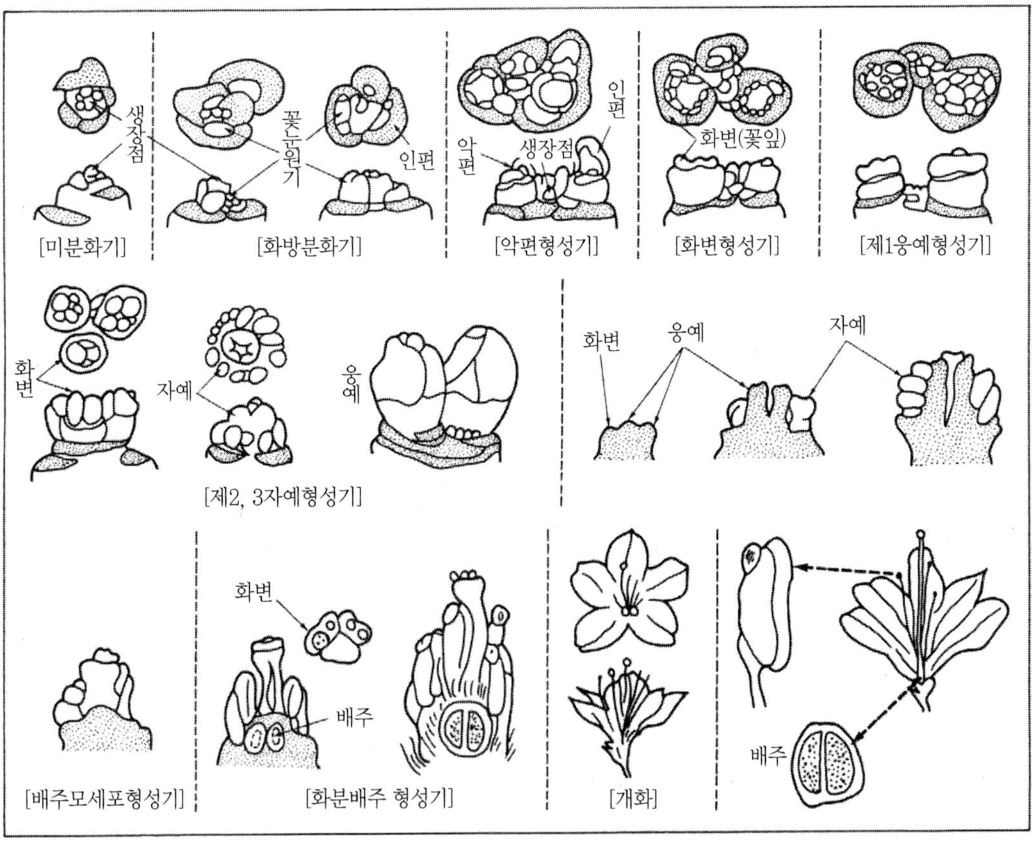

〈그림 2. IV. 1-2〉 철쭉류(왜진달래) 꽃눈분화과정

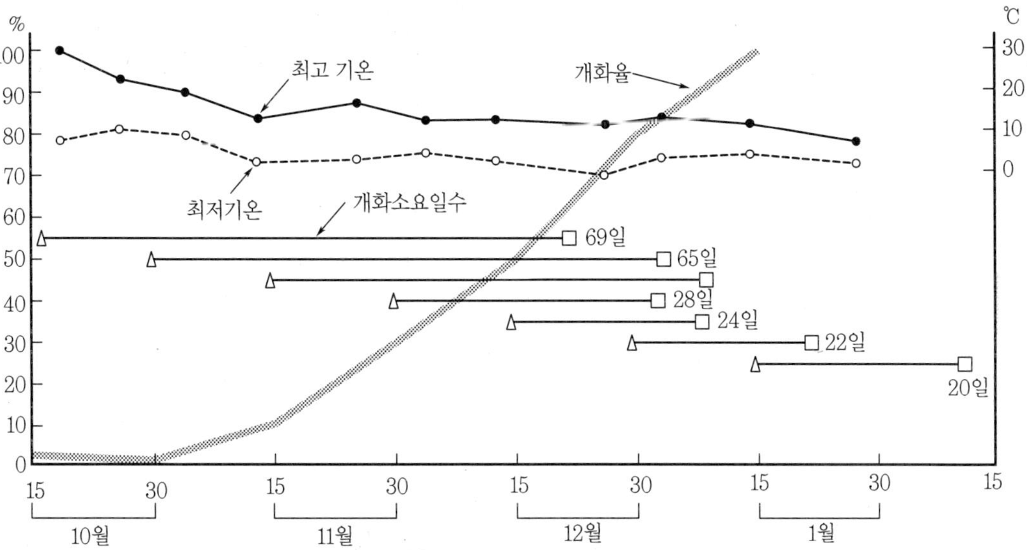

〈그림 2. IV. 1-3〉 왜진달래의 자연 저온처리 후 입실(온실에 들여놓음)시기가 개화에 미치는 영향

3. 휴면타파

이듬해 꽃이 피는 많은 종류의 온대산 화목류는 가을부터 봄에 걸쳐 자연 저온상태에서 휴면타파되지 않으면 꽃이 안 피기 때문에 일찍 꽃을 피우려면 인공적으로 휴면타파시키지 않으면 안된다. 그동안 에텔처리법, 온욕법(더운 물에 담가두는 방법)으로 처리하거나 아세치렌, 에틸렌클로로 하이드린 같은 약제처리법이 시도되었으나 가장 효과가 있는 방법으로는 저온처리법이다. 이는 냉장고에서 처리하든가 자연상태에서 처리하여 온실에 일찍 입실시키는 것인데 입실시기에 따라 꽃이 피는데 미치는 영향이 다름을 감안하여 12월 중순경에 저온처리를 완전히 끝내면 개화소요일수가 짧아지고 개화율이 증가된다. 〈그림 2. IV. 1-3〉은 왜진달래의 자연 저온처리가 많게 하여 입실시킨 것인데 입실시기가 늦을수록 소요일수가 짧아지고 개화율이 증가됨을 보여주고 있다.

(1) 저온처리

종에 따라 품종에 따라 차가 있다. 예컨대 철쭉류중 구루메교잡종에서 코랄벨은 4.5℃에서 4주간, 트리엄푸는 4.5℃에서 6일간 처리한다. 냉장 개시시기는 8월 1일부터 가능하지만 9월 1일 이후에 하는 쪽이 좋았다. 〈표 2. IV. 1-4〉의 시험에서 볼 때 같은 온도에서 저온처리하면 입실시가가 늦을수록 빨랐고, 4.5℃에서 35일간 처리하는 것이 28일간 처리하는 것보다 빠른 경향이었고 입실시기가 늦을수록 빠른 경향이었다. 능수조팝나무는 10월 하순에서 11월 중순경에 −2℃에서 4~6주간 처리한 것이 가장 효과적이라는 시험결과가 나왔으며, 수국은 꽃눈분화 후(6주간 경과) 잎을 제거하고 분째로 0℃~1℃에서 6주간 처리한 다음 13℃~25℃ 되는 온실에 넣어 꽃을 피우는 것이 효과적이라고 하였다. 한편, 목단은 10 월 상순부터 0~3℃에 30~40일간 저온처리를 한다.

〈표 2. IV. 1-4〉 왜진달래 저온처리 효과 시험

품 종	처 리	입 실 (월 · 일)	입실후 개화소요 일수						
			35일	40일	45일	50일	55일	60일	평균일수
베 니	주냉장 4.5℃ 35일	10.25	%	60%	100%	%	%	%	41일
	주냉장 4.5℃ 28일			70	80	100			40
	무처리							0	
	주냉장 4.5℃ 35일	11.25	70	100					34
	주냉장 4.5℃ 28일		30	90	100				38
	무처리				10	10	10	20	52
기 린	주냉장 4.5℃ 35일	10.25	60	100					37
	주냉장 4.5℃ 28일			550	90	100			42
	무처리							0	
	주냉장 4.5℃ 35일	11. 5	50	90	100				36
	주냉장 4.5℃ 28일		10	60	80	100			40
	무처리							10	58
미야노기	주냉장 4.5℃ 35일	10.25		30	100				42
	주냉장 4.5℃ 28일		20	80	100				39
	무처리								0
	주냉장 4.5℃ 35일	11. 5	60	100					35
	주냉장 4.5℃ 28일		40	100					36
	무처리				20	50	70	79	50

각 화목류의 자연 저온처리 기간은 그 지방의 기온에 따라 다르나 대체로 〈표 2. IV. 1-5〉와 같이 입실시킨다.

(2) 지베레린의 휴면타파 효과

Boodley는 아잘레아 품종 Hexe와 Sweetheart Supreme을 사용하여 저온처리 대신에 GA 1,000~5,000ppm을 산포하였을 때 저온처리의 대체효과가 있다고 보고하였다. 개나리는 50~100ppm을 산포하였을 때 약간의 개화촉진 효과가 있었고, 고농도(50~200ppm) 처리의 경우 능수조팝나무는 개화율이 저하되었으나 *Corylopsis*는 효과가 가장 높아 2주 정도의 개화촉진 효과가 있었다. 따라서 화목류의 GA처리에 의한 저온처리 대체효과는 지금까지 연구결과가 높지 않은 것으로 발표되고 있다.

〈표 2. IV. 1-5〉 주요 화목류의 촉성 일람표

종 류	품 종	촉성 구분	입실기 (월)	적온 (℃)	촉성일수		비 고
					12~1월 (일)	2~3월 (일)	
왜진달래	紅霧	근주	12~3	21~23	30~35	20~25	꽃봉오리가 생긴 뒤에는 시린지를 적게함
	日出	근주	1~3	21	35~40	25~30	
명자나무	東洋錦	근주	1~3	18	15~17	10	개화전 3~5일 2~3시간 광선에 쪼인다
	更紗	절지	12	16	10	–	寒種
조팝나무	早生蒲田	근주 절지	12~2	16	15~20	12~15	切枝는 2~3월
매화	冬至	절지	12~1	21	10~15	3~7	20℃ 이상은 花色이 바래고 切枝는 2~3일 흡수
꽃복숭아	矢口 · 德寒白	절지	1~3	21	15~20	12~15	
벚나무	(올 벚)	절지	2~3	21	–	12~15	
	(왕 벚)	절지	2~3	21	–	12~20	
삼잎조팝	早生種	근주	12~3	18	25	25	촉성중에 분무는 많게 하고 대낮에는 해
조팝나무	晩生種	근주	12~3	18	45	25	가림한다
모란		분식	12~3	16~18	40~45	25~30	저온처리(6~8℃, 1개월), 고온은 불량, 꽃봉오리가 나온후 시린지를 적게 한다
산수유		절지	1~2	18~21	15~17	10~15	
			12~2	18~21	10~12	7	4일 정도 흡수시킨 뒤에 입실
백목련							
목련		절지	1~3	18~21	20~25	15~20	4일 정도 흡수시킨 뒤에 입실
동백	乙女 · 紅女	절지	2~3	18~21	–	15	4일 정도 흡수시킨 뒤에 입실
	女	절지	2	21		20	4일 정도 흡수시킨 뒤에 입실
버드나무	金 · 銀 · 黑 赤芽 · 雲龍	절지 절지	12~2	16	15	10	4일 정도 흡수시킨 뒤에 입실

〈표 2. IV. 1-6〉 화목류의 촉성온도와 입실시기별 개화 소요일수

종류	구분	촉성온도	1월	2월	3월
복숭아	절지	20~30 (℃)	10~15 (일)	5~10 (일)	2~5 (일)
벚나무	절지	15~20	20~25	15~20	10~15
명자나무	절지	15	15~20	10~15	5~7
개나리	절지	20	15내외	10내외	5내외
옥매화	주	10~15	20내외	10내외	1~3
능수조팝나무	주	10~15	20내외	10내외	5내외
고데마리	주	15~20	35~40	25~35	10~25
철쭉류	주	20~25	40~45	30~35	15~20

4. 개화기 조절의 실제

화목류는 전술한 바와 같이 당년에 신초가 신장하여 꽃눈분화되는 것이 있고, 전년도에 꽃눈분화되었다가 저온처리를 받아 휴면타파한 후 온도를 높여 꽃을 피우는 두 가지 형태가 있다. 전자는 그다지 개화기 조절에 문제가 되지 않으나 후자는 꽃눈분화 유무를 해부현미경으로 확인한 후 냉장고에서 알맞는 저온처리를 하여야 한다.

한국과 일본에서는 〈표 2. IV. 1-5〉와 같이 같은 시기에 반촉성재배할 수 있다. 대량생산을 위해서는 꽃눈 분화유무를 확인해야 한다. 특히 절지(切技)하여 꽃을 피울 때도 저온처리가 끝나지 않은 가지는 꽃이 피지 않으니 주의해야 한다. 반촉성재배할 때는 〈표 2. IV. 1-5〉 및 〈표 2. IV.1-6〉을 참고하기 바란다.

5. 화목류의 개화형

화목류의 개화형에는 ABCD 형 4가지가 있다.

① A형 : 전년 여름이나 가을에 꽃눈분화하여 초겨울에 휴면타파가 완료되고 그 후 날씨가 추워 강제휴면하고 있다가 봄에 개화하는 형이다. 개화가 가장 빠르고 꽃이 진 후에 잎이 나온다. 전정은 개화 후에 한다(예 : 철쭉류, 개나리, 박태기나무, 명자나무 등).

② B형 : 전 해에 꽃눈이 분화되어 휴면에 들어가고 휴면타파가 1월 중에 끝나며 2~3월에 강제휴면한다. 잎이 먼저 나오고 이어서 꽃이 핀다. A 형보다 꽃이 늦게 핀다(예 : 라일락, 등나무, 일본목련, 모란 등),

③ C형 : 지난 가을에 꽃눈이 형성되고 가을에 휴면하고 휴면타파후 강제휴면한다. 봄이 되면 잎이 나오고 이어서 가지가 신장한 후 꽃 피는 형으로 개화는 B형보다 늦고 개화기간이 아주 길다(예 : 수국, 쥐똥나무 등).

④ D형 : 금년 봄에 새싹이 나와 꽃눈분화 후 꽃이 피는 형으로 가장 늦게 개화한다. 내한성이 약한 아열대성으로 사계성이 많다. 개화기간이 가장 길다(예 : 무궁화, 배롱나무, 능소화, 사계장미 등). 이들은 봄에 전정해도 새싹이 나와 꽃이 피기 때문에 괜찮다.

이들 4형을 이해하는 것은 화목류 관리에서 매우 중요한 원리가 된다.

6. 화목류의 정지 · 전정

정지란 가지를 정리하는 것을 말하고 전정이란 식물체를 감량(減量) 또는 생장을 억제시키는 것을 말한다. 따라서 가지를 전정가위로 자르는 것 외에 잎을 따주거나 뿌리를 잘라주는 것도 전정이며 정지도 일종의 전정이라 할 수 있다. 유인이란 가지를 철사나 대나무를 이용하여 목적하는 형으로 만들어 몸체가 굳은 다음 풀어주는 방법으로 분재수형을 만드는 법과 같은 원리이다.

(1) 전정의 목적에 따른 분류

① 조정하는 목적에 따라 : i) 생장조장을 위한 전정 : 수광 통풍을 좋게 하여 병지나 약지를 제거하는 전정을 말한다. ii) 생장억제를 위한 전정 : 가로수나 집안의 교목은 1년에 너무 많이 자라기 때문에 강전정을 하여 생장을 억제시켜 크기를 줄여주어야 한다. iii) 갱신을 하기 위한 전정 : 가지가 너무 노화되었을 때 강전정하여 새 가지를 발생시켜 생장을 좋게 하는 경우이다. iv) 개화결실을 돕기 위한 전정 : 단과지 발생을 많게 하든가 꽃눈 발생을 좋게 하는 방법으로 과수에서 많이 쓴다. v) T/R률 교정 : 이식시 뿌리량과 균형을 맞추기 위해 지상부(위 가지)를 잘라주는 방법이다.

② 모양 만드는 방법에 따라 : 자연수형과 정형수형으로 나누는데, 분재수형처럼 자연을 묘사하는 수형들을 자연수형이라 하고 토피아리처럼 기하학적 사실 및 비사실의 형을 만드는 것을 정형수형이라 한다.

③ 전정 시기에 따라 : 휴면기에 하는 휴면기(동계) 전정과 생장기에 하는 하계전정이 있고, 계절에 따라 봄, 여름, 가을, 겨울 전정으로 나눈다.

(2) 전정시 고려할 나무의 생장원리

① 정아우세 법칙 : 정상부의 눈은 우세하게 신장하여 새싹도 빨리 나오고 나온 가지도 굵고 우세하다. 교목성은 관목성보다 이 법칙에 크게 영향을 받는다.

② 기지우성, 선지열성의 법칙 : 줄기기부 또는 부주지 기부는 아래쪽이 강하고 굵게 자라고 그 위쪽 가지는 약하게 자라는 성질로서 개장성 수목에서 두드러지게 나타난다. 일반적으로 유년기에는 직립성으로 정아 우세현상이 크나 노목화됨에 따라 기지우세현상이 나타나 개장하는 성질이 있다.

③ 수체액 상승의 법칙 : 수체 양수분은 상승하는 원리를 갖는다. 수평이 되면 약세가 되며 비스듬하게 놓으면 그 가지에서 나온 새 가지의 세력은 각도로 조정할 수 있다.

④ 수체액 압력의 법칙 : 줄기의 수액 상승되는 것은 뿌리에서 펌프질하는 것같이 수액 압력이 상승하는데 이때 줄기가 굴곡되어 있으면 굴곡 부분에 더 큰 압력을 받아 도장지가 분출하든지 가지 발생이 쉽게 된다.

⑤ 지엽광선 이용의 증대 : 광합성효율 향상을 위해 평면과 입체적으로 증대시키면 생장이 크게 조장된다.

⑥ 지상부 · 지하부 조화법칙 : 지상 10에 지하 10의 비율 유지를 위한 조화를 맞춰 주어야 한다. 지하부가 많이 절단되면 이에 상응하는 지상부도 절단을 해줘야 된다. T/R(Top/Root)율의 균형유지를 위해서이다.

⑦ **생장과 결실조화의 법칙** : 생장과 결실에 조화를 이루어 수령과 수세에 따라 가감해야 한다. 늙은 과수는 잎가지를 많게 하는 전정이 좋고 젊은 나무는 성과지를 많게 만든다.

⑧ **솎음전정과 중간절단전정 조화의 법칙** : 상호조화를 두어 큰 가지와 작은 가지를 적당하게 전정한다.

(3) 전정 시기

① **상록수** : 침엽수는 대부분 겨울에 고엽이 떨어지는 것과 겸하여 행한다. 상록광엽수는 대체로 난지성 수종이기 때문에 겨울전정은 피하고 이른 봄이나 늦가을에 한다.

② **낙엽수** : 휴면기 전정이 원칙이다. 여름에 그 해에 나온 신초를 전정하는 하계전정도 가능하다.

(4) 전정방법

화목류는 꽃눈이 가지에 붙어 있기 때문에 잘못하면 꽃눈을 잘라버려 꽃을 못보게 된다. 우선 꽃눈분화기 이전에 전정하는 것이 원칙이다. 꽃눈분화 후의 전정은 꽃눈을 많이 버리게 되기 때문에 하지 말아야 된다. 대체로 7~8월 경에 꽃눈분화가 이루어지기 때문에 6월 상순경까지는 끝내야 한다. 간혹 도장지에 꽃이 잘 붙는 배롱나무, 위성류, 싸리, 부들레아는 도장지를 유도시켜 사용할 수도 있다. 이런 종류는 약한 가지를 전정해 강한 눈에 양분을 집중시키기 위해 강전정하여 강한 가지가 나오도록 한다.

봄에 꽃이 피는 화목류는 대체로 전년 여름에 꽃눈분화하는데, 원칙적으로 꽃핀 후에 전정한다. 그러나 꽃눈분화한 후에는 약전정을 하여 꽃눈의 위치를 확인하여 착화습성을 고려한 다음 솎음전정한다.

(5) 전정의 기법

① **가지베어내기** : 큰 가지는 톱으로 절단한다. 무거운 가지는 바짝 자르기 전에 20~30cm 남기고 밑에서 위로 1/3 쯤 톱질하여 금을 내고 위에서 밑으로 잘라 무게를 감량시킨 다음 바싹 붙여 자르도록 한다. 그냥 자르면 수피가 찢어져서 줄기가 상하게 된다. 침엽수 · 낙엽수는 새싹 나오기 전까지 끝내고 수액이동이 빠른 단풍 · 층층나무는 좀더 빨리한다.

② **가지자르기** : 가지에 부착된 눈의 방향을 보아 눈이 밖을 향한 곳을 자르면 가지가 그쪽으로 자라게 되니 눈위를 자르되 0.6cm 눈 위서 자른다. 너무 바짝 자르면 눈이 말라버리기 쉽다.

③ **생울타리 전정** : 생울타리는 파리밑형으로 밑을 넓게 위를 좁게 자른다. 그렇지 않으면 정아우세현상으로 밑의 가지가 구멍이 난 것처럼 성글게 되어 나쁘다.

④ **기타** : 적심, 적엽, 적뢰, 적화, 단근, 환상박피, 가지구부리기, 철사감기 등은 상황에 따라 보조적으로 해준다.

7. 과실나무가 과실이 안 달리는 이유와 대책

대부분 과실나무는 다음 3가지 원인 때문에 결실이 되지 않는다.

첫째, 제내 영양상태가 불량하여 꽃눈을 만들지 못할 경우로 너무 그늘에서 자라 광합성이 충분하지 않거나 조기낙엽, 병충해 발생이 심한 경우로서 이에 대한 비배관리를 잘 해야 된다.

둘째, 수분수(授紛樹)에서 꽃가루를 제공해 주지 못하는 경우로서 대부분 타가수정하는 과실나무류는 다른 품종의 꽃가루가 필요한데 가까이에 꽃가루를 제공할 다른 품종의 나무가 있어야 한다. 때로는 비가 많을 때는 곤충이 없어 수정이 안되는 경우도 있다. 수정이 안되면 대부분 과실은 낙과된다. 이런 때는 인공수분도 해 줘야 된다.

셋째, 대부분의 온대과실은 충분한 저온처리를 받아야 꽃이 핀다. 화분에 심어 실내에 놓아둔 과실은 저온 처리가 불충분하여 꽃이 피지 않는 경우가 있다, 자생지의 겨울 정도 저온을 경과하여야 된다. 대부분의 과실류는 전년 여름 고온기에 꽃눈이 생겨 겨울에 저온처리를 받은 후 꽃이 피고 꽃가루 수정이 되면 과일이 커지기 시작한다.

8. 가정정원에 알맞은 화목류와 과실나무

정원수가 되려면 이식할 수 있고 번식이 가능하여 대량생산이 가능해야 되고 수형을 만들고 다듬을 수 있어야 한다. 즉 , 정지 · 전정할 수 있는 것이어야 한다. 그러나 전정하지 않아도 수형이 좋은 나무도 있다. 한 편 특색이 있는 나무가 좋다.

가정정원은 면적이 적고 병충해 방제가 어려운 점 등이 있다. 따라서 병충해 발생이 적고 정원규모에 어울리는 크기의 관목 또는 반교목으로 성장속도가 너무 빠른 것은 좋지 않다. 한편 도입종 중에는 내한성도 문제되는 종류도 있으니 미리 알아보고 심는다. 한편 음지, 건조지, 습지에 따라 내음성, 내건성, 내습성 또는 내 병충성 수종을 골라 심도록 한다 .

일반가정에 권장할 만한 화목류는 철쭉류, 목련류, 단풍나무류 등이며 과실나무류는 대추, 감, 모과 등이 있다. 주요 정원수의 적용성은 〈표 2. IV.1-7〉과 같다. 따라서 심을 지역환경에 알맞은 수종을 골라야 한다.

한편 묘목을 구입할 때는 우량묘목을 골라 심도록 한다. 우량묘목의 구비조건은, ① 뿌리가 건전하고 생기가 있어야 하며, ② 수피가 생기가 있으며, ③ 줄기가 가지의 뻣침새가 좋고, ④ 잎이 광택이 나며, ⑤ 품종이 정확한 것을 고르도록 한다.

가정에는 교목보다는 관목이 좋고 낙엽수 대 상록수의 비율은 6~7 : 3~4 정도로 낙엽수를 많이 넣는 것이 계절감을 준다.

〈표 2. IV. 1-7〉 환경에 따른 알맞은 수종선택

구분	수종
점토질	명자꽃, 산수유, 코토네아스터, 개나리, 무궁화, 인동꽃, 목련, 피라칸사 조팝나무, 병꽃나무, 향나무, 편백, 주목
건조토양	신나무, 매자나무(*Berberis*), 홍자단, 황매화, 향나무, 소나무
내산성, 내염성이 강한 것	자작나무, 포플러류, 마가목, 호랑가시나무
내습성이 강한 것	자작나무, 포플러류, 버드나무류, 낙우송, 조릿대류
공장지대에서 견디는 것	칠엽수류, 자작나무, 산사나무, 백목련, 포플러류, 버드나무류, 동백, 명자나무, 사철나무, 개나리, 팔손이, 황매화, 황철쭉, 장미, 병꽃, 은행나무, 메타세쿼이아
냉기류가 노출된 곳	자작나무, 황매화(품종 : 라티포리아), 고광나무, 버드나무, 조팝나무, 피라칸사, 담장이 덩굴
지피용	헤데라, 빈카, 회양목, 누운향나무, 눈주목, 조릿대, 바위떡풀 등

2 장미

학 명 : *Rosa hybrida* M.
과 명 : 장미과
영 명 : rose
원산지 : 유럽, 아시아, 기타온대지방

화단에만 심겨지던 장미는 이제 절화류중에서도 인기가 높다. 유럽, 아시아와 온대지방에 150여 종의 자생종이 분포하는데 현대 재배종은 종간교잡이 많은 복합종들이다. 지구 북반구의 아한대(亞寒帶)로부터 아열대에 분포하고 있는데 장미는 아조변이도 잘 일어나 자연상태에서도 많은 변이가 일어나고 있고, 18세기 말부터 아시아 원종이 유럽에 도입되어 수많은 신품종이 만들어졌다. 정원이나 분화로도 많은 품종이 개량되어 화목류의 왕이랄 정도로 사람들의 사랑을 받고 있다.

1. 종류와 품종

절화용은 대부분이 사계장미(四季장미, Hybrid Tea)와 플로리반다장미(주저리장미, Floribunda)들이다. 사계장미는 4계성인데 소화성(小花性)인 티(Tea) 계통과 사계성은 아니지만 꽃이 크고 생육왕성한 하이브리드 퍼페츄얼(Hybrid perpetual)과의 교배로 만들어진 계통으로 강한 4계성이다. 내한성은 다소 약한 성질을 갖고 있다. 플로리반다는 4계장미와 포리안사계(찔레꽃 등)를 교배한 것들로서 일경다화성(一莖多花性) 이어서 꽃은 중륜성이지만 생육이 왕성한 특징을 갖고 있다. 주로 민간 육종회사나 육종가에 의해 육성되었다.

〈표 2. IV. 2-1〉 절화용 장미 주요품종

화색	대륜종	소륜종
적색	카라미아, 사만사	마리데보, 칼레드
인주색	마리나, 수퍼스타	머세이드소, 베란다
핑크색	소니아, 키리아, 토보네, 카리나, 카리넬라, 부라이달 핑크	캐롤, 샴페인
황색	아스미어골드, 반자이, 골든엠브렘	애버 골드
백색	카르테 부랑셰, 파스카리, 부라이달화이트	잭 후로스트
자색	마담 바이오렛, 부루문	쇼킹부루
복색	미쓰사쯔끼, 챤트리레이스, 시모나	미뉴에트, 환타시아

최근 전세계적으로 사용되고 있는 것들은 대부분 교잡된 혼혈상태로서 형질도 다양하다. 많이 사용되는 주품종은 〈표 2. IV. 2-1〉과 같다.

한편 작부형태는 여름고온기에 생산하는 하기작(夏期作)이 있고 촉성재배형과 주년재배형 (연중재배)이 있는데 그에 따라 알맞은 품종은 〈표 2. IV. 2-2〉와 같다. 최근 국내연구기관과 민간육종가에 의해 매년 많은 품종이 발표되고 있다. 로얄티 대체용 품종들은 농진청 영농도서를 참고하기 바란다.

〈표 2. IV. 2-2〉 장미 절화재배 작형별 적당한 품종의 특성

구 분	적품종과그특성			
	품종명	화색	계통명	주요특성
고온기형 (하기작)	수퍼스타	인주색	HT*	국내재배가 많은 품종, 7~10cm자라야 꽃눈분화
	선비임	주황색	HT	반검판 고심, 채화수 많음(수퍼스타의 1.5배 정도). 초장50~60cm
	마데론	농인주색	HT	반검판 고심, 채화수 많음(수퍼스타의 1.5배~2배) 초장60~70cm
	레드산드라	명적색	HT	검판 고심, 채화수 많음(수퍼스타의 1.5배). 초장 70~80cm
저온기형 (촉성용)	소니아	살몬핑그색	HT	국내 및 유럽에서 많이 생산, 화부병에 약함
	카리나	라이트핑크	HT	국내 및 유럽에서 많이 생산, 베드병에 약함
	쟈가란다	로즈핑크	HT	반검판 고심, 초장 60~70cm, 채화수 많음
	리비아	담핑크색	HT	반검판 고심, 초장 60~80cm, 채화수 많음
주년재배형 (촉성용)	마르데보아	진홍색	F1**	동계 적색품종 대표종, 채화수 많음
	마리나	주황색	F1	소니아 대체용으로 이용, 내병성강
	아스미어골드	담황색	F1	황색계, 유망품종
	카라미아	적색	HT	대륜종, 내병성 강
	칼레드	적색	HT	고심 정형화, 초장 60~80cm, 화부병 약
	후리스코	순황색	F1	검판 고심, 채화수 많음, 내병성 강
	로레나	연핑크색	HT	검판, 채화수 많음, 내병성 강, 초장 70~80cm
	이노센셔	크림백색	HT	검판, 채화수 많음, 내병성 강, 초장 60~70cm
	달라스	주적색	HT	반검판, 채화수 많음, 초장 60~80cm

**F1 : Floribunda의 약자, 주저리장미 *HT : Hybrid Tea의 약자, 사계장미

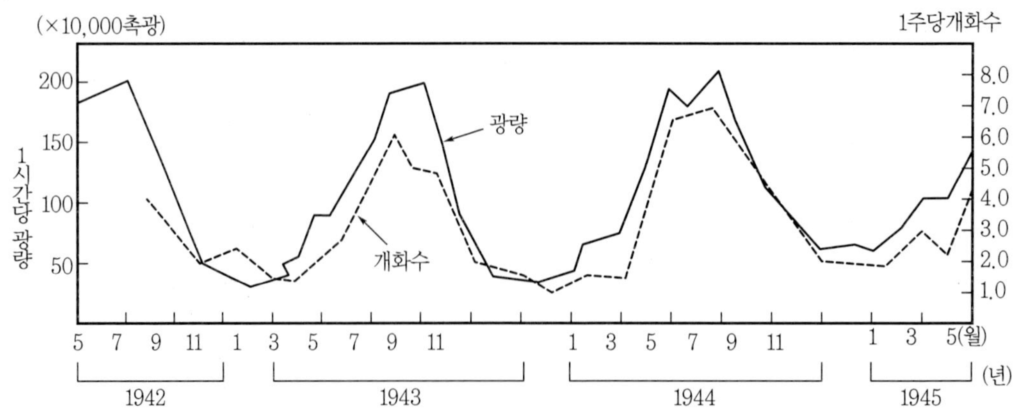

〈그림 2. IV. 2-1〉 광도와 장미채화량의 변화

2. 꽃이 피는 원리와 자라는 습성

품종간 개화생리차가 크다. 온대성 낙엽저목이지만 −10℃ 이하 지역은 월동이 곤란하다. 생육적온은 20℃ 전후로서 주간 24~27℃, 야간 16~18℃가 좋다. 5℃에서 생육이 정지하고 0℃ 이하에서 잎이 떨어져 휴면상태에 들어가며, 30℃ 이상의 고온에선 꽃이 바래고 생육이 나쁘게 된다.

장미는 호광성 식물로서 꽃이 피는데 충분한 일조가 필요한데 특히 시설재배에서 가장 중요하다. 광도와 채화량과의 관계를 보면 〈그림 2. IV. 2-1〉과 같다. 따라서 겨울철에 구름이 많든가 수광상태가 좋지 못한 곳에는 수은등이나 고압 나트륨등으로 보광(補光)하든가 탄산가스 시비를 하여 간접적으로 광합성을 촉진시킬 필요가 있다.

(1) 꽃눈분화와 블라인드(blind)

새싹이 1~4cm 자라면(단, 수퍼스타는 7~10cm) 환경조건에 관계없이 꽃눈분화가 시작된다. 이때 불량환경조건에서는 꽃눈분화 도중에 발육이 중지되어 블라인드(꽃피지 않는 현상)가 일어난다. 이 증세는 현미경으로 보면 꽃받침과 꽃잎 형성단계에서 세포가 붕괴하여 괴사층이 생기고 그 후 이층이 형성된다. 암수술이 완전히 형성된 후에는 블라인드가 일어나지 않는다. 이때 신초장은, 박카라 또는 카라미아는 30cm쯤 신장한 후 이고 소니아는 20cm, 베린다는 10cm 이상쯤으로 품종간 차가 크다. 블라인드 가지는 개화지에 비해 줄기 신장이 짧고 꽃눈발육이 정지하며 신장이 멈춰지는데, 이 이유는 줄기신장에서 자방이나 약의 수술에서 만들어지는 옥신형성이 안되기 때문이다. 꽃눈이 발육장해를 일으킬 때는 상위 1~2 엽이 같이 발육장해를 일으키기 때문에 블라인드 가지의 엽수가 적게 된다. 블라인드는 품종간 차가 커서 겨울철 재배엔 품종선택이 중요한데 품종간 블라인드율은 〈표 2. IV. 2-3〉과 같다. 한편 꽃눈분화가 완료된 후 상품가치가 없는 기형화(bull head; 소머리형)가 되는 일이 있는데 화변수가정상화보다 많고 짧으며, 폭은 넓고 내측이 구부러져 중심부는 편평하고 2심 · 3심이 되어 특이한 모양이 되는 수가 있는데, 그 원인은 고온기와 저온기의 온도 때문이다. 꽃봉오리 발육 초기일 때 기온이 5℃ 전후의 저온이면 많이 발생되는데 그 모양이 암소머리 모양 같다고 하여 bull head라고 부른다. 그러나 암수술 형성이 끝난 후에는 저온이라도 기형화가 생기지 않는다.

〈표 2. IV. 2-3〉 장미 절화재배 품종의 전체 가지수와 블라인드율(%)

품종명	전체가지수	블라인드율(%)	품종명	전체가지수	블라인드율(%)
아나벨	44.4	27.2	메루세데스	30.7	31.8
에스타오파리움	30.2	5.9	베린다	29.9	12.6
소니아	24.8	12.3	프레시라	22.0	25.6
이로나	17.2	20.4	빙고	17.0	23.3
박카라	15.0	20.0	골덴웨이브	12.7	9.7

고온기에 발생되는 것은 저온기 때와는 달리 꽃피기 1주 전(봉오리 직경 0.95~1.9cm)에 기형화가 생기는데 발육속도와 상관이 깊다.

(2) 환경요인과 블라인드

광량의 감소는 블라인드 발생을 증가시킨다. 저온은 블라인드 발생을 높이고 특히 웅예 자예형성기 때의 저온(12℃ 이하)이 가장 큰 영향을 준다. 적엽(摘葉 : 잎따기)의 영향도 매우 커서 채화지 잎을 모두 제거하면 100% 블라인드가 발생된다. 이때 성숙한 잎은 동화산물을, 미성숙한 잎은 내생물질(호르몬 등)의 공급원으로 중요한 역할을 하기 때문이다. 전정은 강하게 할수록, 가지가 가는 것일수록 블라인드 발생률이 높다.

밤 온도는 대체적으로 16℃가 좋은데 어떤 품종은 18℃가 좋은 품종도 있다. 14℃에서도 수량 및 품질에 영향을 받지 않는 품종도 있으나 저온에서는 병 발생이 많고 개화 소요일수가 길어지며 블라인드가 많다. 또한 기형화가 증가되고 액아발생이 감소된다.

(3) 광합성

광량을 증가시키면 채화수와 품질이 증가한다. 품종 호에버유어스는 3만 6천 룩스, 카리나는 5만 룩스에서 광포화점이 나타난다. 최대 광합성 속도는 15 CO_2mg/dm^2/hr로 광합성 효율은 타작물보다 높은 편은 아니며 채화 후 36일쯤인 8엽령기 때 가장 높다. CO_2 시비는 효과가 있는 것으로 보고되고 있으며 고압 나트륨등의 보광도 효과가 있음을 보고하고 있다.

(4) 적심과 개화

출하기를 조절하기 위해 적심을 해야 하는데 적심은 장미 절화재배의 가장 중요한 기술이다. 적심 후 꽃이 피기까지의 일수는 품종, 계절, 재배온도에 따라 차가 크지만 여름은 대체로 41~45일, 겨울

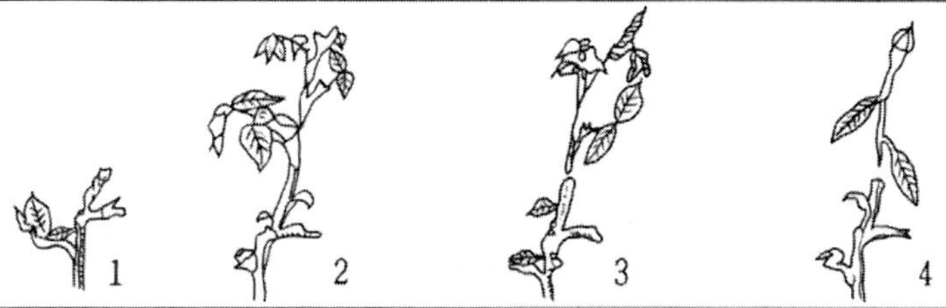

절화시기	절화 후 1 까지 일수	1에서 2 까지 일수	2~3 까지 일수	3~4 까지 일수	4에서 개화 까지 일수	합계일수
6월	14일	9일	2~3일	3~4일	10일	42일
8월	13일	7일	7일	6일	8일	41일

〈그림 2. IV. 2-2〉 절화 후 다음 절화까지 가지신장 정도와 일수

은 55일쯤 되며 긴 것은 65~75일쯤 된다(〈그림 2. IV. 2-2〉).

한편 주야간 온도에 따라 개화 소요일 수는 〈표 2. IV. 2-4〉와 같이 차가 크다.

〈표 2. IV. 2-4〉 주야간온도와 조합에 따른 개화 소요일수

주간온도(℃)(9시간)	12	15	18	21	24	27
야간온도(℃)(9시간)	12	12 15 18 21 24 27	12 15 18 21 24 27	12 15 18 21 24 27	12 15 18 21 24 27	12 15 18 21 24 27
개화소요일수	86	76 69 55 49 46 44	73 60 49 41 35 41	73 53 52 46 43 40	52 49 47 46 41 42	52 49 43 44 45 43

3. 작형

〈그림 2. IV. 2-3〉 및 〈그림 2. IV. 2-4〉와 같이 겨울철 생산은 봄에 정식하여 9월~6 월 중 · 하순에 채화하고, 시설재배에 가장 많이 쓰이는 방법은 이른 봄 정식하여 6~7월에 한 번 수확하고, 9월 하순~10월 상순으로 수확을 늦추는 방법도 이용되는데 이는 난지의 광량이 많은 곳에서 가능하다. 기온이 내려가는 12~2월경의 저온기에는 난방비 절약과 후기 생육을 위해 후면시킨 후 전정하여 가온하면 3~4월에 채화가 가능하다. 엄한기 휴면 작형은 현재 중부지방에서 많이 사용되는 작형으로 여름에 너무 많은 꽃을 채화하여 생육을 나쁘게 하는 경향이 있다. 대체로 한번 심으면 3~4년간 생산하는데 재배력은 〈그림 2. IV. 2-4〉와 같다.

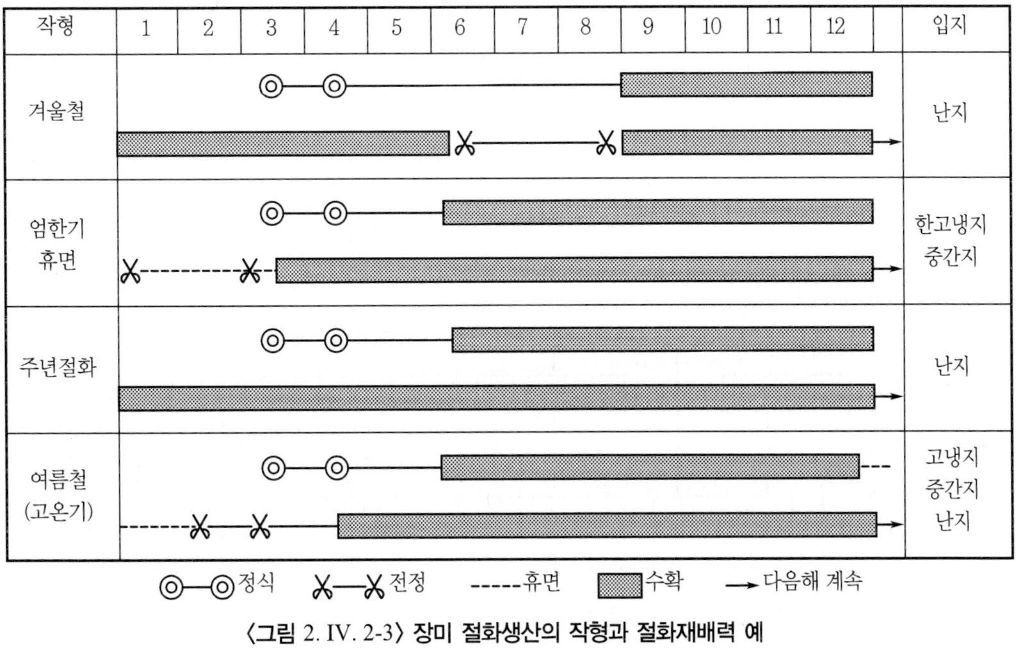

〈그림 2. IV. 2-3〉 장미 절화생산의 작형과 절화재배력 예

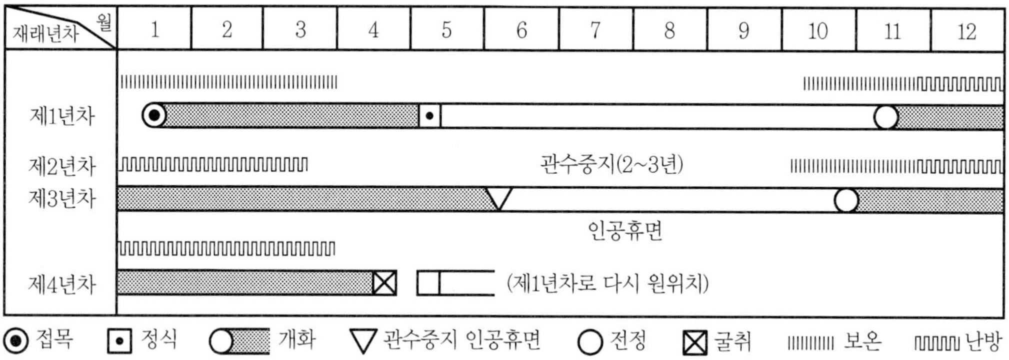

〈그림 2. IV. 2-4〉 온실장미 절화재배력 예

4. 재배법 요약

정식주수는 3.3m^{2}당 14~20주(80cm 이랑에 2줄 또는 100cm 이랑에 3줄)로서 중앙조간 사이를 30~40cm를 띠워서 심는데 심기 전에 대량의 유기물(우분, 수피, 토탄 등)을 넣어 30cm 경토 깊이에 용적 20% 쯤 유기물이 들어가도록 한다. 건토 l00g당 질소(NO^{3}태) 10~20mg, 인산 50~100mg, 칼륨 100mg, 칼슘 200~300mg, 마그네슘 50~100mg이 이상적으로 la(30평)당 N 5~6kg, P 7~8kg, K 4~5kg 되게 시비하고 pH는 6.0으로 한다. 채화는 5매엽 2매를 남기고 절단하는데 가능한 잎을 많이 남기는 것이 좋다. 장미 잎에 황화현상이 일어나는 원인으로는 〈그림 2. IV. 2-5〉와 같다. 병충해로써 흰가루병은 바리톤, 톱신, 훼나리를 산포하고 응애는 살비제로 방제한다. 채화는 꽃봉오리가 착색이 되고 외화변이 2매가 열리기 시작할 때쯤이 좋지만 때에 따라서는 더 일찍 할 수도 있다. 50cm 이상의 길이로 잘라 10개를 한 속으로 묶어 얕은 물에 담갔다가 출하한다.

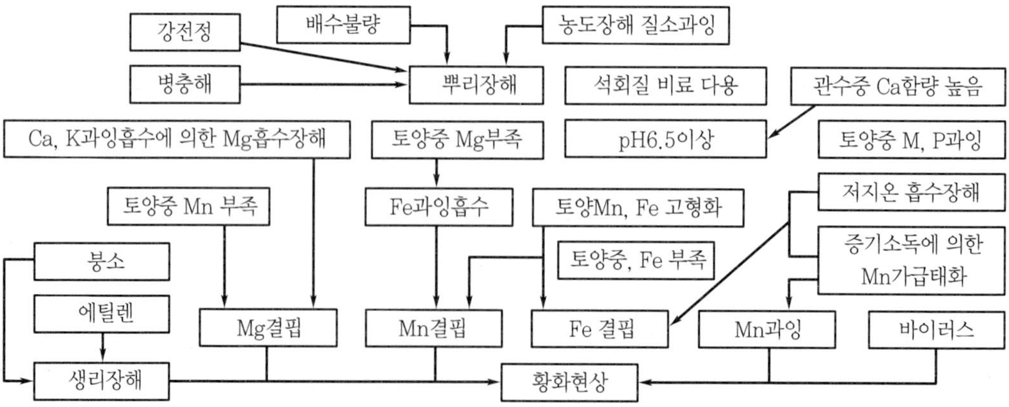

〈그림 2. IV. 2-5〉 장미 잎 황화현상(黃化現象) 발생원인 모식도

3 철 쭉

학 병 : *Rhododendron* spp.
과 명 : 철쭉과
영 명 : azalea
원산지 : 동남아시아 및 전세계

철쭉과에는 100속, 3,000여 종이나 되는 많은 종들이 남극대륙을 제외한 전세계에 분포하고 있다. 적도 바로 밑에서부터 북위 80°까지 전세계에 널리 분포하고 있는데 철쭉속 식물은 그 중 700여 종이나 된다. 상록성과 낙엽성으로 나누는데, 상록성 철쭉은 일본, 중국, 대만에 140여 종이 자생하고, 낙엽성은 동구 코카사스, 중국, 일본에 약 50여 종이 자생한다. 상록성은 일본에서, 낙엽성은 구주에서 많은 품종이 개량되었다. 일본 구루메종은 *R. sataense*와 *R. obtusum*과의 교배에 의해 육성되었고, *R. simsii*를 모체로 하여 교배한 벨지안아잘레아와 일본 *R. japonicum*(황철쭉)과 중국산 *R. molle* 그리고 동구산 *R. luteum*과 교배에 의해 Ghent azalea 또는 Knaphill azalea가 육성되었고, 현대에는 Exbury azalea로 발전하였으며, 히라도철쭉은 *R. scabrum*과 *R. macrosepalum, R. mucronatum, R. ripense*와의 교잡에 의해서 주로 육성되었다.

많은 사람들이 진달래와 철쭉꽃나무의 차이를 묻는 경우가 있는데 이들은 종이 전혀 다르다. 한편 일본에서의 쯔쯔지(ツツジ)와 사쯔끼(サツキ)도 종이 전혀 다른 것으로 사쯔끼는 왜철쭉이고 쯔쯔지는 기타 철쭉류를 말한다. 철쭉에 대한 자세한 내용은 필자의 저서 「철쭉」이란 단행본을 참고하기 바란다.

1. 종류 및 품종

철쭉류는 매우 종류가 많아서 체계적인 분류를 하여 놓는 것이 재배 및 학문연구에 매우 중요하다. 분류는 속(屬), 아속(亞屬), 절(節), 계(系)로 나누는데 이는 교잡가능성, 자생지, 화기가 가까운 것, 상록 · 낙엽 등에 의해 분류한다. 각 계간에는 교배가 가능하다. 여러 분류법 중 재배에 많이 이용되는 주요 종류와 품종을 보면 다음과 같다.

가. 주요 자생 철쭉류

(1) 진달래 (*Rhododendron mucronulatum* T. 아속 : Rhododendron, 아절 : Rhodorastra)

북한을 포함한 전국토에 가장 널리 자생하는 철쭉류로서 옛날부터 우리나라 국민들의 가슴 속에 깊이 새겨져 있는 꽃이다. 화전놀이(진달래 꽃잎으로 전을 붙여 먹으며 놀던 민속놀이), 진달래주(진달래로 만든 술)는 고려시대 기록에도 있다. 따라서 먹을 수 있는 진짜 꽃이라 하여 참꽃나무로 불리기도 한다.

산야의 양지 바른 곳에 자라는 낙엽 철쭉류로써 높이가 2~3m까지 자란다.

잔가지가 많으며 잔가지는 연한 갈색으로 인편이 있다. 나무껍질은 잿빛 밤색이며 잎은 어긋나고(호생) 타원상 피침형 또는 도피침형이고, 잎끝은 첨두 또는 점첨두이며, 엽저는 예저이고 엽연은 거치가 없다. 잎 표면에는 인편이 약간 있지만 뒷면에는 인편이 많이 분포되어 있다(인편이란 잎 표면에 돌출된 작은 돌기). 꽃은 철쭉류 중 가장 일찍 피는데 잎이 나오기 전 4월 상순에 핀다. 해에 따라서는 3월 말에 피기도 한다. 화관은 깔때기 모양이고 자홍색 또는 연한 홍색이며 겉에는 잔털이 있다.

잎은 4~7cm 길이에 폭이 1.5~2.5cm로써 톱니가 없으며, 엽병은 6~10mm 정도 된다. 꽃은 가지 끝의 측아에서 1개씩 나오지만 2~5개가 모여 달리기도 하는데 화경은 3~4.5cm이다. 수술은 10개이며 수술대 기부에 털이 있고, 암술대가 수술보다 길며 열매는 2cm 정도 크기의 원통형으로 10월에 익는다. 변이종으로는 백색꽃이 피는 흰진달래, 소지와 잎에 털이 있는 털진달래, 잎이 넓은 타원형 또는 원형인 왕진달래, 잎 표면에 광택이 있고 양면에 사마귀 같은 돌기가 있는 반들진달래, 열매가 보다 가늘고 긴 한라산 진달래가 있다.

(2) 산철쭉(*R. yedoense* var. *poukhanense* N. 아속 : Anthrodendron, 절 : tsutsutsi)

함경북도를 제외한 전국에 자생한다.

산지의 비교적 습한 곳에 자라는 낙엽관목으로 1~2m 정도 자란다. 잔가지에는 갈색 털이 있으며 어린 가지와 화경에 점성이 있는데 여기엔 독이 있다.

따라서 진달래는 먹을 수 있는 진짜 꽃이라 하여 참꽃이라 하지만 이 꽃은 먹을 수 없다 하여 개꽃나무 또는 개참꽃나무라고도 한다. 잎은 호생 또는 대생하며 길이가 3~8cm, 너비가 1~3cm로서 좁은 장타원형 또는 넓은 도피침형이며 양 끝이 좁고 거치가 없는데 잎의 양면에 갈색 털이 누워 있다. 특히 잎맥 위에 갈색 털이 밀생하며 엽병은 1~5mm로서 갈색 털이 많다. 화고는 7~10mm로서 갈색 털이 있고 가지 끝에 2~3개씩 달린다. 꽃받침은 5개로 갈라지고 갈색 털이 있으며 엽편은 좁은 난형이고 길이는 4~8mm이다. 화관은 연한 홍자색으로 지름 5~8cm로써 깔대기 모양이고 4개로 갈라지는데 내면 윗부분에 작은 반점이 있다. 수술은 10개이며 길이는 서로 같지 않다. 암술대는 수술대보다 길며 수술대 하반부에는 모상(毛狀)의 돌기가 있고 꽃밥은 자주빛이 돌며 암술대는 털이 없거나 기부에 복모(伏毛)가 있다. 열매는 삭과로서 10월에 익는데 난형이고 길이 8~10mm로서 긴 털이 있다. 기본 종은 겹산철쭉(*R. yedoense*)으로 되어 있으나 필자의 생각으로는 산칠쭉에서 생긴 변이종으로 생각된다.

백색 꽃이 피는 흰산철쭉은 산철쭉의 변이종이다. 산철쭉은 자연상태에서 발견된 우리나라 대표 철쭉으로써 영명으로 Korean azalea라고 불리며 Rehd씨는 학명을 *R. coreanum* R.로 붙이기도 했었다. 국내 자생 철쭉 유전자원으로 교배모본 등에 가장 많이 쓰여지고 있다.

(3) 겹산철쭉(*R. yedoense* M.)

양지 바른 산에 자라는 반상록관목으로 1~2m 크기로 자란다. 산철쭉에서 생긴 겹꽃변종으로 생각되지만 학명은 산철쭉(홑꽃)의 기본종으로 되어 있다. 이에 대한 규명을 위한 연구도 필요하리라 본다.

어린 가지에는 누운 털이 있고 아린에는 점성의 물질이 분비된다. 잎은 가지 끝에 모여 호생하고 도란형이다. 한편 잎양면에는 강모가 있다. 꽃은 4월에 가지 끝에 피는데 2~3개의 보라빛이 나는 붉은 색 완전 겹꽃이 핀다. 꽃받침은 장란형이고 화관은 안쪽에 진한 붉은색 반점이 있다.

수술은 10개이고 암술은 1개로서 열매는 난형이지만 잘 맺히지 않는다. 서울 지방에서는 삽목하여 정원에 많이 심는데 꽃이 질 때 꽃이 썩는 등 보기 흉해 산철쭉만큼 관상가치가 높지 못하다.

외국에선 산철쭉의 한 품종으로 요도가와철쭉이라고 불리기도 하며 북한에선 두봉화라고 한다.

(4) 철쭉꽃나무(*R. schlippenbachii* M. 아속 : pentanthera, 절 : sciadorhodion)

산기슭 주로 나무 숲속에서 자라는 낙엽관목으로 높이가 2~5m로 수피가 밤색 또는 밤빛회색이다. 어린 가지는 선모가 있으나 곧 없어지며 회갈색으로 된다. 잎은 호생하지만 가지 끝에는 4~5개씩 총생한다. 도란형 또는 넓은 도란형으로 잎 끝은 원두 또는 미요두(微凹頭) 이고 기부는 예저(銳底)이며 길이는 5~10cm로 매우 큰 잎을 가지고 있다.

표면은 녹색이고 털이 있으나 점차 없어지며 뒷면은 연한녹색이다. 엽맥 위에 털이 있으며 가장자리가 밋밋하다. 꽃은 5월경에 3~7개씩 가지 끝에 우산모양의 꽃차례루 달리는데 잎이 나오기 진 또는 같이 꽃 피기도 하는데 향기가 있고 연한 붉은 색이 도는 흰색이다. 꽃받침은 난형이며 길이 5mm로서 소화경과 함께 선모가 있다. 화관은 종 모양으로 5갈래로 갈라지며 안쪽에 진한 보라색 붉은 점이 있다. 수술은 10개인데 그중 5개는 길고 5개는 짧으며 암술은 1개이다.

열매는 긴 타원상 난원형이며 길이 1.5cm로서 선모가 있고 10월에 익는다.

백색 꽃은 자연상태에서 발견된 한 품종으로 흰철쭉나무라고 불린다. 이 꽃은 1854년 수리펜바키가 한국에서 발견한 꽃으로 영명으로는 royal azalea라 부른다.

간혹 철쭉꽃 또는 철쭉이라고 불리기도 하지만 옳은 말이 아닌 속어이다.

나. 도입 철쭉류(상록성)

(1) 왜진달래(*R. obtusum* P. 영명 : hiryu azalea)

나무의 높이는 0.9m 정도이고 내한성은 −15 ~ −20℃ 정도의 상록성 철쭉으로써 일본어로는 기리시마쯔쯔지라고 부른다. 구루메철쭉이라고 부르는 것은 구주 서남부 원산의 왜진달래와 *R. kaemferi* 등과 교잡하여 여러 품종이 만들어졌다. 4월 중순~5월 상순에 개화하며 소엽에 분지밀생하여 반구상(半球狀)으로 만들어 진다. 꽃과 잎이 작고 이른 봄에 나무 전체를 뒤덮듯 만개하여 많은 사람들로부터 사랑받고 있다.

(2) 왜철쭉(*R. indicum*)

일본 관동지방에 넓게 자생하는 상록저목으로 잎 끝이 뾰족하고 광택이 있다. 5월 하순~6월에 걸쳐 백, 자, 적색 등 다양한 화색에 큰 꽃이 피어 분재용으로 널리 이용된다. 일본말로는 사쯔끼라고 하며 우리나라에선 영산홍이라고 한다. 최근에는 아잘레아(*R. simsii* 교배종)와 종간교잡이 많이 시도되고 있다.

(3) 오오무라사끼(*R. oomurasaki*), 눈철쭉(*R. mucronatum*)

잎과 꽃이 크고 5월경 꽃이 핀다. *R. linearifolium* var. *macrosepalum, R. scabrum*. 등과 교배하여 많은 품종이 나왔다.

(4) 아잘레아(*R. simsii* hybrid)

벨지안아잘레아, 화란아잘레아 또는 서양철쭉으로 불리는데 꽃이 대륜, 겹꽃, 다화성, 4계성으로 분화로 판매되는 철쭉의 주종을 이룬다. 왜진달래와 교배에 의한 저온 다화성 품종육성이 국내 원예특작과학원과 미국 등지에서 시도하여 성공적인 품종이 나왔다. 왜진달래와 교배된 구루메형과 눈철쭉과 교배된 히라도형 아잘레아도 분화용으로 많이 이용된다.

최근 재배되는 정원 및 분화용 철쭉류는 대부분 2종 이상의 종간교배된 혼혈종들이다. 따라서 철쭉은 다른 화목류와는 달리 모든 품종들이 종속 간 교잡이 많이 되어 다양한 혈통을 가지고 있다. 다음은 대표적인 교배종들이다.

(1) 상록성 철쭉 교배품종

4~5월경에 꽃이 피며 화형은 홑꽃 또는 두 겹(hose in hose)이고, 0.6~1.2m의 수고를 가지고 있으며, 교배한 농장명이나 육종의 이름을 따서 분류한다.

① 게이블교배종(gable hybrids, 기호 : G) : 미국펜실바니아에서 게이블씨가 *R. kaempferi*×*R. poukhanense*의 상호교배에 의해 육성한 것으로 꽃 직경은 4~6cm 정도이다 .

② 글렌데일 교배종(glenn dale hybrlds, 기호 : GD) : 미국 매릴랜드 글렌데일에 있는 농무성 Morrison씨에 의해 여러 그룹간 교배한 종류로 꽃 직경은 5~10cm 정도이다.

③ 캠페리 교배종(kaempferi hybrids, 기호 : KF) : 네덜란드에서 *R. kaempferi*, *R.* 'Malvaticum', *R. pulchrum, Mazwellii*와의 상호교배에 의해 만들어진 계통으로 꽃 크기는 4~5cm 정도이다.

④ 구루메 아잘레아(kurume azalea, 기호 : K) : 일본 구루메에서 *R. kaempferi, R. kiusianum, R. obtusum*과의 교배종으로 꽃이 작은 것이 특징(花徑 : 2. 5~3.5cm)이다.

⑤ 인디안 또는 인디카 아잘레아(indian or indica azaleas, 기호 : I) : 서구에서 *R. indicum, R. mucronatum, R.simsii*와의 상호교배종으로 꽃 크기는 직경이 6~7.5cm 정도로 온실 분화용 아잘레아로 이용하는 종류로서 일명 심시 교배종(simsii hybrid) 또는 벨지안 인디카(Belgian indica)라고 한다.

⑥ 올드하미 교배종(Oldhamii hybrids, 기호 : 0) : 영국 엑스부리에서 *R. kaempferi, R. oldhamii*와 교배에 의해 만든 계통으로 꽃크기는 6~7.5cm 정도이다.

⑦ 샌더 교배종(sander hybrids, 기호 : Sr) : 미국 블루클라인의 샌더씨에 의하여 인디안 아잘레아, 구루메아잘레아와의 상호교배 종으로 꽃 크기는 중간 정도다.

⑧ 사쯔끼 교배종(satsuki hybrids, 기호 : S) : 일본 고베에서 *R. indicum*, *R. simsii*와의 교배에 의해 만들어진 것으로 꽃 크기는 중대형화이다.

⑨ 부이크 교배종(vuyk hybrids, 기호 : V)과 와다 교배종(Wada hybrids, 기호 : W) : 네덜란드의 보스쿱 부이크에서 육성한 것과 일본 요코하마의 와다씨에 의해 교배한 것이다.

⑩ 페리카트 교배종(pericat hybrids, 기호 : P) : 벨지안 인디카, 구루메 교배종과의 교배에 의해 만든 종류로 중형화이다.

⑪ 루더포디아나 교배종(rutherfordiana hybrids, 기호 : Rf) : *R. indica* 'Alba' *R. oomurasaki*, 벨지안 인디카 아잘레아, *R. macrantha*, 구루메 교배종과 만병초와의 상호교배에 의해 육성된 품종이다.

이들 11개의 여러교배종 중 주요 품종은 다음과 같다. Alice(Kef : 연적색), Ambrosia(GD : 자적색), Atlanta(Kf : 연자색), Benikiri(K : 진적색), Eddy(Kf : 진연적색), Elizabeth(GD : 자홍색), Favorite(Hinodegiri×Kaempferi), Hinodegiri(K : 진적색), Imashyozo(K : 명적색), Sakata red(구루메×캠페리 : 적색), Chimes(I : 홍적색), Red Wing(P : 연분홍 적색), 도로시기쉬(Rt: 연적색) 등 다수가 있다.

⑫ 서울 교배종 (Seoul hybrids, 기호 : S) : 산철쭉과 도입 상록철쭉과 교배시킨 것으로 서울시립대 이정식 교수에 의해 육성한 것들이다.

(2) 낙엽성 철쭉

① 황철쭉(*R. japonicum* Sur.) : 일본 전역에 자생하는 낙엽관목으로 홍철쭉이라고도 한다. 4m 정도까지 자라며 5월 중순에 개화하고 꽃색은 주황색 또는 홍색이며 그 중 황색의 것을 황철쭉, 홍색을 홍철쭉이라 한다. 꽃색이 다른 철쭉과 달라 독특할 뿐 아니라 군락을 지어서 핀 장면은 장관이다. 최근 갑자기 실생으로 재배면적이 급증하고 있으나 본 산지인 일본에서 크게 발전하지 못한 이유는 꽃잎 뿌리에 강력한 독성(毒性)이 있고 삽목번식이 잘 안되며 내서성이 약하기 때문이다. 철쭉나무와 함께 낙엽 철쭉 중 광장(廣場) 공원, 정원 등의 장식에 빼놓을 수 없는 화목의 하나이다. 종류나 품종은 대단히 단순한 편이며 1879년 영국 원예 협회 품평회에서 1등에 입상한 사실이 있고 오늘날 점차 인기를 모으고 있는 엑스부리 아잘레아(Exbury azalea) 육종의 모수로 이용되었다.

② 엑스부리 아잘레아(Exbury azalea) : 1930년대에 벨기에 및 영국에서는 낙엽성 철쭉의 개량이 활발해 졌다. 그후 영국의 냅힐종묘사(Knaphill nursery)에서 중국산의 모올(*R. molle*), 미국 서부산의 옥시덴탈(*R. occidentale*) 및 동부 지방산의 아보레센스(*R. arborescens*) 등의 교잡으로 냅힐 아잘레아(Knaphill azalea)를 만들어냈다. 이것에다 다시 홍철쭉 및 기타 중국과 미국의 낙엽철쭉의 교잡에 의하여 만들어진 것이 엑스부리 아잘레아이다. 화색이 풍부하고 아름다울 뿐만 아니라 화형도 다양하다. 화판에는 황 · 주황 · 적색 등의 무늬가 든 것이 많고 한 화방의 꽃송이수는 14~15개까지 되는 것이 많다.

이 Ghent, Knaphill, Exbury 교배종은 내한성은 강하나 여름철 더위에는 약하여 우리나라 환경에는 좋지 않다. Burazil(주홍), Gibraltal(주홍), Ballerina(백색), Cecile(핑크색), Exbury Yellow(황색) 등 다수가 있다.

국내에는 진달래(*R. mucronulatum*), 철쭉꽃나무(*R. schlippenbachii*) 등이 자생하고 있고, 자연교잡도 상당히 되어 자연상태에서 변종도 많이 발견되고 있다. 자생 낙엽철쭉류는 가항을 참고하기 바란다.

2. 꽃피는 원리와 자라는 습성

종류가 다양하여 꽃피는 원리에 차가 있으나 상업적으로 많이 이용되는 아잘레아나 진달래, 왜철쭉이 화분용으로 많이 이용되기 때문에 이 종류만 중점적으로 설명하겠다.

(1) 자연상태에서의 꽃눈형성

봄에 새싹이 나온 신초 끝에 꽃눈이 착생하는데 그 시기는 6월 하순부터 8월경까지 충실한 신초의 생장점에서 꽃눈이 형성된다. *R. kiusianum*은 6월, *R. scabrum*은 9월, 구루메 교배종은 7월 말~8월

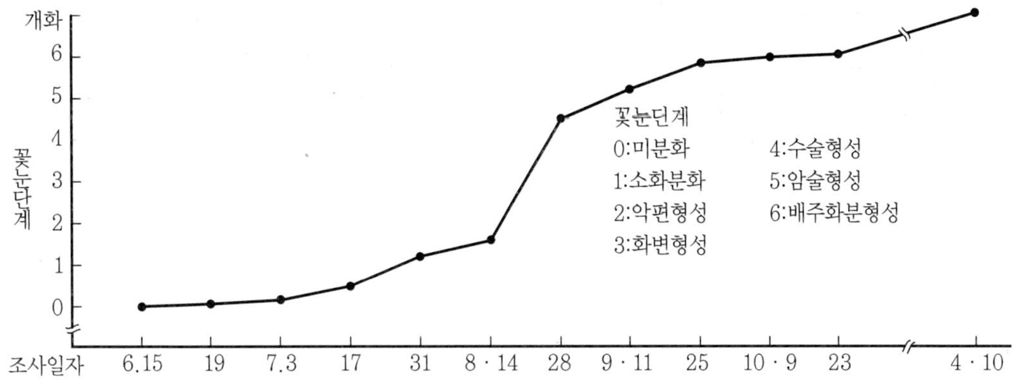

〈그림 2. IV. 3-1〉 자연상태에서 왜진달래의 꽃눈형성

초에 분화한다. 조건에 따라서는 꽃눈기부로부터 신장한 액아(腋芽)에도 꽃눈이 형성된다. 필자의 조사에 의하면 진달래는 수원지방의 경우 6월 하순~7월 상순경부터 시작하였다. 여름에는 꽃받침, 꽃잎(화변)이 분화하고 초가을이 되어 암수술과 배주, 화분이 분화발달하여 10월에는 꽃눈이 완성한다(〈그림 2. IV. 3-1〉).

(2) 꽃눈형성에 관여하는 요인

철쭉 꽃피는 원리에 관하여는 많은 연구가 되어 있다. 몇 가지 요인을 보면 다음과 같다.

① **생장과 꽃눈형성** : 꽃눈이 형성되려면 기본적으로 신초가 생장되어 자라야 하며, 그 생장점에서 꽃눈분화되기 때문에 적심시기나 기상조건에 따라 꽃눈분화시기가 다르게 되며, 기온상승이 빠르면 빠를수록 분화가 빠르다.

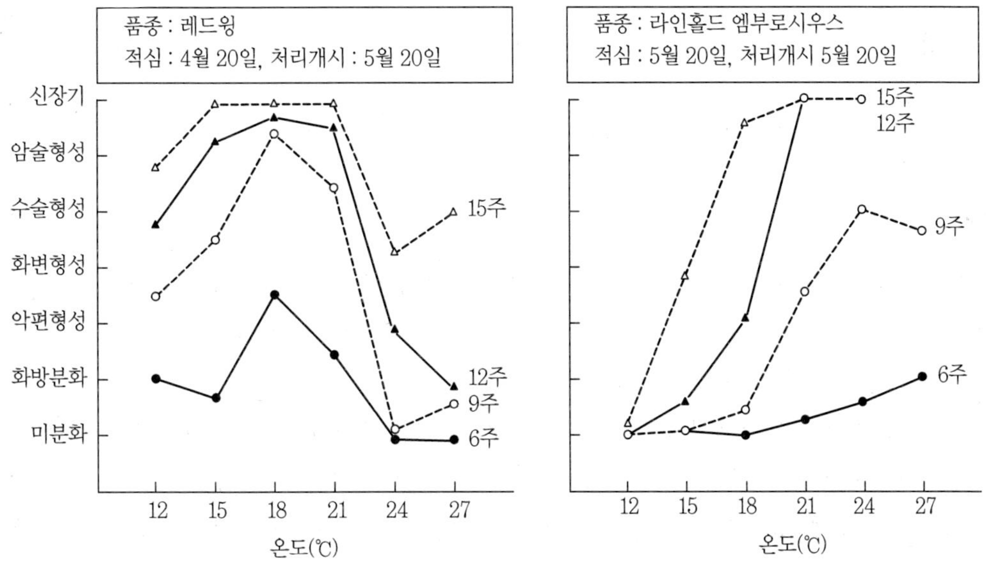

〈그림 2. IV. 3-2〉 온도와 꽃눈분화 발달

② **영양** : 인산질비료가 꽃눈형성에 유효하다는 것은 다른 화훼작물에서도 알려져 있지만 철쭉에서는 질소나 인산 등의 비료분이 특정한 영향은 없고, 오히려 질소의 과잉은 신초를 도장시키고 측지의 발생 때문에 꽃눈형성을 지연시키고 불균일하게 만든다.

③ **일장(日長)** : 여러 연구에 의하면 단일(短日)에 의해 꽃눈분화를 촉진하는 종류가 대부분이고, 화분용 상록철쭉은 대체로 단일에서 촉진된다. 종류에 따라서는 일장의 영향이 없는 것도 있다. 아잘레아의 레드윙(Red Wing), 화이트워터(White Water), 스카이라크(Sky Lark) 품종들은 단일에 의하여 꽃눈분화가 촉진되지만 킹피쉬(King Fish)나 도로시기쉬(Dorothy Gish)는 단일효과가 없었다. 꽃눈분화해서 발달해 나가는 두 과정에서 일장의 영향이 달리 나타나는 두 그룹(group)으로 나눌 수가 있는데, 꽃눈발달과 꽃눈시작 모두 단일에서 촉진되는 그룹과 꽃눈발달 쪽만 단일에서 촉진되는 그룹의 둘로 나눌 수 있다. 그러나 단일 촉진효과는 고온상태에서 뚜렷하다. 저온에서는 오히려 장일에서 더욱 촉진적이다. 단일외에 차광에 의해서도 꽃눈 분화를 촉진한다(〈그림 2. IV. 3-2〉).

④ **온도** : 철쭉류 꽃눈분화에 가장 중요한 요인으로써 주간에는 18~30℃, 밤엔 14~22℃ 온도일 때가 적온이며 고온일수록 생장개시가 빨라지고 역시 꽃눈분화도 빨라지며, 최저온도는 낮 18℃, 밤 14℃ 이상이 되어야 한다(〈그림 2. IV. 3-2〉). 그러나 일부에서는 10℃를 하한선으로 잡고 있다. 그러나 왜진달래와 왜철쭉 교배종에서는 15~25℃ 사이에서 온도에 따른 차가 없었고, 왜진달래는 15℃에서 가장 빨랐고 20℃에서는 다소 늦고 25℃에서는 꽃눈손상이 있었다고 보고한 바도 있다(五井 '80). 그러나 아잘레아류는 고온에서 꽃눈형성이 빠른데 그 이유는 엽분화속도가 감소하여 꽃눈형성을 촉진하고, 이는 신초의 충실촉진에 의하여도 촉진된다. 따라서 왜진달래는 20℃ 이하, 15℃ 전후에서 정상적인 꽃눈분화가 이뤄지는 것으로 최근 보고되고 있다.

⑤ **화학물질** ; 생장억제제인 포스폰(phosfon)과 싸이코셀(cycocel : CCC)의 관주에 의하여 아잘레아 신초생장을 억제할 때 꽃눈형성을 촉진한다는 연구보고(〈그림 2. IV. 3-3〉)가 나온 이래 (Stuart '61) 연구결과 B-9(daminozide)을 5,000~10,000ppm 살포로 신초신장을 억제하고 착화수가 많아지며 개화를 촉진시켰음을 보고하였다. 이는 생장억제에 의해 동화물질 축적 때문으로 신장 초기에 daminozide나 cycocel을 뿌려주면 꽃눈형성을 오히려 억제한다.

(3) 개화요인과 작용

아잘레아는 꽃눈이 발달하면 그대로 정상적으로 개화하는 품종, 예컨대 레드윙(Red Wing), 알라스카(Alaska) 등이 있고, 일부 왜진달래 교배종에서도 이러한 현상을 볼 수 있다. 그러나 대부분 철쭉류는 저온처리가 되지 않으면 정상적인 개화가 되지 않는다.

① 저온요구도 : 아잘레아꽃눈은 꽃눈발달 후에 저온기를 경과하면 꽃피기가 용이하여 꽃피기가 촉진된다. 그러나 이는 종류에 따라 차가 있음을 알게 되었다. 대체로 많은 품종들은 저온경과에 의하여 정상적인 꽃피기를 하지만 얼마의 품종들이나 여름철 너무 높은 온도에 두지 않고 고온회피시

킨 식물은 저온처리 없이도 꽃이 핀다. 저온요구 온도는 0~12℃에서 효과가 있는데, 알맞는 적온은 4~7℃ 정도이고 저온처리 기간은 보통 30일 전후이지만 품종에 따라서는 40일 전후여야 좋다. 꽃눈은 암수술이 발달하여 화분(花紛) 배주가 분화한 시기 이후에 처리해야 좋다. 저온은 내생물실의 생성을 촉진하고 꽃눈의 호흡을 촉진한다.

② 개화억제 : 철쭉류의 내적 요인으로써 꽃눈을 싸고 있는 인편은 꽃눈호흡을 방해하고 억제물질에 의하여 꽃피기를 방해한다고 하나 인편을 제거하고도 저온처리하지 않으면 꽃이 피지 않는다.

③ 지베렐린 : 지베렐린으로 저온처리를 대체하는 연구도 시도되었으나 완전한 대체효과는 없고 GA 1,000~2,000ppm 처리로서 개화촉진 효과는 인정되었다.

3. 개화기 조절의 실제

일반적으로 온대산 화목류는 자연 저온처리를 하였다가 온실에 입실하여 촉성하는데 주년재배용 품종을 이용하면 연중 꽃피는 것이 가능하다.

(1) 꽃눈형성의 유도

6월 하순~8월 중순의 고온기에 하며 조생종은 꽃눈분화도 빠르다. 하계 고온기에 40~50% 정도 차광하면 낮에 너무 고온이 되는 것을 막고 꽃눈발달을 촉진할 수 있다.

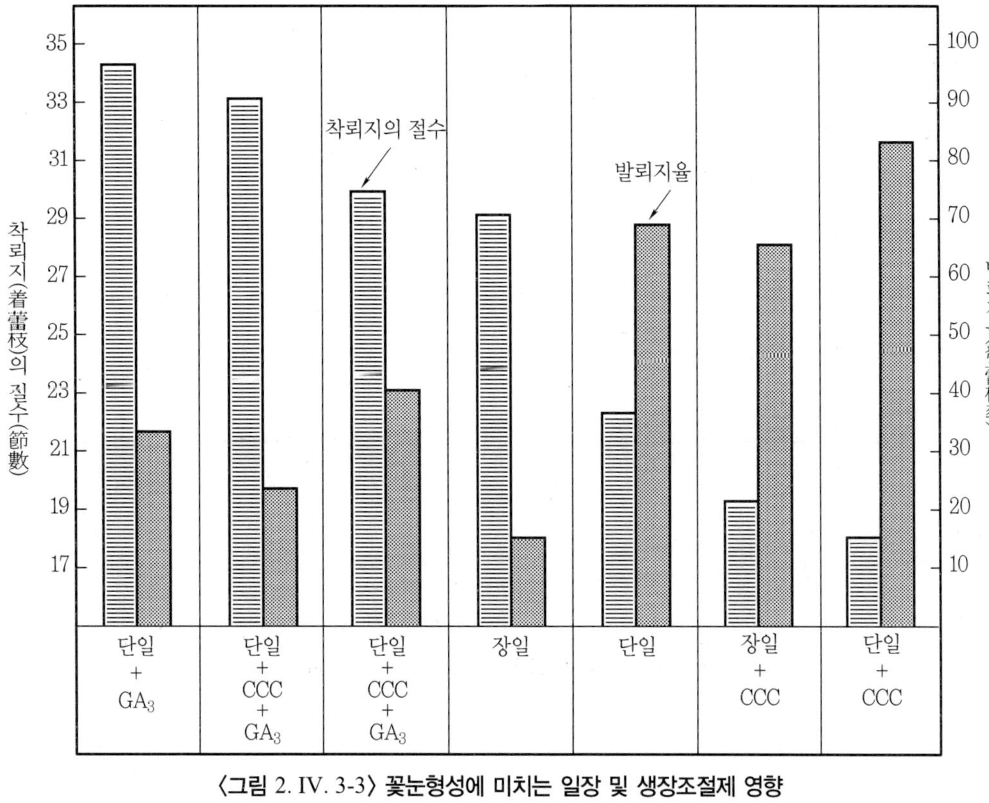

〈그림 2. IV. 3-3〉 꽃눈형성에 미치는 일장 및 생장조절제 영향

(2) 왜화제 이용의 실제

신초 신장시기나 적심 5~6주 후에 B-9, CCC를 1~2회 경엽살포를 하는데 고농도는 꽃피기가 억제된다(〈그림 2. IV. 3-3〉). 적심은 깊게 하면 도장지가 발생하여 꽃눈착생이 어렵기 때문에 깊게 하지 않는다.

(3) 저온처리의 실제

왜진달래 교배종(구루메형)은 10℃ 전후에서 4주간, 인디카 교배종은 6주간의 저온처리가 좋다. 자연저온 타파기간은 지역에 따라 차가 있으나 난지에서는 12월 하순경까지 저온처리를 시킬 필요가 있다. 입실 후 실내온도가 높을 경우에는 다소 저온처리가 부족해도 꽃이 피지만 촉성온도가 낮은 경우에는 충분히 저온처리가 안되면 양호하게 꽃이 피지 않는다.

(4) 지베렐린 처리의 실제

품종에 따라 차이가 있으나 저온요구도가 많은, 휴면이 깊은 품종과 조기처리의 경우일수록 고농도로 여러 번 처리한다. 1000ppm 정도의 고농도가 유효하지만 실용적으로는 400~500ppm에 여러 번 처리 하는 수가 많으며 카이네틴 병용효과가 인정되고 있다. 처리시기가 틀리면 기형화가 생기고 화경신장, 액아의 발생 등 때문에 처리에 주의를 요한다.

(5) 광관리

7~8월의 고온기에 90% 이상 강한 차광상태에서 60일 정도 차광 해둔 후 다시 충분한 광조건에 두면 꽃 피기가 좋다. 광은 아잘레아의 꽃눈 휴면타파에 반대작용을 한다(〈그림 2. IV.3-2〉 및 〈그림 2. IV.3-3〉).

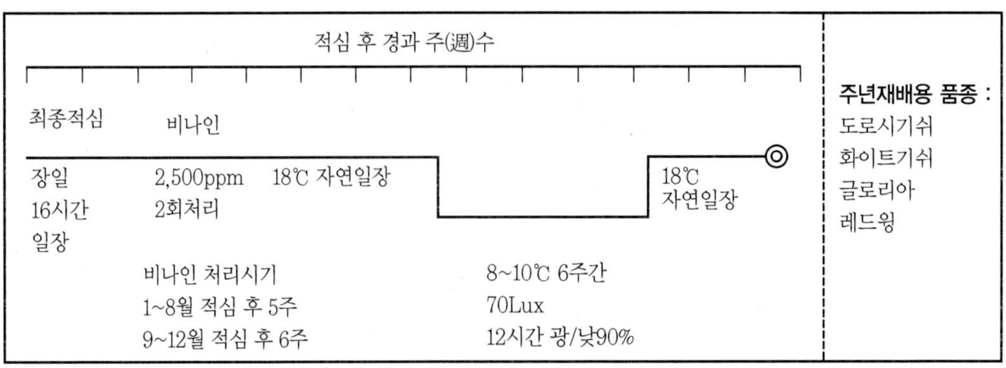

〈그림 2. IV. 3-4〉 아잘레아 주년생산 계획(Ball co.)

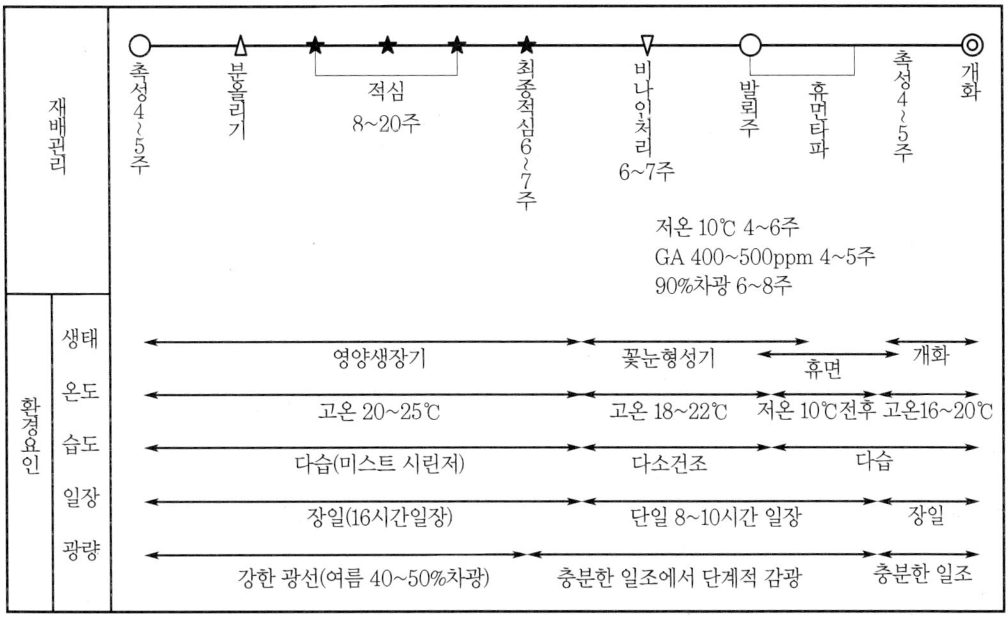

〈그림 2. IV. 3-5〉 아잘레아의 개화조절에 있어서 환경관리체계

(6) 개화기 조절

〈그림 2. IV. 3-4〉 및 〈그림 2. IV. 3-5〉와 같이 하는데 주년재배용 품종은 도로시 기쉬(Dorothy Gish), 화이트 기쉬(White Gish), 글로리아(Gloria), 레드 윙(Red Wing)을 사용하여 생산한다.

4. 재배법 요약

노지묘목 생산, 촉성용 화분 생산, 분재재배에 따라 각각 재배법이 다르다.

(1) 노지묘목 생산법

6~7월 장마철에 삽목상에 삽목했다가 이듬해 3월에 본포에 정식한다. 10a당 24,000개의 정식이 가능하다. 정식 전에 10a당 계분 300kg 또는 복합비료(18동률) 20kg을 주고 추비로서 2월, 5월, 7월에 복비(18동률) 20kg을 뿌리에서 멀리 떨어지게 하여 준다. 철쭉은 농도 진한 비료가 뿌리에 직접 닿으면 뿌리가 시들며 썩으니 주의한다. 자람에 따라 간격을 띄워주고 수시로 적심을 하여 가지수를 증가시키고 모양을 만든다.

낙엽 철쭉류는 발근이 어려운 품종이 많으니 발근촉진 호르몬(IBA)을 사용하여 처리하고 발근이 어려운 품종은 3월에 종자로 파종한다. 수태를 잘게 썰어 삶아서 파종상에 다진 다음 파종하는데 호광성 종자이기 때문에 복토를 하지 않고 유리나 비닐로 덮어야 하며 광도가 높을 때는 신문지로 차광하여 20℃ 정도의 온도를 유지시키면 10~20일 만에 발아한다. 암소에서는 GA_3 100ppm 처리로서 대체될 수가 있고 9월경에는 3cm 간격으로 이식한다.

(2) 촉성용 화분 생산

5~6월경 온실에서 6cm 간격으로 삽목하여 9월에 9cm 포트에 심는다. 배양토는 부엽 4+토탄 4+모래 2 또는 모스피트(토탄류) 단용 또는 이와 유사한 이화학적 조성을 해준다. pH는 4.5~5.5 정도로 유지하고 비료도 생리적 산성비료인 유안 등을 준다. 철쭉은 산성을 좋아하면서도 칼슘도 필수적이니 유기질 비료로 보충해 준다. 온도는, 낮엔 20~25℃, 밤엔 10~15℃로 유지해 준다. 개화조절법은 '개화조절의 실제'를 참고하기 바란다. 조생계 품종은 11~12월에 출하가능하지만, 중 · 만생종은 11월~12월까지 자연 저온처리를 받게 한 후 입실하여 1월 이후 출하한다.

병충해는 많지 않은 편이나 반점병, 떡병, 갈반병 등이 있으나 낙엽철쭉은 잎이 트기 전 6두식 석회보르도액을 살포하고, 상록철쭉은 동수화제를 2주일에 한번씩 뿌린다. 응애류, 엽권충, 깍지벌레의 경우 생육기는 유기인제로 방제하고 휴면기에는 기계유제를 뿌려준다.

4 포인세티아

학 명 : *Euphorbia pulcherrima* W.
과 명 : 대극과
영 명 : poinsettia 또는 christmas tree
원산지 : 멕시코

*Euphorbia*속 식물은 전세계에 1600종 이상 자생하는데, 포인세티아는 멕시코로부터 중앙아메리카에 걸쳐 자생하는 열대성 상록저목으로 1828년 미국탐험가 포인세트씨에 의해 발견되고 이어 유럽으로 전파되었다.

북반구에서는 자연일장하에서 12월에 개화하기 때문에 기독교의 크리스마스용으로 많이 사용된다. 관상하는 부위는 꽃잎이 아니라 꽃을 받쳐주는 화포를 관상하는 특이한 식물이다. 포인세티아 육종에 크게 공헌한 사람은 폴 에케(Paul Ecke), 미켈슨(Mikkelson), 안네트 헤그(Annette Hegg)씨들로써 이들 이름이 들어 있는 품종이 많다.

1. 계통 및 품종

초기 품종은 아조변이 계통에서 선발된 2배체와 4배체였는데 현재는 사용되지 않고 1960년대에 교배육종에 의해 신품종이 선발되었으며, 키메라에 의한 아조변이 발견으로 화포의 색도 핑크색, 백색, 백색+핑크색 등 다양한 품종이 보급되었다.

(1) Annette Hegg 계통

분지성이 왕성한 품종으로 화포가 커서 다소 늘어진다. 3개월 동안 관상이 가능한 품종으로 특히 저온에 강하여 재배가 용이한 품종이다. 주요 품종으로는,

① Annette Hegg Dark(경엽이 농록색, 화포는 검은 빛을 띤 적색)

② Annette Hegg Supreme(화포가 크고 선적색으로 형광등하에서 색깔이 좋음.)

③ Annette Hegg Diva(화포색은 다소 오렌지가 물든 적색, 다른 품종에 비해 저온에 강함.)

④ Annette Hegg Hot Pink(담록색의 잎에 밝은 핑크색.)

⑤ Annette Hegg White(Annette Hegg와 같으나 화포가 유백색)
⑥ Annette Hegg Marble(화포가 백색 바탕에 핑크색 무늬가 들어 있는 품종)
⑦ Annette Hegg Brilliant(화포가 적색인 우수품종)

(2) Ecke's point 계통

미국 Paul Ecke Poinsettias 사에서 육성된 계통으로 분지는 적으나 강건하다. 다소 고온성으로 화색이 밝다.

① C-1 Red(화포가 크고 수평으로 넓게 퍼짐. 적색으로 만생종)
② Scarlet Ribbon(C-l Red와 비슷하나 극조생으로 재배용이하다.)
③ C-1 Pink(이것도 C-1 Red와 비슷하지만 선도색으로 만생종 재배가 적다.)
④ Professor Laurie Pink(진한 선도색으로 낙엽하기 쉬운 중생종)
⑤ Jingle Bells(잎이 농록색, 화포는 핑크색 바탕에 적색의 가는 반점)

(3) V 계통

1975년경 서독에서 육성한 품종으로 최근 인기가 높다.
① Gutbier V-10 Amy(약어로 V-10이라고 함. 왜성, 분지성으로 화포가 수평으로 전개, 밝은 적색)
② Gutbier V-14 Glory(중생으로 분지는 적지만 큰 화포형성으로 중, 대형화분용) 등이 있다.

(4) 기 타

Mikkelson계에는 Paul Mikkelson(적색), Mikkelson Pink(핑크색), Mikkelson White(백색) 등이 있으나 벌써 옛품종으로 많이 안쓰이고, 4배체 품종으로는 Babara Ecke Supreme, Elizabeth Ecke, Viking 등이 있으며, 2배체 품종으로는 Cardinal, Albert Ecke와 앞에서 언급한 Mikkelson 계통 등이 있다. 현재 많은 품종이 미국의 특허 품종으로 특허권이 없는 타국에서는 영양번식을 억제하고 로얄티를 물고 있다.

2. 형태

상록성 저목으로써 관상하는 부위는 화포엽(petaloid leaves, Bracts)이다. 화포엽은 화기(花器) 제일 밑에 있는 포인데 진짜 꽃은 화포에 둘러싸여 있는 정부(頂部)에 있는 cup 모양으로 된 배상화서(cyathium : 杯狀花序)로서 중앙엔 1개의 암꽃과 그 주위에 다수의 숫꽃이 있다. 자가불합성으로 타품종과 교배되며, 꽃이 성숙하변 화포가 발달하게 되어 꽃이 시들어 탈락해도 화포는 퇴색하지 않고 착생하기 때문에 장기간 관상할 수 있다.

3. 꽃피는 원리와 자라는 습성

생육적온은 15~25℃로써 15℃ 이하에서는 생육속도가 늦어지고 8℃이하에서는 생육이 정지되는 고온성 식물이다.

개화는 전형적인 단일성 식물로서 12시간 15분 이하의 한계일장에서 꽃눈분화한다. 그러나 포인세티아는 일장뿐만 아니라 온도의 영향이 크게 좌우되며 품종에 따라 차가 크다. 〈그림 2. IV.4-1〉에서 보면 단일이면서 꽃눈분화 온도가 높으면 꽃눈분화 개시까지 일수가 짧고, 일장이 길고 온도가 낮으면 소요일수가 길어지고, 너무 일장이 길면 꽃이 피지 않는다. 코푸라네크씨의 연구에 의하면 18.3℃의 야간온도는 8~12시간에서 정상적으로 꽃이 피어 화포가 형성하였지만 12.8℃~15.6℃에서는 12시간 45분 일장에서 초기에 꽃눈형성되었으나 후기에 발육이 불완전하여 화포가 착색불량하였고, 또한 18.3℃ 혹은 21.1℃의 12시간 45분 일장이나, 15.6℃ 혹은 18.3℃의 13시간 일장에서는 꽃눈분화가 도중에 중지하였다. 〈그림 2. IV.4-2〉는 인위적으로 만든 생육상자에서 일장을 9시간으로 하고 온도를 달리할 때 어떻게 변화되는가를 본 것이다. 주간온도 40℃+야간온도 30℃인 경우는 너무 고온이었기 때문에 꽃이 피지 않고, 주간온도 30℃+야간온도 26℃에서는 불완전한 화포, 즉 화포가 늘

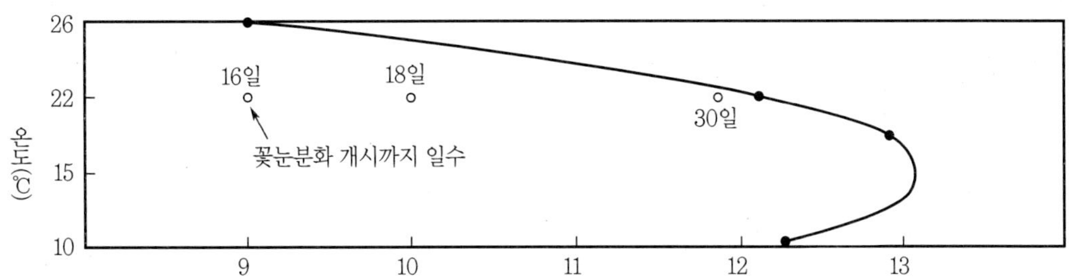

〈그림 2. IV. 4-1〉 생육온도차에 의한 한계일장의 차이

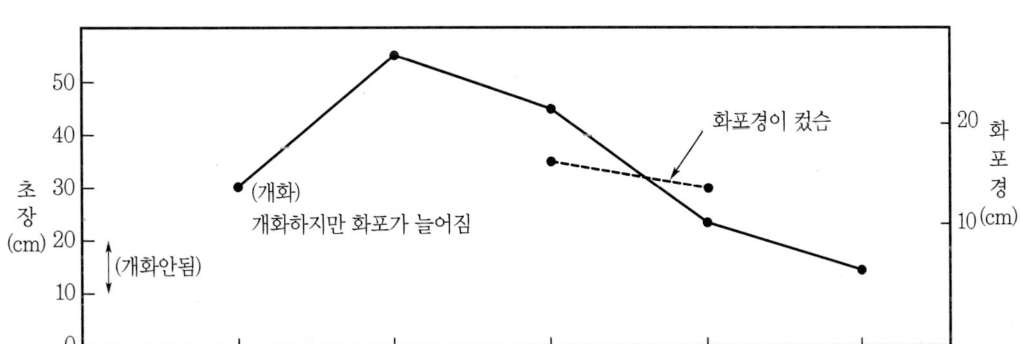

〈그림 2. IV. 4-2〉 주야간온도에 따른 생육 및 개화의 영향품종 ; 에케스포인트, 일장 : 9시간

어지는 현상이 생겼다. 주간온도 26℃+야간온도 22℃에서는 화포가 최대가 되었고, 주간 22℃+야간 22℃는 화포가 크고 낮은 초장으로 꽃이 피었으며, 주간 12℃+야간 18℃ 에서는 실험기간중 꽃이 피지 않았다고 보고하였다. 따라서 에케스 포인트계 품종은 9시간 일장하에서는 주간 22~26℃, 야간 18~22℃에서 가장 화포경이 컸다.

자연일장은 지역에 따라 차가 있는데 남부지방은 10월 상순부터 3월 하순까지가 한계 일 장인 12시간 15분 이내에 들어가는 기간이 된다. 보통 25일 정도 차광에서 화포가 적색으로 물드는데 전술한 바와 같이 온도와 일장에 따라 차가 커서 늦은 것은 30일이 넘기도 한다.

4. 개화기 조절의 실제

기본적으로 크리스마스를 목표로 하여 11월 하순부터 12월 중순에 출하한다. 이것보다 빨리 출하하고자 할 때는 차광조작을 하여 연중 출하할 수 있다. 그러나 수요는 그리 많은 편이 아니므로 연말의 수요를 목적으로 하는 것이 좋다. 포인세티아는 분의 크기, 적심유무, 재배기간에 따라 개화기 조절에 차가 있다. 〈그림 2. IV.4-3〉은 연말 또는 부활절(4월)을 겨냥한 개화기 조절의 모식도로써 가장 많이 재배되는 18~24cm 화분에 길러 연말에 출하하는 경우는 6월 중순경 삽목하여 적심한 후 왜화제처리를 하여 재배하면 된다. 그러나 4월 출하하는 경우는 11월 중 · 하순에 삽목하여 차광조작을 하여 4월에 출하하며, 자세한 내용은 재배법 요약에서 언급하겠다.

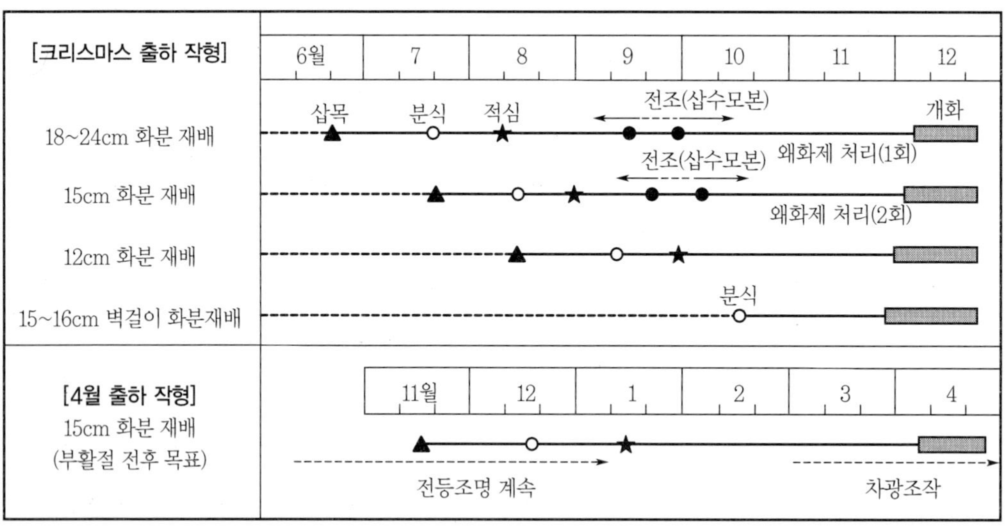

〈그림 2. IV. 4-3〉 포인세티아의 개화기 조절의 실제

5. 재배법 요약

(1) 번식

삽목번식이 잘 되는데 적기삽목이 무엇보다 중요하다. 삽수로 채취할 모본을 20% 정도 차광된 상태에서 재배하여 정부를 6~7cm 길이로 잘라 미스트실에서 삽목한다. 유액은 물에 담가두면 나오므로 씻어 버린 후 삽목하는데 절단부는 마디 부분이 좋다. 미스트가 없을 때는 경단꽂이도 좋다. 삽상온도를 25℃ 전 후로 보존하면 대략 1개월 만에 충분히 발근한다.

(2) 분식과 적심

분 크기에 따라 1~수개의 발근묘를 심는데 심은 후 7~10일간 반그늘에서 바람의 요동이 없는 곳에 놔두었다가 수광상태가 양호한 재배장으로 옮긴다. 10~12cm쯤 신장하면 적심을 한다. 적심은 매우 중요하여 개화시의 초장과 화포의 품질을 좌우하는 키포인트가 된다. 예컨대 12월 출하의 안네트 에케품종을 기를 경우 출하시에 45cm쯤 되게 하려면 8월 25일경에 적심하고, 60cm쯤은 8월 15일경, 25cm 쯤의 왜성으로 기르고 싶으면 9월 15일경에 하면 된다. 안네트 헤그계 또는 V계는 분지력이 왕성하기 때문에 목표로 하는 가지수만 남기고 나머지는 제거한다. 에케스포인트는 분지가 잘 안되니 각가지가 발육하기 전에 순지르기를 한다.

(3) 배양토 및 비료

포인세티아는 뿌리온도, 수분, 산소에 민감한 생육반응을 보이고 입고성 병해발생이 많기 때문에 꼭 배양토를 소독해야 하고, 통기가 잘되며 청결한 용토를 만들어 사용한다. 일반적으로 밭흙 2+부엽토 1+모스피트 1로 섞거나 밭흙 2(버미큐라이트 2)+모스피트 2로 섞어 사용하며 이와 비슷한 자연용토로 대체하여도 좋다. pH는 5.5~6.0으로 조정한다.

포인세티아는 비료가 많이 소용되는 화훼류에 속하는데 특히 질소가 결핍되면 지상부의 초장과 화포가 현저히 작아진다. 또한 인산이 결핍되면 질소와 마찬가지로 생육이 현저하게 쇠퇴한다. 연구에 의하면 N : P : K 비율은 1 : 1.6 : 1.5의 비율이 좋은데 특히 K와 Mg 이 결핍되면 황하현상과 잎가장자리가 황변하는 증상이 보인다. 1 L 용토당 N : 0.38~0.7g, P : 0.36~0.60g, K : 0.42~0.7g쯤 혼합하여 주고 지효성 비료가 효과적이다. 추비로서는 액비농도를 N : 770ppm, P : 130ppm, K는 400ppm이 적당하다.

(4) 왜화제처리

줄기가 굵고 생육이 왕성하면 화포도 크고 관상가치가 높다. 왜화제를 처리하면 품질향상에 효과적이다. 효과가 있는 왜화제로는 CCC(싸이코셀)와 ancymidol(쓰리톤, A-rest)가 있다. CCC는 1500~3000ppm을 1~2회 엽면살포하는데 CCC는 값은 싸지만 엽면살포 후 잎에 무늬가 생겨 많이 쓰이지 않고 ancymidol은 한 화분당 0.15mg 관주하는데 값은 높지만 효과가 좋아 많이 이용한다. 시기는 적심재배의 경우 적심 후 2주쯤이 좋고 꽃눈형성 후에 처리하면 화포가 작아지므로 9월 하순경까지는 처리하도록 한다.

(5) 기타관리

가을이 되어 온도가 내려가면 주간 25℃, 야간 15℃로 되도록 가온하고 꽃눈이 형성되는 10월상 · 중순에는 20℃쯤 되도록 하여 준다. 관수는, 고온기는 꽤 많이 주지만 가을은 온도가 내려 가니 줄여 야간에 과습하지 않도록 주의한다.

출하는 충분히 화포가 발육하여 화포 중앙의 꽃이 1~2개 개화할 때쯤이 출하적기가 된다. 출하 7일 전쯤은 주간 20~24℃, 야간 12~13℃쯤으로 내려 경화시켜 주며, 냉풍에 약하기 때문에 신문지 등으로 싸서 출하한다.

병충해는 제일 무서운 병이 근부병(根腐病)으로 *Rhizoctonia, Thielaviopsis, Pythium* 등에 의해 발병되는데 물의 흡수통로인 도관에 침해하여 흡수가 불가능하여 고사한다. 용토를 철저히 소독하고 발생시에는 벤레이트를 뿌려준다. 온실가루이(white fly)는 스푸라사이드로, 진딧물, 응애 등은 살비제 등 유기인제를 뿌려준다.

5 부바디아

학 명 : *Bouvardia* spp.
과명 : 꼭두서니과
영 명 ; bouvardia
원산지 : 멕시코 , 중미

멕시코, 중미 등의 원산지에는 30여 종이 넘지만 주로 절화, 분화로 이용되는 것은 2종이다. 반내한성 관목으로 잎이 대생 또는 윤생하는데 꽃뿐만 아니라 잎도 관상가치가 높아 최근 절화 · 분화로 수요가 높다. 꽃색도 다양하여 비적색, 핑크색, 선육색(鮮肉色) 및 백색의 꽃이 긴 원통상(圓筒狀)으로 핀다.

1. 주요 종류와 품종

(1) 터니폴리아(*Bouvardia ternifolia* S. 영명 : scarlet bouvardia)

그 동안 적화종(*B. bybrida* H.)에 포함시켰던 것으로 현재는 터니폴리아종에 넣고 있다. 이 종의 변종 또는 품종으로 재배되는 것은 Scarlet Trompetilla(비적색), Fire Chief(적색), Giant Pink(로즈핑크), White Joy(순백색) 등이 있다. 기타 Red King(적색), Abetusa(연핑크색), Sapho(농도색), Daphne(선육색), Argenty(순백색)의 품종이 교잡종으로 재배되고 있다. 이 종의 주종은 옛날부터 적색 꽃으로써 재배되었지만 일본에서는 상기 종의 화색만을 붙여 Light Pink, Dark Pink, White, Red로도 시판되고 있다. 적색 겹꽃인 어신화휘(御神火輝)는 아조변이종으로 일본에서 발견한 품종이다.

(2) 롱기플로라(*B. longiflora* H. 영명 : sweet bouvardia)

그 동안 백화종(*B. bumboldtii* H.)으로 분류했던 종인데 시판 품종으로 부사설(富士雪)이 유명하다. 터니폴리아종에 비교하여 화통(花筒)이 길고 착화수는 적지만 순백색으로 향기가 좋다. 아조변이(芽條變異)에 의한 육성품종으로 백왕관(白王冠), Albatross 등이 있다.

(3) 하이브리다(*B. hybrida*)

*B. leiantna*와 *B. longiflora* 그리고 *B. ternifolia* 등의 교배에 의해 육성된 품종으로 개화습성은 백화종과 비슷하지만 다소 늦고 단일상태에서 개화한다.

2. 개화생리 및 생태

자연상태에서 9월~11월경에 꽃이 피는데 롱기플로라(*B. longiflora*) 종이 조기개화한다. 4계성의 경향이 있지만 한여름에는 꽃이 피지 않는다. 시설 가온재배는 겨울부터 봄 기간 동안에는 쉽게 개화시켜 상품화 하지만 자연일장에서는 짧은 초장상태에서 꽃이 피어 버리기 때문에 절화로서는 상품가치가 극히 나쁘다. 온도에 따라 일장반응이 다르지만 적온에서는 상대적 단일식물의 형질을 나타낸다. 즉, 차광에 의하여 개화촉진이 되며 전등조명에 의하여 꽃눈분화 억제효과가 인정되지만 추국과 같은 절대적 단일식물은 아니다. 로버트 씨에 의하면 롱기플로라는 21℃에서는 단일의 쪽이 장일보다 일찍 개화하였지만 17~18℃에서는 장일에서도 개화하였으나 온도를 낮추어 12.8℃로 하면 일장에 관계없이 개화되지 않았다. 생육 최저온도는 15.5℃로서 야간온도가 15.5℃~18.3℃의 범위에서 일장에 관계없이 개화한다. 즉, 일장도 관계되지만 꽃눈분화 온도가 더욱 중요시 된다. 난지에서는 자연일장에서 봄과 가을에 최고 잘 피지만 4계성의 피를 가진 것들은 상기한 것과 같이 일장과 온도 반응을 보인다. 터니폴리아(*B. ternifolia*)의 개화습성은 롱기플로라(*B. longiflora*) 종과 기본적으로 유사하지만 일장과 온도에 대하여는 전술한 로보트씨의 연구결과와는 일치하지 않아 금후 검토가 요구된다. 단일처리는 개화를 촉진하지만(〈표 2. IV.5-1〉) 꽃눈발육에는 일장과 관계없기 때문에 차광기간을 보통 1주간에서 멈추어도 30일 정도에서 개화한다. 개화를 억제시키고 초장을 길게 하기 위하여는 전조가 효과적이지만 절대적인 효과를 얻기는 어렵고 이러한 현상은 상대적(단일에 비하여)이다.

반내한성이기 때문에 월동을 위해서는 보호가 필요하고 (최저 2℃ 이상), 이듬해 봄에는 지제부 또는 지하로부터 새싹이 나오게 된다. 5℃ 이하에서는 낙엽되어 가지가 말라버리고, 10℃에서는 생장, 개화가 완만히 진전되지만 정상적인 생육은 15℃ 이상에서 된다. 최적온도는 야간 18℃, 주간 25℃ 정도로 보고 있다. 여름의 차광재배에서도 꽃눈분화와 개화는 정상적으로 되기 때문에 고온에서도 견디는 것으로 생각된다. 일조는 충분한 쪽이 좋고 다습은 좋지 않다. 배수양호한 토질로써 유기물이 풍부한 토양이 좋다.

〈표 2. IV. 5-1〉 롱기플로라종의 겨울철 생육 및 개화에 미치는 전조의 영향

구분	평균개화일 (월, 일)	개화시 생육상태 (㎝)			착화, 착뢰수 (개)		
		초장	마디수	평균절간장	I	II	III
전조	5.6	48.0	11.2	4.3	3.1	4.0	1.5
자연일장(단일)	4.24	28.6	9.2	3.1	2.9	2.1	0.0

전조=1월상순부터 2개월간 전조/착화착뢰수. 1은 경정부에서, II III은 하위절에 부착한 수를 표시

3. 개화조절의 실제

자연상태에서 절화재배하는 경우는 〈그림 2. IV.5-1〉과 같다.

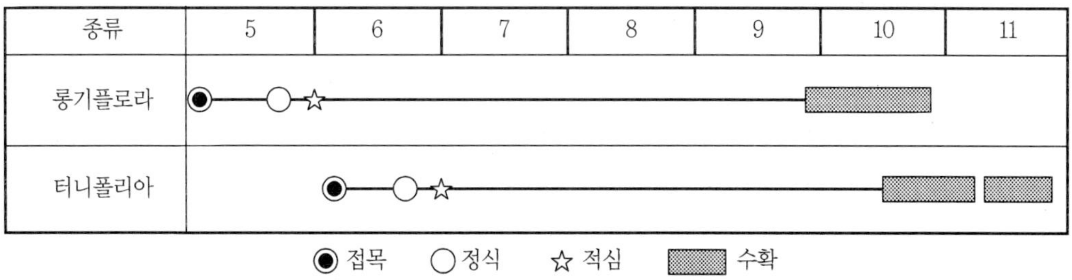

〈그림 2. IV. 5-1〉 부바디아 자연개화 기본재배 작형

채화 후(採花後) 신초 재생력이 왕성하기 때문에 두 번 절화가 가능하고 시설 가온재배에서는 한 번 심어서 2년간에 6번 정도까지 이론적으로 가능하기 때문에 〈그림 2.IV.5-2〉와 같이 채화기를 조절 및 연장할 수 있다. 절화한 후 신초신장이 왕성하면 30일 후엔 대략 30cm쯤 되기 때문에 종묘로부터 개화시키기가 쉽고 효과적이지만 고온기에는 가지가 마르는 현상이 문제가 되고 있다.

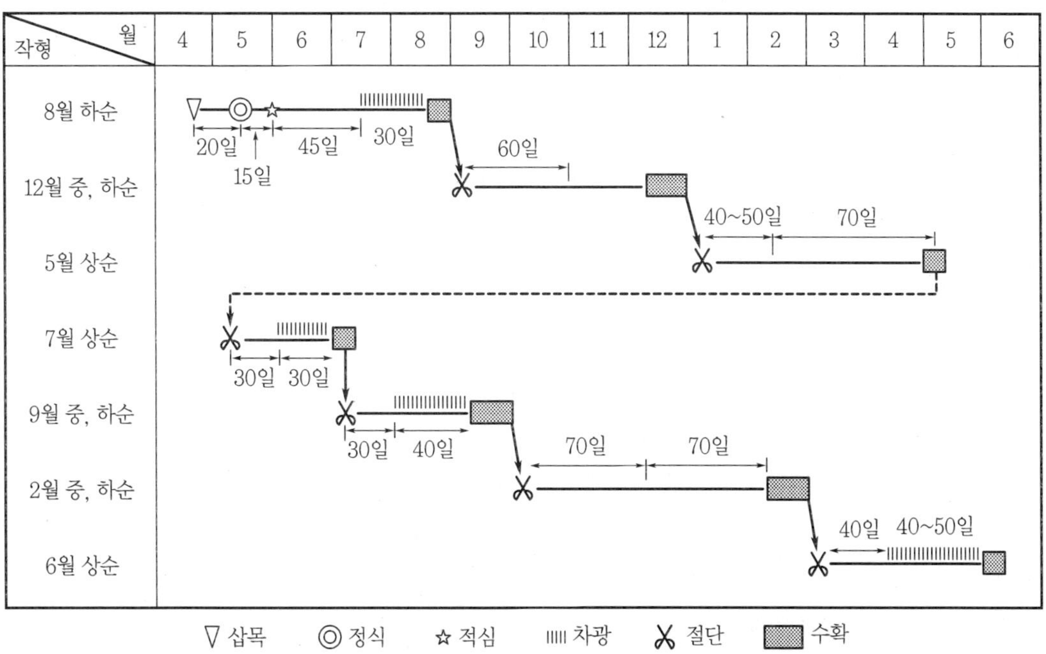

〈그림 2. IV. 5-2〉 부바디아 주년채화를 위한 시설재배작형(예)

4. 재배법 요약

(1) 번식

번식은 삽목을 한다. 전개엽이 2~4매 붙는 정아삽이 보통이지만 터니폴리아종은 근삽도 가능하다. 발근 촉진제로서 IBA 0.5% 분말을 발라주면 효과적이고 삽상온도를 20℃로 하여 주면 3주간에 가식할 수 있는 발근묘가 된다.

(2) 토양비료

뿌리가 세근이기 때문에 토양은 배수양호한 사질양토로서 토심이 깊고 유기질 함량이 많은 토양이 좋다. 비료는 N · P · K를 동비율로 주는 것이 좋고 완효성 비료를 1a당(30평) 10kg 정도를 기비로 주고 생육 중기에 기비를 반량 추비한다. 채화 후는 다시 절화하기 위하여 기비의 반량을 시비하거나 생육상황에 따라 관수와 겸하여 액비를 준다. 비료는 금비를 많이 쓰면 염류집적이 많기 때문에 유기질 비료가 좋다.

(3) 가식

삽목 후 20일 정도면 발근하기 때문에 6×9cm로 가식한다. 활착하면 적심하여 측아 2 개를 남기고 정리한다. 가식 20일 후에는 정식한다.

(4) 정식

10×10cm의 플라워 네트를 사용하여 2열로 심는데 1m^{2}당 70본 정도 심는다. 완전히 활착하면 20일 후경에 두 마디 남기고 적심한다.

(5) 차광 및 전조

조기출하를 위하여는 차광재배를 하는 것이 좋은데 삽목시기가 빠른 것은 측지장이 30cm 정도일 때 적화종은 2주간, 백화종은 1주간 차광하며 그 후는 자연일장에서 좋다. 차광개시부터 출하까지 일수는 30일에서도 출하되지만 고온시는 빠르고 저온시는 다소 길다. 9월 출하는 40일, 10월에 낼 때는 50일 정도가 된다. 전등조명은 9월에서 다음 해 4월까지 꽃눈분화하기가 쉽기 때문에 심야에 2~3시간 광중단을 하여 억제시킨다.

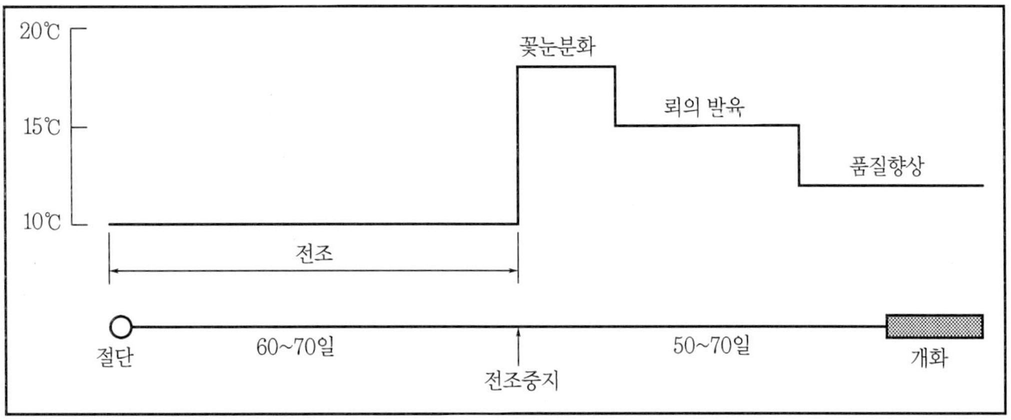

〈그림 2. IV. 5-3〉 부바디아의 동계 시설재배 온도관리

(6) 조기출하

봄에 출하하려면 전년 여름에 접목을 한 묘를 포트에 양성하여 2℃ 정도로 가지가 마르지 않게끔 보온하여 이른 봄에 정식한 후 약한 가지를 정리하면 4~6월에 개화가 가능하다.

(7) 온도관리

동계재배에서 이상적인 온도관리는 〈그림 2. IV.5-3〉과 같이 한다. 호광성 식물이기 때문에 가능한 수광을 많게 한다.

(8) 절화 수확

수확은 제일 정상에 있는 꽃이 충분히 부풀어 올라 다음 날 개화할 상태가 채화적기가 된다.

(9) 화분재배

12cm 화분에 3본을 심어 2번 적심하여 10일간 차광한다. 차광을 멈추고 안시미돌 250ppm 또는 쓰리톤(안시미돌 상품명) 50~100배액 100mL를 토양관주하면 초장이 짧아지고 수형이 좋아진다.

(10) 병충해

응애, 스립스, 진딧물은 살비제(토락, 푸릭트란, 켈센, 호리마트)나 기타 유기인제(데시스, 호리마트, 침투성 토양살충제)를 뿌려 주고 입고병은 토양소독과 병주를 태워버리고 제거해 준다.

6 무궁화

학 명 : *Hibiscus syriacus*
과 명 : 아욱과
영 명 ; rose of sharon, Korean hibiscus
원산지 : 소아시아, 중국

무궁화는 우리나라의 국화로써 우리나라를 상징하는 꽃이다. 국화(國花)는 국민들의 한결같은 사랑을 받으며 한 나라의 역사와 같이 하는 꽃이다. 그러나 그 동안 무궁화는 거의 방치상태에 있었으며 진딧물의 피해와 영양실조로 제대로 특성을 발휘하지 못한 상태로 있어 왔다. 그래서 일부 국민들이 무궁화는 우리나라 기후풍토에 알맞는 좋은 꽃이라고 하는 사람은 적고 오히려 좋지 않은 꽃이라고 업신여기는 수가 많았다. 대체적으로 야생상태의 모습을 벗어나지 못한, 즉 재배관리를 하지 않은 상태로 길렀기 때문이다. 이제부터라도 우리는 신경을 써서 예쁘고 생육도 좋은 개량된 무궁화를 잘 가꾸고 길러 새로운 국화의 면모를 볼 수 있도록 해야 할 것이다.

무궁화의 단점은 내한성과 내충성이 약하고 꽃이 늦게 피며 화색이 다양하지 않은 점이다. 이에 대한 것들은 품종육성에 의하여 모두 해결 가능한 것들이다. 그래서 앞으로는 품종을 개량하고 합리적인 비배관리만 한다면 나라꽃으로써의 새로운 변모를 일신할 수 있을 것이다.

그 동안 우리나라에서는 대학연구소 및 민간단체에서 많은 연구결과 보고와 홍보활동을 계속해오고 있는데 이러한 사업이 계속되면서 차츰 무궁화에 관한 인식이 새로워질 것이다. 모든 국민이 나라 사랑하는 마음으로 나라꽃을 심고 가꾸며 사랑해 주는 것이 매우 뜻깊은 일로 생각된다. 상징적인 휘장이나 애국가에 나오는 무궁화가 나라의 곳곳에 심겨지고 가꾸어 명실공히 나라꽃으로서의 면모를 갖추도록 노력해야겠다.

1. 역사

무궁화가 우리나라에 들어온 지는 매우 오래된 것으로 생각된다. 약 1700년 전(서기 320년경)에 중국 동진(東晋)의 곽복(郭僕)이 지은 산해경(山海經)에 의하면, 우리나라에 무궁화가 많이 심어진 것은 적어도 2000여년 전일 것으로 추정된다. 산해경에는 「君子國有薰華 朝生暮死」(한국에서는 무궁화가 있어 아침에 피었다 저녁에 진다)라고 기록되었고, 이조시대 이수광(1882~1955)의 저서인 지봉유설(芝峰類說)에는 「君子之國 地方千里 多木槿花」(우리나라 지방천리에 무궁화가 많다)라고 하였으며 홍만선(1643~1715)이 지은 산림경제(山林經濟)에도 무궁화에 대하여 기록되어 있고, 세종대왕 때 안사향(安士享)이 양화소록(養花小綠)을 지은 강희안(1419~1464)에게 서신을 보내어 무궁화를 이 책에서 취급치 않음은 옳지 않다고 하였으며, 한치윤(1765~1814)의 해동역사(海東歷史)에서도 우리나라에 무궁화가 고려시대에 근화향(무궁화가 많이 핀 마을)이라고 하여 널리 심어졌음을 고증(考證)하고 있다.

나라꽃으로 정하여진 경위는 명확치 않으나 다음과 같은 설이 있다. 즉, 나라가 개화하면서 선각자들은 모든 나라가 그렇듯이 우리나라도 국기, 국화, 국가의 필요성을 느끼게 되었는데 1900년대에 님궁억(1863~1969 선생과 윤치호(?~1948) 선생이 상의하여 국화로 정하였다는 설이 있으며, 또 윤치호 선생이 관계했던 양악대(洋樂隊)에서 애국가를 만들어 가사에 넣은 「무궁화 삼천리 화려강산」에서 유래됐다고 하는 설이 있다. 어쨌든 이 두 가지 설의 공통점으로 보아 확실한 것은 구한말 몇몇 선각자들에 의하여 나라꽃으로 정하여 국민들에게 긍정적으로 받아들여진 것으로 추정되며, 일부 지식인들이 무궁화꽃의 국화 제정행위는 전혀 근거 없다고 하는 보고는 옳지 않음을 알 수 있다.

그 후 일제 식민통치 시대에는 무궁화를 말살하는 정책이 수행되었는데 이에 맞서 우리 민족은 무궁화를 지키고 더 많이 번식시키려 하였으니 그 유명한 강원도 홍천 모곡학교 무궁화동산 사건이 그것이다. 이 사건으로 남궁억 선생과 관계 교사들이 체포되었고 묘목들도 모조리 불살라 버림을 당했다. 이렇게 하여 일제 36년 동안은 무궁화가 거의 방관상태에 있었을 뿐만 아니라 오히려 사람에게 좋지 않은 꽃이라고 선전하여 무궁화에 대한 인식을 그릇되게끔 하였다. 그리하여 60년대까지는 무궁화가 그대로 방치상태에 있었으나 70년대에 들어서서 인식을 달리하고 새로운 품종도입 등 육종사업이 대두되어 서울농대, 원예특작과학원, 임업과학원 등에서 품종육성에 대한 연구를 시작하였다.

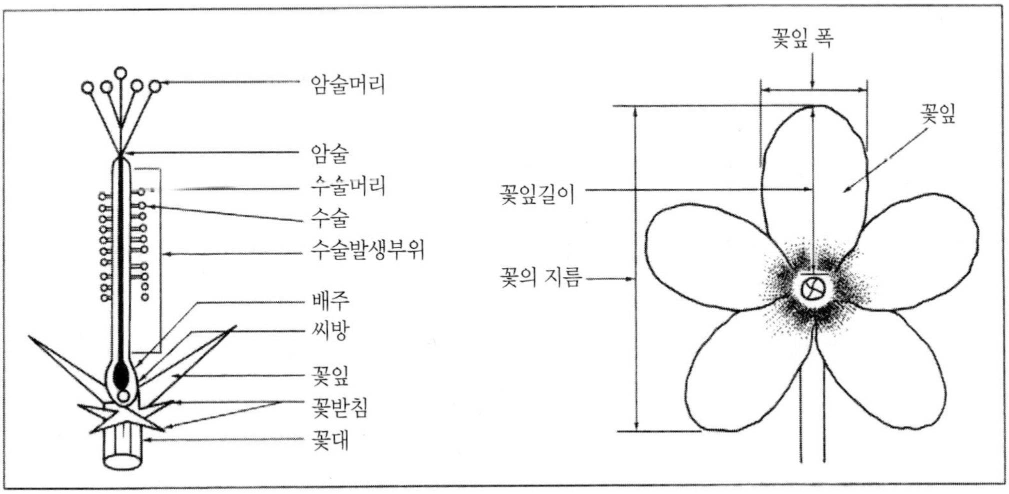

〈그림 2. IV. 6-1〉 무궁화 꽃의 기본형

2. 계통 및 품종

무궁화와 비슷한 종류는 매우 많다. *Hibiscus*속 식물만 해도 아시아 및 인도지방 원산에 한국 무궁화(2n=80)를 포함한 하와이 무궁화(2n=92,144) 등 14종이 있고, 북미지방 원산도 미국 부용(2n=38)을 포함하여 8종이나 되며 아프리카, 남미, 태평양 등에 널리 분포되어 있다. 화형도 다양하며(〈그림 2. IV.6 2〉참조) 홑꽃, 반겹꽃, 겹꽃으로 나눌 수가 있고, 화색도 흰색과 자색, 분홍, 자주색 등 다양하며, 화변의 흰색과 기본 바탕은 주로 순백색의 것과 단심형(丹芯形 : 꽃의 중앙에 적색이 물들어 있는 형) 두 종류로 나눌 수 있다. 단심형의 기본 바탕에는 백색과 백색이 아닌 분홍, 보라계통이 있다. 무궁화 화기(花器)는 〈그림 2. IV.6-2〉와 같이 5개의 꽃잎과 5개의 꽃받침, 많은 수술과 5개의 암술머리를 가지고 있으며 자방 상위에 속한다. 화서는 무한 화서(無限花序)로서 복총화서(複總花序)에 속한다. 자방수는 5개이고 과실은 삭과(朔果)로 되어 있다.

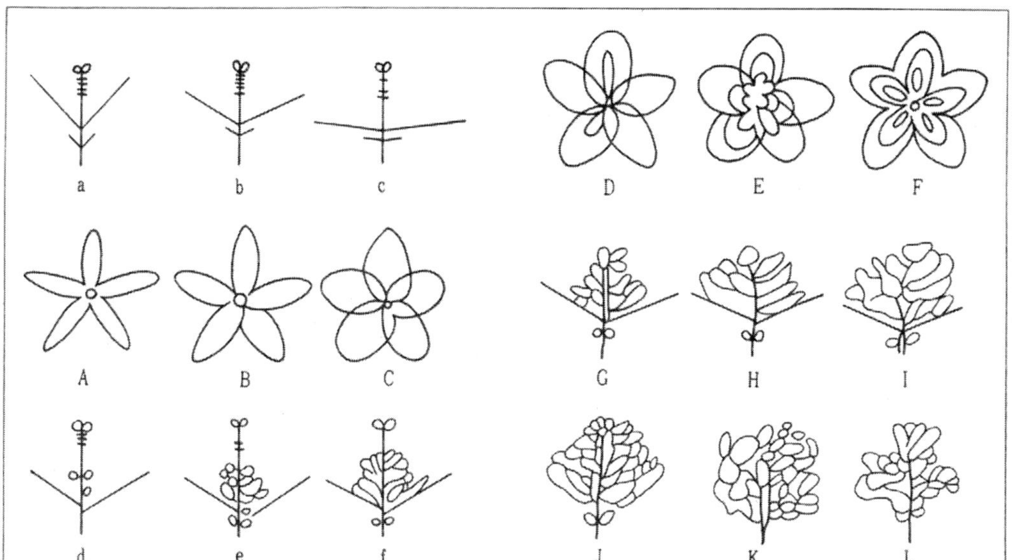

〈그림 2. IV. 6-2〉 무궁화의 화형 모식도 그림

잎은 생육과정에 따라 변하나 도장지의 잎은 크고 광엽의 형태를 띄운다. 〈그림 2. IV. 6-3〉은 무궁화 잎의 여러 종류를 표시한 것으로 품종에 따라 다양한 특성을 가지고 있다. 개화의 경우 일찍 피는 조생종은 7월 상순 개화에서부터 늦은 것은 7월 하순~8월 상순에까지 피는 것도 있다. 개화수도 개화성기에 많이 피는 다화성은 하루 70개 피는 다화성에서부터 적게는 30여 개 피는 것도 있다. 키도 왜성에서부터 중성, 고성이 있고, 가지의 모양은 〈그림 2. IV.6-5〉에서 보는 바와 같이 3 가지로 구분된다.

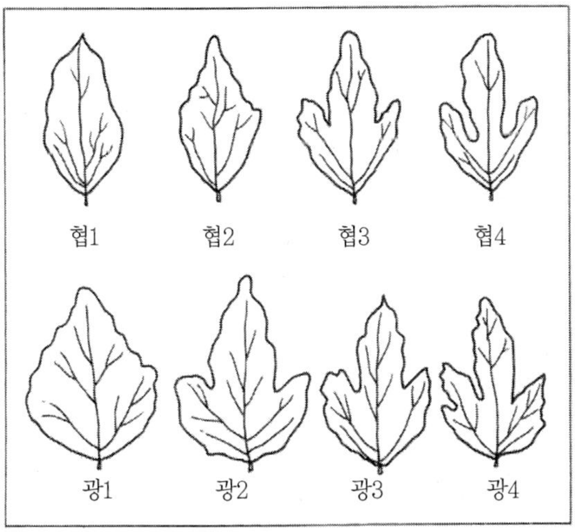

〈그림 2. IV. 6-3〉 무궁화 엽형 분류그림

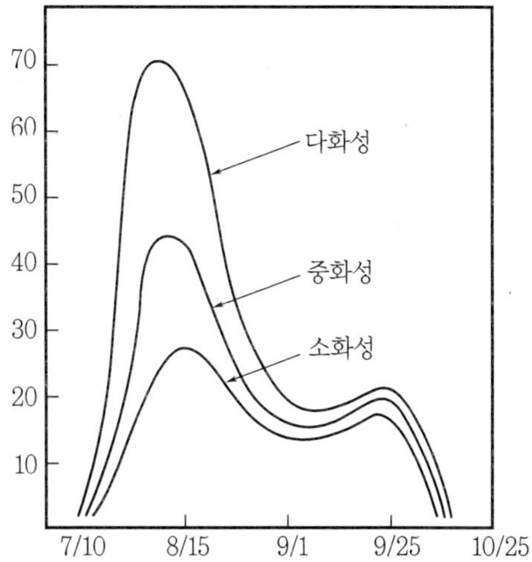

〈그림 2. IV. 6-4〉 조생종 무궁화 개화분포 모형

〈표 2. IV. 6-1〉 국립원예특작과학원 육성품종의 특성

품종명	화색	화경	홑겹	수형
영광	자	8.5㎝	홑	직립
향단	담자	6.0	홑	직립
아랑	담홍	8.3	반겹	직립
임진홍	담자	10.0	홑	직립
옥녀	백	6.0	홑	직립
나보라	담자	9.5	홑	직립
서호향	담자	8.6	홑, 외부톱니	직립
화홍	담자	9.0	홑	능수형

〈표 2. IV. 6-2〉 우수한 형질을 가진 도입 및 국내 육성 품종 (수령 : 삽목 2년생)

품종명	화경㎝	화색	홑또는겹	화형	수형	수고㎝	수폭㎝	수세	기타특성
신태양	13.0	백단심	홑	Cc	직립	80	40	왕성	개화기간 2일
배달	12.1	백색	홑	Cb	개장	89	57	〃	개화기간 1.5일
Mauve queen	8.6	농 핑크색	홑	Cb	개상	126	87	〃	
Bonjoia	8.4	농 적색	홑	Bba	개장	80	40	〃	발근율이 나쁨
Sir de Chales Breton	9.1	연자핑크색	반겹	Dd	개장	75	38	〃	
Sokobeni Yae	9.1	백단심	겹	Ff	직립	74	37	〃	
Lucy	8.2	적자색	겹	J	직립	75	39	〃	
The banner	9.3	백단심	겹	H	직립	70	28	〃	개화기간 2-3일 왜성

화형 : 다찌바나모델

유생기에는 단지형을 이루다가 생육하면서 다지형을 이루며 대체로 3가지 유형을 이룬다. 백색 홑

꽃품종 중 우수한 것으로는 배달(倍達), 옥녀(玉女), 옥토(玉兎) 등이 있고, 흰색 겹꽃으로는 새한, 백란(白亂)이 있다. 단심(丹芯) 홑꽃으로는 신태양(新太陽), 아사달, 페젼트아이 등이 있고, 겹으로는 소코베니아, 더밴너, 바이칼라 등이 우수하다. 적색 홑꽃으로는 본죠이아, 영광(榮光), 모부퀸 등이 수려하고, 겹꽃으로는 루시, 아던스, 아랑, 써드찰스부레튼 등이 우수하다. 전형적인 자색 중에는 블루버드, 임진홍, 서호향, 화홍 등이 우수하다. 대체로 단심계통과 잎 면적이 좁고 두터운 종류가 진딧물에 강한 편에 속한다. 대체로 100여 품종이 발표되고 있으나 원예과학원 육성품종(〈표 2. IV.6-1〉)과 도입품종 중 우수한 특성을 가진 주요 품종의 특성을 열거하면 〈표 2. IV.6-2〉와 같다.

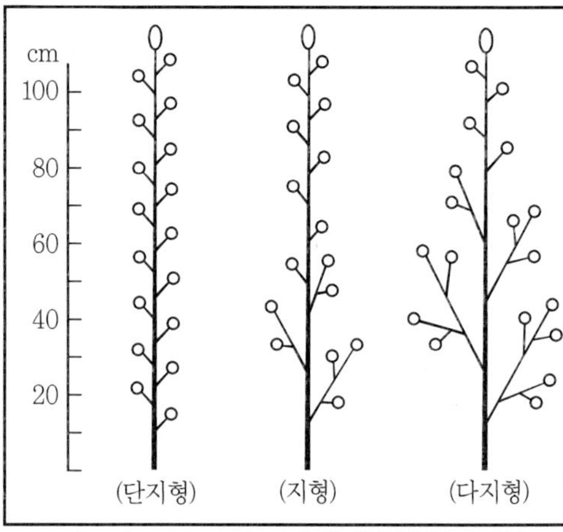

〈그림 2. IV. 6-5〉 무궁화 생육형 분류모형

3. 개화생리 및 생태

아욱과에 속하는 무궁화는 학명이 *Hibiscus syriacus*로써 원산지는 명확하지 않으나 소아시아와 중국설이 유력하다. 따라서 우리나라는 원산지가 아니다. 내한성은 있으나 대체로 겨울철 최저온도가 −10℃에서 안전한 생육이 가능한 것으로 보고되고 있으나 우리나라 중부, 이북지방에서도 월동이 가능하다. 단, 혹심한 추위가 있을 경우는 피해를 받을 수 있는 가능성도 있어 남북통일 후의 함경북도와 같은 혹한지를 위한 내한성 품종육성이 시급하다. 낙엽관목으로써 수고는 2~4m가 보통이나 가꾸기에 따라서는 반교목으로도 자란다. 수피는 회색으로 잎은 짧은 엽형이 있고 호생한다. 꽃의 직경은 7.5~10cm로 화형 및 화색이 다양하다. 무궁화는 당년에 나온 새로운 가지에서 꽃눈분화하여 개화하는 습성을 가지고 있고, 장일 고온에서 생육 및 꽃눈 분화가 잘되며 꽃도 잘핀다. 즉, 30℃에서 16시간 일장에서 꽃눈분화가 일어난다. 개화는 7월 중순부터 10월 중순까지 약 100일 정도 피며, 화형발현이 가장 좋을 때는 8월 중 · 하순이고 단일 저온상태로 갈수록 꽃이 적어져 관상가치가 떨어진다. 꽃은 아침에 피었다가 저녁에 지나 간혹 2~3일 개화되는 품종도 있고, 개화수는 많아서 대체로 1,000개로부터 많은 것은 5,000개까지 개화하니 꽃수가 얼마나 많은지를 알 수 있다. 대체로 실생묘는 3년 후에 삽목의 경우 2년째에 개화주를 얻을 수 있으나 접목묘는 개화가 더 빨라 절접의 경우 당년에 꽃을 피울 수 있다.

4. 재배법

가. 번식

1) 실생번식

씨앗으로도 쉽게 번식이 되지만 타가수정 식물이기 때문에 형질분리가 일어난다. 그래서 실생번식은 번식의 중요수단이 되는 것은 아니다. 신품종 육종 또는 접목을 위한 대목양성에 주로 이용된다. 종자채취는 10월부터 하며 한 꼬투리 안에 20~40개의 종자가 들어 있다. 햇볕에 말려 완전히 건조시켜 저장한다. 상파(床播)를 할 경우는 온실 턴널 안에 파종하는데 비토(肥土) 4+부엽 4+모래 2의 배양토를 토양소독(주로 소토 : 燒土)하고 파종용토에 캐프탄 또는 벤레이트로 종자소독을 한 후 파종한다. 직사광선을 피하고 도장하지 않기 위해 고온(25℃ 이상)되지 않게 차광 또는 통풍을 시켜준다. 100g당 6,000립 정도로서 파종 3일 전에 물에 침적 또는 습한 모래와 섞어 묻어 두었다가 파종한다. 파종방법에는 이식하지 않고 직접 밭에 파종하는 방법과 파종상에 파종하였다가 이식하는 두 가지 방법이 있으나 밭에 직접 파종하는 방법이 노력절감면에서 효과적이다. 파종은 줄뿌림(條播)하여 줄 사이를 15cm로 하고, 주간은 3~5cm 정도로 점파하며, 발아 후에는 솎음질을 하여 5cm 이상을 띄워주는 것이 좋다. 파종 후에 이렇게 하면 8월 중 · 하순경에 20cm 이상 자라며 기부가 연필굵기 정도로 되어 아접하기 용이한 상태가 된다.

무궁화 종자는 중립종자로써 1 L당 13,000립이고, 발아율도 80% 이상으로 효율이 높은 편에 속한다. 1,000립의 무게는 16.3g 이고 1 L당 13,300립 정도가 된다. 무궁화 육묘상을 설치할 때는 $1m^2$당 380립을 파종하는데 복토를 한 후에는 짚덮기를 하여 빗물 또는 관수시에 씨앗이 밖으로 튀어 나오지 않게 하며 수분을 계속 유지토록 관수 및 분무를 철저히 해주고, 발아 후에도 솎아서 $1m^2$당 100본을 남기도록 해야 된다(〈표 2.IV.6-3〉참조).

〈표 2. IV. 6-3〉 무궁화 종자 특성과 육묘상 설치 계획

무궁화종자특성		육묘상설치계획(1㎡당)	
구 분	수 량	구 분	수 량
1L의 무게	212g	유효종자파종수	380 립
순 도 (%)	91.4		
발아율 (%)	84.8	1㎡당 파종 립수	8g (0.04L)
*효율 (%)	77.5	짚덮기	긴짚 400g피복
립중 (g)	16.3	복토	1.0㎝
1L당 립수	13,378	1㎡당 남길 묘수	100본

*효율=순도×발아율

2) 삽목번식

이른 봄 새싹이 트기 전에 삽목하는 숙지삽과 여름철의 녹지삽 모두 가능하나 주로 숙지삽이 알맞다. 삽목시기는 4월 삽목이 8월 삽목보다 발근율이 높음을 보여준다. 삽목방법을 표로 요약하면 〈표 2.IV.6- 4〉와 같다. 대체로 대량번식을 위해서는 휴면지 삽목이 유리하며 포장에 직접 줄을 띄워서 꽂아도 발근이 잘 된다. 일반적인 무궁화 삽목법을 요약하면 〈표 2. IV.6 4〉와 같으며 구체적인 방법은 다음과 같다.

〈표 2. IV. 6-4〉 무궁화 삽목방법

구 분	내 용
삽목부위	숙지(휴면지), 새로나온 녹지
삽수채취	정아삽 또는 경삽
길이	10~12cm
녹지삽목시 엽수	3매 정도 붙임
삽목시기	3~4월, 7~8월(삽목시설 설치 필요)
간격	5×3cm(삽목시설내에서), 12×15cm(노지삽목상)
발근일수	60일
발근율	80~90%

(1) 숙지 삽목 방법

① **삽수채취** : 잎이 없는 휴면상태의 삽수는 잎을 붙였을 때보다 발근율이 높다. 휴면지는 숙지이면 모두 가능하고 엄지손가락 굵기로 굵은 2~3년생 가지도 가능하나 가능한 한 젊은 나무에서 채취하는 것이 발근율이 높다. 삽수는 채취하여 건조시키는 것은 금물이며 3월에 채취한 무궁화를 습한 모래에 가삽(假揷)하였다가 4월 하순경에 삽목하는 것이 좋다. 무궁화는 새싹이 늦게 나오기 때문에 5월 초순경에 해도 가능하나 4월 중에 끝내는 것이 좋다.

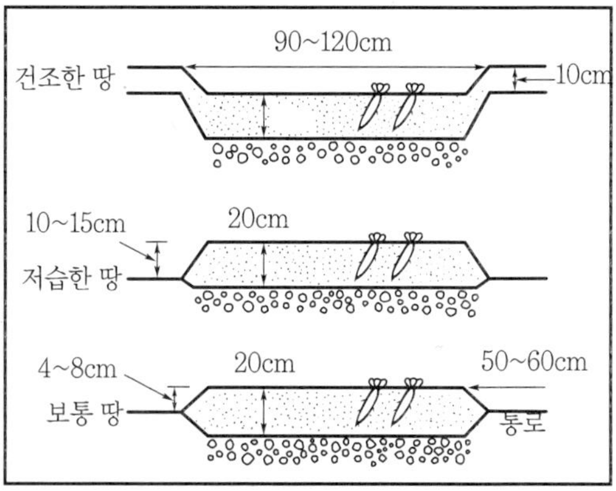

〈그림 2. IV. 6-6〉 토양습기에 따른 삽목상 만들기

② **삽목상 만들기** : 무궁화 삽목도 다른 화목류의 삽목과 마찬가지로 삽목상 또는 상자에 삽목하는데 발근이 매우 용이한 식물이기 때문에 포장에 직접 삽목하여도 뿌리가 잘 내린다. 그래서 불필요하게 온실에 삽목하여 포장에 옮겨 심는 방법은 불량한 토양조건이 아닌 경우 외에는 피하는 것이 좋다. 장소는 바람이 적고 관수가 용이한 따뜻한 곳을 택하여 만든다. 토양의 건습조건에 따라 〈그림 2.

IV.6-6〉과 같이 삽목상의 높고 낮음을 조절해야 한다. 건조한 곳은 지표면보다 10cm 정도 얕게, 저습한 곳은 10~15cm 높게 하고 일반적으로 4~8cm 높게 한다.

③ **삽수조제 및 삽목방법** : 삽수길이는 보통 10~12cm로 조제하나 관리상태가 좋을 때는 다소 적게 하고 안전하게 하기 위해서는 15cm 정도로 길게 하여도 무방하다. 굵기는 15cm 정도가 알맞고 어느 정도 굵을수록 발근이 용이하며 가는 가지는 피해야 한다. 깊은 상처는 1~1.5cm 정도 해주어 흡수면적을 늘려주며, 삽수길이의 2/3가 흙 속에 들어가고 1/3이 밖으로 나오게 한다. 삽목 후에는 짚을 덮어 건조를 막아주어야 하며, 짚 대신 검은 비닐 또는 왕겨 등으로 대체할 수도 있다. 삽목 후 짚을 덮어주는 것은 매우 중요한 일로써 잡초방제, 보수력 증진에 크게 도움을 준다. 덮은 짚은 바람에 날아가지 않도록 새끼로 고정을 시켜 놓는 것이 좋다(〈그림 2. IV.6-7〉). 5월 하순경부터 새싹이 나는데 건조하지 않도록 관수를 철저히 하여 가을까지 재배한다. 기타 방법은 〈표 2. IV.6-4〉를 참고한다. 삽목거리에서 주의해야 될 점은, 5×3cm의 거리로 할 경우는 발근 후에 다시 한번 옮겨주어야 하며, 옮긴 후에는 흡수불량으로 인한 건조해가 염려되기 때문에 습도를 높여주고, 가리소 또는 발로 차광을 철저히 하여 고온피해에 의한 고사(枯死)를 막아줘야 한다. 이식시에는 흐린 날 또는 강한 광선을 피하여 저녁 때 하는 것이 좋고, 이식하기 전에 충분히 관수한 후 뿌리의 절단이 적도록 굴취하고, 심은 후에도 충분한 관수를 하여 25℃가 넘지 않도록 해준다. 대체로 20일 정도 지나면 잔뿌리가 토양에 적응하며 차츰 볕가림을 열어준다.

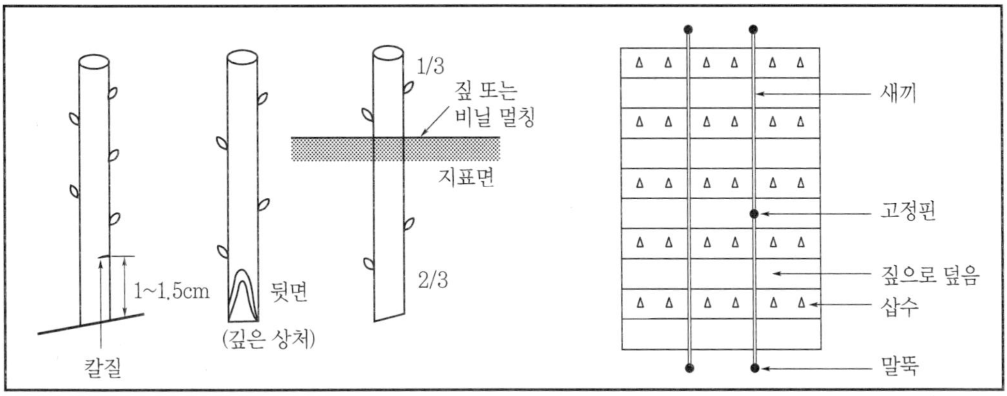

〈그림 2. IV. 6-7〉 무궁화 삽수조제 방법

(2) 녹지삽목

여름에 당년에 나온 가지가 반 정도 굳었을 때 잘라 삽목하는 녹지삽목도 가능하다. 시기는 7월 하순~8월 상순경이 좋은데 삽수는 말리지 말고 바로 삽목해야 한다. 삽목상은 숙지삽과 같이 직접 해서는 안되고 시설 내에 삽목상을 만들어 삽목한다. 순모래에 꽂고 깊이는 숙지삽보다 다소 작은 6~7cm 정도로 한다. 3장 정도의 잎을 붙이는데 시들지 않는 한 많은 잎을 남기는 것이 좋다. 삽수에 깊은 상처(휴면지 삽목〈그림 2. IV.6-6〉 참조)는 필요하며 삽수의 1/3 정도는 삽상에 들어가도록 꽂아야 한다. 삽목 후에는 잎이 붙어 있는 상태이므로 잎을 건조로부터 막아 떨어지지 않도록 볕가림을 하고 습도를 유지시켜 준다. 시들음을 방지하기 위해 미스트실이나 밀폐실을 설치하면 더욱 좋으나 미스트실은 시설비가 많이 든다. 밀폐삽목은 시설비 없이 발근율을 향상시킬 수 있는 방법이지만 보토리티스 병해에 대해 주의를 요한다. 대체로 숙지삽보다 발근이 빨라 삽목 10일 정도가 지나면 발근되기 시작하고 9월에 들어서면 지상부 생육이 활발해진다.

3) 접목번식

토양적응성을 높이고 귀중한 품종을 단시간에 대량증식시키기 위해서 또는 개화까지의 기간을 단축시키며 삽목이 안되는 품종을 유지 증식하기 위해 접목을 한다. 접목을 하면 삽목묘보다 생장 및 개화가 빠르고 수형도 삽목묘보다 좋다. 접목방법에는 여러 방법이 있으나 휴면지를 이용한 접목과 생장중에 접을 하는 녹지접 또는 아접이 있다. 어떠한 형태이든 활착률이 높은데 주로 절접을 한다.

(1) 절접

새싹이 나오기 전인 4월에 접목한다. 연필굵기 정도의 대목에 〈그림 2. IV.6-8〉과 같이 접수와 대목의 형성층을 맞대어 접목한다. 대목은 뿌리가 움직인 상태가 좋지만 접수는 아직 휴면상태에 있는 것을 사용한다.

접수만 휴면상태로 유지하면 새싹이 전부 나온 5월경까지도 접목을 할 수 있다. 비닐끈으로 묶은 후 접수의 절단면에는 발코트 또는 접목용 밀랍 등으로 발라줘야 하며, 이 작업은 활착률 향상에 중요한 영향을 미친다. 접목방법은 〈그림 2. IV.6-8〉과 같이 대목과 접수의 형성층이 서로 맞도록 〈그

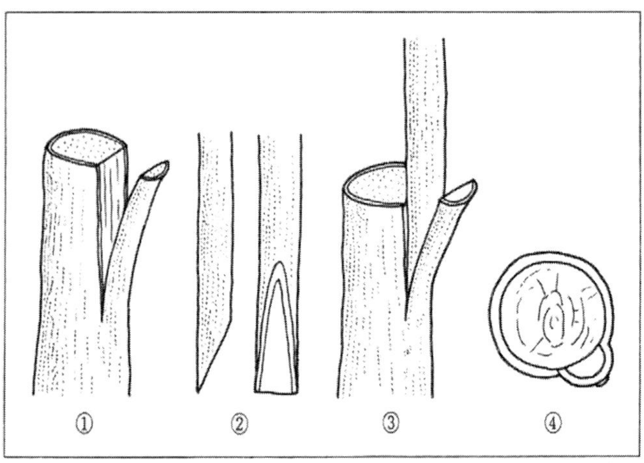

〈그림 2. IV. 6-8〉 절접 방법

〈그림 2. IV. 6-9〉 접목부위의 보호방법

림 2. IV.6-8의 (3) 작업을 마친 후 비닐끈으로 묶는다. 활착률은 90% 이상이며 절접 대신 박피접 또는 설접(whip and tongue grafting)도 잘된다.

무궁화 접목에서 특히 주의해야 하는 사항으로 다음과 같은 것이 있다. 즉, 무궁화는 접목을 하고 비닐끈을 풀어주면 접합부가 견고하지 못하여 잘 부러진다. 그렇기 때문에 〈그림 2. IV.6-9〉와 같이 시누대나 지주를 접목부위 뒤에 세워 접합부를 묶어 부러지지 않도록 해준다. 대체로 1년동안만 이렇게 보호하여 주면된다.

(2) 아접

8월 상순중에 하는데 대목은 당년 또는 전년에 파종한 실생 대목을 이용하며 노화된 대목은 좋지 않다. T자 또는 역 T자 아접이 보편적이다. 방법은 〈그림 2. IV.6-10〉과 같은 순서로 한다. 10일 후에는 활착 여부를 알 수가 있는데 잎자루가 깨끗이 떨어지면 활착되었음을 알 수가 있다. 아접시 주의해야 할 점은 월동시에 눈이 죽는 경우가 많아 안전하게 월동시키려면 하우스나 온실내에서 월동시켜주는 것이 좋다.

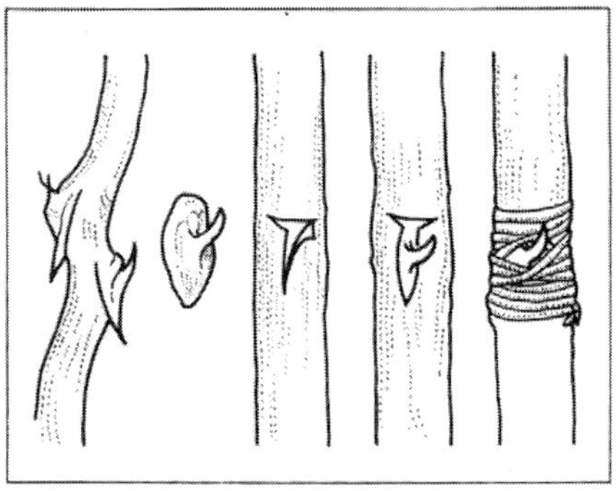

〈그림 2. IV. 6-10〉 T자 아접

(3) 기 타

박피접, 설접도 잘되며 삽수에 접목하는 접삽법도 실용화할 수 있다. 접삽법은 발근이 잘 되는 대목에 발근이 어려운 접수를 접하여 발근시켜 증식하는 방법이다.

나. 토양 및 비료

토질에 대한 적응성이 넓어 어느 토양에서나 잘 자라나 비옥하고 토심이 깊으며 다소 습한 토양에서 잘 자란다. 햇빛이 잘들고 배수가 좋은 위치를 택하여 재배지로 선정하는 것이 좋으며, 그늘진 곳에서는 개화 및 생육이 불량하다. 무궁화는 다비성 식물은 아니지만 비료분 결핍현상이 쉽게 나타나며, 건조 또는 영양결핍 등에 의한 낙엽현상이 일어나기 때문에 비배관리를 철저히 해야 한다. 무궁화를 포장조성할 때는 기비로서 정식 20~30일 전에 10a 당 퇴비 3,000kg, 복합비료(18동률) 20kg, 계분 30kg을 고루 뿌리고 갈아엎어 둔다. 추비로는 6월과 8월에 복합비료(18동률) 15kg씩 각각 나누어 준다. 이미 심어진 무궁화도 매년 기비와 추비는 꼭 주어야 하며, 비료주는 방법은 다른 수목류 시비법과 같이 수관 끝의 수직점을 파고 기비와 추비를 준다. 시비량은 성목인 경우는 주당 18동률의 복비 150~200g을 휴면기인 가을 또는 이른 봄에 기비로 준다. 기비를 줄 때는 퇴비를 세 삽 정도 같이 섞어주는 것이 좋다. 추비는 복비를 주당 20~30g씩 6월과 8월에 나눠준다.

다. 정지전정

전정이 잘되어 상당히 굵은 가지도 절단이 가능하고 잠아가 많아 눈이 없는 자리도 가지를 얻을 수 있다. 우리나라에서는 대체로 자연 방임상태로 기르나 일년에 한 번은 정지전정을 꼭 해주는 것이 좋다. 모양은 어떠한 형태(〈그림 2. IV.6-11〉) 로도 조절할 수 있으나 란형이나 원형의 것이 많이 이용되며 수벽을 만들 때는 원추형으로 강하게 잘라준다. 서구에선 30cm 정도 높이로 매년 강전지하여 관상하는데 이도 하나의 좋은 전정법이 된다.

(1) 시기

늦가을 또는 이른 봄인 휴면기에 실시하는데 동해를 받을 염려가 있는 중부 이북지방에서는 봄에 실시한다.

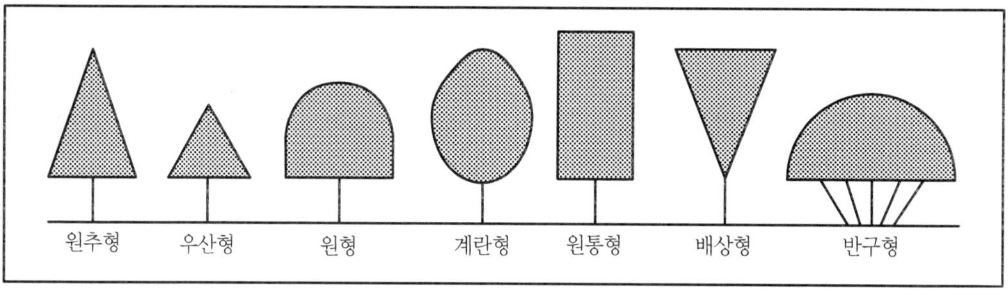

〈그림 2. IV. 6-11〉 무궁화의 인위적 수형

(2) 방법

새로 나온 가지에서 꽃피는 수종이므로 전년도의 충실한 눈만 남기고 수형과 수세를 고려하며 수액이 유동되기 전에 전정한다. 하계전정은 가능하나 새 가지가 굳어지는 7월경에 밀생된 가지를 솎아주는 정도로 끝내야 한다. 전정작업은 주지의 전정을 끝내고 주지에서 나온 가지가 사방으로 고르게 배치하고 상하로도 적당한 간격으로 자리 잡도록 하며 나머지 가지는 제거한다. 제거대상이 되는 가지로는 도장지, 교차지, 병지, 쇠약지 등을 제거하고 마지막으로 주지와 측지의 선단부를 약하게 자라는 경향이므로 상부는 강하게 전정하고 하부는 가볍게 전정한다. 전정시에는 가지의 턱이 남지 않도록 줄기면에 붙여 바짝 잘라줘야 하는데 그렇지 않으면 그루터기 부분이 동고병과 부란병균의 서식처가 된다.

라. 이식과 배식

(1) 이식요령

이식은 낙엽기인 늦가을과 이른 봄에 한다. 추위가 심한 중부이북지방에서는 가을에 하는 것보다 봄에 하는 것이 안전하다. 이식은 잘되는 편이나 잔뿌리 발생이 적기 때문에 늙은 나무를 옮길 때는 뿌리를 가능한 많이 붙여 옮겨야 한다. 여름철에 옮길 때에는 용기재배법에 의한 검은색 비닐화분에 심었던 것을 비닐을 찢고 뿌리를 100% 옮겨주는 방법이 가장 안전하다. 이식할 때는〈그림 2. IV.6-12〉와 같이 뿌리 쪽보다 더 넓게, 깊이는 뿌리 길이보다 30cm 정도 더 깊게 한다.

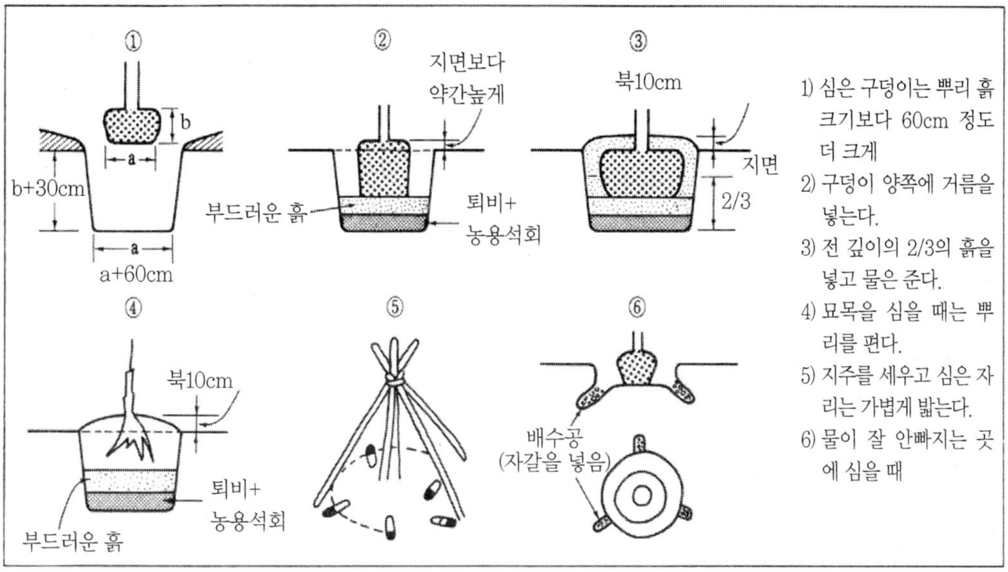

〈그림 2. IV. 6-12〉 나무의 이식요령

구덩이를 판 후에는 퇴비에 약간의 복합비료를 섞어 흙과 고루 섞은후 비료분이 직접 뿌리에 닿지 않도록 새 흙을 넣은 후 이식한다. 구덩이 2/3 정도의 흙을 넣고 물을 충분히 준 후 흙을 완전히 채운다. 바람이 강한 곳에는 지주를 세워서 바람에 이해 쓰러짐을 방지한다.

(2) 배식

독립적으로 심어도 좋지만 군식(群植)하거나 열식(列植)하는 것이 더욱 좋다. 대체로 무궁화의 자연적 수형은 자연풍경식을 기조로 하는 조경식재에 쓰이고 인위적으로 전정을 하여 정형식재로 쓴다.

① **단식(單植)** : 가장 중요한 자리, 즉 현관 앞의 차돌림의 중앙이나 중요한 위치에 정형수를 독립적으로 1본 심는다. 이때는 무궁화가 3~4m의 성목인 경우에 한다.

② **대식(對植)** : 축의 좌우에 상대적으로 같은 종류의 나무를 두 그루 한 짝으로 식재하는 수법을 말한다. 좌우대칭으로 질서감을 준다 .

③ **열식(列植)** : 동형 동종의 나무를 일정한 간격으로 직선상으로 식재하는 수법이다. 수벽을 만드는 경우도 열식에 의한 방법이다(〈그림 2. IV.6-13〉).

④ **군식(群植)** : 몇 주의 무궁화를 모아서 심는 방법이다.

자연 풍경식 식재로서 가장 많이 쓰이는 배식은 다음과 같다.

① **부등변 삼각형 식재** : 각의 크기를 달리한 세 그루의 수목을 세로 간격을 달리하는 동시에 한 직선에 서지 않도록 하여 부등변삼각형을 이루어 세 그루가 서로 균형을 이뤄 자연스럽게 보이게 심는 방법이다.

② **임의식재(random planting)** : 나무의 형성과 크기 및 식재 간격이 같지 않고 또한 한 직선을 이루지 않도록 손에 잡히는 대로 심어가는 방법으로써 부등변삼각형 식재를 기본형으로 삼아 그 삼각망을 순차적으로 확대해 나가도록 하는 방법이다(〈그림 2. IV.6-14〉).

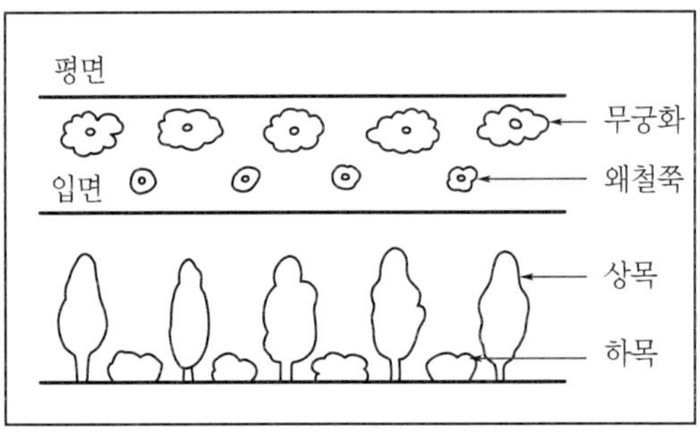

〈그림 2. IV. 6-13〉 두가지 수종의 정형열식

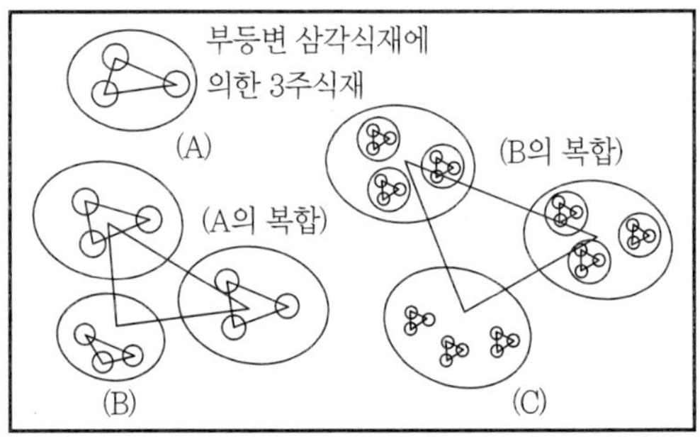

〈그림 2. IV. 6-14〉 자연풍경의 기본

마. 병충해 방제

무궁화 하면 진딧물을 생각할 정도로 진딧물이 좋아하고 깍지벌레도 달라 들며 그을음병도 심한 편이다. 그러나 우리는 무궁화 비배관리가 거의 없는 상태이며 거의 방치상태로 두었기 때문에 그런 병충해가 생긴다. 우리가 좋아하는 장미를 아름답게 가꾸려면 1년에 24번이나 약을 쳐야 한다. 그러나 무궁화는 4~5번 정도면 족하다.

(1) 충해

① **진딧물** : 무궁화에 가장 많이 발생하는 진딧물은 어린 줄기나 잎에 기생하여 즙액을 빨아 먹는다. 무궁화에 기생하는 진딧물은 주로 목화진딧물(*Aphis gossypii*)과 아카시아진딧물(*A.*

meoicaginis)의 두 종류이며 그중 목화진딧물이 더 많다. 그리고 여름철에는 무궁화, 채소, 과수류 등 수십 종의 작물에 기생한다. 기주식물(寄主植物)의 즙액을 빨아먹으면서 바이러스병도 매개하지만 달콤한 진딧물의 분비물로 인하여 그을음 병균을 유발하여 잎을 더럽히고 관상가치를 손상하기도 한다. 알은 동기주(冬寄主) 식물에서 월동하고 4월 상순~5월 상순에 부화하며 무궁화에 기생한다.

날개가 없는 무시태생(無翅胎生)은 8월에 이르면 전부 날개가 있는 진딧물(有翅蟲)이 되며, 이것은 날아다니기 때문에 진딧물의 전파가 매우 쉽다. 9월 하순~10월 중순에는 산란을 위하여 다시 무궁화에 돌아온다. 한편 아카시아 진딧물은 주로 무궁화, 팥, 동부콩, 아카시아의 어린 줄기 · 잎 등을 완전히 덮을 정도로 기생하므로 식물의 발육이 억제된다. 알은 아카시아나 기타 목본식물(木本植物)에서 월동(越冬)한다.

원예과학원에서 조사한 진딧물의 발생을 보면 5월 하순~6월 중순경과 10월 하순경에 발생이 가장 많았다. 특히 목화진딧물은 4월 하순~5월 상순부터 6월 중 · 하순까지 발생이 심하고 9월 부터 11월 사이에도 약간 발생한다. 이 두 시기에만 약제산포를 잘하면 진딧물은 문제가 되지 않는다.

방제법은 메타시스톡스, 1,000배액 또는 호리마트 1,000배액(물 20 L에 농약 20cc)을 진딧물 발생기인 4월 말에서 5월 초 또는 8월 말에서 9월 초에 충분히 뿌려준다. 아카시아진딧물은 피리모 수화제 1,000배액을 목화진딧물 산포시기와 같은 시기에 뿌려준다.

최근 개발된 토양침투성(浸透性) 살충제(테믹 15입제 또는 오트란 입제)를 무궁화의 뿌리 주위에 10cm 깊이로 묻어주면 장기간(약 40일) 진딧물의 발생을 방지할 수 있다. 테믹은 m^2당 6g, 오트란은 m^2당 5g을 토양 속에 시여하면 메타시스톡스보다 효과적이다.

② **왜콩풍뎅이** : 무궁화의 꽃에 달라 드는 풍뎅이(*Popillia japonica*) 종류로서 1911년 일본에서 들어와서 10년 만에 전국적으로 퍼졌다.

방제법은 왜콩풍뎅이의 천적인 기생벌과 기생파리를 이용는 것이 좋다. 앞으로 천적을 이용한 생물학적 방제가 기대된다. 농약으로는 세빈수화제 800배액(물 20 L에 25g)을 뿌려준다. 비연산 수화제도 효과는 있으나 잔유독성이 강한 점이 문제가 된다.

③ **목화바구미** : 유충(幼蟲)일 때는 목화만 가해하다가 바구미가 되면 무궁화를 가해한다.

방제법은 유아등을 이용하여 유살하거나 세빈수화제 800배액이나 기타 유기인제가 효과적이다.

④ **깍지벌레** : 무궁화를 가해하는 깍지벌레(mining scale, *Howardia bicavis*)는 여러 종류가 있다. 잎이나 가지의 표피에 붙어서 가해하는 피해 잎은 적갈색의 반점이 생긴다. 방제법은 테믹(Temik)15입제를 뿌리 부근에 산포해 주거나 수포라사이드(주성분 40%) 1,000배액(물 20 L에 20g)을 뿌려준다. 휴면기(休眠期)에는 기계유제(주성분 95%) 20~25배(물 20%에 800~1,000cc)액을 살포하는 것도 효과적이나 4월까지는 살포를 끝내는 것이 좋다.

⑤ **기타** : 잎을 갉아먹는 잎말이나방 심식충(心食蟲) 또는 가루이(white fly)가 있으나 유기인제로서 쉽게 방제할 수 있다. 응애는 건조기에 무궁화 잎 뒷면에서 즙을 빨아 먹는다. 응애에는 토락(주

성분 45%) 또는 호리마트 1,000배액(물 20 L에 20cc)이나 푸릭트란(주성분 25%)을 800배(물 20 L에 25g)로 희석하여 잎의 앞뒤 에 충분히 묻도록 살포해 주면 구제가 가능하다. 또한 무궁화 밤나방(일명 자벌레)도 이따금 발생하는데 이것은 디프테렉스 산포로 쉽게 방제할 수 있다.

(2) 병해

① **잎무늬병** : 병원균은 잎무늬병(葉斑病 : *Alternaria fenvis*), 오꾸라 검은 무늬병(오꾸라 黑斑病 : *Chibissi vercanabini*), 무궁화 점무늬병(*Phyllosticta hibiscina*), 탄저병(炭疽病 : *Colletotrichum gloeosporioides*) 등 주로 5가지 병원균에 의해 발생한다.

잎에 검은무늬를 나타내는 병으로서 방제법은 발병된 잎을 속히 제거하여 태워버리는 것이 좋으며 농약으로는 다이젠 M 45(주성분 75%) 600배액을 살포하거나 다이포라탄(주성분 80%) 800배액(물 20 L에 약제 25g)이 잘 듣는다. 다이포라탄을 사용할 때는 다른 약제와 혼용을 피하고 전착제를 사용하지 말아야 하며, 특히 알카리성 농약과는 혼용을 피하는 것이 좋다.

② **세균 잎무늬병** : 병원균은 슈도모나스균(*Pseudomonas hibisci*)으로써 *Pesudomonas syringa* 와는 동일한 세균이다.

이 병은 세균성이며 우리나라에서는 1915년에 발견된 것으로 5~7월 경에 발생이 심하다. 잎에 원형 또는 부정원형의 작은 흑색반점이 발생하고, 차츰 확대되어 엽맥에 다각형 병반을 형성한다. 병엽은 흔히 뒤틀리고 구부러지며 발병이 심할 때는 잎 전체가 흑색으로 변하여 떨어진다.

방제법은 기주식물인 닥풀을 주위에서 제거하는 것이 좋다. 발생 초기에는 피해식물을 뽑아 태워버리는 것이 상책이다. 방제농약으로는 3.5~4두식 보르도액이나 동수화제를 400배(물 20 L에 50g)로 희석하여 뿌려 주든지 캐프탄 수화제(주성분 50%)를 500배액(물 20 L 40g)으로 희석하여 산포해 준다 .

③ **잎마름병** : 병원균은 가지달록병(*Pelicularia fliamantosa*), 오이백견병(*P.rolfsii*)등에 의한다. 오이백견병의 특징은 백색의 명주실과 같은 균사로 뒤덮이며 그 위에 짙은 갈색의 균핵이 생기고, 이 병부는 건조하면서 썩고 줄기와 잎이 시드는 특징을 가지고 있다. 이들의 기주식물은 160종 이상이나 되는 광범위한 병해로서 주요 종류는, 전자는 가지, 감자, 담배, 디기탈리스 등에 서식하고 후자는 박과 또는 가지과 식물에 서식한다.

이 병은 줄기의 지제부에 주로 발생한다. 발생하면 지제부가 썩어도 수분상승이 불가능하게 되어 시들어 버린다. 우리나라 각지에 널리 분포하고 피해도 심하다.

방제법은 병원균이 균핵의 형태로 속에서 월동하므로 이병(罹病)식물의 주위는 파내고 객토를 한다. 발병 초에는 이병부를 수거하여 태워버리는 것도 한 방법이지만 캐프탄수화제(주성분 50%) 500배액을 환부에 산포하는 것이 좋다. 담수가 가능한 곳에서는 3~4개월간 담수해 두면 병원균이 죽어버리기 때문에 그 후에 무궁화를 심으면 된다.

④ **녹병** : 병원균은 쿠에네올라(*Kuehneola malvilola*)균에 의해 발생한다. 증상은 무궁화 잎에 녹슬은 것과 같이 되는 병으로써 잎이 녹물이 묻는 것처럼 보기 흉하고 생육이 불량하다.

방제법은 수화유황제(성분 80%) 400배액(물 20 L에 50g)이나 톱신엠수화제(성분 70%) 100배액(물 20 L에 농약 20g)을 산포한다.

⑤ **그을음병** : 진딧물 또는 깍지벌레의 분비물에 의해서 잎에 그을음이 묻는 것과 같이 되는 병으로써 진딧물 또는 깍지벌레를 방제해야 한다(충해편 참조). 한편 통풍 및 투광이 좋으면 병균 서식이 약해지니 전정에 의해 통기가 잘 되고 햇빛이 고루 쪼이도록 하면 도움이 된다.

7 과실나무(과수류)

과실나무에 열매가 잘 달리게 하려면 일단은 꽃눈분화가 되고 꽃이 잘 펴야 되며 꽃가루받이(授紛)가 이루어져 수정이 되어야 한다. 꽃이 피기까지의 원리는 화목류와 같다. 따라서 과실류의 개화 원리는 화목류에서 이해하면 된다. 우리 생활주변에서는 집안에 심은 유실수가 꽃이 안 피고 열매가 안 맺힌다는 이야기를 많이 듣는데 IV의 7항을 참고하기 바라며 다음의 사항을 잘 이해하여 해결했으면 한다.

(1) 사과(학명 : *Malus domestica*. 영명 : apple)

그 해 새 가지가 나와서 자란 다음, 이듬해 그 가지에서 꽃눈이 생기고 3년째 되는 해에 꽃이 피며 열매를 맺는다. 즉, 3년생 가지에 열매가 달리는 3년생 결과지이다. 암수술이 한 꽃 안에 있는 양성화이다.

한편 홍옥 등 몇몇 품종에서는 그 해 자란 충실한 가지의 액아가 꽃눈이 되어 2년생 가지에 결실하는 경우도 있다.

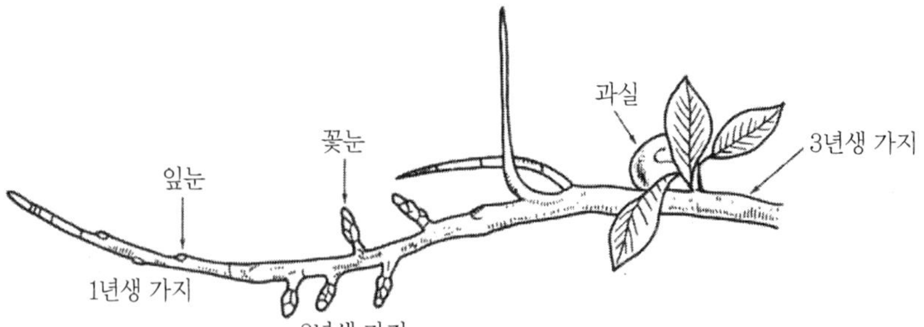

〈그림 2. IV. 7-1〉 사과나무의 꽃눈 착생부위

꽃은 암술과 수술이 한 꽃 속에 같이 있는 양성화(兩性花)이다. 그러나 다른 품종의 화분이 와서 교배 되어야 결실하는 타가수정(他家受精) 작물이며 충매화(蟲媒花)이다. 한 나무만 심었든지, 아니면 여러 나무를 심었어도 같은 품종만 심으면 결실되지 않기 때문에 수분수를 꼭 심어야 한나. 또한 수분작업을 해 줄 곤충이 없을 때도 결실은 되지 아니한다.

수분수가 없을 때나 꽃이 피었을 때 온도가 15℃ 이하로 내려가고 바람이 심하게 불 때는 곤충의 활동이 없어지므로 수분작용이 나빠진다. 이때는 인공수분(人工受紛)을 해주어야 결실이 된다.

인공수분은 곤충 대신 사람이 손으로 다른 품종의 꽃가루를 주품종의 암술머리에 묻혀 주는 작업이다.

(2) 배나무(학명 : *Pyrus pyrifolia*. 영명 : pear)

2년생 가지에 꽃눈이 생기고 다음해 꽃피고 열매를 맺는 3년생 결과지에 속하는 과수이다. 꽃은 암술과 수술이 한 꽃 속에 같이 있는 양성화(兩性花)이다. 이것도 사과와 같이 다른 품종의 꽃가루가 와서 교배되어야 결실하는 타가수정(他家受精) 작물이다. 수분작업은 곤충에 의해서만 이루어지는 충매화(蟲媒花)이다. 따라서 수분수와 곤충이 있어야 한다.

꿀벌이나 나비 등의 매개곤충이 활동할 수 없는 15℃ 이하의 저온이나 개화기에 비바람이 심할 때, 곤충이 없는 실내나 베란다에서 재배할 때, 정원에 한품종만 심었을때는 손으로 인공수분을 해주어야 결실한다.

(3) 포도(학명 : 미국종 *Vitis labrusca*. 유럽종 *V. vinifera*. 영명 : grape)

전년에 형성된 눈에서 새 가지가 자라면서 꽃이 피고 열매를 맺는다. 즉, 1년생 결과지이다.

꽃은 암술과 수술이 한꽃 속에 같이 있고 꽃은 꽃뚜껑(꽃부리, 花冠)으로 덮혀 있다. 수꽃의 꽃실(花絲)이 신장하는 압력으로 꽃뚜껑이 떨어져 나가고 암술과 수술이 노출이 되면서 꽃밥이 터져 수분 · 수정이 이루어진다. 곤충과 관계없이 자연적으로 수분되며 품종에 따라서는 씨가 없어도 결실되는 단위결실성 품종이 있다.

개화기에 강우와 저온이 계속되면 꽃뚜껑이 열리지 않아 꽃은 갈색으로 변하면서 수정이 되지 않아 떨어져 버린다. 이러한 현상을 꽃떨이 현상(화진현상)이라고 하며 이는 개화기 붕소결핍으로도 나타난다.

(4) 감(학명 : *Diospyros kaki*. 영명 : persimmon)

수분하지 않아도 열매가 달리는 단위 결과성 품종도 있으나 대 부분의 품종은 수분을 해야 하며 수분이 되어야 낙과가 적어 착과율이 향상되고 단맛도 좋아진다.

주로 벌에 의해서 수분이 이루어지는 충매화이므로 개화기에 비바람이 많이 불거나 기온이 내려

가서 곤충의 활동이 원활하지 못할 때에는 인공수분을 해주어야 한다.

수꽃은 이른 아침부터 정오까지 오전중에 개화하고 개화되면 즉시 꽃가루주머니(葯)가 터져 화분이 날라가 버리므로 개화 전날 꽃을 따서 화분을 채취해야 하며, 인공수분은 오전중에 하는 것이 좋다. 품종에 따라 암수 착생이 다르다.

부유 · 갑주백목 품종은 수술(웅성기관)이 퇴화하고 암꽃만 착생하는 품종이고, 작은 모양의 수꽃과 크게 생긴 암꽃을 한 나무에 동시에 착생하는 암수 한그루(雌雄同株) 품종으로는 조홍시 · 서촌조생이 있다.

한편 한 꽃에 암수 양기관을 완전히 갖춘 완전화(兩性花)로는 상주둥시가 있다.

(5) 대추나무(학명 : *Zizyphus jujube*. 영명 : jujube)

당년에 생긴 새 가지의 잎줄기(엽병)의 엽액에서 꽃눈이 생기고 당년에 꽃피어 그 해 결실한다. 즉, 1년생 결과지 습성을 가지고 있다.

꽃은 암수 같은 꽃으로 한 화방에 3~15개의 꽃이 피며 그 중 맨 끝에서부터 먼저 꽃이 핀다.

품종에 따라 개화시각이 서로 달라 아침에 피는 품종은 오전 9시 이전에 완전히 개화하고 오후에 피는 품종은 1시~5시 사이에 핀다. 원활한 수분을 위해서는 동일 개화군에 속하는 품종을 심는 것이 중요하다.

6월 상순부터 7월 하순까지 계속 꽃이 핀다. 한화방에 10여 개의 꽃이 모두 피는데는 약 15일이 소요되며, 한 줄기에 10~12개의 화방이 달리므로 이들 꽃이 순서대로 피려면 50여 일이 소요된다.

다른 과수에 비하여 자가수정(自家受精) 능력이 비교적 높아 총 개화량의 10% 정도는 자가수정을 하며, 매개 곤충에 의하여 타가수정(他家受精)을 하는 경우는 15% 정도까지 착과가 된다. 그러나 자가수정한 것은 과실이 작고 조기낙과가 되는 경우가 있으므로 가능하면 수분수를 심어 타가수정시키는 것이 효과적이다.

수분은 기상환경의 영향을 많이 받는다. 개화기간중에 비가 오면 암술머리에서 발아하려던 꽃가루가 비에 씻겨 내려가고, 기온이 내려가면 화분발아가 부진해진다. 또한 일조시수가 짧아지면 잎에서 생성한 광합성 물질이 부족하게 되어 착과를 어렵게 하는 요인이 되기도 한다.

(6) 복숭아(학명 : *Prunus persica*. 영명 : peach)

금년에 자란 새 가지 위에 꽃눈이 형성되고 다음해에 개화 · 결실하는 2년생 결과습성을 갖고 있다. 자기 꽃가루로 수분 · 수정되어 꽃가루만 있으면 한 품종만이라도 결실에 지장이 없으나 꽃가루가 없는 품종은 다른 품종의 꽃가루가 있어야 결실을 하므로 꽃가루가 있는 품종을 수분수로 심어야 한다. 꽃가루의 이동은 벌이나 나비 등에 의해 이루어져 열매가 맺히게 된다. 따라서 개화 때 기온이

15℃ 이하로 떨어지거나 바람이 심하면(17m/초) 곤충의 활동이 중단되어 결실이 나빠진다. 자기 꽃가루로 수분하는 자가결실성이나 창방조생 · 기도백도 · 백도 등과 같이 꽃가루가 없거나 있어도 불완전한 품종은 수분수를 함께 심어야 결실된다. 곤충이 없는 실내 등에서는 인공수분을 해주어야 결실한다.

(7) 매실나무(학명 : *Prunus mume*. 영명 : Japanese apricot)

매실은 복숭아와 같이 지난해 자란 가지에서 꽃이 피고 열매를 맺는다. 꽃눈분화는 7월 하순부터 8월 상순에 분화하여 이듬해 봄에 꽃이 핀다.

화기(花器)가 불완전한 품종이 많아 같은 품종끼리는 수정이 되지 않거나 수정이 되더라도 결실률이 낮은 품종이 많다.

한 나무만 심어도 결실이 잘되는 자가결실률이 높은 품종이 있다. 이러한 품종도 나무의 영양, 재배지의 기상조건에 따라 결실이 잘되지 않는 경우가 많다.

자가결실률이 낮은 품종으로는 남고 · 앵숙 · 양노 · 매향이 있고, 자가결실률이 높은 품종으로는 화향실 · 갑주최소 · 도적 등이 있다.

(8) 모과와 석류(학명 : 모과 : *Chaenomeles sinensis*. 영명 : chinese quince)
석류 : *Punica granatum*. 영명 : pomegranate)

모과의 결과습성은 사과나 배와 가까우며 전년에 자란 신초의 선단에 꽃눈이 분화되어 다음해 1개의 꽃이 피며 열매를 맺는다.

석류는 1년생 가지의 충실한 가지 정아(頂芽)와 다음 2~3개의 겨드랑눈(腋芽)에 꽃이 피고 결실한다.

(9) 감귤(학명 : *Citrus* spp. 영명 : citrus)

감귤은 한 꽃 속에 암술과 수술이 함께 있는 완전화이다.

종자가 없는 온주밀감(제주생산)은 꽃가루가 생기지 않으며 수분을 하지 않아도 결실이 되므로 실내에 한그루만 있어도 매년 열매를 맺을 수 있다.

온주밀감 이외의 유자나 팔삭과 같은 것은 종자가 없으면 낙과된다. 따라서 꽃가루가 많은 하귤 · 이예감 등으로 수분을 해 주어야 결실을 시킬 수 있다.

참고문헌

1. 阿部定夫外 3人 1986. 花卉園芸の事典.朝倉書店, 東京.
2. 淺端外 1人譯. 1971. 園芸植物の開花生理 と栽培. 誠文堂新光社, 東京.
3. Ball, G.J 1991. The Ball Red Book, Geo. J. Ball. Inc. USA.
4. Benier, G外 2人. 1981. Classical experimental systems and data : analysis of common concepts. The physiology of flowering volum 1. CRC Press, Florida.
5. 米村浩次, 樋口春三. 1981. カーネーションの生産技術をめぐる諸問題(6). 吸肥特性と施肥. 農及園. 56 : 50-56.
6. Borthwick, H.A. and H.M. Cathey. 1962. Role of phytochrome in control of flowering of *chrysanthemum*. Bot. Gaz., 123. 155-162.
7. Cathey, H.M. 1594. *Chrysanthemum* temperature study, A. Thermal induction of stock plants of *Chrysanthemum morifolium*. Proc. Amer. Soc. Hort. Sci. 64 : 483-491
8. Cathey, H.M. 1954. *Chrysanthemum* temperature study. B. Thermal modification of photoperiod previous to and after flower bud initiation Proc. Amer. Soc. Hort. Sci. 64 : 492-498
9. Cathey, H.M. 1954. *Chrysanthemum* temperature study, C. The effect of night, day, and mean temperature upon the flowering of *Chrysanthemum moriforium* Proc. Amer. Soc. Hor. sci. 64 : 499-502
10. Cathey, H.M. 1957. *Chrysanthemum* temperature study. F. The effect of temperature upon the critical photoperiod necessary for the initiation and development of flowers of *Chrysanthemum morifolium*. Proc. Amer. Soc. Hort. Sci. 69 : 485-491.
11. Cathey, H.M. and Borthwick, H.A. 1964. Significance of dark reversion of phytochrome in flowering of *Chrysanthemum morifolium*. Bot, Gaz., 125, 232-236
12. Cathey, H.M. and Borthwick, H.A. 1971. Phytochrome control of flowering of *Chrysanthemum morifolium* on very short Photoperiods. J. Am. Soc. Hort. Sci. 96, 544-546.
13. Daphne, V. 1975. Photoperiodism. in plant. pp98-154. McGraw-Hill book co, London.
14. ガーデンライフ. 1987. 東洋ラン. 誠文堂新光社, 東京.
15. Halvey, A.H. 1985. *Chrysanthemym morifolium*. Handbook of flowering, pp 238-257. CRC Press, Florida.
16. 한국원예학회 1993. 원예학용어집. 한국원예학회, 수원
17. 한동욱 외 4인. 1994. 생활원예. 서울시립대 환경원예학과, 서울
18. 細木高志, 寺林 敏, 淺平 端. 1980. 春さきグラジオラスの生態學的品種分類. 園學要旨. 昭55春 : 340-341.
19. 細谷宗令, 1980. カーネーションの生產技術をめぐる諸問題(2). 作型. 農及園. 55(9) : 65-70.
20. 服部嘉夫. 1980. 昭和55年度チューリシプの生育狀況考察. 新潟縣花卉球根情報. 新潟縣花卉球根農協. p. 225.
21. Heins, R.D., H.B. Pemberter and H.F. Wilkins. 1982. Influence of light on lily (*L. longiflorum* Thunb.). Influence of photoperiod and light stress. J. Amer. Soc. Hort. Sci. 107(2) : 330-335.
22. 樋口春三. 1976. キクの切花生產をめぐる諸問題(4). 開化調節に關する問題點. 農及園. 51 : 1293-1298
23. 樋口春三. 1977. キクの開花調節. 園藝學會シソポ要旨. p.93.
24. 樋口春三. 原幹博. 1974. 秋ギク幼苗の低溫處理が生育と開花に及ばす影響. 愛知農總試研報. B6 : 62-67.

25. 桶口春三. 福田正夫. 1976. キク"彌榮"幼苗の低溫處理による生育び開反花應の變化. 愛知農總試硏究. B8 : 54-58.
26. Hollsy, W.D., and R.Baker. 1963. Carnation production. WM.C.Brown.
27. 홍영표. 1990. 최신화훼재배기술. 명륜당, 서울
28. 深井滿. 山田喜德郎, 船越桂山. 1981. キク天龍の朝のブライソドに關する硏究. 瀋雜. 50 : 332-341.
29. 藤野守弘. 1980. カーネーシヨソの生產技術をめぐる諸問題(4,5). 栽培環境. 農及園. 55 : 58.
30. 今西英雄. 1977. グラジオラスのブライソド發生に及ばす低照度と低溫の影響. 園學要旨. 昭52春 : 360-361.
31. 今西英雄. 1981. 收穫後自然溫度低下で乾燥貯蔵したグラジオラス木子の休眠の樣相. 園學雜. 50 : 92-99.
32. 今西英雄. 1981. 乾燥と濕潤の交互貯蔵および過酸化水素水浸積によるグジオラス木子の發芽促進. 園學雜. 50 : 355-362.
33. 今西英雄. 1982. グラジオラス木子の休眠過程と發芽溫度とに關係. 園學雜. 50 : 503-510.
34. 井上賴數 外 9人. 1983. 最新園藝大事典 1~12卷. 誠文堂新光社, 東京.
35. 川田穰一. 1977. キクの日長. 溫度に對する開花反應, 園藝學會シソポ要旨. 100-106.
36. 곽동순. 1983. 동양·서양란. 샛별사, 서울
37. 金光植. 1985. 氣象知識 pp.162-202.一志社, 서울.
38. 김정호. 1995. 가정과수. 오성출판사, 서울.
39. Kofranek, A.M. and A.H.Haley. 1974. Minimum number of short days for production of high quality standard *Chrysanthemum*. Hort Sci. 9 : 543-544.
40. 肥田和夫. 1970. 秋植(春さき)グラジオラスの栽培. 農及園. 45 : 1558-1562
41. 肥田和夫. 1980. カーネーシヨソの生產技術をめぐる諸問題(1). カーネーシヨソの 品種. 農及園. 55(8) : 73-78.
42. 小西國義. 1975. さし芽の低溫處理によるキクのロゼシト化防止. 園學雜. 44 : 286-293.
43. 小西國義. 1980. キクのロゼシト化に關する硏究. 園學雜. 49 : 107-113.
44. 小西國義. 1980. カーネーシヨソ生產技術. 養賢堂, 東京.
45. 小西國義 外 2人. 1988. 花卉の開化期調節. 養賢堂, 東京
46. 小西國義. 1991. 花の園藝用語事典. 川島書店, 東京
47. 小杉清. 1976. 花木の開花生理と栽培. 博友社, 東京.
48. 工藤忠. 1985. シワラメン. 農業圖書, 東京.
49. Larson, R.A.1992. Cut flowers, Introduction to floriculture. Academic Press, New York.
50. 李貞植. 1985-1988. 花卉類 開花生理와 開化期調節法. 새농사(연재) 85年9月-88年3月. 中央種苗 出版部. 서울.
51. 李貞植. 1989. 花卉類의 開化期調節. 새農民 技術大學 89敎育資料 No.36 花卉 pp.97-120, 農協中央會.
52. 李貞植. 1991. 화훼류의 개화생리와 개화기 조절방법. 중앙종묘 출판부, 서울
53. 松川時請, 柏木往夫. 1969. テシポウユリの生育, 開花に關する硏究(第3報)園學要旨. 昭44春 : 256-257.
54. 松川時請, 柏木征夫. 1969. テシポウユリの生育, 開花に關する硏究(第4報)溫度と發芽について. 園藝要旨. 昭44秋 : 252-253.
55. 松川時請, 柏木往夫. 1970. テシポウユリの花芽分化に關する硏究(第1報). 沖永良部島における花芽分化期. 園學要旨. 昭45春 : 431.
56. 松川時請, 柏木往夫. 1970. テシポウユリの花芽分化に關する硏究. 園學要旨. 昭45秋 : 250-251.
57. 水戶喜平. 1980. バラの切花生產に及ぼす夜溫の影響(第3報). 冬期の變溫管理について. 靜岡農試硏報. 25 : 53-62.
58. Moe, R. and T.Krestoffersen, 1969. The effect of temperature and light on growth and flowering of Rose 'Baccara' in greenhouse. Acta Hort. 14 : 157-166
59. 무궁화대전 편찬위원회. 1993. 무궁화대전. 와이제이물산, 서울

60. 村井千里. 1988. 洋ラン栽培の新技術. 上卷. 誠文堂新光社.
61. 난과생활사 편. 1992. 난박사. 난과생활사, 서울
62. 난과생활사 편. 1989. 동양란. 난과생활사, 서울
63. 日本花卉園藝協會. 1980 新花卉(シシジの仲門)特集. 日本タキイ種苗出版部.
64. 農耕と園藝編. 1989. 切花栽培の新技術一年草, 宿根, キタ, 球根. 誠文堂新光社, 東京.
65. 農耕と園藝編. 1988. 洋蘭(上)(下). 誠文堂新光社, 東京
66. 농경과 원예. 1992. 원예사전. 월간 농경과 원예, 서울
67. 農山漁村文化協會. 1995. 農業技術大系 花卉編 1. 農山漁村文化協會, 東京.
68. 農林水産部. 1988. 花卉便覽. pp 56-67. 農林水産部.
69. 농촌진흥청. 1968. 꽃가꾸기. 농촌진흥청표준영농교본-23.
70. 농촌진흥청. 1995. 구근식물 재배기술. 농촌진흥청, 수원.
71. 農山漁村文化協會. 1993. 農業技術大系(花卉編). 農山漁村文化協會, 東京.
72. 岡田正順. 1959. キクの吸枝のロゼシト化およびのそ打破について. 園學雜. 28 : 209-220.
73. 岡田正順. 1963. 菊の花芽分化に關する研究. 東京教育大農學部紀要. 9 : 1-193.
74. 岡田正順. 平城好明. 1954. 秋菊の電燈照明による抑制栽培における再照明の花形に及ぼす影響について. 園學雜. 23. 193-198.
75. 월간원예. 1986~1990. 원예. 월간원예사, 서울
76. 松本正雄外2人. 1989. 園藝事典. 朝倉書店, 東京.
77. 林角郎. 1988. 切り花栽培の新技術. 球根上. 下卷. 誠文堂新光社, 東京
78. 林角郎. 1988. 切り花栽培の新技術. 宿根草上卷. 下卷. 誠文堂新光社, 東京
79. 船越桂市. 1988. 切り花栽培の新技術. キク上. 下卷. 誠文堂新光社, 東京
80. Schwabe, W. W. 1950. Factors controlling flowering of *Chrysanthemum* 1. The tffecrs of photoperiod and temporary chilling. J. Exp. Bot. 1 : 329-434.
81. 손기철. 1993. 주야간 온도차를 이용한 화훼류의 초장 및 생장조절. 아카데미서적, 서울
82. 鈴木基夫. 1980. 宿根カスミソウの花芽分化と開花生理. 農と園. 35(8) : 132.
83. 鈴木基夫. 宇田昌義. 西尾小作. 1980. 光・溫度條件に對する宿根カスミソウの生態反應. 野菜試栽培部年報. 7 : 250.
84. 高橋信孝. 1972. 植物調整物質の園藝的利用. 誠文堂新光社. 東京.
85. 武田恭明. 1974. 莖頂培養によるカーネーシヨソ無病苗の育成と實用化に關する研究. 滋賀農試特別報告, 11 : 1-124.
86. 鶴島九男. 1988. 花卉園藝ハソトブツク. 養賢堂, 東京.
87. 塚本洋太郎. 1980. 花卉總會. 養賢堂, 東京.
88. 塚本洋太郎. 1984. 花卉園藝大事典. 養賢堂, 東京.
89. Wilfret, G. J. 1980. Gladiolus. Introduction to Floriculture(ed. by pp. 165-181)R. Larson). Academic Press, New York.
90. 山田富造. 1958. 切花の特殊栽培. 農業圖書株式會社, 東京.
91. 横木清太郎. 1970. 花卉栽培と經營. 養賢堂, 東京

용어 해설

가웅예(假雄蕊) staminodium : 수꽃술은 화사와 꽃밥으로 구성되는데 꽃밥이 퇴화되어 기능을 잃은 것으로 가수술(헛수술)이라고 하며 불임성이다. 흔히 감이나 망고 등에서 볼 수 있다.

감광성(感光性) photosensitivity, photoperiod sensitive phase, sensitivity to photoperiod : 영양생장 상태에 있는 식물이 일장에 의하여 생식생장 상태로 변하는 특성을 말한다. 예를 들면 단일처리에 의하여 출수가 촉진되는 경우 일장을 달리하여 생육할 때 가장 시간이 많이 걸리는 일장의 꽃눈분화까지의 일수에서 가장 빨리 출수하는 일장의 꽃눈분화까지 일수를 뺀 기간을 감광성 정도로 본다. 이 기간은 일장에 의하여 꽃눈분화가 이동하는 상으로서 감광상이라고도 한다.

감온상(感溫相) thermophase, thermosensitivity, sensitivity to temperature : 개화에 저온을 필요로 하는 작물(무우, 배추 등)에 있어서 그 저온에 감응하는 생육기(상)를 말한다.

개화(開花) flowering, blooming, anthesis : 꽃이 피는 것을 말하는 것으로써 식물생리학에서는 생장점이 영양생장 상태에서 생식생장 상태로 이행되는 과정의 생리적인 변화 또는 형태적인 변화를 말한다. 화기(꽃의 기관)가 완성되고 배우자(동식물의 합체, 접합, 또는 수정에 관여하는 생식세포)가 성숙된 후 환경조건(온도가 밀접하게 관계)이 갖추어지면 꽃이 피게 되는데 이를 개화라고 한다.

고냉지육묘(高冷地育苗) raising seedling in highland : 고온에서 생육이 익제되는 삭눌을 여름철과 같은 고온시기에 육묘하고자 할 때 기온이 높은 평야지대를 피하여 비교적 서늘한 고냉지(표고가 높은 지대)에서 육묘하는 것을 말한다. 딸기가 촉성국화의 육묘를 예로 들 수 있다.

고냉지재배(高冷地栽培) culture in highland, growing in highland: 호냉성 작물을 기온이 높은 여름철에 비교적 서늘한 고냉지에서 재배하는 것을 말한다. 표고가 600m 이상인 고냉지는 평야지보다 기온이 3~4℃ 이상 낮기 때문에 이 특징을 이용한 것이다. 주로 무우 · 배추가 재배되었으나 곧 결구상추 · 양미나리 · 양배추 · 당근 · 오이 · 멜론 · 피망 등의 재배도 늘어났으며, 화훼에까지도 확대될 전망이다. 1960년대 초 대관령지대에서 처음 시작되어 강원도 여러 지방의 산악지대, 경북 북부지방의 고산지대, 경남 밀양, 전북의 무주 · 진안 · 장수를 연결하는 고냉지가 이름난 재배지역이다.

고온처리(高溫處理) high temperature treatment : 히야신스 번식법의 한 가지로써 알뿌리의 밑 부분에 상처를 주는 종래의 방법(basal cuttage)과는 달리 한꺼번에 대량의 알뿌리를 능률적으로 처리할 수가 있고 동시에 히야신스의 황부병(黃腐病-*Xanthomonas hyacinthi*)의 방제가 가능하다. 15cm 이상의 지름을 가진 대구(大球)를 이용하여 습도 60~70% 이하에서, 43℃에서 4일간 또는 시작은 7월 중순 에서 9월 상순까지의 기간이면 언제라도 가능하나 8월 중 하순의 처리가 가장 분구효과가 크다.

38℃ 처리는 고온장해의 위험성이 적지만 장시간 처리해야 되고 43℃ 처리는 처리일수는 적으나 고온장해의 위험성이 있어 정밀한 온도조절 장치가 있어야 한다. 히야신스 번식 이외에도 알뿌리류의 휴면타파, 각종 바이러스의 불활성화, 병충해 방제, 꽃눈 제거 등의 목적으로 이용된다.

과수(果樹) fruit tree : 먹을 수 있는 과실이나 종자를 생산하는 나무, 즉 과실을 결실하는 다년생 목본성 및 목본만성(木本蔓性) 식물을 말한다. 다년생 초본인 파파야, 바나나도 포함하며 또한 재배상 중요한 대목식물도 포함시킨다. 수박이나 딸기처럼 1년생 초본성 식물의 과실은 포함시키지 않고 채소에 포함시킨다. 온대 ~열대에 분포하는 과수 종류는 659속 2,792종이나 되며, 그 중에서 중요한 것은 33과 50속 167종 정도가 된다. 현재 사용하고 있는 과수의 분류는 인위적 분류와 식물학적 분류가 있는데, 인위적 분류에 있어서 우리나라에서는 5군 (① 인과류 ② 핵과류 ③ 각과류 ④ 장과류 ⑤ 준인과류)으로 분류하고, 미국에서는 ① 온대과수 ② 아열대과수 ③ 열대과수로 분류하며, 일본에서는 ① 교목성과수 ② 만성과수 ③ 관목성과수로 나눈다. 식물학적 분류는 종(種)을 기본단위로 하여 계통적으로 분류하는 방법이다.

광합성(光合成) photosynthesis : 식물이 엽록체에서 태양 에너지를 이용, 공기 중의 CO^2 를 고정해서 탄수화물을 생산하는 과정을 광합성이라고 한다. 태양의 방사중 엽록체에서 흡수되는 유효한 방사는 광합성 유효방사로 대략 400~730nm의 범위에서 작용스펙트럼을 보인다.

광합성에는 태양의 빛에너지를 화학에너지로 변화시키는 명반응과 이 화학에너지를 이용하여 탄산고정을 수행하는 암반응의 과정이 있다. 광합성에서의 CO_2의 흡수와 호흡에 의한 CO_2의 방출이 같아지는 보상점이 있다. 광의 강도가 일정한 값에 달하였을 때 나타나는 것을 광보상점이라고 부른다. CO_2 농도와 온도가 일정하여 변화하지 않았을 때 빛의 강도를 높일수록 광합성 속도가 증가되어 포화상태에 도달하게 되는 것을 광포화점이라고 한다. 겉보기 광합성은 총 광합성량에서 호흡량을 제한 것이다. 식물체의 생장은 광합성 산물에 의존한다. 광합성을 통한 생장은 건물중 증가로 나타나는데 건물생산 또는 물질생산이라 부른다. 광합성 기관인 잎의 면적과 건물중의 증가 등에 의한 생장을 분석하는 것을 생장해석이라 한다.

단위엽면적당 단위시간당의 건물중 증가를 순동화율이라 하며 가장 중요한 요인이다. 햇빛을 받을 때의 호흡속도가 암소의 호흡속도보다 크며, 빛을 받을 때에만 나타나는 호흡을 광호흡이라 하며 글리콜산을 기질로 한다. 광합성을 촉진시키기 위하여 CO_2 농도를 높이려는 목적으로 보기도 하나 생리적 역할이 아직 불확실하다. 분리한 엽록체에서 CO_2가 없으면 적당한 산화제가 있을 때 빛에 의하여 산소가 발생하는데 이 반응의 발견자 이름을 따서 힐 (Hill) 반응이라고 부른다.

괴근(塊根), 덩이뿌리 tuberous root : 뿌리 자체가 방추상(紡錘狀) 또는 봉상(棒狀)으로 비대하고 많은 저장양분을 함유하고 있다. 달리아, 라난큐러스, 고구마 등이 그 예이다.

고구마와 같이 괴근에 부정아가 형성되는 경우도 있으나, 통상은 괴근 상부에 크라운(관아)이라는 줄기의 기부가 붙어 있지 않으면 싹이 트지 않는다. 따라서 분구할 때는 반드시 크라운(관아)을 붙여서 분구해야 한다. 고구마, 달리아에서는 줄기에서 발생한 많은 부정근 중 일부가 비대하여 괴근화한다. 괴근화하는 부정근은 형성층환(形成層環)의 분열에 의해 생기는 목부(木部) 유세포의 증가와 그 확대에 의해 비대하게 된다.

구경(球莖), 알줄기 corm : 단축된 줄기가 비대하여 구상(球狀)으로 변한 것, 구경의 정단과 각 절(節)에는 눈이 있고 잎의 기부는 얇은 막이 되어 구를 감싼다. 글라디올러스, 프리지아 등이 그 예이다. 구경의 수명은 1년 이내이고, 매년 새로운 구경과 교대한다.

구근(球根), 알뿌리 bulbs, bulbous plant : 숙근초 중 지하 또는 지표면의 기관이 비대하여 다량의 저장양분을 함유하고 있는 것을 구근(球根)이라 한다. 구근류, 구근식물이라고도 하며 화훼원예분야에서 사용하는 총칭이다. 그러나 명확하게 구근을 형성하는 것이라도 도라지와 리아트리스 같은 것은 관습상 숙근초(宿根草)로 취급하는 등 구분은 명확하지 않다. 구근의 대부분은 휴면기가 있고 생장할 수 있는 환경이 될 때까지 불량환경(추위 · 더위 · 건조) 에도 견디려고 하는 환경적응성을 갖는다. 또한 비대한 기관의 종류와 형태에 따라 인경 · 구경 · 괴경 · 근경 및 괴근의 5종으로 구분한다. 이것들 중에는 중간이행형(中間移行形)도 있다. 또 이식시기에 따라 춘식구근과 추식구근으로 나눈다.

근경(根莖) rhizome : 지하경이 구상(球狀)으로 되지 않고 전체적으로 비대한 것으로써 땅속에서 옆으로 기어가는 줄기를 말한다. 칸나, 생강 등 비후한 다육질의 것도 있고, 은방울꽃과 같이 지하경은 별로 비대하지 않고 가늘고 긴 것도 있으며, 난과식물과 같이 가는 것들이 덩어리로 지하에서 자라는 경우도 있다. 근경조직의 수명은 1년 이상 계속 지하에서 자라므로 구경과는 그 성질이 다르다.

근계, 근군(根系, 根群) root system : 작물의 종류 · 품종 에 따라서 지상부가 여러 가지 고유의 특징을 가지고 있는 것처럼 뿌리도 토양에서 고유의 특징을 갖는다.

쌍자엽 식물이나 나자식물에서는 종자의 배축이 신장해서 형성된 유근이 더욱 발달하게 되면 직근(주근)이 된다. 이 주근으로부터 분기해서 수평방향으로 퍼진 근이 측근이고 여기에서 세근이나 섬유근을 분기시킨다. 그러나 외떡 잎 식물에서는 주근의 생장이 유근의 발달과 함께 정지해서 줄기의 기부로부터 세근이 발생하여 근계를 형성한다.

지상부의 줄기로부터 공기중에 노출된 뿌리를 특히 기근(aerial root)이라 하고, 주지를 주로 하는 것을 지지근(支持根, prop root)이라고 한다. 토마토 줄기의 하향으로 나와 있는 것은 지지근이다. 사과에서 왜성대목을 사용할 경우 접목부위가 지표보다 높게 이식된 것, 지표의 접목부분에 기근속이 발생하고 수세를 약하게 하는 것이 많다. 이외에 삽목발근이나 구근에 발생한 근계는 부정근이 발달한 것이다.

과수에서는 근계를 근군이라고 부르며 수관폭과 근계의 퍼짐이 비슷하며, 토양의 물리화학성에 따르면 지표 3m 이하에서도 넓은 범위에 걸쳐 분포한다. 삽목번식을 하는 포도나무나 무화과나무는 비교적 얕게 비대근이 지표에 평행으로 넓게 분포한다. 접목번식하는 감나무에서는 직근이 지중으로 깊게 발달하는 근계를 형성하는데 기타 많은 것은 측근을 주로 하는 근계를 형성한다.

예를 들면 밀감의 경우 탱자나무 대목은 천근성으로 대부분이 깊이 50~60cm까지 발달하고 세근의 발생량이 많은데 비해, 유자대목은 심근성으로 깊이 120cm까지 발달한다. 이와 같이 근계의 분포정도나 근계를 구성하는 세근의 발생량에 따라 크게 달라지고 지상부의 영양생장이나 생식생장이 근장 발달에 크게 영향을 미친다. 즉, 심근성 근계를 갖는 경우에 지상부의 영양생장은 왕성해지고 내수성이나 내건성도 커진다. 천근성의 경우에는 지상부의 수체가 약화되기 쉽고 과실의 품질이 불량인 경우가 많다.

한편 근계의 발달은 토양상태에 따라 달라진다. 토양이 통기성 불량이거나 지하수가 높아 배수불량인 곳에서는 근계의 발달이 억제될 뿐만 아니라 복숭아와 같이 내수성이 약한 과수에서는 지하수 상승, 단수로 고사하는 경우도 있다. 이에 비해서 포도와 같이 부정근으로부터 발달한 근계는 내수성이나 내건성이 강하다. 국내의 과수원 토양은 강산성이 많은데 근계의 발달은 pH가 낮은 곳에서 현저하게 억제된다.

채소에서 박과채소의 근계는 얕고 넓게, 가지와 토마토는 깊게, 배추와 시금치는 아주 넓게 형성된다. 일반적으로 직파한 것은 직근이 깊게 들어가고, 측근은 성글고 긴 반면 이식한 것은 주근이 없고 측근수 발생이 많이 분포한다. 근채류는 특유의 비대한 직근(비대근)을 가지고 그것이 물리적 장해를 받으면 분근하는 것이 있다.

근원체(根原體) root primordium : 뿌리 조직으로부터 형성된 근원기를 말한다. 발달 초기에는 분열세포 괴를 이루고 있으며, 발근 전에는 형성층으로 분화하고 일단의 근의 형태를 이루게 된다. 삽수중의 근원체는 형성층, 사부내(師部內)로 분화를 일으킨다.

근출엽(根出葉) radical leaf →고출엽, 저출엽, 전출엽, 근출엽, 로제트 : 고출엽과 저출엽은 줄기에서 잎이 발생된 위치에 따라 붙인 용어이다. 저출엽은 어린 묘 상태에서 줄기의 기부 가까운 곳에서 발생되는 잎으로서 일반적으로 소형이며 인편 또는 막모양의 잎이다. 이에 대해 고출엽은 가지 선단에 생기는 잎으로서 흔히 포 또는 총포라 부르며 포인세티아에서와 같이 포가 아름다운 색채를 가지는 경우도 있다. 전출엽은 측지상에 최초로 형성된 잎눈 또는 꽃눈을 말하며 줄기축에서의 위치만으로 규정한 용어이므로 다양한 행태의 잎이 포함될 수 있다. 근출엽은 로제트(rosette)와 같은 뜻으로 쓰이며 잎이 마치 뿌리에서 나온 것처럼 보이기 때문에 붙여진 용어이지만 실제 잎은 뿌리가 아니고 마디 사이가 극히 단축된 줄기에서 나온다.

기비(基肥) basal dressing, basal fertilizer : 파종, 묘이식, 구근을 심기 전에 시용하는 비료이다. 낙엽과수에서는 낙엽 후의 만추~춘기에, 상록과수에서는 신엽의 싹눈 전의 춘기에 각각 시용하는 비료, 시비법이 기비에 상당한다. 기비는 시비위치에 따라 전층, 심층, 표층, 표면시비 등 시비양식에 따라 다르다.

비료성분에서 볼 때 인산 · 칼륨 · 석회 · 고토 등은 일반적으로 기비 중심이지만, 칼륨은 칼륨흡수량이 많은 작물, 유실하기 쉬운 토양과 다수확 재배 등에서는 기비 외에 추비로도 사용된다. 질소는 일반적으로 기비 · 추비로 분시된다. 토양 중에서 화학적 또는 미생물적으로 분해되어 암모니아태질성 질소비료, 유기질 질소비료 등에서는 전적으로 기비로 사용된다. 주요 작물에서는 기비 · 추비량의 비율, 추비의 시기 · 회수 등 적절한 시비체계가 제안된다.

기형화(奇形花) malformed flower : 기형화는 꽃이 형성되는 과정에 있어서 어떠한 이상 원인에 의해서 생긴다. 식물의 기형화는 환경요인, 방사선 조사, virus 감염 및 기타 여러 가지 약품처리 등에 의해서 생길 수도 있고 , 돌연변이 (이변인자) 유전자에 의해서도 생긴다. 기형화에는 수술이 화판화한 겹꽃과 암술의 화방화 및 화기 내의 액아가 발달하여 된 관생화와 생장점 부위의 다화화(多花化), 그리고 대화화(帶花化)도 기형화이지만 이들의 기형화는 품종으로 분화되어 있기 때문에 기형화라고 하지 않는다.

꽃눈(花芽) flower bud : 발아하면 꽃이 되는 눈을 말한다. 복숭아 나무와 같이 꽃만 피는 순정화아(純正花芽, pure flower bud)가 있다. 또한 가지 끝에 생기는 꽃눈을 정화아(頂花芽 terminal flower bud)라고 한다.

사과나무와 배나무의 겨드랑꽃눈에서 결실된 과실은 정화아에서 결실된 과실에 비하여 상품성이 떨어진다. 일반적으로 꽃눈은 잎눈에 비하여 크다. 혼합아에서의 숫꽃과 암꽃의 분화는 꽃눈분화와 동시에 이루어지지 않는다. 예를 들면 밤나무의 경우 수꽃의 분화는 7월에 시작되고, 암꽃은 다음해 봄 4월에 된다.

꽃눈분화(花芽分化) flower bud differentiation : 꽃의 원기(原基)는 꽃눈이 형성됨으로써 시작된다. 생육초기 젊은 상태에 있어서는 옆눈만이 형성되지만 어느 정도의 생육기간이 지나면 꽃눈이 생기게 된다. 이것을 꽃눈분화, 또는 꽃눈형성이라 한다. 때로는 최화(催花)라고도 한다. 꽃눈은 형태적으로는 보통 말하는 잎눈과 상동기관이기는 하나, 식물체의 내적 · 외적 요인에 의해 잎눈에서 꽃눈으로 전환하게 되는데, 형태적으로나 생화학적으로 상당히 차이가 난다.

잎눈만이 형성되어 있는 개체가 꽃눈으로 전환하는 시기를 꽃눈분화기 또는 최화기라 한다. 꽃눈분화기는 꽃눈을 일반적으로 현미경 관찰을 하여 꽃눈분화의 첫증상이 나타나는 시기를 말하고 있으나, 진정한 분화기는 분화초기 조금 전에 식물체내의 분화조건이 갖추어져서 화성(花成)물질이 생긴 시기, 즉 생리적 분화기라고 생각된다. 형태적으로 꽃눈분화기 때 조사 하는 방법을 직접법이라 하고, 적엽(摘葉)이나 환상박피(環狀剝皮) 등 처리를 꽃눈분화기 전후에 실시하여 다음해 봄의 개화기에 나타나는 꽃눈착생 상태를 조사하여 분화기를 결정하는 방법을 간접법이라 하고 있다. 직접법에 의한 꽃눈분화의 초기증상은 복숭아에 있어서는 ① 생장 원추체(圓錐體)의 확연한 비후(肥厚)가 일어났을 때를 분화 제1기, ② 생장점이 다소 볼록하게 되고 불규칙적인 발육을 시작할 때를 분화 제2기, ③ 생장점 부위의 표면이 평평하게 됐을 때를 분화 제3기(결정적 꽃눈분화기)라 하고 있다.

꽃눈분화기는 종류, 품종, 가지의 종류, 재배지의 기상, 기타 환경조건에 따라서 상당히 달라지나 인과류나 핵과류는 6~8월의 여름에 해당하는 경우가 많다. 감귤은 종류에 따라 차가 크고 온주밀감은 겨울에, 금감이나 탱자는 여름에 분화한다. 열대나 아열대식물은 연중분화하는 것이 있다. 가지는 일반적으로 단과지에서 보다 일찍, 장과지나 이번지(二番技)는 늦게 분화한다.

꽃눈분화를 유도하는 내적 요인은 C/N율로 본 동화생산물의 양적 관계와 오옥신이 관계하는 식물생장물질의 작용이 중요시되고 있다. 외적 요인으로서는 광주성(光週性)에 관계하는 광조건과 춘화작용에 작용하는 온도조건이 잘 알려져 있다. 꽃눈분화를 촉진하는 조건으로는 고온, 일조 시간이 많은 것, 건조, 적당한 영양상태, 약전정, 환상박피 등이 있다.

낙엽제(落葉劑) defoliant : 조팝나무나 공조팝나무 같은 낙엽성 화목은 잎이 있는 상태로 촉성하면 개화가 고르지 않으므로 촉성전에 인위적으로 낙엽시켜야 한다. 낙엽제로서는 석회질소 · 염소산소가 있다. DEF(tributyl phosphorotrithioate), 존칼라(sodium 2, 3, 5 trimdo-benzoate) 등이 효과적이다.

내병성(耐病性) disease resistance, disease tolerance : 병원체의 침입 · 감염을 받아도 병징이 나타나지 않거나 또는 병징이 나타나서 발병되더라도 그 식물 자신의 생육이나 수량에 영향을 주지 않는 기주식물이 갖는 성질을 말한다. 이것은 저항성의 뜻과는 구별되어야 한다. 다른 표현 방법으로 내병성은 왕성한 생육에 의해 병해를 외관상으로 숨기고 있는 요인을 구비한 기주식물의 특성이라 할 수 있다. 여기서 내병성의 뜻에 대해서 한가지 명확히 해야 할 것은 병해에 대한 회피성(escaping)과의 구별이다. 후자는 식물 자체가 병원체에 감수성을 나타내나 재배법 등의 환경조건에 따라 발병하지 않는 경우를 말한다. 소위 경종적인 수단에 기초하는 의미가 있고 내병성과는 다르다.

내생(內生)리듬 endogenous rhythm : 식물에는 외부조건에 관계없이 일정주기를 가지고 반복되는 여러 가지의 리듬이 존재하고 있다.

예를 들면 강낭콩잎의 취면운동(就眠運動) 등은 식물을 암흑하에 두어도 어떤 한도 내에서는 일정의 주기를 가지고 반복된다.

그러한 리듬은 외부조건에 의존하지 않는 식물내에 원래부터 존재하는 리듬이기 때문에 내생리듬이라고 부르고 있다. 그러나 그 주기는 24시간씩 밤낮이 교대하는 환경조건 하에서 오랜 기간 진화하여 왔기 때문에 광의 존재 유무가 그 리듬개시의 신호로서 유전적으로 고정되어 버린 것이 많다.

내음성(耐陰性) shade tolerance : 약한 광선하에서도 식물이 자라는 성질, 최소수광량(最小受光量)과 호흡량이 적고 광합성의 보상점은 낮으며, 잎의 수명이 긴 성질의 식물은 내음성이 강하다. 내음성이 강한 수목은 음수(陰樹), 약한 식물을 양수(陽樹)라 한다.

냉장(冷藏) cold storage : 얼음이나 냉동기를 사용하여 상온보다 온도를 낮추어 저장하는 것을 일반적으로 일컫는 말인데, 청과물의 저장에서는 저온저장이라 부른다. 냉동기를 사용하여 온도를 낮추는 창고가 냉장고이고, 여기에 청과물 등을 넣어 저장하는 것을 냉장저장 또는 냉온저장이라 부르고 있다. 청과물의 냉장은 대부분이 얼지 않는 범위의 저온, 즉 0℃ 부근이 최적이지만 감귤류는 보통 5℃이며 오이 · 가지 · 감자류는 10℃ 정도가 적온이다. 또 화아분화 조절을 위한 묘냉장 기술이 딸기의 억제재배에 응용되고 있다. 즉, 2월 상 · 중순에 묘를 파내어 9월에 심기까지 0~-2℃로 냉장한다.

네트재배(網地栽培) net-cultivation of orchard : 과실을 가해하는 또는 비래성 해충(飛來性 害蟲)을 방지하거나 강한 바람을 약하게 할 목적으로 과수원 등에서 망으로 쳐서 재배하는 방법이다. 오래된 어망도 사용되지만 요즈음은 가볍고 질긴 각종 망목(網目)의 전용망이 시판되고 있다.

노지재배(露地栽培) open culture, outdoor culture : 자연의 기상조건하에서 작물을 재배 하는 것(→억제재배, 불시 재배)

단일(短日) short-day : 낮의 길이가 보통 12시간 이하인 것.

단일식물(短日植物) short-day plant : 하루의 낮길이가 어느 일정한 한계시간보다 짧아졌을 때 개화가 유발되거나 촉진되는 식물을 단일식물이라고 한다. 어떤 한계시간보다 낮의 길이가 길 때 영양생장을 계속하고 개화하지 않는 것을 질적 단일식물 또는 절대적 단일식물이라고 한다. 이것에 비해서 그들의 한계시간보다 낮의 길이가 길게 되어도 개화는 늦어지지만 개화하는 것이 있는데 이들을 양적 단일식물 또는 상대적 단일식물이라 한다. 그러나 양적 단일식물은 그 한계시간이 반드시 확실한 것은 아니고 일장시간의 지연에 따라 늦어지는 개화는 연속적인 것이다. 대표적인 단일식물로는 국화 · 나팔꽃 · 벼(만생품종) · 도꼬마리, 들깨 등이 있다(→장일식물).

단장일식물(短長日植物) short-long day plants : 처음에는 단일이고 후에는 장일조건이 되어야만 화성(花性)이 유도되고 계속 일정한 일장에 두면 개화되지 못한다. 베고니아 (*Pelargonium grandilorum*)와 초동꽃(*Companula medium*) 등이 단장일식물에 속한다.

덩굴 vine, cane ; 줄기가 길게 신장하여 스스로 직립하지 못하고 땅 위를 기거나 다른 물체를 휘감아 기어오르는 줄기를 말한다. 이런 줄기를 가진 식물을 덩굴성 식물이라고 하며 초본성인 것과 목본성인 것이 있다. 덩굴성 식물은 줄기 자체가 다른 물체에 나선상으로 감으면서 자라는 것과 줄기에서 덩굴손을 내어서 물체를 휘감아 생장하는 것이 있다.

줄기 자체가 물체를 감아 올라가는 덩굴성 식물에는 나팔꽃처럼 오른쪽으로 감는 식물과 인공덩굴처럼 왼쪽으로 감는 식물이 있으며, 하수오(새박)처럼 좌우 양쪽으로 감는 식물도 있다. 덩굴손을 내어 다른 물체를 감는 식물 중에서 포도는 줄기가, 콩과식물이나 박과식물은 잎이, 바닐라(vanilla, 열대식물)는 부정근이 덩굴손으로 변형된 것이다.

덩굴성 식물 liane, liana, climbing plant : 줄기가 덩굴상태로 부착근 또는 감는 덩굴로 다른 식물이나 구조물에 붙어서 자라나가는 식물로서 채소 · 과수 · 화훼, 약용 및 특용작물 등에 널리 존재하고 있다. 덩굴성이므로 줄기를 유인해 줄 지주나 덕 등의 시설이 필요하며 식물에 따라서는 공간의 효과적인 이용, 장기 연속수확 등의 이점도 있다. 등나무 · 크레마티스 · 능소화 · 담쟁이덩굴 등이 있다.

도장지(徒長技) water sprout : 자람가지의 일종으로 세력이 특히 왕성한 가지이다. 특별히 이용할 경우가 아닌 것은 생장초기에 제거하는 것이 양분소모면이나 병해충 방제에 효과적이다.

동지아(冬至芽) winter sucker : 로제트화한 국화의 지하경(地下莖)을 말한다. 9월 하순 ~10월 상순이 되면 지표면에 매듭이 심하게 단축된 측지가 발생하기 시작해서 12월 중하순의 동지 때가 되면 가장 뚜렷해지기 때문에 동지아라 한다. 국화는 지상부의 모든 줄기에 꽃이 맺거나 제거되면 지하경이 발생한다. 이렇게 발생한 지하경이 10℃ 이하의 저온과 단일조건에 놓이게 되면 로제트(rosette)가 된다.

로제트가 된 동지아는 0℃ 전후의 저온에 30일 이상 처리해야 로제트를 벗어난다. 로제트상(rosette phase) 후에는 유령기(幼令期 juvenile stage)가 계속된다. 유령기는 꽃눈분화에 적당한 일장과 온도를 급여해도 당분간 계속된다. 국화의 촉성과 반촉성은 일반적으로 동지아를 많이 이용한다. 인공적으로는 고랭지육묘나 저온처리를 해서 재배한다.

드라이 플라워 dry flower, dried flower : 화훼류를 건조해서 보존하는 꽃, 건조화(乾操花) 또는 영구화(永久花, everlasting flower)라고도 한다.

만드는 방법으로는 글리세린 처리법(생채처리 또는 건조 후 처리), 강제건조법, 건조제 이용법, 자연건조법 등이 있다. 보리짚꽃 · 천일홍, 숙근안개초 · 장미 · 스타티스 등은 옛날부터 건조화의 재료로 많이 이용해 왔다. 글리세린을 처리하면 일반건조화 하고는 색다른 풍취의 드라이 플라워를 만들 수 있다. 유카리 · 장미 · 숙근안개초 등 여러 가지 재료를 이용해서 만들 수 있게 되어서 생화와는 별개의 영역을 형성해 가고 있다 .

로제트 rosette : 화훼에서 줄기가 거의 신장하지 않고 뿌리에 직접 잎이 붙어 있는 것같이 보이는 근출엽(根出葉)의 상태를 로제트라고 말한다. 일반적으로 겨울을 나고 봄에 급속히 줄기를 신장시켜 개화하는 형이면서 저온요구성인 장일식물은 겨울동안에 이 생육형을 취하는 것이 많다. 무우, 당근, 시금치 등이 이에 속한다.

많은 경우 저온에 처한 후 고온하에 두면 로제트는 타파 되어 줄기를 신장시켜 개화에 이르며, 지베렐린은 저온효과를 대체한다. 저온이 불충분하면 로제트가 타파되지 않고 좌지(座止) 현상을 일으키는 식물은 로제트로 멈춘다.

식물의 종류에 따라서는 지베렐린을 투여하면 줄기를 신장시키지만 투여를 중지하면 신장한 줄기 위에 다시 로제트가 형성되어 마치 나무 위의 새둥지처럼 보이므로 새둥지상 로제트 (nest rosette)라고 불리고 있다 .

만생(晩生) late folwering, late maturing, late ripening : 과수에서는 비교적 개화 · 결실 · 성숙이 늦은 것을 만생이라고 하고 더 늦으면 극만생이라고 한다.

발근(發根) rooting : 식물의 종자 · 괴근 · 괴경 등의 번식기관이나 잎 · 줄기 · 뿌리 등의 기관 또는 그 일부와 캘러스 등의 조직으로부터 뿌리를 분화시켜 생장하는 것을 말한다. 발근이 중요한 경우는 삽목, 취목, 조직배양시, 부정아 발생시 종자 중에는 바로 파종을 해도 발아하는 것이 있지만 일정기간의 휴면을 거쳐 발아하는 것도 있다. 휴면종자를 인위적으로 단축(휴면타파)시키기 위해서는 온욕법, 저온처리, 에틸렌클로로하이드린(ethylenchlorohydrin) 및 여러 가지 유기산을 처리한다.

또한 경피종자는 물의 투과를 좋게 하기 위하여 95% 황산에 15~60분간 침지하든가 종피에 상처를 내어 발아시킨다.

배합토, 배양토(配合土, 培養土) compost, mixed soil, growing medium : 배합토 또는 배양토라고 하며 일반적으로 작물의 생육에 호적한 상토의 물리성은 삼상비율이 각각 1/3이 좋다고 하나 단독의 토양에서 이것을 만족하는 것은 곤란하고 몇 개의 소재를 각각의 비율에 적합한 배합토가 만들어진다. 오래전부터 토양의 개량이란 발상으로부터 밭토양 · 논토양 등의 천연의 토양에 강변의 모래 · 퇴비 · 부엽토 등을 혼합하였으나 최근 버미큘라이트 등의 광물 또는 식물자재가 넓게 이용되게 되었다.

작물이 잘 생육하기 위해서는 공극률이 높아서 수분을 많이 저장하면서도 공기의 소통이 용이한 흙이어야 한다.

동시에 식물영양분도 풍부히 고루 저장되어 작물의 생육에 부족함이 없어야 한다. 그러나 이런 토양을 찾아내기는 논이나 밭, 혹은 산 어느 곳에서도 쉽지 않다. 그래서 우리는 몇 종류의 소재를 적당한 비율로 혼합하여 이런 목적에 가깝게 만들어 내고 있다. 이때 논 혹은 밭흙 등 혼합의 기반이 되는 흙을 기토(基土)라 한다.

최근에는 무토양 배합토(soilless compost)라고 하여 기토를 전연 쓰지 않는 기질도 만들고 있다. 모래와 이탄가루를 여러 비율로 혼합한 UC soil mixes, 이탄가루와 질석 혹은 펄라이트를 혼합한 Cornel peatlite mixes 등이 알려져 있다.

번식(繁植) propagation : 생식을 통해서 생물이 자기 자손을 유지 · 증가시키는 현상을 말한다. 생식과 번식은 같은 뜻의 말로 사용되는 경우도 많다.

보광(補光) supplemental lighting : 식물의 생육에 필요한 태양광의 양을 보충하기 위해서 인공광원으로 조명한 것을 말한다. 광합성량을 증대시키는 것을 주목적으로 하기 때문에 광주효과(光週效果)를 내기 위한 장일처리의 전조와는 다르다. 겨울철 흐린 날이 많은 적설지대에서 강한 광을 필요로 하는 과채류나 화훼류 등은 생육이 지연되며 건전한 화기의 발달이나 좋은 품질의 생산이 곤란하므로 육묘시와 재배중에 보광효과가 크고 토마토 · 카네이션 · 장미 · 국화 · 군자란 등에서 효과가 인정되고 있다. 광원으로는 백열등 · 형광등(赤色光, 遠赤色光加用) · 수은등이 이용된다. 난방비 전기료 등의 문제로 실용적인 이용은 상당히 제한된다.

부정아(不定芽) adventitious bud : 막눈이라고도 가운데 숨은 눈과 같은 의미로 이용되는 경우가 많지만 식물학적으로는 원래 눈이 없는 조직에서 발달한 눈을 말한다. 예를 들면 절단된 뿌리에서 발달된 눈을 막눈이라 할 수 있다.

분구(分球) division, separation, splitting, multiplication : 구근류에서 자연히 나누어져 수가 증가하는 과정을 말한다.

인경에서 중심 생장점이 나누어져 둘 이상의 구로 늘어나거나, 인편엽의 엽 곁에 자구가 형성되어 측구로서 나뉘어 가는 경우, 혹은 구경에서 신장한 눈의 수(數)만, 신구경을 만들어 늘려 가는 경우 등이 그 예이다. 분구의 능률이 나쁜 구근류에서는 분구의 조절이나 인위적인 번식법을 강구해야 할 필요가 있다.

한편, 인위적으로 잘라 나누어 수를 늘리는 경우에도 분구(division)라고 하는데 그 잘라 나누는 방법이 분구법이다.

달리아의 괴근에서 크라운이 있는 눈을 반드시 붙여 잘라내는 작업, 또는 칸나 등의 근경을 가늘게 자르는 작업이 그 예이다.

분지(分技) bifurcation, branching, ramification : 과수에서는 원줄기에서 원가지가 나오는 것을 말하며 분지할 때 각도를 중요하게 생각한다. 원줄기에 대한 원가지의 분지 각도는 45° 정도가 좋으나 최근에 왜성사과나무에 있어서 60° 이상 90° 가까이로 넓혀주는 것을 권장하고 있다. 분지각도가 좁으면 원줄기와 원가지 사이에 수피가 끼어 목질부의 결합이 약해지므로 쉽게 찢어지며, 반대로 분지각도가 너무 넓으면 과실무게로 인해 원가지가 아래로 처지므로 가지의 세력이 약해지고 관리에도 불편하게 된다.

블라인드 blind : 분화한 화서가 정상적으로 발달하지 않고 도중에 멈추어 개화에 이르지 않는 현상. 분화한 화서는 발달에 적당한 체내의 생리적 상태 및 환경조건하에서는 순조롭게 발달하나 부적당한 일장 · 온도 · 광량 등 조건하에서는 분화가 중단되고 생장상이 영양생장으로 역전한다.

장미는 채화 · 적심 · 전정 등으로 정아우세가 제거되면 환경조건에 관계없이 새가지가 1~4cm 자라면 꽃눈분화를 시작하고, 꽃받침 · 화판 · 수술 · 암술 순으로 분화하여 개화한다. 그러나 저온 · 저광량하에서는 화판분화 단계에서 정지하여 블라인드로 된다. 암 · 수술이 분화한 단계에서는 불량환경조건하에서도 정지하지 않고 순조롭게 발달하여 개화한다.

사계성(四季性) ever blooming, ever flowering, perpetual flowering : 1년 내내 꽃이 피는 식물(단 겨울의 노지 제외).

다년성 작물은 대개 개화 및 결실기가 계절적으로 고정되어 있는 것이 많다. 그러나 그 중에서는 계절에 관계없이 생육온도만 맞으면 연중 개화 및 결실하는 것이 있는데, 이러한 성질을 사계성이라 하며, 화훼에서는 사계 개화성이라 한다. 원예식물로서는 봄 · 가을 두 번에 걸쳐 피는 것도 사계성으로 취급, 사계성의 식물에는 아열대산이 많다.

사이토카이닌 cytokinin : 이 명칭은 동물의 근수축(筋收縮) 촉진물질인 카이닌과 카이네틴을 구별하기 위해 카이네틴 모양의 활성을 가진 물질에 대하여 붙여진 이름인데, 카이네틴은 Skoog의 연구팀에 의해 담배의 조직배양시 첨가한 코코넛 밀크와 효모 추출액으로부터 분리한 결정성의 활성물질로, 천연 사이토카이닌으로서는 zeatin, dihudro zeatln, 2iP, 2iPA, ms2iPA 등이 있으며, 합성 사이토카이닌으로서는 6벤질 아미노 퓨린 같은 6아미노기 치환체를 측쇄(測鎖)에 가진 것이 많은데, BA제(벤질 아데닌)가 실용적으로 많이 이용되고 있다.

생리작용을 살펴보면 다음과 같다.

① 잎의 생장 : 잎의 생장에는 일반적으로 저해적이나 잎의 절편생장을 촉진하는 것으로 알려져 있다.

② 근의 생장 : 근의 생장에는 대체로 저해적이나 저농도의 카이네틴은 담배줄기에서 유기된 캘러스의 뿌리생장에 촉진 효과를 나타낸다.

③ 측아의 생장 : 인돌초산(IAA)과 길항작용을 나타내며 정아우세에 대하여 측아의 생장을 촉진하는데 휴면타파촉진, 지생란의 구경, 사과 · 배의 가지에서 부정아의 발생촉진에 이용되고 있다.

④ 분화와 기관형성 : 부정근의 형성에는 촉진작용 및 저해작용을 나타낸다. 눈의 형성에 있어서 베고니아 렉스를 카이네틴 처리에 의해서 눈의 형성이 촉진되며, 조직배양한 뿌리로부터도 눈의 형성을 유도한다는 보고도 있으며, 기관형성을 유도한다는 보고도 있으며, 기관형성이 오옥신과 사이토카이닌의 비율에 의해 조절된다는 것은 베고니아 · 세인트폴리아 · 담배 등에서 알려져 있다. 세포분화에 있어서 카이네틴과 IAA의 비율에 따라 여러 가지 세포로 분화할 수 있다.

⑤ 종자의 발아와 휴면타파 : 결구상추 · 담배 · 클로바 등의 상부휴면 종자의 발이를 촉진한다. 또 포도의 휴면아의 생장을 유도한다.

⑥ 세포분열 : 오옥신의 존재하에서 현저히 세포분열 촉진 효과를 나타낸다.

⑦ 세포비대 : 무우의 엽절편(葉切片) 등에서 카이네틴에 의해 세포가 비대한다.

⑧ 노화와 이층 형성 : 잎의 노화에 대해서 카이네틴은 억제 효과를 나타내며, 카이네틴을 엽병조직(葉炳組織)에 직접 처리하면 잎의 탈리가 지연되고, 이보다 약간 떨어진 장소에 처리하면 촉진된다고 한다 .

삭과(朔果) capsule : 식물의 과실은 자방이 발달하여 과육을 형성하는데, 여러 개의 심피가 과실의 성숙과 함께 건조되며 그 후에 선단부가 열리면서 종자를 산포하는 열매를 말한다. 삭과에는 배봉선(背縫線)에 따라 터지는 포배개열(胞背開裂), 심피실 사이의 막에 따라 터지는 포간개열(胞間開裂), 삭과의 끝이나 밑에 구멍이 생기면서 종자가 나오는 포공개열(胞孔開裂) 등이 있고, 그 밖에 심피가 옆으로 갈라져 모자모양으로 벗겨지는 횡열삭과(横裂朔果, pyxis) 등이 있다. 횡열삭과에는 질경이와 채송화가 있다.

삽목, 꺾꽂이(插木) cutting : 식물체의 일부인 줄기 · 잎 · 뿌리 등을 잘라 부정근(不定根)과 부정아(不定芽)를 발생시켜 하나의 독립된 개체를 얻는 영양번식의 한 방법이다.

모주와 동일형질의 개체를 일시에 대량 증식할 수 있고 기술적으로도 간편하여 화훼류 번식에는 가장 많이 사용되는 번식법이다. 사용되는 식물체의 부위에 따라 엽삽(잎꽂이) · 엽아삽(잎눈꽂이), 경삽(줄기꽂이) · 근삽(뿌리꽂이)으로 불리고 있다.

삽목법, 꺾꽂이법(插木法) cutting, cuttage : 삽목에 관하여 불리어지는 명칭은 채취 부위에 의하여 엽삽 · 경삽 · 근삽 등으로 불리어지기도 하지만 위치와 형태에 따라서 선단부위를 사용할 때 천삽(天插) 또는 정아삽(頂芽插 · 心插, tip cutting, terminal cutting)이라고 하고, 그 밑의 부위를 삽목할 때를 관삽(管插, 일반삽, normal cutting)이라고 한다.

구조직(舊組織)의 극히 일부분만 붙여 삽목하는 것을 종삽(鐘插, heal cutting)이라 하고, 전년생의 구조직 일부를 새줄기 기부에 T자형으로 붙여서 꽂는 방법을 당목삽(撞木插, mallet cutting)이라 한다.

한편 흡수를 쉽게 할 목적으로 진흙을 개어 뭉쳐 삽수의 절구에 붙여 꽂는 방법을 단자삽(團子插, 경단꽂이, earthen ball cutting)이라 한다. 삽수의 길이에 따라 한눈만 붙여 삽목하는 일아삽(一芽插), 가지를 짧게 하는 단초삽(短梢插), 긴 가지를 삽목하는 장초삽(長梢插)이 있다. 한편 굵은 가지와 줄기를 길게 잘라 묻는 매간삽(埋幹插)도 있다.

삽목하는 삽상(插床)의 종류에 따라 화분에 할 때를 분삽(盆插), 상자에 하는 상삽(箱插), 노지에 할 때 노지삽(露地插), 비닐이나 유리로 밀폐시켜 습도를 높여 증산을 억제시키는 밀폐삽(密閉插, moist room cutting), 분무시켜 안개를 품어주는 장치를 하는 미스트삽(분무삽, mist cutting) 등이 있다. 일반적인 삽목방법은 다음과 같다.

① 삽목시기 : 알맞는 발근온도만 유지시킬 수 있으면 연중 가능하지만 봄과 가을이 가장 좋다. 초본류 · 관엽식물은 5~9월, 상록수는 5~8월 · 9월 · 2월 하순~3월이 좋고, 낙엽수의 경우 휴면기에는 2~3월, 생육기에는 5~9월 또는 9~10월이 적당하다.

② 삽수의 조제 : 충실한 가지를 사용하여 삽수를 채취하는데, 휴면지삽(休眠技揷)인 경우 10~15cm 길이로 자르고 녹지삽(錄枝揷)인 경우는 8~12cm에 2~3엽을 붙여 삽목한다. 엽면적(葉面積)이 너무 넓을 때는 엽신을 절단하여 삽목한다.

③ 삽목용토(揷木用土) : 유기질이나 비료분이 없는 청결한 재료를 사용한다. 보수력이 있으면서도 통기성이 좋은 것이 좋다. 일반적으로 모래 · 적토, 버미큘라이트(질석). 펄라이트 · 피트모스 · 가누마토 등이 사용된다. 발근이 쉬운 것은 비료분이 적은 밭에 직접 삽목하기도 한다.

④ 삽목하는 방법 : 완전 조제한 삽수는 몇 시간~하룻밤 동안 깨끗한 물을 흡수시켰다가 삽목한다. 발근촉진제 또는 lBA · NAd 등을 주로 사용하는데 처리방법은 삽수기부를 수시간~하룻밤 흡수시키는 침적법과 오옥신을 탈크(talc) 분말에 섞는 분제(粉制)를 삽수기부에 묻혀 삽목하는 방법이 있다.

분말처리시는 미리 삽상에 구멍을 뚫어 분말이 씻겨 버리지 않게 구멍 속에 꽂고 손으로 눌러준다. 삽수의 꽂는 깊이는 삽수가 고정될 수만 있으면 가능한 한 얕게 꽂는데 긴삽수는 다소 깊게 꽂아야 된다. 녹지삽인 경우는 삽상 위에 한냉사를 2매 정도 쳐서 차광하고 밀폐삽(密閉揷)인 경우는 삽상을 폴리에틸렌 필름으로 밀폐하고 그 상부를 차광한다. 미스트실도 한여름에는 차광해 주는 것이 좋다. 삽목 후의 물관리는 노지 삽목 후는 식물 전체에 충분히 관수하여 주고 차츰 발근이 되면 감해 준다. 밀폐삽인 경우도 삽목상이 건조하지 않도록 관수하여 준다.

생물검정법(生物檢定法) bioassay, biological assay : 어떠한 물질의 함량 또는 존재 여부를 생물생활현상의 계측에 의해 정량 또는 정성하는 것을 말한다. 화학검정에 비하여 정밀도가 낮은 경우도 있으나, 생물의 반응은 예민하기 때문에 극히 미량의 약제라도 검정이 가능하다. 농약의 생물 검정은 주로 효과의 정도와 약해 유무 조사, 유효성분의 정량에도 쓰이고 있는데, 이때는 통계학적 고려가 있어야 한다. 식물호르몬의 활력측정에 주로 이용되고 있다.

이 검정법으로는 「오옥신 검정법」, 「지베렐린 검정법」, 「사이토카이닌 검정법」, 「Abscisic산 검정법」이 있다.

수분 · 수정(受粉 · 受精) pollination ; fertilization : 피자식물(被子植物)의 화분이 암술의 주두(柱頭)에, 나자식물(裸子植物)의 화분이 배주(胚珠)의 주공부(珠孔部)에 부착하는 현상을 수분이라고 하고, 수분된 화분이 발아해서 그 핵이 배낭 속의 난핵과 결합하는 것을 수정이라고 한다.

피자식물에서는 주공에 들어간 화분관의 선단이 파괴되어 그 중 한 개의 웅핵(웅성핵)은 난세포에 들어가 난핵과 합치고, 다른 웅핵은 극핵(배유핵)과 합친다. 전자는 발육해서 배가 되고, 후자는 분열해서 배유조직을 만든다. 이와 같이 배낭내의 두 곳에서 수정이 행해지므로 이것을 중복수정이라고 부른다. 나자식물의 경우는 화분립이 주공에서 화분실로 들어가 수개월간 대기한 후에 화분관이 신장해서 배주심(胚珠心)으로 침입하여 경란기(頭卵器)에 도달해 경세포(頭細胞)의 사이에서 중앙세포로 들어가 수정이 이루어진다.

신초(新梢) shoot : 원예용어로 당년에 자라난 가지를 신초 또는 새 가지라 하고 있다. 줄기의 선단을 적심했을 때 측아로부터 자라나온 가지, 숨은 눈(隱芽)이나 가지 위쪽 또는 등어리에 위치한 눈에서 자라나온 가지와 같이 세력이 좋은 가지를 가리키는 경우가 많다.

많은 식물에서 신초를 녹지(綠技)라 부르기도 한다. 한편 신초에 해당하는 영어의 shoot 는 생물학적 용어로서 묘조(苗條)라 부르며 잎과 줄기를 포함한 지상부를 가리킨다.

심피(心皮) carpel : 종자식물에서 암술을 구성하는 특수한 구조의 엽상기관(葉狀器官)을 말한다. 나자식물에서의 심피는 엽상(葉狀)으로 직접 그 위에 배주가 붙지만, 피자식물에서는 주두 · 화주 · 자방의 3부분으로 분화 · 발달한다. 그러나 내지 수개의 심피가 유합하여 자방을 이루며 개화 후에 발육하여 과피가 된다.

액아(腋芽) axillary bud, lateral bud →정아, 액아 : 가지의 잎겨드랑이(葉腋)에 붙은 눈으로 겨드랑눈 또는 곁눈(測芽: lateral bud)이라고도 한다.

언챙이, 악할(萼割) calyx splitting : 카네이션에서 꽃잎을 싸고 있는 꽃받침의 일부가 세로로 갈라져서 꽃이 필 때 꽃잎이 터져 나오는 현상. 카네이션의 꽃은 수술이 화판화하여 겹꽃이 된 것으로, 화판의 수는 온도, 비료 · 품종 · 개화의 시기 등에 따라 변한다. 재배온도가 낮을 때와 밤낮의 온도차가 클 때, 비료는 칼리질이 다른 비료에 비해 많을 때에 언챙이의 발생이 많아진다.

품종에 따라서는 화판수가 봄에 증가하는 것, 가을에 증가하는 것, 연중(年中) 변화가 적은 것이 있다. 화판수는 60매 정도를 한계로 그보다 많으면 언챙이 현상이 일어나기 쉽다. 꽃받침에서 화판이 나오기 시작하는 3~4일간이 가장 영향을 받기 쉽다. 또한 바이러스병이나 푸사리움병에 걸리면 언챙이의 발생이 증가하는 경향이 있다.

열피(裂皮) skin cracking : 구근의 보호기관인 외피(外皮)가 갈라지는 현상. 외관의 손상으로 상품가치가 떨어질 뿐 아니라 구근 부패병 등 병에 걸리기 쉽게 된다. 튤립은 다음의 인편엽이 바로 외피화하는 일이 없기 때문에 특히 문제가 된다.

엽령(葉齡) leaf age : 일반적으로는 잎의 생리적인 성숙, 노화의 정도를 말하며 물리적 시간변화와 반드시 일치하는 것은 아니다. 엽령은 유전적 또는 환경적 요인에 따라 다르며 광합성, 호흡 및 광주기 등의 여러 생리과정이 관여한다.

엽서(葉序) phyllotaxis, phyllotaxy : 잎의 줄기에 대한 배열방식, 식물의 종에 따라 특이하고 일정한 규칙성을 갖는다. 한 마디에 세 잎 이상 붙는 경우를 대생(차조기, 별꽃), 한 잎씩이 엇갈려 붙는 경우를 호생(互生)이라 한다. 호생 엽서는 나선엽서라고도 하고 다음 마디 잎과의 차이 각도를 360°로 나눈 값으로 엽서를 나타낸다. 즉, 180°의 1/2 엽서(벼과), 120°의 1/3 엽서(금방동사니과), 144°의 2/5 엽서(벚꽃, 명아주), 135°의 3/8 엽서(무우), 그 밖에 5/13, 8/21, 13/34, 21/55 엽서 등이 있다.

영양계(營養系) clone, clonal line, clonal strain : 식물체의 한 개체로부터 꺾꽂이(挿木)·휘묻이(取木)·접붙이기(接木)·포기나누기(分株)·구근(球根) 등의 영양번식에 따라 증식된 개체군을 말한다. 감귤류 등에서 볼 수 있는 주심배(珠心胚)는 모식물의 주심으로부터 유래되는 것이므로 이것으로부터 증식된 주심배 실생도 영양계이다. 또한 메리클론(mericlone)과 같은 조직배양 또는 세포배양이나 프로토플라스트(protoplast) 배양에 따라 동일개체로부터 증식된 개체군도 영양계이다. 영양번식에서는 유전자의 교환이 일어나지 않으므로 돌연변이나 염색체의 증감이 일어나지 않는 한 동일유전자형을 갖게 된다. 영양번식성 작물에서는 영양계 개체군이 재배대상이 되므로 이를 영양계 품종이라 한다. 영양계 품종에서는 돌연변이의 선발에 의하여 품종개량이 이루어질 수 있다.

영양계 선발(營養系 選拔) clonal selectlon : 과수류·차·뽕과 같은 목본성 작물, 토란·참마·감자 등 영양번식성 작물 또는 다년생목초 등은 오래 재배하면 아조변이(芽條變異→枝變異)가 생긴다거나 실생개체가 혼입되는 등으로 하여 종종 변이체가 발견된다. 특정지역에 분포되어 있는 변이체를 특히 생태형(ecotype)이라고 한다. 이들 중에서 우량한 영양계를 뽑아내는 과정을 영양계 선발이라 한다. 종자번식성 작물과는 달리 얻은 변이체를 번식한 차세대를 검정할 때 분리가 되지 않기 때문에 이후의 개체선발은 필요가 없어 우량품종의 결정까지 기간이 짧다.

먼저 영양체를 수집하는 지역을 선정한다. 지역선정이 영양계 선발의 성패를 가리기 때문에 신중을 기해야 한다.

영양체 수집시에는 지역의 특징, 즉 지역명·기상환경·토양환경 등을 명기해 둔다. 수집한 영양체를 동일조건에서 재배하여 우량개체를 선발한다. 첫해에 수량성의 검정이 불가능하므로 주로 가시적 형질로 선발한다. 선발개체에 대하여는 가능한 한 많은 영양체를 수확한다. 이차 선발은 수량·품질 등을 대상으로 하여 보통재배법으로 비교한다.

이때 영양체가 충분하면 2반복 또는 3반복이 가능하다. 반복을 높이는 것보다 영양계통을 많이 택하여 비교하는 편이 좋다. 제3차 선발은 생산력 시험과 동시에 내병성·내냉성·내서성 등의 특성검정 시험도 실시한다. 이후 선발 계통에 대하여 지방적응시험 등을 넣어서 최종적으로 우량 계통을 결정한다.

온실(溫室) greenhouse : 유리나 플라스틱재 등 피복재로 피복된 구조물로 자연환경에서의 기상불량 요인을 인위적으로 조절하여 작물을 재배하는 것을 말한다. 일반적으로는 프레임이나 터널 등으로, 지붕의 높이가 낮아 안에 들어가서 작업할 수 없는 소형 구조물은 제외한다.

유리온실의 종류로는 양지붕식·3/4식·외쪽지붕식·반원형식·연동식 등이 있다. 일반적으로 많이 이용되고 있는 것이 양지붕식인데 200~300m^2 면적이라면 한 동, 1000m^2 정도에서는 2~3연동형이 적당하다. 3/4식은 겨울의 채광을 필요로 하는 온실 멜론재배용으로 130m^2 내외의 단동형이 실용화되고 있다. 연동식은 유럽의 네덜란드를 중심으로 발전한 벤로형 온실의 경우 다연동의 채소와 꽃 재배용으로 3000~6000m^{2}의 대규모 온실로 이용되고 입체재 배용의 타워형 등 특수구조의 온실이 있다.

비닐하우스를 주로 하는 플라스틱하우스에도 여러 종류가 있다. 우리나라에서는 기상 입지, 재배작물의 다양성, 경영규모에 따라 다른 나라에 비하여 구조형식이 다양하게 분화되어 있다.

온실에 의해 만들어지는 미기상은 자연상태의 기후와는 현저히 다르다. 즉, 온실은 자연상태로부터 폐쇄된 조건이기 때문에 시설내 기상요인을 인위적으로 제어함으로써 주년 혹은 계획생산이 할 수가 있는 것이다. 국내 온실내에서 재배되고 있는 작물은 채소가 가장 많고 다음으로 화훼·과수 순이다. 최근의 면적증가율은 화훼가 가장 높고 도입 작물의 다양화가 현저하다. 종래 노지재배를 했던 작물에 대해서도 생산안정과 불시출하를 목적으로 온실재배를 하는 경우가 많다.

온탕처리·온욕법(溫湯處理·溫浴法) hot water soaking method ; warm bath method : 일정한 온도의 탕 속에 식물체

를 침지해 둠으로써 휴면의 타파, 생육 및 개화를 촉진시킨다. 나팔나리는 35℃의 온탕에 5분간 예비처리 후 43~45℃의 온탕에 60분간 처리해야 효과가 크고, 라일락은 30~35℃에 9~12시간 처리로 휴면타파가 가능하다.

왜화재배(倭化栽培) dwarfed plant culture : ① 왜화제를 이용해서 식물의 절간을 짧게 하여 초장이 낮은 식물로 기르는 방법이다.

② 가지 · 잎 · 뿌리의 전정(剪定) 및 양분의 조절로 수목을 화분에 심어서 재배하는 분재(盆栽)도 왜화재배에 속한다.

③ 과수에서는 왜성대목을 이용해서 수고를 낮추어 조기 수확 및 수확노력 절감 등을 시도하고 있다. 사과에 있어서는 EM대목을 이용하여 실용화되었고 이 밖에 양앵두 · 감 · 배 등에 대해서도 시도하고 있다.

웅예(雄蘂), 수술 stamen : 화관의 안쪽에 윤생하며 가늘고 긴 자루모양(柄狀)의 화사(filament)와 그 화사 끝에 꽃가루가 든 약으로 이루어진 웅성의 생식기관이다. 수술은 보통 같은 모양, 같은 크기로 나누어져 화상에 착생(이생 수술)하지만 하나의 꽃에 있는 수술이 모두 합착된 단체수술, 몇 개의 다발로 합착된 2체 · 3체 수술 등이 있다. 이러한 것들을 합성수술이라고 한다. 약 부분에 접착된 것은 집약수술이라고 하는데, 한 꽃 안에 수술의 길이가 다른 것도 있다. 화사가 화변상으로 되고 약이 기능을 잃은 것은 가(불완전) 수술이라고 한다.

배수성 · 배수체(倍數性 · 倍數體) polyploidy ; polyploid : 종 고유의 기본염색체조(set, 게놈→게놈분석)를 정배수로 가지는 경우 이것을 배수성이라고 한다. 그가 가지고 있는 게놈의 수에 따라서 1배성(반수성, x), 2배성($2x$), 3배성($3x$) …으로 부른다. 그리고 구성 게놈이 같으면 동질배수성(autopoly-ploidy), 같지 않으면 이질배수성(allopoly-ploidy)이라고 한다.

배수성인 개체를 배수체라고 한다. 한 개체내에 있어서도 조직이나 세포간에 배수성의 차이를 나타내는 경우가 있는데 이것을 혼수성(mixoploidy)이라고 한다. 시금치나 염색체 배가처리를 행한 개체 등에서 관찰되고 있다.

인위적으로 만든 인위 동질배수체는 입성이 낮고 동일 유전자의 양적 증가에 의한 형질의 변이는 있지만 새로운 형질은 나타나지 않는다. 이에 비하여 인위 이질배수체는 입성도 높고 양친에서 온 유전자의 조합에 의한 형질의 변화와 이에 덧붙여 새로운 형질도 나타난다.

구성하고 있는 다른 게놈이 각각 2배성인 이질배수체를 복2배체(amphidiploid)라 하는데 복2배체는 임성도 높고 육종적 가치가 높다.

이수성(aneuploidy, heteroploidy)이라는 것은 게놈을 구성하는 염색체가 1~수개 많거나(고수성) 또는 적은(저수성) 현상, 즉 불완전 게놈을 말하며 이 불완전 게놈을 가진 개체를 이수체(aneuploid, heteroploid)라고 한다. 그리고 한 개체내의 조직이나 세포간에 이수성의 변이가 있는데, 이러한 현상을 체세포이수성(aneusomaty)이라고 한다.

이수체는 염색체수의 증감과 구성에 따라 4염색체 식물(tetrasomics 2n+2), 3염색체 식물 (trisomics, 2n+l), 2염색체 식물(disomics 2n), 1염색체 식물(mormsomics 2n-l), 영염색체 식물(nurisomics 2n−2) 등으로 불리어 진다.

이수체는 증감된 염색체의 종류에 따라 각기 다른 형질을 나타내므로 이것을 이용하여 염색체에 있는 유전인자의 종류를 결정할 수가 있다. 이것을 이수체 분석(aneuploid anolysis) 이라고 한다.

1년초 · 2년초(一年草 · 二年草) annual ; biennial : 1년초는 파종 후 1년내에 개화결실한 다음에 고사하고 2년초는 파종 후 2년 만에 개화결실 후 고사하는 초본(草本)이다. 1년초에는 봄에 뿌리면 연내에 개화결실하는 춘파 1 년초와 가을에 뿌리면 겨울을 나고 다음해 봄 이후에 개화결실하는 추파 1년초가 있다.

전자는 주로 열대 및 아열대 원산으로 내한성이 없기 때문에 서리피해가 없어진 봄에 파종하고, 후자는 주로 온대 건조지역이나 아한대(亞寒帶) 원산으로 내한성 또는 반(半) 내한성이다. 묘종 때 저온을 겪고(월동) 이듬해 봄에 개화하므로 2년초라고 하는 사람도 있으나 옳지 않다. 인위적인 저온처리와 영양생장기 단축으로 1년내 개화도 가능하다.

일장(日長) daylength, photoperiod : 해가 떠 있는 낮의 길이를 말하는 것으로써 모든 식물은 생활환을 제어하는 데 있어서 이 일장을 부호로 이용하고 있다. 식물은 낮의 길이가 아닌 밤의 길이, 즉 암흑의 지속시간에 따라 개화에 영향을 받게 되어 있다. 그러나 하루는 24시간이니 실제로는 낮의 길이, 즉 일장을 기준으로 하여도 문제되지 않는다.

식물이 일장반응에 의해 영향을 받는 것을 일장감응이라 하고, 인공적으로 식물에게 여러 가지 일장을 처리(일장처리) 하여 어떠한 효과가 나타나는 것을 일장효과라 한다. 일장처리의 경우, 어떤 식물의 한계일장보다 긴 일장으로 처리하는 것을 장일처리, 반대로 짧은 일장으로 처리할 때를 단일처리라 한다.

일조시간(日照時間) hours of sunshine, duration of bright hours : 일조시간이란 태양광이 구름이나 안개에 가려지지 않고 직사일광이 지면을 내려 쪼이는 시간을 말한다. 쾌청일의 일조시간은 가조시간(조사되는 최대 일조시간)과 같으며 아침부터 저녁까지 구름이 낀 경우 일조시간은 0이 된다.

일조시간과 가조시간의 비를 일조율이라고 하며, 그 값이 1에 가까울수록 좋은 날씨를 의미 한다. 가조시간은 천문학적으로 구해서 북위 36°에서 1월에 308.8시간, 4월은 391.4시간, 8월은 417.6시간 등이다.

일조시간의 측정은 죠단일사계로 측정되는 예가 많고 기타 바이메탈 일조계, 광전식 일조계가 이용된다.

자예(雌蘂), 암술 pistil : 종자식물꽃의 중심에 위치하는 자성 생식기관은 식물에 따라 하나의 꽃에 하나 또는 몇 개가 있으며, 자방(子房, ovary) · 주두(柱頭, stigma) · 화주(花柱, style)의 3부분으로 되어 있다. 자방은 자예의 기부의 팽창된 부분으로, 그 속에 종자가 되는 배주(胚珠, ovule)가 들어 있다. 주두는 자예의 최상단에 있어 화분이 부착되는 장소로 어떤 것은 융모가 있고, 어떤 것은 점액이 분비되어 수분에 적당한 구조로 되어 있다. 화주는 주두와 자방을 잇는 부분으로 대체로 긴 모양을 하고 있다. 자예를 구성하고 있는 꽃잎을 특히 심피(心皮, carpel)라고 부르는데, 1개의 자예를 구성하는 심피의 수는 완두 1매, 배추 2매, 백합 3매 등 각각 일정하다. 원예작물 중에는 자방내 기관의 불완전, 단화주(短花柱) , 만곡화주(彎曲花柱) 등 수분수정에 부적합해서 자성불임의 한 원인이 되는 불완전 자예를 가지는 것도 많다.

장단일식물(長短日植物) long-short day plants : 장일이냐 단일이냐를 막론하고 계속 일정한 일장에만 두면 개화를 하지 못하는 식물의 특성을 이용하여 처음에는 장일상태를 주다가 뒤에 단일상태를 주게 되면 화성(花性)이 유도되어 개화하는 것을 말한다. 밤에만 피는 야래향(*Cestrum nocturnum*)은 열대 중앙아메리카 원산인 관목으로써, 12시간 이상의 장일(12~13시간)에 5일 이상 두고 12시간 30분 이하의 단일(11~12.5 시간)에 2일 이상 두어야 개화하는데 이러한 식물을 장단일식물이라 한다.

장일(長日) long-day : 낮의 길이, 즉 일장이 12~14시간 이상, 보통 14시간 이상인 것.

장일식물(長日植物) long-day plant : 하루에 낮의 길이가 어떤 일정한계에 있는 시간보다 길게 됐을 때는 개화가 유발되거나 또는 촉진되는 식물을 장일식물이라고 한다.

장일식물에 대해서 개화에 가장 적당한 조건은 암흑의 시간이 전혀 없는 연속 조명, 즉 24시간 일조시간이 되는 것이다. 어떤 한계에 있는 일장보다 일장이 짧게 되면 개화하지 않는 것을 질적 장일 식물 또는 절대적 식물이라고 한다. 이것에 대해서 양적인 반응을 나타내는 장일식물은 양적 장일식물 또는 상대적 장일식물이라고 하여 어떤 단일하에 있어서도 이론적으로는 늦어지기는 하지만 개화는 된다. 그러나 실제로 극단적인 단일하에서는 광합성이 불가능하게 되고 개화하지 않게 된다. 장일식물에는 보리 · 시금치 · 무우 등 봄에 꽃피는 것들이 많다.

저온처리(低溫處理) chilling treatment, low temperature treatment : 일반적으로 목적에 관계없이 저온을 처리할 경우 이 말을 쓰지만 원예분야에서는 개화를 위하여 저온을 필요로 하는 작물에 인위적으로 개화를 촉진시키고자 저온 처리하는 경우에 이 용어를 쓴다. 다른 목적의 경우에는 냉장이라든가 저온저장과 같은 별도의 용어를 쓰는 경우가 많다. 개화촉진을 목적으로 저온처리를 할 때에는 발아종자 · 유묘 · 삽수 · 절지 · 주 · 구근 · 인경 등 작물의 종류 및 목적에 따라서 여러 가지 기관이 이용된다. 처리온도는 대부분 5~15℃ 범위이고 목적에 따라 냉장고 · 저온실을 이용하는 이외에 표고차를 이용한 자연환경 조건을 이용하는 경우도 있다.

적심(摘心) pinching, topping, stopping : 생육중의 줄기나 가지들의 끝을 따버림으로써 남아 있는 부분의 영양상태를 증진시키는 것을 말한다. 국화나 카네이션은 여러 개의 곁가지를 발생시켜 절화의 수량을 증대시키는 동시에 개화목표일을 조정할 수 있다. 토마토나 포도의 적심과 곁가지 제거로 개화결실률을 높이고 조기수량 및 전 수량을 높이고 과실비대를 돕는다. 또한 정아를 제거하면 정아우세(頂芽優勢)가 없어져서 측아발생 및 신장을 촉진시키기도 한다. 아들 덩굴이나 손자덩굴에 착과하는 오이와 작물에서는 결과기를 앞당기고 과수나 분재는 측지발생으로 수형을 갖출 수도 있다. 화훼에서는 적심노력 절감을 위해서 decanoate ester 2%액이나 palmitic acid 0.5%액을 엽면살포하기도 한다.

적엽(摘葉) defoliation, leaf picking : 식물체의 생장과 과실비대에 잎의 기능이 적절히 발휘되어야 하나 잎이 많은 경우에는 하엽은 노화하여 기능이 떨어지고 수세만 왕성하게 하므로 잎과 가지와 과실과의 균형을 맞추기 위하여 적엽을 하게 된다.

사과나 배 등에 있어서 잎을 따내는 것은 수관 내부에 까지 햇빛이 들어가게 함으로써 잎의 물질생산을 가능케 하여 남긴 식물체와 과실의 생장을 촉진시킨다. 분재 소나무의 적엽은 분지를 촉진하여 소형의 수형을 유지한다. 초본성 작물에 있어서 생육이 불완전한 하엽(下葉)은 병해를 받기가 쉬우므로 병 방제를 위하여 제거한다. 딸기 · 시클라멘 등은 하엽이 노화하기 쉬우므로 제거하여 남은 잎의 기능과 생장을 촉진시킨다. 적엽을 함으로써 지하부의 생육이 억제되는 경우가 있으므로 비타민, 호르몬 등을 살포하여 잎의 기능을 촉진시키기도 한다.

사과 · 가지 · 토마토 등의 적색색소는 안토시아닌 내지는 리코핀으로서 이의 발현에는 광(光)을 필요로 한다. 광을 잘 받은 과실은 착색이 양호하다. 그러므로 착색관리의 일환으로 과실에 그늘을 만드는 잎을 몇 차례에 걸쳐서 따줌으로써 과실의 착색을 좋게 할 수 있다. 이것을 적엽이라고 한다.

정식(定植) planting, seting : 어떤 작물을 최후까지 장기간 재배할 포장에 그 작물의 묘나 구근(球根) 등을 심는 일을 말한다. 이 경우 작물이나 과수의 생육속도, 생육기간, 최종적인 크기 등을 생각해서 심는 밀도를 결정한다. 또한 종류마다 정식에 적합한 묘의 크기나 계절적인 적기(정식기)가 있다.

정지(整枝) training : 과수의 경제재배에 있어서 과수원 토지의 일정 공간 내에 매년 계속해서 과실을 효율적으로 생산하기 위하여는 영양생장과 생식생장의 균형을 유지해야 한다. 이 균형을 유치하는 방법으로서 나무 본래의 수고(樹高)보다도 낮게 하고 종류에 따른 수형 및 수자를 만들어 가는 것이 정지이다. 그런데 방치되어 있는 반면 과실을 지상에 서서 손으로 수확하는 방법, 사다리를 이용하여 수확하는 방법 등이 있으나 많은 수종에 있어서 6cm 정도가 한계이며 수확 · 재배관리 등을 고려할 때 수고는 낮을수록 좋다.

조생 · 조생종(早生 · 早生種) early flowering, early maturing, early ripening, early season ; early maturing variety, early ripening variety, early variety. : 원예작물은 수확시기의 차이가 있는 것이 좋을 경우가 많다. 수확시기와 관련된 개화 · 결실 · 성숙의 조만성은 품종의 중요한 유전적 특성으로 되어있다. 일반적으로 품종의 조만성은 조생 · 중생 · 만생으로 나누는 경우가 많지만 그들 사이를 보다 세분하는 경우도 있다. 조생종 중 특별히 빠른 것을 극 조생종이라고 한다. 품종의 조만성은 환경조건(일장, 저온 등)에 의해 달라지기 쉬우므로 동일 재배조건에서 품종 비교시험을 행하지 않으면 명확하게 알기가 어렵다.

주경(主莖) main stem : 종자가 발아하면 씨눈이 생장하여 가지가 생긴다. 이 가지는 줄기 끝 선단부터 차차 자라면서 잎이 나오고 줄기와 잎이 나누어지는데, 이 주축을 주경이라고 한다.

이때 가지가 자라면서 곁눈이 붙는데, 이 곁눈이 싹이 트면 그 가지가 자라 곁가지가 된다.

중간(성)식물 · 정일(성)식물(中間(性)植物 · 定日(性)植物) intermediate plant : 식물은 일장관계가 어느 한계의 길이보다 길어지게 되면 꽃이 피는 장일(성)식물과 짧아지면 개화하는 단일(성)식물이 있다. 그러나 그 외에 일정한 일장의 범위에서만 개화하고 일장이 그 범위를 넘어 너무 길거나 짧아도 개화하지 않는 것이 있다. 이것을 중간(성)식물 또는 정일(성)식물이라고 한다. 이러한 형에 속하는 식물은 아직 많이 알려져 있지 않으나 사탕수수의 어떤 품종은 여기에 속한다고 보며, 일장이 12시간~12시간 45분이 되면 꽃눈이 달리지만 그보다 길어지거나 짧아져도 꽃눈이 달리지 않는다.

지베렐린 검정법(檢定法) gibberellin assay→생물검정법

→천삽(天插) top cutting→삽목법, 꺾꽂이법

촉성재배(促成栽培) forcing culture : 자연상태의 보통재배(노지재배)보다 빨리 재배하는 작형을 촉성재배라 한다. 플라스틱 재료의 보급에 수반하여 촉성재배의 기간이 확대하고 일부의 것에서는 억제재배(보통재배보다 느린 작형)와의 경계가 없어지게 되었다. 현재는 촉성의 정도에 따라서 촉성(가장 빠른 작형), 반촉성, 조숙의 3작형으로 나눌 수 있다. 좁은 의미의 촉성재배는 다른 이름으로 가온재배로 불려 생육 또는 수확기 전반을 가온(보온)하는 작형으로 규정할 수 있다. 이 때문에 이 작형은 온실 · 온상 등의 시설을 거의 전기간 이용하게 된다.

최아(催芽) hastening of germination, forcing of sprouting : 종자를 인위적으로 싹을 틔우는 것을 최아라고 한다. 일반적으로 종자가격이 비싼 종자의 손실을 막기 위해 싹을 틔워 포트나 온상에 심는다. 그러기 위해서는 수박처럼 두꺼운 종피에 기계적인 상처를 주거나 지베렐린이나 사이토카이닌 같은 생장조절제에서 최아시키면 효과적이다. 최아된 종자를 기계파종할 때는 싹이 상하기 쉬우므르 특별히 고안된 fluid drilling이 가능한 기계가 필요하다. 이 기계의 원리는 종자를 겔(gel) 상태의 액체 속에 담가놓고 종자와 액체를 밭에 파종하는 장치이다.

춘화(春化) vernalization : 식물 중에는 생식생장으로 들어가기 위하여 일정기간의 저온에 처하지 않으면 안 되는 것들이 있다. 보통 겨울을 나고 봄에 꽃피는 맥류와 무우 · 배추 등의 채소류 등이 그것이다. 이들 식물과 같이 저온에 의해 개화를 하는 것을 춘화라고 부른다. 저온이 인공적으로 주어질 경우 이것을 춘화처리라고 부른다. 춘화의 과정이 안정되도록 하기 위해서는 일정한 기간이 필요하고, 도중에 급격한 고온에 처하게 되면 춘화의 효과를 잃게 된다. 이것을 이탈춘화(離脫春化 : devernalization), 혹은 춘화소거라고 부른다. 이춘화(離春化)된 것을 다시 저온처리하면 재춘화되는데 이것을 재춘화(revernalization)라고 부른다.

춘화의 과정은 흡수된 종자에서도 진행되는 종자춘화형의 식물과 일정량이 생장된 묘가 아니면 춘화가 진행되지 않는 녹식물춘화형 식물이 있다. 맥류 · 무우 · 배추 등은 종자춘화

형인데 반해 양배추 · 당근 등은 녹식물 춘화형이다.

춘화과정이 진행되기 위해서는 산소와 당이 필요하다. 춘화과정이 진행되고 있는 동안에 특정의 전령 RNA의 합성이 왕성하게 된다. 핵산대사 저해제는 이 전령 RNA이 합성을 저해하며 동시에 객화도 저해한다. 이와 같이 저온 처리에 의해 유발되는 특정의 전령 RNA의 합성은 특정 단백질합성에 관계한다고 생각되고 있다. 통기가 되는 수중에서 저온춘화시킨 종자로부터, 수중에 개화촉진작용이 있는 nucleotide류가 침출되었다고 하는 보고도 있으나 춘화 과정의 진행과 어떤 관계가 있는지는 명확하지 않다. 지베렐린이 춘화효과를 대체하는 경우도 있지만, 춘화를 필요로 하는 식물이 rosette형이므로 지베렐린의 효과는 줄기 신장을 (유기)하는 결과로서 나타나게 되는 2차적 효과일 가능성이 많다.

작물의 춘화요구성은 품종에 따라 현저한 차이가 있고 맥류 등에서는 그 정도가 연속적으로 변화하여 춘추파성 정도라고 불리고 있다. 개화에 춘화를 필요로 하는 무우 · 매추 · 양배추 등의 채소재배에 있어서는 이상저온의 내습에 의해 불사 추대되어 문제를 일으킬 때가 있으므로 저온 요구성과 관련지어 품종의 선택이 중요하다.

측아(側芽) lateral bud : 측아란 줄기의 측방에 있는 눈을 말한다. 정아의 대칭이며 종자식물의 측아는 줄기에 착생하지만 엽의 상측 부분에 있다. 종자식물의 측아는 식물의 엽서에 따라 일정부위에 배열되어 있다.

파종법(播種法) sowing method : 파종법에는 밭이나 파종상에 흩어 뿌리는 산파법 (broad-cast seeding), 적당한 간격으로 골을 판 후 줄뿌림을 하는 조파법(drill seeding) 및 적당한 간격으로 구멍을 뚫고 파종하는 점파법(hill seeding)이 있다. 이들 파종법 가운데 조파법이 일반적이고 시드테이프(seed tape)법과 용액파종법도 있다.

하수구, 수하구(下垂球, 垂下球) dropper : 통상 옮겨 심은 종구의 위치가 아니라 땅속에 깊게 자란 긴 자루 끝에 형성된 신구를 말한다. 튤립에서 잘 볼 수 있고 씨앗을 뿌리거나 소구를 심었을 때 형성되기 쉽나. 대구라도 저장 중 혹은 생육중에 빛을 받으면 유발되기 쉽다.

화성유도(花成誘導) floral induction, flower induction :

식물의 꽃을 가장 빨리 피게 하기 위해서는 그 식물의 꽃눈 분화 또는 꽃눈형성에 적합한 환경조건에 연속적으로 두는 것이 가장 바람직하나 필요한 어떤 최소한의 기간만 그 조건에 뒤돌아가게 해도 개화를 유도할 수가 있다. 이같이 일정기간 그 식물의 개화에 필요한 조건에 두고 그것으로서 후에 일어나는 개화에 필요한 변화를 야기시키는 것을 화성유도라고 한다.

화성유도에 필요한 조건과 시간의 길이는 식물의 종류에 따라 다르다. 극단적인 예로는 단일식물의 나팔꽃인 바이올렛 계통은 발아 3일 후 자엽이 나타났을 때 단 한번 한계암기(限界暗期)보다 긴 암기를 주게 되면 화성유도가 되고, 그 후로는 연속적인 장일에 뒤돌아 보내도 역시 꽃눈을 분화시키고 개화하게 된다.

화수(花穗) spike : 수상화서 · 총상화서와 같이 긴 화축에 화병이 없든가 짧은 화병의 소화가 많이 붙어 있는 것을 화수라 한다. 긴 화축에 화병이 없는 꽃이 다수 호생하는 것을 수상화서라 하고, 짧은 화병이 붙어 있는 것을 총상화서라 한다. 또한 웅화만 피는 것을 웅화서(雄花序), 자화만 있는 것을 자화서(雌花序)라 한다.

화아(花芽) flower bud : 꽃눈, 즉 발아 후 꽃이 달리는 것으로써 복숭아나무와 같이 꽃만피는 순정화아(純正花芽 : mixed bud)로 구분된다.

화아분화(花芽分化) : 과수나 채소 및 화훼의 모든 식물은 꽃을 피워 열매를 맺으려면 꽃눈의 분화가 되어야 하는데, 보통 현화식물에서는 영양생장에서 생식생장으로 이행되는 최초의 과정이다. 이러한 과정은 꽃이나 꽃차례(花序)의 원기를 형성하면서 계속 자라 자웅(암술과 수술)의 화기가 생겨 꽃이 핀다.

낙엽과수에서는 결실연령에 도달하려면, 개화 전년에 꽃의 원기가 새 가지 위에 형성되어 꽃눈으로 발달되어야 하는데, 우리나라에서 과수의 꽃눈분화가 많이 이루어지는 시기를 조사한 바에 의하며, 해에 따라 또는 지역과 품종 등에 따라 차이가 있으나, 대략 사과는 7월 상순, 배는 6월 중 · 하순, 복숭이는 8월 상순, 포도는 5월 하순, 감은 7월 중순경이다.

화아형성(花芽形成) flower bud formation →화성유도

화통(花筒) floral tube : 화관이 통형으로 된 부분을 말하며 화관통부(花冠筒部)를 생략한 표현이다. 앵초 · 분꽃 · 수선화 · 문주란 등 합판화(合瓣花)에서 볼 수 있고, 수술이 화통에 직접 붙어 있는 것도 있다.

화피(花被) perianth : 악편과 화판을 총칭하여 화피라 하고, 악편과 화판이 동질동형일 때 화개(花蓋)라고도 한다. 수술 · 암술 및 기타 화엽을 가지고 있는 꽃을 유화피라고 한다. 피자식물에서 흔히 볼 수 있으며 단자엽식물에 많고 나자식물에서도 볼 수 있다. 화피편은 엽서나 형태에 있어서 안쪽에 있는 것과 바깥쪽에 있는 것으로 구별되는데 바깥쪽을 외화피라 하고 안쪽을 내화피라고 하며, 크기와 색깔, 그리고 모양이 약간 다르다. 그리고 악과 화관의 구별이 뚜렷한 것을 이화피화(異花

被花)라 하고 구별이 안되는 꽃을 동화피화(同花被花) 라고 한다.

화훼원예 · 화훼원예학(花卉園藝 · 花卉園藝學) floriculture ; floricultural science) : 화훼원예란 화훼를 재배 · 관상하는 것을 말하고 이것을 식물학 · 재배학 또는 사회문화적인 측면에서 학문적인 연구를 하는 것을 화훼원예학이라고 한다. 화훼원예는 그 목적과 기능에 따라 상품생산 위주로 재배하는 생산원예, 가정에서 이용하기 위해 재배하는 가정원예, 취미로 재배하는 취미원예, 도시화단처럼 주민후생을 위해 재배하는 후생원예 등으로 구분한다.

화훼원예는 시각을 통해서 생활에 윤택을 가져다준다는 특수한 이용목적 때문에 품질이 좋아야 하고 연중 공급이 가능해야 한다. 한편 화훼작물은 종류가 많고 원산지가 다양하기 때문에 재배에 있어서는 고도의 지식과 기술을 요한다. 그 중 생산원예는 대표적인 토지, 노력 및 기술 집약 작물이라는 특정이 있다.

휴면 · 휴면타파(休眠 · 休眠打破) dormancy, breaking of dormancy, breaking of rest, dormancy breaking : 식물은 생육과정에서 저온 · 고온 · 건조 등 생육에 부적당한 환경이 되면 생육을 일시 정지하는 수가 있다. 이것을 휴면이라 한다. 휴면에는 온도와 광(光) 등 외적인 요인이 생육에 부적당한 경우에 일어나는 강제휴면(强制休眠)과 생육에 좋은 조건이 되어도 휴면을 계속하는 자발적 휴면이 있다.

자발휴면에서 깬 후에도 부적당한 환경이 되면 다시 휴면에 들어가 발아에 적당한 환경이 되어도 발아하지 않는 경우가 있다. 이것을 2차 휴면이라고 한다. 이에 비해 성숙 초기의 자발적 휴면을 1차 휴면이라 한다. 자발휴면은 종자 · 구근 · 낙엽성 수목에서 널리 볼 수 있다.

월동성의 1, 2년초와 숙근초는 가을에 로제트 또는 동아(冬芽)를 형성하여 월동하는 것이 많다. 로제트는 휴면현상의 일종으로 볼 수 있으나, 생육의 정지는 명확한 것은 아니고 천천히 새 잎을 전개하고 있고 측아의 발생을 동반하는 경우도 있다. 휴면타파는 원예작물의 번식과 촉성재배에 있어 중요한 기술로 되어 있다.

찾아보기

국문

ㅈ

영문